中国科学院科学出版基金资助项目

纯粹数学与应用数学专著 第29号

涡度法

应隆安 张平文 著

科学出版社

1994

（京）新登字 092 号

内 容 简 介

本书系统地叙述了涡度法的数学理论，内容主要分为 Euler 方程涡度法的收敛性，粘性分离格式的收敛性和随机涡团法的收敛性三个部分，其中包括无粘与粘性流、初值问题与初边值问题、半离散化与全离散化以及有关不可压缩流的数学理论.

本书适合计算数学专业的教师、研究生及流体计算的专业工作者.

图书在版编目(CIP)数据

涡度法 / 应隆安, 张平文著. —北京 : 科学出版社, 1994.11 (2019.2重印)
(纯粹数学与应用数学专著丛书 ; 29)

ISBN 978-7-03-004175-3

Ⅰ. ①涡… Ⅱ. ①应… ②张… Ⅲ. ①涡旋-涡度-数学方法 Ⅳ. ①O351.3

中国版本图书馆 CIP 数据核字 (2018) 第 108565 号

责任编辑：李静科 / 责任校对：李静科
责任印制：张 伟 / 封面设计：陈 敬

科 学 出 版 社出版
北京东黄城根北街 16 号
邮政编码：100717
http://www.sciencep.com

北京建宏印刷有限公司 印刷
科学出版社发行 各地新华书店经销
*
1994年 11月第 一 版 开本：720 × 1000 1/16
2019年 2 月 印 刷 印张：19 1/2
字数：255 000
定价：168.00元
(如有印装质量问题，我社负责调换)

目　录

前　　言

关于涡度法的起源可以追溯到 1931 年 Rosenhead 用点涡法计算二维涡流的研究. 但是当时没有计算机，这种方法的发展受到很大限制. 到了 70 年代，随着计算机的发展，涡度法才飞速地发展起来，以至现在成为不可压缩流计算的重要方法之一.

涡度法的思想是质点法在涡流中的体现. 质点法是相对于连续体的计算而言的. 把大量分子的集合看成连续体，并且充分利用微积分的成果，这是人类在力学发展进程中的重大成就. 但是近年来随着人类计算能力的日益提高，用质点的模型进行计算的问题就自然地提出来了. 现有的计算能力还不足以把一个连续体分解为分子运动进行计算，但是有可能分解为一些较大的质点(当然还是理想的)，能否这样计算呢? 在这方面，已经有了大量的数值试验，并且今后还会不断地有新的进展. 把这个思想引入涡流计算中，将一个连续的涡场分解为一个个的点涡或涡团求解，这就是涡度法.

在涡流运动中，有不少复杂的力学现象，如边界层、分离、湍流等. 这些现象十分复杂，在计算时，既有大尺度的量，也有小尺度的量，因此十分困难. 特别是随着 Reynold 数的提高，计算的难度越来越大. 涡度法目前还不能把上述困难彻底解决，但是因为它可以处理大大小小不同的涡，所以至少是一条有希望的途径.

涡度法从它产生之日起就有不同意见的争论，Leonard 说: “涡度法比传统的 Euler 格式有不少优点，但是可以预期每一个优点都可以被相应的缺点所抵消.” 这种看法是有代表性的. 目前，很多人认为它的优点是: 需要的存储量小；用特征线法使对流项易于处理；网格为自适应的；对高 Reynold 数易于处理；对无穷远边界条件易于处理，等等. 与此同时，也提出它有不少缺点: 计算量大、粘性项不好处理、边界条件不好处理、与固定的网格不容易匹配，等等．因此，它的发展前途是尚待今后作结论的问题．但是无论如何，它今天的应用已相当广泛，人们对它已积累了大量成果，这些是值得我们认真研究的．

Chorin 于 1973 年发表的文章是涡度法的代表作之一，后来又有了不少新的发展．涡度法的数学理论从 Hald 和 DelPrete 发表于 1978 年的论文开始，如今已有大量文献．关于涡度法的综合性文献，有 Leonard 于 1980 年发表的文章，它至今仍被不断引用，但该文只限于介绍方法，没有相应的理论．此外，还有 Marchioro 与 Pulvirenti 于 1984 年出版的专著，但该书只限于介绍点涡的运动．本书的目的是把近年来有关涡度法的方法与理论作一个较为系统的介绍，以弥补这方面的不足．虽然限于我们的学识，可能还会有不少遗漏或不妥之处，但是本书毕竟是在这方面作系统阐述的第一次尝试．我们希望本书能为广大的力学、工程技术工作者及有关的数学工作者提供一个较为全面的材料，以使本方法在我国更为人知，在推动涡度方法发展上尽一点我们的微薄的力量．

本书的第一章第 5,6 节与第五章由张平文执笔，其余章节均由应隆安执笔．我们曾在重庆大学、山东大学、西安交通大学等单位讲过本书的部分内容，与会的同行们提了不少问题，还做了新的工作，对我们写本书有很大帮助，我们在此处特致诚挚的谢意．此外，我们还在国内外不少研究单位介绍过这方面的工作，广泛地与同行进行了讨论，也有很大收益，在此也一并致谢．本书初稿完成后，滕振寰教授通读了全稿，提出了宝贵的意见．黄明游教授审查了全稿，也提出了许多宝贵的意见和建议，从而使本书的质量有所提高，谨此向他们表示衷心的感谢．

北京大学
应隆安
张平文
1991.8

第一章　Euler 方程及 Navier-Stokes 方程的涡度法

§1. 二维 Euler 方程的涡度法

我们考查不可压缩、无粘性的流体．在二维情形，它满足如下的 Euler 方程：

$$\frac{\partial u}{\partial t}+(u\cdot\nabla)u+\frac{1}{\rho}\nabla p=f,\qquad(1.1.1)$$

其中 u 表示速度，它是一个向量，$u=(u_1,u_2)$，p 是压力，u 与 p 是未知的两个基本力学量，ρ 是密度，我们设流体是不可压缩而且是均匀的，所以 ρ 是一个已知常数，$f=(f_1,f_2)$ 表示单位质量流体所受到的体积力．自变量为 $x=(x_1,x_2)$ 与 t，分别表示空间与时间变量，符号 ∇ 是梯度算子，即 $\nabla=\left(\frac{\partial}{\partial x_1},\ \frac{\partial}{\partial x_2}\right)$．流体还应满足如下的连续性方程：

$$\nabla\cdot u=0,\qquad(1.1.2)$$

其中“·”为内积符号，因此“∇·”就是散度，我们有时为了方便起见，把微商也记作 ∂_1 与 ∂_2。按照内积规则，(1.1.1) 中的“$u\cdot\nabla$”就是 $u_1\partial_1+u_2\partial_2$．(1.1.1)(1.1.2)共包含了三个方程，联立求解三个未知量 u_1,u_2 与 p．

下面考查涡度法．首先，为了叙述上的方便，设外力有势，即存在一个标量函数 ϕ，使 $f=\nabla\phi$，我们用旋度算子作用于方程(1.1.1)，在二维情形，旋度算子就是 $\nabla\wedge=(\partial_2,-\partial_1)$．设涡度 $\omega=-\nabla\wedge u$，它是一个标量，即

$$\omega=-\partial_2u_1+\partial_1u_2,$$

以 $-\nabla\wedge$ 作用于(1.1.1)后，$\frac{1}{\rho}\nabla p$ 与 f 两项自动消失，方程变成了

$$\frac{\partial\omega}{\partial t}+u\cdot\nabla\omega=0, \tag{1.1.3}$$

方程(1.1.3)中除了未知量 ω 外，还有 u，它是不能独立求解的. 我们还需引进另一个变量，即流函数. 为了叙述方便，先假定在整个空间 $\mathbb{R}^2$ 考虑，在空间中任取一点 x_0，作如下的曲线积分:

$$\psi(x)=\int_{\widehat{x_0x}}(-u_2dx_1+u_1dx_2), \tag{1.1.4}$$

其中 $\widehat{x_0x}$ 为任一曲线路径. 由方程(1.1.2)，以上曲线积分与路径无关，它定义了一个全空间上的函数，由(1.1.4)还可以得

$$u=\nabla\wedge\psi. \tag{1.1.5}$$

以 $-\nabla\wedge$ 作用在(1.1.5)上，得

$$-\Delta\psi=\omega, \tag{1.1.6}$$

其中 Δ 是 Laplace 算子，$\Delta=\frac{\partial^2}{\partial x_1^2}+\frac{\partial^2}{\partial x_2^2}$. 于是，如果认为 ω 是已知的，ψ 就是一个 Poisson 方程的解. (1.1.3)，(1.1.5)，(1.1.6)中共包含了四个方程，它们可联立求解四个未知量，即 ω，u_1，u_2 与 ψ. 自然，也可以利用(1.1.5)把(1.1.3)中的 u 消去，只解 ω 与 ψ. 这就是 Euler 方程的涡度——流函数提法.

如果把 u 看成已知，(1.1.3)是一个一阶双曲型方程式，可以用特征线方法求解. 特征线由如下的常微分方程组定义:

$$\frac{dx}{dt}=u(x,t). \tag{1.1.7}$$

把(1.1.7)代入(1.1.3)，我们得到一个主要结论：沿特征线

$$\frac{d\omega}{dt}=0, \tag{1.1.8}$$

即沿特征线涡度是不变的. 因此，我们只要作出特征线，并知道初始时刻的涡度 $\omega_0(x)=\omega(x,0)$，问题就解决了.

点涡法正是根据这一思路并结合质点法的思想而设计的一种

方法．一般，在初始时刻 ω_0 是一个连续函数，我们用若干个点涡来逼近它，设

$$\omega_0(x) \doteq \sum_{j\in J}\alpha_j\cdot\delta(x-X_j),$$

这里 X_j 是第 j 个点涡的位置，$\delta(\cdot)$ 是 δ 函数，J 是指标的集合 $J=\{j\}$，α_j 是点涡的强度，这就好比把连续分布的质量集中在几个质点上．设方程(1.1.7)以及初始条件

$$x|_{t=0}=X_j$$

的解为 $X_j(t)$，则由(1.1.8)，涡度可以写成

$$\omega(x,t)=\sum_{j\in J}\alpha_j\delta(x-X_j(t)), \tag{1.1.9}$$

代入(1.1.6)，得

$$-\Delta\psi=\sum_{j\in J}\alpha_j\delta(x-X_j(t)) \tag{1.1.10}$$

我们知道，方程

$$-\Delta\psi=\delta(x-x_0)$$

的解称为基本解，它等于 $-\frac{1}{2\pi}\log|x-x_0|$，从而方程（1.1.10）的解就是

$$\psi=-\frac{1}{2\pi}\sum_{j\in J}\alpha_j\log|x-X_j(t)|.$$

由(1.1.5)得

$$u=-\frac{1}{2\pi}\sum_{j\in J}\alpha_j\frac{(x_2-X_{j_2}(t),-x_1+X_{j_1}(t))}{|x-X_j(t)|^2}, \tag{1.1.11}$$

其中 $(X_{j_1}(t),X_{j_2}(t))=X_j(t)$，$|x|^2=\sqrt{x_1^2+x_2^2}$.

把(1.1.11)代入（1.1.7）就应该得到 $X_j(t)$ 满足的常微分方程组．但是我们要注意到，按照（1.1.11），$u(X_i(t),t)$ 是没有意义的，当 $x\to X_i(t)$ 时，u 的极限为无穷．于是，对于固定的 $i\in J$，我们把(1.1.11)中对应于 $j=i$ 的那一项去掉，经过这样处理后，$X_i(t)$ 满足的方程是

$$\frac{dX_i(t)}{dt} = \frac{1}{2\pi} \sum_{\substack{j \in J \\ j \neq i}} \alpha_j \frac{(-X_{i_2}(t) + X_{j_2}(t), X_{i_1}(t) - X_{j_1}(t))}{|X_i(t) - X_j(t)|^2},$$

$$i \in J, \tag{1.1.12}$$

以及初始条件

$$X_i(0) = X_i \tag{1.1.13}$$

这种做法，粗看完全没有道理，但是，我们在第三章的理论分析中可以看到，它是能够收敛于精确解的。

在公式(1.1.11)中，在无穷远处 $u = 0$。如果在无穷远处有一个均匀的流场 $u_\infty(t)$，那么在(1.1.11)与(1.1.12)的右端可以加上 $u_\infty(t)$ 这一项。 因为 $u_\infty(t)$ 并不影响涡度 ω，所以整个计算方法不变。

用点涡法计算时，如果点涡个数较少，则可以得到一个大致上合理的流场。当点涡个数增多时，出现了混沌。在第三章中，我们将给出点涡法收敛的证明，这说明当点涡个数非常多时，也即初始点涡距离足够接近时，才能保证点涡解的存在性，也才能得到原问题的一个好的近似。但是初始点涡要密到什么程度，这一点似乎还未得到实际计算的回答。

为了克服点涡法的上述缺点，可以使用涡团法，即用一个没有奇异性的函数 $\zeta(x)$ 代替 δ 函数，很自然地要求 ζ 具有性质：

$$\int_{\mathbb{R}^2} \zeta(x) dx = 1.$$

最常见的"涡团函数" ζ 有

(a) 常数分布

$$\zeta(x) = \begin{cases} \frac{1}{\pi\sigma^2}, & |x| < \sigma, \\ 0, & |x| > \sigma. \end{cases}$$

(b) 奇性分布

$$\zeta(x) = \begin{cases} \frac{1}{2\pi\sigma|x|}, & |x| < \sigma, \\ 0, & |x| > \sigma, \end{cases}$$

(c) 正态分布

$$\zeta(x)=\frac{1}{\pi\sigma^2}\exp(-|x|^2/\sigma^2).$$

这样的函数自然还有很多，可以在参考文献上查到．利用它们，可以进行许多数值试验，此处就不一一列举了．对于这些函数，流函数也有相应的形式，公式(1.1.12)也要作相应的调整．这时，我们有

$$\omega=\sum_{j\in J}\alpha_j\zeta(x-X_j(t)). \tag{1.1.14}$$

设方程

$$-\Delta\psi=\zeta(x),$$

在全平面上的解为 $\psi_\delta(x)$，则有

$$\psi=\sum_{j\in J}\alpha_j\psi_\delta(x-X_j(t)), \tag{1.1.15}$$

$$u=\sum_{j\in J}\alpha_j\nabla\wedge\psi_\delta(x-X_j(t))+u_\infty(t),$$

$$\frac{dX_i}{dt}=\sum_{j\in J}\alpha_j\nabla\wedge\psi_\delta(X_i(t)-X_j(t))+u_\infty(t),$$

$$\forall i\in J, \tag{1.1.16}$$

这时 $\nabla\wedge\psi_\delta$ 没有奇性，所以也不必要求 $j\neq i$．在一些简单情形，ψ_δ 的解析表达式是可以写出来的，例如常数分布．我们将在第 4 节讨论椭圆涡时写出 ψ_δ 的表达式，圆涡就是它的特例，因此这里从略．

如果外力没有势，则只要把形式稍作变动即可．令

$$F=-\nabla\wedge f,$$

则方程(1.1.3)变成了

$$\frac{\partial\omega}{\partial t}+u\cdot\nabla\omega=F,$$

方程(1.1.8)变成了

$$\frac{d\omega}{dt}=F,$$

(1.1.9)就转化为

$$\omega(x,t)=\sum_{j\in J}\alpha_j(t)\delta(x-X_j(t)).$$

于是有

$$\sum_{j\in J}\frac{d\alpha_j(t)}{dt}\delta(x-X_j(t))\doteq F(x,t).$$

在每一时刻 t，把 F 作近似分解：

$$F(x,t)\doteq\sum_{j\in J}f_j(t)\delta(x-X_j(t)),$$

就有

$$\frac{d\alpha_j(t)}{dt}=f_j(t).$$

下面考查有界的情形．设流场局限在区域 Ω 内，在它的边界 $\partial\Omega$ 上应该有适当的边界条件．我们取常见的固壁条件

$$u\cdot n|_{\partial\Omega}=0, \tag{1.1.17}$$

其中 n 是 $\partial\Omega$ 上的单位外法线向量。

首先设 Ω 是一个有界的单连通区域，它的边界 $\partial\Omega$ 是一条光滑的简单闭曲线．这时我们只要把(1.1.4)中的 x_0 点取在边界 $\partial\Omega$ 上，不难看出，沿着整个边界 ψ 都等于零，即

$$\psi|_{\partial\Omega}=0. \tag{1.1.18}$$

于是求解 ψ 的问题就是求解 Dirichlet 问题 (1.1.6)，(1.1.18)．这个问题的解法很多，例如，我们可以把解分解为两部分

$$u=\frac{1}{2\pi}\int_\Omega\frac{(-x_2+\xi_2,x_1-\xi_1)}{|x-\xi|^2}\omega(\xi)d\xi+\nabla\phi, \tag{1.1.19}$$

其中第一部分使方程(1.1.5)(1.1.6)得以满足，$\nabla\phi$ 表示一个无旋的不可压缩流场，ϕ 为 Laplace 方程的解，它的作用是使边界条件(1.1.17)成立，而不改变流场的涡度，也不影响不可压缩性．求解(1.1.6)，(1.1.18)的其它方法还有：差分法、Green 函数法、有限元方法、边界元方法等．当使用差分法或有限元方法时，人们把它又称为“胞腔内的涡度法 (vortex in cell)”． 这些方法都是

常规的，我们就不一一叙述了.

如果 $\partial\Omega$ 是一条光滑的简单闭曲线，Ω 是它的外部，以上的做法仍然没有本质的差别. 但是，如果 Ω 是一个更为复杂的多连通区域，问题就困难了. 下面我们设 Ω 是一个有界的多连通区域，说明上述算法应作什么改正.

设 $\partial\Omega$ 由 $N+1$ 条简单闭曲线 $\Gamma_0,\Gamma_1,\Gamma_2,\cdots,\Gamma_N$ 组成，其中 $\Gamma_1,\cdots,\Gamma_N$ 均在 Γ_0 之内，它们之间既不相交也不互相包含. 取(1.1.4)中的 x_0 点在 Γ_0 上，于是，$\psi|_{\Gamma_0}=0$，但是 ψ 在 $\Gamma_1,\cdots,\Gamma_N$ 上一般地都不会等于零. 从方程(1.1.17)可知 ψ 在每条闭曲线 Γ_j 上都等于一个常数 C_j，这个常数是未知的. 我们考查如下的边值问题:

$$\begin{aligned}&\Delta\varphi^{(i)}=0,\ i=1,\cdots\cdots,N,\\&\varphi^{(i)}|_{\Gamma_0}=0,\\&\varphi^{(i)}|_{\Gamma_j}=\delta_{ij},\ i,j=1,\cdots,N,\end{aligned}$$

其中

$$\delta_{ij}=\begin{cases}1,\ i=j,\\0,\ i\neq j.\end{cases}$$

它有唯一解. 我们再考查一个边值问题:

$$\begin{aligned}&-\Delta\varphi^{(0)}=\omega,\\&\varphi^{(0)}|_{\partial\Omega}=0.\end{aligned}$$

它也有唯一解，于是流函数等于

$$\psi=\varphi^{(0)}+\sum_{j=1}^{N}C_j(t)\varphi^{(j)}, \tag{1.1.20}$$

其中 $C_j(t)$ 在每一时刻 t 为边界 Γ_j 上的常数值. 这里 $C_j(t)$ 是不能从 ω 确定的，由(1.1.20)得:

$$u=\nabla\wedge\varphi^{(0)}+\sum_{j=1}^{N}C_j(t)\nabla\wedge\varphi^{(j)}.$$

令 $u^{(j)}=\nabla\wedge\varphi^{(j)}$，则有

$$u=u^{(0)}+\sum_{j=1}^{N}C_j(t)u^{(j)}. \tag{1.1.21}$$

把(1.1.21)代入方程(1.1.1)得

$$\frac{\partial u^{(0)}}{\partial t}+\sum_{j=1}^{N}C_j'(t)u^{(j)}+\left(\left(u^{(0)}+\sum_{j=1}^{N}C_j(t)u^{(j)}\right)\cdot\nabla\right)$$

$$\cdot\left(u^{(0)}+\sum_{j=1}^{N}C_j(t)u^{(j)}\right)+\frac{1}{\rho}\nabla p=f.$$

任取 $i, 1\leqslant i\leqslant N$，用 $u^{(i)}$ 与上述方程作内积，令 $a_{ij}=(u^{(i)}, u^{(j)})$，我们注意到 $(u^{(0)},u^{(i)})=0$ 以及 $(\nabla p,u^{(i)})=0$，便得

$$\sum_{j=1}^{N}a_{ij}C_j'(t)+\left(\left(\left(u^{(0)}+\sum_{j=1}^{N}C_j(t)u^{(j)}\right)\cdot\nabla\right)\right.$$

$$\left.\cdot\left(u^{(0)}+\sum_{j=1}^{N}C_j(t)u^{(j)}\right), u^{(i)}\right)=(f,u^{(i)}).$$

这是一个 $C_1(t),\cdots,C_N(t)$ 满足的常微分方程组。它的初值可以由(1.1.20)确定，因为当 $t=0$ 时，ψ 是已知的，求出 $C_j(t)$ 以后，代入(1.1.21)就得到了速度 u.

以上所述的涡度法，都是把原问题归结为一个常微分方程组，在实际求解时，还需要对它进一步离散化，例如用差分方法，这时会产生点涡或涡团的中心越过边界到区域 Ω 之外的问题。由于边界条件(1.1.17)，$X_j(t)$ 是不应穿过边界的，但是离散化以后，由于求得的是近似解，因此难免会发生上述情况。当点越过边界时，有许多处理方法，例如把这个点取消，或者采用反弹的方法，把它弹回区域 Ω. 但是我们将在第三章给出的理论分析表明，不妨把区域 Ω 略扩大一点，当点越过边界时，仍然继续按方程(1.1.7)计算. 这时由于 Ω 外速度场没有定义，可以用外推方法得到 Ω 之外不太远的地方的速度场，用这种方法可以保证收敛性.

§2. 三维 Euler 方程的涡度法

三维方程仍可以用(1.1.1)与(1.1.2)表出，所不同的是：u 为三维向量 (u_1,u_2,u_3)，为了叙述简便起见，我们仍然设外力有

势。

令涡度 $\omega = \mathrm{curl}\, u$。我们以 curl 算子作用于方程 (1.1.1) 得

$$\frac{\partial \omega}{\partial t} + (u \cdot \nabla)\omega - (\omega \cdot \nabla)u = 0, \tag{1.2.1}$$

沿着特征线有

$$\frac{d\omega}{dt} = (\omega \cdot \nabla)u. \tag{1.2.2}$$

与 (1.1.8) 对照，右端不再等于零，这一点给计算和理论分析都带来了困难。方程 (1.2.2) 还有一个等价的形式，为了给出这一形式，我们有必要把特征方程 (1.1.7) 用稍微详细一点的形式给出. 设特征线在四维空间中经过 (x, t) 点，以 τ 表示特征线上的时间参数，则特征线可以表示为：$\xi = \xi(\tau; x, t)$，它满足

$$\frac{d\xi}{d\tau} = u(\xi(\tau; x, t), \tau), \tag{1.2.3}$$

$$\xi(t; x, t) = x. \tag{1.2.4}$$

有时为了表示 ξ 是一个五元函数，(1.2.3) 的左端也写成偏微商 $\frac{\partial \xi}{\partial \tau}$. 对于特征线上的一点 (ξ, τ)，x 称为它的 "Lagrange 坐标"，沿着特征线，Lagrange 坐标是不变的.

方程(1.2.2)的等价形式是

$$\omega(\xi(t; x, 0), t) = \frac{\partial \xi(t; x, 0)}{\partial x}\omega_0(x), \tag{1.2.5}$$

其中 $\omega_0(x)$ 是 ω 的初值 $\omega(x, 0)$。将 (1.2.5) 关于 t 求导并利用 (1.2.3)可以得到另一个也是等价的形式

$$\frac{d\omega(\xi(t; x, 0), t)}{dt} = \frac{\partial u(\xi(t; x, 0), t)}{\partial x}\omega_0(x), \tag{1.2.6}$$

这里要注意的是 ξ, u, x 都是向量，所有无论方程 (1.2.5) 还是 (1.2.6)，微商 $\frac{\partial \xi}{\partial x}$，$\frac{\partial u}{\partial x}$ 实际上都是 Jacobi 矩阵.

现在我们证明(1.2.2)和(1.2.5)是等价的. 我们只要证明，由

(1.2.5)给出的函数 $\omega(\xi,t)$ 满足方程(1.2.2)和初始条件就够了．当 $t=0$ 时，$\xi=x$，由（1.2.5）直接可以看出 ω 满足初始条件．由（1.2.5）可以导出（1.2.6），再用复合函数求微商的锁链公式，(1.2.6)的右端就是

$$\frac{\partial u}{\partial x}\,\omega_0(x)=\frac{\partial u}{\partial \xi}\,\frac{\partial \xi}{\partial x}\,\omega_0(x),$$

再以(1.2.5)代入即得 $\frac{\partial u}{\partial \xi}\,\omega$，与(1.2.2)的右端一致．因此 ω 满足方程(1.2.2)．这样我们已经证明了二者的等价性．

在用涡度法时，需要解(1.2.2)或(1.2.5)，右端的微商可以用差分来实现，所不同的是，在(1.2.2)中是关于 Euler 坐标求差分，而在(1.2.5)中则是关于 Lagrange 坐标求差分．因此，在用(1.2.5)时，我们需要记住每一点涡或涡团中心的原始位置，这是它的不方便之处．

对于三维涡度法，也需要类似于(1.1.5)(1.1.6)的公式，以便从涡度求速度．这个问题远比二维问题复杂，因为这时我们没有与路径无关的曲线积分，标量的流函数已不复存在．我们转而考查是否存在向量的流函数．首先考虑全空间 $\mathbb{R}^3$ 的情形，设 $\boldsymbol{u}$ 为空间 $\mathbb{R}^3$ 中的一个流场，满足 $\nabla\cdot\boldsymbol{u}=0$，我们令 $\omega=\operatorname{curl}\boldsymbol{u}$，设向量函数 ψ 为如下 Poisson 方程的解：

$$-\Delta\psi=\omega, \tag{1.2.7}$$

我们希望得到

$$\operatorname{curl}\psi=\boldsymbol{u}, \tag{1.2.8}$$

以算子 curl 作用于方程(1.2.7)得

$$-\operatorname{curl}\Delta\psi=\operatorname{curl}\omega.$$

curl 与 Δ 是可以交换的，即

$$-\Delta\operatorname{curl}\psi=-\operatorname{curl}\Delta\psi.$$

于是

$$-\Delta\operatorname{curl}\psi=\operatorname{curl}\ \operatorname{curl}\psi,$$

因为 $\nabla\cdot\boldsymbol{u}=0$，由场论公式可知

$$\text{curl curl}\, u = -\Delta u,$$

于是

$$\Delta(\text{curl}\, \psi - u) = 0.$$

在全空间 $\mathbb{R}^3$, $\text{curl}\, \psi - u$ 是 Laplace 方程的解. 由解的唯一性，只要在无穷远处有零边界条件，就有

$$\text{curl}\, \psi - u \equiv 0,$$

这就是我们所要证明的.在这种情形下，方程(1.2.7)与方程(1.1.6)并没有区别.

但是，实际上，这里有一个很大的区别. 我们应当知道，在涡度法中，ω 是通过(1.1.14)表示的. 在三维情形，它一般也并不是一个速度场的旋度，因此，从(1.2.7)(1.2.8)解出 u 以后，它与 ω 也不存在关系式 $\omega = \text{curl}\, u$. 尽管如此，因为 ω 是一个精确的涡度场的近似，所以由(1.2.7),(1.2.8)得到的 u 也是相应的精确的速度场的一个近似，以上方法仍然是可行的.

在三维空间中，算子 $-\Delta$ 的基本解为 $\frac{1}{4\pi}\frac{1}{|x|}$, 因此

$$\psi(x,t) = \frac{1}{4\pi}\int_{\mathbb{R}^3} \frac{1}{|x-\xi|}\,\omega(\xi,t)d\xi,$$

再由(1.2.8)得

$$u = -\frac{1}{4\pi}\int_{\mathbb{R}^3} \frac{x-\xi}{|x-\xi|^3} \times \omega(\xi,t)d\xi + u_\infty(t), \qquad (1.2.9)$$

其中 $u_\infty(t)$ 为无穷远处的速度. 类似于(1.1.14)可以有

$$\omega(x,t) = \sum_{j\in J} \alpha_j(t)\zeta(x - X_j(t)), \qquad (1.2.10)$$

这时 $\alpha_j(t)$ 不仅依赖于时间 t, 而且是一个三维的向量. 把(1.2.10),(1.2.9),(1.2.2),(1.2.3),(1.2.4) 联立起来就可以求解.

下面考查有边界的情形. 设求解的区域为 Ω, 在有关的文献中可以看到这样一个公式:

$$u(x,t) = -\frac{1}{4\pi}\int_{\Omega} \frac{x-\xi}{|x-\xi|^3} \times \omega(\xi,t)d\xi + \nabla\phi, \quad (1.2.11)$$

其中 ϕ 是一个速度势函数，它是 Laplace 方程的一个解，同样，$\nabla\phi$

表示了一个无旋的不可压缩流场，它的作用是使得边界条件(1.1.17) 得以满足而不改变流场的涡度与不可压缩性。公式(1.2.11)显然是从(1.1.19)与(1.2.9)而来。可惜的是，它是错误的。

问题在于 (1.2.11) 式的右端的第一项的旋度一般并不等于 $\omega(x,t)$，哪怕 $\omega(x,t)$ 确是一个涡度场。我们可以借用前面关于全空间的分析来说明这一问题。令

$$\tilde{\omega}(x,t)=\begin{cases}\omega(x,t), & x\in\Omega,\\ 0, & x\bar{\in}\Omega,\end{cases}$$

那么上述积分仍可以写成在全空间求积分的形式，

$$v(x,t)=-\frac{1}{4\pi}\int_{\mathbb{R}^3}\frac{x-\xi}{|x-\xi|^3}\times\tilde{\omega}(\xi,t)d\xi.$$

如果能有一个速度场 $\tilde{u}$，使 $\tilde{\omega}=\operatorname{curl}\tilde{u}$，我们就可以证明

$$\operatorname{curl} v=\tilde{\omega},$$

但是现在 $\tilde{\omega}$ 是一个间断函数，即使 ω 在 Ω 内是一个涡度场，在全空间，$\tilde{\omega}$ 也不是任一速度场的涡度，它也不是某一个速度场的涡度的近似。

我们还可以通过直接验算进行检查。(1.2.11)可以写成

$$u(x,t)=\frac{1}{4\pi}\operatorname{curl}\int_{\Omega}\frac{1}{|x-\xi|}\omega(\xi,t)d\xi+\nabla\phi.$$

于是

$$\operatorname{curl} u=\frac{1}{4\pi}\operatorname{curl}\ \operatorname{curl}\int_{\Omega}\frac{1}{|x-\xi|}\omega(\xi,t)d\xi.$$

我们知道

$$-\Delta\left(\frac{1}{4\pi}\int_{\Omega}\frac{1}{|x-\xi|}\omega(\xi,t)d\xi\right)=\omega(x,t),\ \ x\in\Omega,$$

所以只要检查下式是否成立：

$$-\Delta\int_{\Omega}\frac{1}{|x-\xi|}\omega(\xi,t)d\xi=\operatorname{curl}\operatorname{curl}\int_{\Omega}\frac{1}{|x-\xi|}\omega(\xi,t)d\xi.$$

由场论公式 $\operatorname{curl}\ \operatorname{curl} f=-\Delta f+\operatorname{grad}\operatorname{div} f$，我们只需检查下式是否成立：

$$\operatorname{grad} \nabla \cdot \int_{\Omega} \frac{1}{|x-\xi|} \omega(\xi, t) d\xi = 0,$$

利用 Gauss 公式可得

$$\begin{aligned}
\nabla \cdot \int_{\Omega} \frac{1}{|x-\xi|} \omega(\xi, t) d\xi &= -\int_{\Omega} \nabla_{\xi} \cdot \frac{1}{|x-\xi|} \omega(\xi, t) d\xi \\
&= \int_{\Omega} \frac{1}{|x-\xi|} \cdot \nabla_{\xi} \cdot \omega(\xi, t) d\xi - \int_{\partial\Omega} \frac{1}{|x-\xi|} \omega(\xi, t) \cdot n dS,
\end{aligned}$$

其中 ∇_{ξ} 表示关于 ξ 求导，dS 表示在 $\partial\Omega$ 上的曲面微元. 现在设 ω 在 Ω 内确等于 $\operatorname{curl} v$，其中 v 是一个速度场，则 $\nabla_{\xi} \cdot \omega(\xi, t) = 0$。但是右端第二项一般是不会等于常数的. 因此以上等式一般不成立。这就是有边界时所带来的困难.

从这里我们还可以得到一个条件：如果 ω 在边界 $\partial\Omega$ 上等于零，那么公式(1.2.11)是正确的。但是这种情形并无太大的实际意义，在实际问题中，涡场一般集中于边界附近，是不会等于零的.

在应隆安[11]中，我们建议用如下的方法从涡度场求速度场：求 u 与 φ，使

$$\begin{aligned}
&-\Delta u + \nabla\varphi = \operatorname{curl} \omega, \\
&\nabla \cdot u = 0, \\
&u \cdot n|_{\partial\Omega} = 0, \ \operatorname{curl} u \times n|_{\partial\Omega} = \omega \times n|_{\partial\Omega}
\end{aligned}$$

这个问题有唯一解，从而就得到了所要的速度场 u。因为如果 u 是一个不可压缩的速度场，$\nabla \cdot u = 0$, $u \cdot n|_{\partial\Omega} = 0$，而且

$$\omega = \operatorname{curl} u,$$

那么只要取 $\varphi = 0$ 就可以看出所有方程与边界条件都可以满足. 如果 ω 是一个近似的涡度场，这时一般不会有 $\nabla \cdot \omega = 0$，它就可以分解成两项，一项为不可压缩场，另一项为梯度场，梯度场在方程中不起作用，不可压缩场则对应了 u，这时不会有 $\omega = \operatorname{curl} u$，但是 u 也是近似正确的. 在应隆安 [11] 中，还给出了这个问题的 Galerkin 方法求解的公式.

当然还可以设法通过流函数来求 u，关于这方面的研究，读者可以参看 Dubois[1]，这里就不介绍了

§3. 随机游动涡团法

涡度法的最大应用是求解不可压缩高 Reynold 数流动。这时求解的是 Navier-Stokes 方程。我们就二维情形讨论，方程为

$$\frac{\partial u}{\partial t}+(u\cdot\nabla)u+\frac{1}{\rho}\nabla P=\nu\Delta u+f, \tag{1.3.1}$$

$$\nabla\cdot u=0, \tag{1.3.2}$$

其中 ν 为粘性系数，我们设它为常数，为了叙述上的方便，我们仍然假设外力 f 有势. 以 $-\nabla\wedge$ 作用于方程(1.3.1)并且令

$$\omega=-\nabla\wedge u$$

得

$$\frac{\partial\omega}{\partial t}+u\cdot\nabla\omega=\nu\Delta\omega, \tag{1.3.3}$$

为了计算上的方便，我们把它无量纲化，取一个特征长度 L，一个特征速度 U，令

$$u'=\frac{u}{U},\quad \omega'=\frac{\omega}{UL},\quad x'=\frac{x}{L},\quad t'=\frac{tU}{L},$$

代入(1.3.3)得

$$\frac{\partial\omega'}{\partial t'}+u'\cdot\nabla\omega'=\frac{\nu}{UL}\Delta\omega'.$$

令 $R=\dfrac{UL}{\nu}$，它称为 Reynold 数. 为了书写上的方便，仍以 u，ω，t，x 分别表示无量纲化以后的速度、涡度、时间与空间变量，则有

$$\frac{\partial\omega}{\partial t}+u\cdot\nabla\omega=R^{-1}\Delta\omega. \tag{1.3.4}$$

为了保持求解 Euler 方程时沿特征线积分的优点，求解(1.3.4)时常用多步法. 即把时间分割为长 Δt 的小区间，在每个时间步内把方程(1.3.4)分解成两个方程：

$$\frac{\partial \omega}{\partial t}+u\cdot\nabla\omega=0,\tag{1.3.5}$$

$$\frac{\partial \omega}{\partial t}=R^{-1}\Delta\omega。\tag{1.3.6}$$

例如，从时间 $i\Delta t$ 求解到 $(i+1)\Delta t$，我们首先有初值 $\omega(x, i\Delta t)$。先解(1.3.5)，当然要和(1.1.5)(1.1.6)联立. 当 $t=(i+1)\Delta t$ 时，我们把解记作 $\tilde{\omega}(x,(i+1)\Delta t)$，然后把它作为 $t=i\Delta t$ 时的初值求解 (1.3.6). 当 $t=(i+1)\Delta t$ 时，我们把它的解才记作 $\omega(x,(i+1)\Delta t)$，以此为初值进行下一步求解，如此循环往复，如果写成公式，我们有

$$\omega(n\Delta t)=(H(\Delta t)E(\Delta t))^n\omega_0,\tag{1.3.7}$$

其中 $E(t)$ 是 Euler 解算子，即当 ω 是下述问题的解时:

$$\frac{\partial \omega}{\partial t}+u\cdot\nabla\omega=0,$$

$$-\Delta\psi=\omega,\quad u=\nabla\wedge\psi$$

$$\omega|_{t=0}=\omega_0,$$

我们就记 $\omega=E(t)\omega_0$。$H(t)$ 是热传导方程的解算子，即当 ω 是下列问题的解时:

$$\frac{\partial \omega}{\partial t}=R^{-1}\Delta\omega,$$

$$\omega|_{t=0}=\omega_0,$$

我们就记 $\omega=H(t)\omega_0$。

以上是涡度-流函数公式的提法，如果回到原始变量，我们实际上就是求解下述的两个方程组:

$$\frac{\partial u}{\partial t}+(u\cdot\nabla)u+\frac{1}{\rho}\nabla P=f,\tag{1.3.8}$$

$$\nabla\cdot u=0,\tag{1.3.9}$$

与

$$\frac{\partial u}{\partial t}+\frac{1}{\rho}\nabla P=\nu\Delta u,\tag{1.3.10}$$

$$\nabla\cdot u=0\tag{1.3.11}$$

多步法的公式就是

$$u(n\Delta t)=(H(\Delta t)E(\Delta t))^n u_0, \tag{1.3.12}$$

这里H与E的意义与(1.3.7)中的不同，它们是对应了求解原始变量的方程,因为不会发生混淆,我们就不把它们与(1.3.7)中的记号相区别了．现在考查的是全空间的情形,方程(1.3.10)(1.3.11)还可以作一些简化．以u_0为初始条件，当求解(1.3.10)(1.3.11)的初值问题时,我们实际上只要求解

$$\frac{\partial u}{\partial t}=\nu\Delta u, \tag{1.3.13}$$

$$u|_{t=i\Delta t}=u_0, \tag{1.3.14}$$

就够了,这是因为如果u是(1.3.13),(1.3.14)的解，令 $p=0$，它也满足(1.3.10).又因为u_0是从上一步得来的,所以有$\nabla\cdot u_0=0$.以∇作用于(1.3.13)(1.3.14)得

$$\frac{\partial\nabla\cdot u}{\partial t}=\nu\Delta(\nabla\cdot u),$$

$$\nabla\cdot u|_{t=i\Delta t}=0.$$

由热传导方程解的唯一性，$\nabla\cdot u=0$，于是(1.3.11)也满足．又(1.3.10)(1.3.11)(1.3.14)的解是唯一的，所以它就是(1.3.13)(1.3.14)的解。

现在方程(1.3.5)用涡团法求解,为了与之匹配,(1.3.6)也应该用涡团法求解，Chorin 在[1]中建议用随机游动法解(1.3.6)。设$(\tilde{x}_1^{(i+1)},\tilde{x}_2^{(i+1)})$为求解(1.3.5)后某一涡团的中心位置,则令

$$x_1^{(i+1)}=\tilde{x}_1^{(i+1)}+\eta_1,\quad x_2^{(i+1)}=\tilde{x}_2^{(i+1)}+\eta_2,$$

其中η_1与η_2是独立的 Guass 分布随机变量,期望值为0，方差为$2\Delta t/R$。

公式(1.3.7)或(1.3.12)称为“粘性分离”(viscous splitting),它的优点是保持了特征线法的高精度的特点,在 Reynold 数R很大时,用通常的方法求解(1.3.4),对流项 $u\cdot\nabla\omega$ 的离散化会产生很大的数值粘性,从而掩盖了粘性项 $R^{-1}\Delta\omega$，现在的特征线法在理论上是没有数值粘性的。Reynold 数仅出现在方程(1.3.6)中，

而这是一个无对流的热传导方程，它是较容易处理的，高 Reynold 数也没有困难。

关于公式(1.3.7)(1.3.12)的合理性，我们将在第四章中作详细的论证。

下面讨论有边界的情形，这是最困难的，也是必不可少的，因为边界层、分离、涡流，湍流等都由边界引起。对于方程 (1.3.1)，(1.3.2)，我们仍假设最简单的固壁条件.

$$u|_{x\in\partial\Omega}=0, \tag{1.3.15}$$

这时要注意的是，对于(1.3.8)(1.3.9)或(1.3.10)(1.3.11)，边界条件是不一致的，对于前者，边界条件是(1.1.17)，而对于后者，边界条件是 (1.3.15)。当我们求解 (1.3.8)(1.3.9) 以后，u 不会满足(1.3.15)，再求解(1.3.10)(1.3.11)时，初值与边值是不相容的，初值可能在切向有很大"滑动"。

对于方程(1.3.5)与(1.3.6)，边界条件也不一样，对于前者，边界条件体现在

$$-\Delta\psi=\omega,\ \ \psi|_{\partial\Omega}=0$$

中. 而对于后者，因为速度在边界上无论是切向分量还是法向分量都等于零，由(1.1.5)(1.1.6)得

$$-\Delta\psi=\omega,\ \ \psi|_{\partial\Omega}=0,\ \ \left.\frac{\partial\psi}{\partial n}\right|_{\partial\Omega}=0. \tag{1.3.16}$$

表面上看来，(1.3.16)是超定的，因为对于一个二阶椭圆型方程同时给了 Dirichlet 边界条件与 Neumann 边界条件，但是对于热传导方程，我们没有加任何边界条件，这个问题的提法仍然是适定的.

为了满足无滑动条件，Chorin [1] 中建议采用一种"涡旋生成算子"，设求解(1.3.5)以后，在界附近的流场如图 1 所示，我们考查局部流动，不妨设边界近似为一条直线，将切向速度作奇开拓，法向速度作

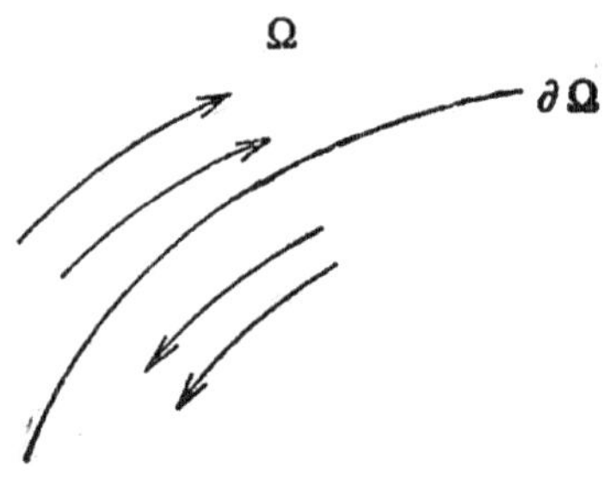

图 1

偶开拓，这样就把速度场延拓到区域Ω之外. 在边界上按照平均的观点，可以认为速度等于零，在边界 $\partial\Omega$ 上切向速度有间断. 在计算涡度时，它的导数必然是广义函数，可以认为有一个"涡片"(vortex sheet) 集中在 $\partial\Omega$ 上，它的强度为 $2(u\cdot\tau)\delta$，其中 τ 为单位切向量，δ 为沿法向的 δ 函数，再把这个涡片离散化，形成了边界上的一个个小涡团（图 2），加上这些小涡团来保证无滑移条件，按照这种设想，公式(1.3.7)改为（参看 Chorin-Hughes-McCracken-Marsden [1]）

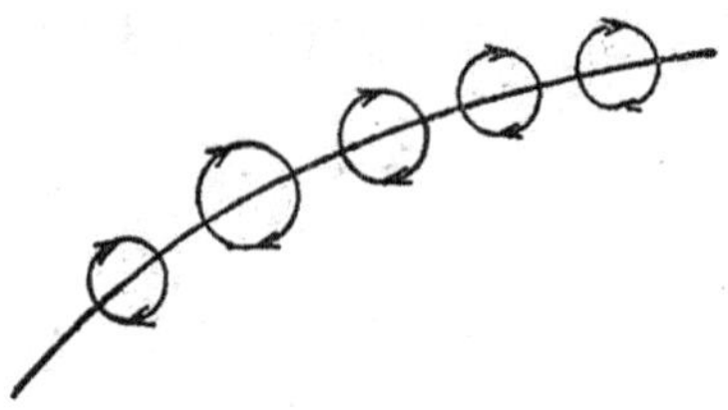

图 2

$$\omega(n\Delta t)=(H(\Delta t)\Theta E(\Delta t))^n\omega_0, \tag{1.3.17}$$

其中 Θ 为"涡旋生成算子". 这种做法与实际观测到的物理现象是吻合的. 在实验中，边界附近确实生成不少新的涡旋. 关于公式(1.3.17)，我们也将在第四章中作仔细的研究.

§4. 变椭圆涡方法

在前面几节我们没有考虑方向性问题，涡团也设计为圆形的，但是在流体运动中方向性是十分显著的. 例如边界层一般很薄，各方向的尺度就很不一样，下面我们介绍滕振寰在[1]，[2]中提出的考虑到方向性的二维椭圆涡方法.

令

$$\zeta(x)=\begin{cases}1/\sigma, & x\in\Omega(a,b),\\ 0, & x\bar{\in}\Omega(a,b),\end{cases}$$

其中

$$\Omega(a,b)=\left\{x;\frac{x_1^2}{a^2}+\frac{x_2^2}{b^2}\leqslant 1\right\},\quad \sigma=\pi ab.$$

仍有表达式(1.1.14). 而方程

$$-\Delta\psi_\delta=\zeta(x)$$

的解为

$$\psi_\delta(x) = \begin{cases} -\dfrac{1}{2\pi(a+b)}\left(\dfrac{x_1^2}{a^2}+\dfrac{x_2^2}{b^2}\right), & x \in \Omega(a,b), \\ -\dfrac{1}{2\pi}\left(\dfrac{x_1^2/\alpha + x_2^2/\beta}{\alpha+\beta} + \log\dfrac{\alpha+\beta}{a+b}\right), & x \bar{\in} \Omega(a,b), \end{cases}$$

其中 $\alpha = \sqrt{a^2+\lambda}$，$\beta = \sqrt{b^2+\lambda}$，$\lambda > 0$ 满足

$$\frac{x_1^2}{a^2+\lambda} + \frac{x_2^2}{b^2+\lambda} = 1.$$

相应的速度场是 $u = (u_1, u_2) = \nabla \wedge \psi_\delta$,

$$u_1 = \begin{cases} -\dfrac{1}{\pi(a+b)}\dfrac{x_2}{b}, & x \in \Omega(a,\ b), \\ -\dfrac{1}{\pi(\alpha+\beta)}\dfrac{x_2}{\beta}, & x \bar{\in} \Omega(a,\ b), \end{cases}$$

$$u_2 = \begin{cases} \dfrac{1}{\pi(a+b)}\dfrac{x_1}{a}, & x \in \Omega(a,\ b), \\ \dfrac{1}{\pi(\alpha+\beta)}\dfrac{x_1}{\alpha}, & x \bar{\in} \Omega(a,b). \end{cases}$$

对于参数 a，b 的选取，可以这样考虑：为简单起见，不妨设边界为 x_1 轴，把 x_1 轴等分为长为 h 的线段，当在边界上生成涡团时，每段内生成一个. 自然地，我们取 $a = h/2$，而 b 取作随机游动在 x_2 方向上的平均距离

$$b = \frac{1}{\sqrt{\pi\Delta t/R}}\int_0^\infty y e^{-(y^2/4\Delta t)/R} dy = 2\sqrt{\frac{\Delta t}{\pi R}},$$

它与边界层的厚度具有同样的数量级 $O(1/\sqrt{R})$.

下面，再设椭圆形涡团可以变形，我们先研究流场中涡团的变形规律. 在初始时刻，设 $\alpha_0 = (\alpha_{10}, \alpha_{20})$ 是它的中心位置，则此涡团所占的区域为

$$\{\alpha; (\alpha-\alpha_0)A(\alpha-\alpha_0)^T \leqslant 1, \alpha \in \mathbb{R}^2\},$$

其中 A 是一个 2×2 的对称正定矩阵，T 表示转置.

以 x_0 记涡团的中心，按照 Taylor 展开公式，(1.1.7)可以写为

$$\frac{dx}{dt} = u(x_0,t) + (x - x_0)\cdot\nabla u(x_0,t)^T + O(|x - x_0|^2).$$

把二阶项略去，并设(1.1.7)的解 $x_0 = x_0(t)$ 为已知，就得到一个线性方程。令 $z = x - x_0$，$\beta = \alpha - \alpha_0$，得

$$\frac{dz}{dt} = z\cdot\nabla u(x_0,t)^T, \tag{1.4.1}$$

$$z|_{t=0} = \beta,$$

其中 $\beta\in\Omega_0 = \{\beta;\beta A\beta^T \leqslant 1,\beta\in\mathbb{R}^2\}$. 我们试求 (1.4.1) 的基本解组，作矩阵函数 $Z(t)$，它满足

$$\begin{cases}\dfrac{dZ(t)}{dt} = Z\cdot\nabla u(x_0,t)^T, & (1.4.2)\\[2ex] Z|_{t=0} = I, & (1.4.3)\end{cases}$$

其中 I 为单位矩阵，则 $z = \beta Z(t)$.

由 Liouville 定理，得

$$\det Z(t) = \det Z(0)\exp\int_0^t \mathrm{tr}\nabla u(x_0,t)dt,$$

其中 det 表示矩阵的行列式，tr 表示矩阵的迹. 已知

$$\det Z(0) = 1,\ \ \mathrm{tr}\nabla u(x_0,t) = 0,$$

因此

$$\det Z(t) \equiv 1,$$

即涡团的面积不随时间而改变，这与流体的不可压缩性是一致的。以 $\Omega(t)$记时刻 t 时涡团所占的区域，则由(1.4.3)得

$$\Omega(t) = \{z;zZ^{-1}(t)A(Z^{-1}(t))^Tz^T \leqslant 1,z\in\mathbb{R}^2\}. \tag{1.4.4}$$

类似于(1.1.14)我们可以写

$$\omega = \sum_{j\in J}\alpha_j\zeta(x;\Omega_j(t)),$$

其中每一个 $\Omega_j(t)$ 都如(1.4.4)所示，但是它们所对应的矩阵是不一样的，以 σ_j 记 $\Omega_j(t)$ 的面积，则最简单的涡团函数是

$$\zeta(x;\Omega_j(t)) = \begin{cases}1/\sigma_j, & x\in\Omega_j(t),\\ 0 & x\bar{\in}\Omega_j(t).\end{cases}$$

与圆形涡团法的计算步骤是相同的，所不同的是，在每一步，我们

除了要求解(1.1.7)以确定涡团的位置外，还要求解(1.4.2)以确定涡团的形状，设对于 $\Omega_j(t)$，(为书写简便，略去指标 j)

$$Z^{-1}(t)A(Z^{-1}(t))^T = \begin{pmatrix} a_{11} & a_{12} \\ a_{21} & a_{22} \end{pmatrix},$$

以 a,b 记长短半轴，θ 记长半轴与 x_1 轴的夹角，则有

$$\operatorname{tg}\theta = -\left(\frac{a_{11}-a_{22}}{2a_{12}} + \sqrt{\frac{(a_{11}-a_{22})^2}{2a_{12}} + 1}\right),$$

$$a = \sqrt{\frac{\sigma}{\pi\gamma}},\quad b = \sqrt{\frac{\sigma\gamma}{\pi}},$$

$$\gamma = \sqrt{\frac{a_{11} + 2a_{12}\operatorname{tg}\theta + a_{22}\operatorname{tg}^2\theta}{a_{11}\operatorname{tg}^2\theta - 2a_{12}\operatorname{tg}\theta + a_{22}}}.$$

速度分量也可以求出

$$u_1 = \begin{cases} \dfrac{1}{\pi(a+b)}\left(\dfrac{X\sin\theta}{a} + \dfrac{Y\cos\theta}{b}\right), & x \in \Omega_j(t), \\ \dfrac{1}{\pi(\alpha+\beta)}\left(\dfrac{X\sin\theta}{\alpha} + \dfrac{Y\cos\theta}{\beta}\right), & x \bar{\in} \Omega_j(t), \end{cases}$$

$$u_2 = \begin{cases} \dfrac{1}{\pi(a+b)}\left(-\dfrac{X\cos\theta}{a} + \dfrac{Y\sin\theta}{b}\right), & x \in \Omega_j(t), \\ \dfrac{1}{\pi(\alpha+\beta)}\left(-\dfrac{X\cos\theta}{\alpha} + \dfrac{Y\sin\theta}{\beta}\right), & x \bar{\in} \Omega_j(t), \end{cases}$$

其中

$$X = (x_1 - X_{j1})\cos\theta + (x_2 - X_{j2})\sin\theta,$$

$$Y = -(x_1 - X_{j1})\sin\theta + (x_2 - X_{j2})\cos\theta,$$

$$X_j(t) = (X_{j1}, X_{j2}),\quad \alpha = \sqrt{a^2+\lambda},\quad \beta = \sqrt{b^2+\lambda},$$

$\lambda > 0$ 满足

$$\frac{X^2}{a^2+\lambda} + \frac{Y^2}{b^2+\lambda} = 1.$$

§5. 确定型算法

解方程(1.3.6)的随机游动法与(1.3.5)的涡团法是匹配的，但

它的缺点是误差较大，又不能很好地反映边界条件，为边界条件的处理带来了困难．确定型算法的提出虽不能完全弥补这些不足，但给我们提供了解决问题另一条可能的途径．

确定型算法主要是用来解热传导方程，它也得与方程 (1.3.5) 的求解匹配，才能用来解 Navier-Stokes 方程．

为了介绍确定型算法的基本思想，我们先考虑一维的对流扩散方程

$$\frac{\partial f}{\partial t}+a(x)\frac{\partial f}{\partial x}=\nu\frac{\partial^2 f}{\partial x^2}. \tag{1.5.1}$$

对 f 考虑如下的质点逼近：

$$f_N(x,t)=\sum_{i=1}^{N}w_i(t)\delta(x-X_i(t)), \tag{1.5.2}$$

把(1.5.2)代入(1.5.1)得

$$\begin{aligned}\text{左式}=\sum_{i=1}^{N}\{&w_i'(t)\delta(x-X_i(t))+w_i(t)[a(X_i(t))\\&-X_i'(t)]\delta'(x-X_i(t))\},\end{aligned}$$

$$\text{右式}=\nu\sum_{i=1}^{N}w_i(t)\delta''(x-X_i(t)).$$

如果 $\nu=0$，$X_i'(t)=a(X_i(t))$，$w_i'(t)=0$，则(1.5.2)是 (1.5.1) 的真解．如果 $\nu\neq 0$，f_N 不可能为(1.5.1)的真解．我们试考虑让 f_N 在某种意义下成为近似解．为了比较方程两边，我们在给定点逼近 δ 函数的二阶微商

$$\delta''(x-X_i(t))\approx-\sum_j\alpha_{ij}\delta'(x-X_j(t)) \tag{1.5.3}$$

或者

$$\delta''(x-X_i(t))\approx\sum_j\beta_{ij}\delta(x-X_j(t)). \tag{1.5.4}$$

这些逼近是在下述意义上得到的．首先按照 δ 函数的定义，对于无穷次可微的紧支集函数 ϕ 有

$$\langle\delta_{\bar{x}},\phi\rangle=\phi(\bar{x}),$$

$$\langle\delta_{\bar{x}}',\phi\rangle=-\phi'(\bar{x}),$$

以及

$$\langle \delta''_{\bar{x}}, \phi \rangle = \phi''(\bar{x}).$$

这里 $\delta_{\bar{x}}(x) = \delta(x - \bar{x})$。 下面我们用其它点上函数值的线性组合来逼近函数 ϕ 的微商:

$$\phi'(X_i) \approx \sum_j \alpha_{ij} \phi(X_j), \tag{1.5.5}$$

$$\phi''(X_i) \approx \sum_j \beta_{ij} \phi(X_j). \tag{1.5.6}$$

当然,这些系数依赖于点的位置和希望逼近的精度。

在均匀网格上,给出二阶精度,则

$$\alpha_{ij} = \begin{cases} \dfrac{1}{2\Delta x}, & j = i+1, \\ -\dfrac{1}{2\Delta x}, & j = i-1, \\ 0, & \text{其它}, \end{cases}$$

$$\beta_{ij} = \begin{cases} \dfrac{1}{(\Delta x)^2}, & j = i \pm 1, \\ -\dfrac{2}{(\Delta x)^2}, & j = i, \\ 0, & \text{其它}. \end{cases}$$

这里 Δx 是空间点的剖分距离。 在非均匀网格上,给定精度, 也可以构造这些系数. 利用 (1.5.5)、(1.5.6) 可以导出公式 (1.5.3)、(1.5.4)

$$\langle \delta'_{X_i}, \phi \rangle = -\phi'(X_i) = -\sum_j \alpha_{ij} \phi(X_j)$$

$$= -\sum_j \alpha_{ij} \langle \delta_{X_j}, \phi \rangle = \left\langle -\sum_j \alpha_{ij} \delta_{X_j}, \phi \right\rangle,$$

和

$$\langle \delta''_{X_i}, \phi \rangle = \phi''(X_i) = \sum_j \beta_{ij} \phi(X_j)$$

$$= \sum_j \beta_{ij} \langle \delta_{X_j}, \phi \rangle = \left\langle \sum_j \beta_{ij} \delta_{X_j}, \phi \right\rangle.$$

利用(1.5.4), 比较方程(1.5.1)的两端,得方程

$$
\left.\begin{aligned}
X_i' &= a(X_i),\\
w_i' &= \nu \sum_j \beta_{ji} w_j.
\end{aligned}\right\} \tag{1.5.7}
$$

在这个格式中,点的位置随对流项移动,而大小随扩散项变化。

如果同时利用(1.5.3)和(1.5.4)而假定质点不移动,则有

$$
\left.\begin{aligned}
&X_i' = 0,\\
&w_i' - \sum_j \alpha_{ji} w_j a(X_j) = \nu \sum_j \beta_{ji} w_j.
\end{aligned}\right\} \tag{1.5.8}
$$

如果我们用 δ' 逼近 δ'',则可得到格式

$$
\left.\begin{aligned}
&w_i' = 0,\\
&X_i' = a(X_i) + \frac{\nu}{w_i} \sum_j \alpha_{ji} w_j.
\end{aligned}\right\} \tag{1.5.9}
$$

在这个格式中,质点大小不变,对流、扩散都用质点位置变化来逼近。

对于格式(1.5.7)—(1.5.9)我们作如下的评价: 如果(1.5.5)(1.5.6)是相容的,则上面三种格式形式上都是弱相容的。需要引起注意的是系数 α_{ij} 和 β_{ij} 依赖于点 $\{X_1, \cdots, X_N\}$ 的位置。一般地,矩阵 (α_{ij}) 和 (β_{ij}) 为带状矩阵,带宽依赖于(1.5.5),(1.5.6)的带宽。在(1.5.8)中,质点不动,所以系数为常数。在(1.5.7),(1.5.9)中,对流项是精确计算的,逼近由扩散给出。而在(1.5.8)中,对流、扩散都用逼近描述。 由于这个原因,Lagrange 格式(1.5.7)(1.5.9)一般给出较为精确的结果,尤其是当对流项为主要部分的时候。

所有这些格式都能扩展到多维情形,方程设为

$$
\frac{\partial f}{\partial t} + a \cdot \nabla f = \nu \Delta f,
$$

其中 $f = f(x,t)$,a 和 x 都是 m 维向量。

类似地有

$$
f_N = \sum w_i \delta(x - X_i).
$$

在这种情形,α_{ij} 是向量系数,用来逼近函数的梯度:

$$\nabla\phi(X_i)\approx\sum_j\alpha_{ij}\phi(X_j).$$

而β_{ij}用来逼近 Laplace 算子：

$$\Delta\phi(X_i)\approx\sum_j\beta_{ij}\phi(X_j).$$

利用格式(1.5.7)，(1.5.9)的主要困难在于每一时间步都需要计算这些系数．这就是为什么有限差分 Euler 格式比自由的 Lagrange 格式容易求解的原因．在(1.5.8)中点是固定的，它们没有随"流体"而运动．与跟踪流体质点比较，它们需要用更多的点来表示初始条件，或者通过增加需要的点，删去不必要的点来实现网格的人工校正．而在(1.5.7)中，点按对流移动，一般不需要很多额外点来描述扩散．在(1.5.9)中，点按对流扩散移动，原则上，网格自然生成，点的运动反映了支集的传播，不必用额外的点来描述对流与扩散．

上面方程为线性的，对拟线性方程，我们也可以用同样的思想来构造格式，特别是对 Navier-Stokes 方程，有很多人考虑过确定型格式．下面我们有选择地加以介绍．对Navier-Stokes 方程的确定型格式既可以有粘性分离，对 Euler 方程用涡团法计算，对热传导方程用确定型格式，也可以没有粘性分离，整个方程用确定型格式求解．

a) Cottet 和 Mas-Gallic 的方法类似于(1.5.7)，对流项是精确的，通过改变涡团的强度来逼近扩散项．

设位置为 X_i，强度为 α_i，$\alpha_i=\omega_iV_i$，其中 ω_i 为涡的局部值，V_i 为体积．位置追随流体运动

$$\frac{dX_i}{dt}=u(X_i(t),t),\quad X_i(0)=X_i, \tag{1.5.10}$$

在不可压缩流体中，V_i 不随时间变化，上述算法用下面的方程来逼近扩散项：

$$\frac{d\omega_i}{dt}=\frac{\nu}{\varepsilon^2}\sum_j(\omega_j-\omega_i)V_j\zeta_\varepsilon(X_i-X_j), \tag{1.5.11}$$

$$\omega_i(0)=\omega(X_i,0).$$

其中 ε 为一个小的参数，涡团函数 ζ_ε 依赖于 ε，当 $\varepsilon \to 0$，它的极限就是 δ 函数。可以先取一个函数 $\zeta(x)$，然后令

$$\zeta_\varepsilon(x) = \varepsilon^{-2}\zeta\left(\frac{x}{\varepsilon}\right).$$

当 $\zeta(x)$ 只依赖于 $|x|$ 并且

$$\int_{\mathbb{R}^2} x_i^2\zeta(x)dx = 2,\ i = 1,2$$

时，将函数 ω 关于 x 点作 Taylor 展开可以得到

$$\Delta\omega(x) = \frac{1}{\varepsilon^2}\int(\omega(y) - \omega(x))\zeta_\varepsilon(x - y)dy + O(\varepsilon^2),$$

由此即可导出（1.5.11）。以上为二阶格式，也可以导出四阶格式来。

b) Fishelov [1] 中对粘性流提出了一类确定型算法，它与情形 a) 一样，关于对流是精确的：即

$$\frac{dx}{dt} = u(x, t).$$

再用涡团法求解

$$\frac{dX_i(t)}{dt} = \sum_{j\in J} K_\varepsilon(X_i(t) - X_j(t))\omega_j(t)h^2,$$

这里 $K_\varepsilon(x) = K * \phi_\varepsilon$，$K$ 即(1.1.11)中的速度

$$K = \frac{(x_2, -x_1)}{|x|^2},$$

ϕ_ε 为截断函数，$\phi_\varepsilon(x) = \dfrac{1}{\varepsilon^2}\phi\left(\dfrac{x}{\varepsilon}\right)$，扩散项的离散基于下面的逼近：

$$\omega(x) \approx \omega * \phi_\varepsilon,$$
$$\Delta\omega(x) \approx \omega * \Delta\phi_\varepsilon.$$

我们可以得到如下一类格式：

$$\frac{dX_i(t)}{dt} = \sum_{j\in J} K_\varepsilon(X_i(t) - X_j(t))\omega_j(t)h^2,$$

$$\frac{d\omega_i(t)}{dt} = \sum_{j\in J} \Delta\phi_\varepsilon(X_i(t) - X_j(t))\omega_j(t)h^2.$$

Fishelov 证明了上述格式的相容性和对热传导方程的稳定性。

c) Degond 和 Mustieles[1] 提出了一类确定型算法，关于对流项的处理与 a)，b) 一样，主要差别在于对热传导方程的处理。我们把热传导方程形式上化为特征形式，再用对流项的处理方法形式上处理扩散项。考虑热传导方程

$$\frac{\partial \omega}{\partial t} - \nabla \cdot (S(x,t)\nabla \omega) = 0, \tag{1.5.12}$$

$S(x,t)$ 是正定矩阵，将它化为守恒形式：

$$\frac{\partial \omega}{\partial t} + \nabla \cdot j = 0, \tag{1.5.13}$$

$$j(x,t) = -S(x,t)\nabla \omega. \tag{1.5.14}$$

在形式上将上述方程写成对流形式

$$\frac{\partial \omega}{\partial t} + \nabla \cdot (A(x,t)\omega) = 0. \tag{1.5.15}$$

由(1.5.14)，$A(x,t)$ 为

$$A(x,t)\omega(x,t) = j(x,t) = -S(x,t)\nabla \omega(x,t),$$

于是

$$A(x,t) = -S(x,t)\nabla \omega(x,t)/\omega(x,t). \tag{1.5.16}$$

若假设 $A(x,t)$ 已知，则(1.5.15)为对流方程，用质点逼近初值 ω_0，

$$\omega_0 \doteq \sum_{j \in J} \alpha_j \delta(x - X_j),$$

则逼近解形式上为

$$\omega(x, t) = \sum_{j \in J} \alpha_j \delta(x - X_j(t)),$$

其中 $X_j(t)$ 满足

$$\frac{dX_j(t)}{dt} = A(X_j(t),t), \quad X_j(0) = X_j.$$

考虑光滑逼近

$$\omega(x,t) = \sum_{j \in J} \alpha_j \zeta_\varepsilon(x - X_j(t)),$$

则它的微商可以求出，得到 $A(x,t)$ 的逼近为(1.5.16)，从而得到

的确定型算法为

$$\frac{dX_i(t)}{dt}=-\frac{S(X_i(t),t)\sum_j \alpha_j \nabla\zeta_\varepsilon(X_i(t)-X_j(t))}{\sum_j \alpha_j\zeta_\varepsilon(X_i(t)-X_j(t))},$$

$$X_i(0)=X_i$$

对于 Navier-Stokes 方程，考虑到对流项以及 S 为单位矩阵，得

$$\frac{dX_i(t)}{dt}=\sum_j K_\varepsilon(X_i(t)-X_j(t))\alpha_j$$

$$-\frac{\sum_j \alpha_j \nabla\zeta_\varepsilon(X_i(t)-X_j(t))}{\sum_j \alpha_j\zeta_\varepsilon(X_i(t)-X_j(t))}.$$

§6. 快速涡团算法

为了更真实地反映流体运动，有时需要计算大大小小的涡达一万个，甚至更多. 如果是直接地去解N体问题如（1.1.12）或（1.1.16），每步需要的计算量达到 $O(N^2)$，即使是当今最快的计算机，如此大的计算量也是不能承受的. 对于N体问题，现在已有很好的办法来描述它们之间的相互作用，并且仅仅只要直接计算小部分的相互作用，从而达到节省计算量的目的. 这些算法是基于远处的涡团可以被看作点涡，这一思想首先被 Anderson[2] 发现并完善成为局部校正方法（MLC）. 另一有意义的方法是由 V. Rokhlin 和 L. Greengard[1] 提出，我们称之为多极展开方法（MEM）. 下面我们将分别介绍这两种方法.

6.1 局部校正法——无粘情形

局部校正法的核心是通过解下面方程来计算涡点中心的运动

$$\frac{dx_i(t)}{dt}=\tilde{u}(x_i(t),t), \tag{1.6.1}$$

这里 $\tilde{u}(x,t)$ 为(1.1.12)的逼近且使得在点 $x_i(t)$ 的计算量小于 $O(N^2)$

$\tilde{u}(x,t)$ 的构造是建立在下面事实上的,在远离涡点中心相同位置上的点涡和涡团在该点产生的速度差异很小,如果比较涡点产生的速度公式和涡团产生的速度公式,上述结论是明显的. 实际上,若涡团是球对称的,即涡团函数 $\zeta(x)$ 只是 $|x|$ 的函数,有紧支集,则由点涡和这样的涡团产生的速度场仅在该涡团的紧支集内有差别(在这一节我们将假设涡团函数有紧支集,若涡团函数没有紧支集,由于涡团函数是速降的,由此产生的误差可以忽略不计). 局部校正法的好处在于利用点涡构造速度场只需要 $O(N)+O(M\log M)$ 的计算量,而在每一涡点的校正也仅需要 $O(N)$ 的计算量,从而总的运算量为 $O(N)+O(M\log M)$. 而且我们还注意到此方法能够保持高阶矩涡团函数的高阶收敛性.

我们用 $u=(u_1,u_2)$ 表示速度场,由不可压缩条件

$$\frac{\partial u_1}{\partial x_1}+\frac{\partial u_2}{\partial x_2}=0$$

可知,存在流函数 ψ 使得

$$u_1=\frac{\partial\psi}{\partial x_2},\quad u_1=-\frac{\partial\psi}{\partial x_1}. \tag{1.6.2}$$

涡定义为

$$\omega=\frac{\partial u_2}{\partial x_1}-\frac{\partial u_1}{\partial x_2},$$

则流函数与涡有下面关系

$$-\Delta\psi=\omega. \tag{1.6.3}$$

在涡团法中,涡被看作一些涡团的和:

$$\omega(x,t)=\sum_{j=1}^{N}\zeta_\varepsilon(x-x_j(t))\omega_j, \tag{1.6.4}$$

这里 $x_j(t)$ 为涡团的中心,ω_j 为涡团的强度,二维 Laplace 方程基本解 $G=\frac{1}{2\pi}\log r$, $r=(x^2+y^2)^{1/2}$ 则

$$\psi = G * \left[\sum_{j=1}^{N} \zeta_\varepsilon(x - x_j(t))\omega_j\right]$$

$$= \sum_{j=1}^{N} (G * \zeta_\varepsilon)(x - x_j(t))\omega_j,$$

这里 * 表示卷积，由(1.6.2)

$$u_1 = \sum_{j=1}^{N} -\frac{\partial(G * \zeta_\varepsilon)}{\partial x_2}(x - x_j(t))\omega_j,$$

$$u_2 = \sum_{j=1}^{N} \frac{\partial(G * \zeta_\varepsilon)}{\partial x_1}(x - x_j(t))\omega_j. \qquad (1.6.5)$$

如果我们记 $K_{\varepsilon 1} = -\frac{\partial(G * \zeta_\varepsilon)}{\partial x_2}$，$K_{\varepsilon 2} = \frac{\partial(G * \zeta_\varepsilon)}{\partial x_1}$ $K_\varepsilon = (K_{\varepsilon 1}, K_{\varepsilon 2})$，则可得到(1.1.12)．实际上，在涡团法中速度场的计算是假设涡团分布为(1.6.4)从而解析地解(1.6.5)，如果 ζ 仅为 r 的函数，则速度场可直接从 K_ε 求出．

局部校正法的第一步是计算

$$u(x_i(t), t) = \sum_{j=1}^{N} K(x_i(t) - x_j(t))\omega_j, \qquad (1.6.6)$$

这里 $K = (1/2\pi r^2)(-x_2, x_1)$，这相当于假设涡由 Dirac 函数 δ 构成

$$\omega(x, t) = \sum_{j=1}^{N} \delta(x - x_j(t))\omega_j.$$

为清楚起见，我们先只算 u_1，MLC 第一步由两部分组成

(1a) 得到速度在格点上的值，

(1b) 把速度值插值到涡点中心．

为了弄清楚 (1a)，我们先假设只有一个涡点，且计算网格为中心在原点，每一方向宽为 h 的正方形，再假设涡点位于区域 $\left[-\frac{h}{2}, \frac{h}{2}\right] \times \left[-\frac{h}{2}, \frac{h}{2}\right]$，对于多个涡点利用问题的线性性即可得．

(1a) 的目的是找到速度场分量 u_1 在计算区域网格点上的值，

已知速度在节点的值，考虑网格函数

$$\Delta^h u_1(i_1h, i_2h), \tag{1.6.7}$$

这里 Δ^h 为离散的 Laplace 算子，由于 u_1 在除涡团中心外所有点是调和的，$\Delta^h u_1(i_1h, i_2h)$ 在远离该点时变得很小，事实上，如果离散 Laplace 阶为 $O(h^k)$，则 $\Delta^h u_1(i_1h, i_2h)$ 的值为 $O(h^k)$，因此我们可定义函数

$$g_D(i_1h, i_2h) = \begin{cases} \Delta^h u_1(i_1h, i_2h), \text{ 对 } i_1, i_2, \text{ 使得 } |i_1h| < D \\ \qquad\qquad \text{和 } |i_2h| < D. \\ 0, \text{ 对 } i_1, i_2, \text{ 使得} |i_1h| \geqslant D \text{ 或} |i_2h| \geqslant D, \end{cases} \tag{1.6.8}$$

则 g_D 是 $\Delta^h u_1(i_1h, i_2h)$ 的 $O(h^k)$ 阶逼近。

由于 $g_D(i_1h, i_2h)$ 是(1.6.7)的逼近，通过解

$$\Delta^h \tilde{u}_1(i_1h, i_2h) = g_D(i_1h, i_2h), \tag{1.6.9}$$

且令计算区域边界上的点 $\tilde{u}_1(i_1h,\ i_2h) = u_1(i_1h,\ i_2h)$，可得到 $u_1(i_1h, i_2h)$ 的逼近 $\tilde{u}_1(i_1h, i_2ih)$。

选取大的D值可得到 $u_1(i_1h,\ i_2h)$ 好的逼近，对固定的 D，提高离散 Laplace 的精度可增加 $\tilde{u}_1$ 的逼近精度.

然后将是把速度场插到其它涡点的中心，本质是一个插值问题，通常的插值公式都可以用，然而，我们希望应用由点涡产生的速度场的特殊性质得到高阶的插值公式，在远离涡中心的地方，速度场的两部分形成一复解析函数的实部和虚部.

$$F(z) = u_1 - iu_2 \tag{1.6.10}$$

这里我们把 $x_1 - x_2$ 平面看作复平面，(1.6.10)是解析的，是因为有下面 Cauchy-Riemann 方程

$$\frac{\partial u_1}{\partial x_1} + \frac{\partial u_2}{\partial x_2} = 0,\ \frac{\partial u_2}{\partial x_1} - \frac{\partial u_1}{\partial x_2} = 0.$$

利用速度场的复表示可以得到速度场的插值公式，在复平面上作一个函数的插值类似于一个实变量函数的插值，从而可提高插值的精度. 给定复平面上点 $z_i, i = 1, \cdots, n$，Lagrangian 型插值公式为

$$F(z)=\sum_{j=1}^{N}\left(\prod_{i\neq j}\frac{(z-z_i)}{(z_j-z_i)}\right)F(z_j). \tag{1.6.11}$$

如果点 z_i 离网格中节点的距离不超过 h，则(1.6.11)的精度可达到 $O(h^n)$，因此，利用(1.6.11)的实部和虚部插值公式，我们仅用 n 个点可以得到精度为 $O(h^n)$ 的插值速度场。例如，我们可用 4 点就可以得到 4 阶精度，这可以同利用 4 点的双线性插值作比较，那样的插值，精度仅为 2 阶。

值得我们注意的是，当距涡点中心很近时，由于点涡导出的速度场复函数的奇性，上述插值精度不好。幸运的，插值公式在点涡附近不精确是可以允许的。因为在第二步，我们将在涡点附近对速度场进行校正。

算法的第二步是对第一步中得到的速度场进行局部校正。对一给定的涡，校正由两部分组成，减去由该涡附近的涡点产生的速度场插值得到的逼近速度，再加上这些附近涡点在此点产生的正确速度

$$u_C^{(j)}=u_C^{(j)}-u_h^{(j)}, \tag{1.6.12}$$

其中 $u_C^{(j)}$ 表示第 j 个涡点的速度校正，$u_c^{(j)}$ 表示区域

$$|x_i(t)-x_j(t)|\leqslant C$$

内涡产生的精确速度，$u_h^{(j)}$ 表示区域 $|x_i(t)-x_j(t)|\leqslant C$ 内涡产生速度的插值。C 是一个待确定的参数。

精确的速度场可通过(1.6.5)得到。对第 j 个涡点附近涡点产生速度场在第 j 个点插值得到插值速度场，利用(1.6.12)，可对速度场进行校正。

上述做法一个值得注意的地方是，对一个给定的涡点，怎样确定别的涡点是“近”或“远”。如果我们通过计算该点与其它涡点的距离来决定，这样的计算量又达到 $O(N^2)$。克服这个困难的一个基本想法是用宽为 k 的“链网格”覆盖整个区域(注意，h 不要求与 k 相等)。每一涡点对应一“包”，在每一“包”中贮藏了一些涡点，在决定涡点是否在附近时，只要决定包含涡点的包是否在附近，若找到一包，就可以通过该包内涡点的表找到附近的涡点。

对局部校正法，我们可以总结如下： 用宽为 h 的网格覆盖整个计算区域，利用快速椭圆解得到

$$\Delta^h u_1(i_1 h,\ i_2 h) = \sum_{j=1}^{N} g_{D_j} \tag{1.6.13}$$

的解，这里 g_{D_j} 是在 (1.6.8) 中定义的网格函数，类似地我们可以得到 $\tilde{u}_2$。利用(1.6.11)的插值公式，我们可以得到涡点上的插值速度场，为了改进逼近速度场的精度，我们利用(1.6.12)在每一点附近进行校正。求解(1.6.13)右边需 $O(N)$ 运算量，校正需要 $O(N)$ 运算量，假设离散 Laplace (1.6.13) 的解需 $O(M\log M)$ 运算量，则总的运算量为 $O(N)+O(M\log M)$。

在实际计算中还有两个可调的参数 C,D，例如我们选取

$$C = D = 2h,$$

得到的计算结果就让人满意了。

6.2 局部校正法——有粘情形

Anderson 的局部校正法是各种快速涡团算法的基础，如果直接应用到随机涡团法中，由于大部分涡集中于边界附近，局部校正的计算量还是不小。Baden 和 Puckett[1] 对随机涡团法提出了一种快速算法，他们把计算区域 Ω 分为两部分： Ω_l 是远离边界 $\partial\Omega$ 的部分，Ω_s 是靠近边界的一部分，在 Ω_s 上利用 Prandtl 边界层方程，并用涡片方法解，在内部 Ω_l 上用涡团法。当然，我们还是象第三节中一样用分步算法，通过在边界上产生涡片来满足边界条件。如果涡片进入内部 Ω_l，我们把它转换为一些涡团，若 Ω_l 内涡团进入 Ω_s，则把它转换成涡片，转换时都保持相同的环流。下面仅对边界附近区域 Ω_s 用涡片方法作详细介绍，为了简单起见，我们还假设 Ω 为上半平面。

我们定义

$$\Omega_s = \{x\in\Omega, \mathrm{dist}(x,\partial\Omega) < \delta\},$$

在 Ω_s 上用涡片方法解边界层方程

$$\xi_t + u\xi_{x_1} + v\xi_{x_2} = \frac{1}{R}\xi_{x_2x_2}, \qquad (1.6.14)$$

$$\xi = -u_{x_2}, \qquad (1.6.15)$$

$$u_{x_1} + v_{x_2} = 0, \qquad (1.6.16)$$

$$(u,v)|_{x_2=0} = (0,0), \qquad (1.6.17)$$

$$\lim_{x_2\to\infty} u(x,y,t) = U_\infty(x,t), \qquad (1.6.18)$$

这里(u, v)表示速度分量，ξ表示涡度，U_∞为无穷远处的速度。

在涡片方法中，当时间 $t = k\Delta t$ 时，涡由线性集中函数逼近

$$\tilde{\xi}^k(x_1, x_2) = \sum_j \xi_j b_l(x_1 - (x_1)_j^k)\delta((x_2)_j^k - x_2),$$

这里ξ_j是第j个涡片的强度，$((x_1)_j^k, (x_2)_j^k)$是它的中心，b_l是光滑函数在 Chorin [2]中取为

$$b_l(x) = \begin{cases} 1 - |x/l|, & |x| \leqslant l, \\ 0, & \text{其它}, \end{cases} \qquad (1.6.19)$$

参数l是涡片长度，由(1.6.19)定义的片长为$2l$。

由(1.6.15)，(1.6.18)可从ξ^k导出$\tilde{u}^k$

$$\tilde{u}^k(x_1,x_2) = U_\infty(x_1,k\Delta t) + \sum_j \xi_j b_l(x_1 - (x_1)_j^k) \cdot H((x_2)_j^k - x_2),$$

这里$H(x)$为 Heaviside 函数，利用(1.6.16)，(1.6.17)可把v表示成u_{x_1}的积分，利用中心差分逼近U_{x_1}可得

$$\tilde{v}^k(x_1,x_2) = -\partial_{x_1}U_\infty(x_1,k\Delta t)x_2 - \frac{1}{l}\sum_j \xi_j \cdot \left(b_l\left(x_1 + \frac{l}{2} - (x_1)_j^k\right) - b_l\left(x_1 - \frac{l}{2} - (x_1)_j^k\right)\right) \cdot \min(x_2,(x_2)_j^k). \qquad (1.6.20)$$

对内部Ω_l，运用第三节的随机游动涡团方法与 Anderson 的局部校正方法，我们可以得到有粘情形的快速算法。

S. Baden[1]利用局部校正方法，并作并行化处理，做了大涡量计算。

6.3 多极展开方法

Anderson 的局部校正方法是建立在 CIC (Cloud in Cell) 方法上的. 他把远处的涡团看作涡点来计算, 而对近处的涡团直接计算. O. Greengard 和 Rokhlin[1] 对质点法提出了一类快速算法, 质点法不仅在流体力学中运用, 在等离子体物理 (Plasma physics), 天体力学 (celestial mechanics) 和分子动力学中也是常用的方法.

假设二维物理模型中有 N 个质点, 其中一质点位于 $x_0 \in \mathbb{R}^2$, 对任一点 $x \in \mathbb{R}^2$, $x \neq x_0$, 由位于 x_0 的质点产生的位势为

$$\phi_{x_0}(x) = -\log(\|x - x_0\|),$$

速度场(电位场)为

$$u_{x_0}(x) = \frac{x - x_0}{\|x - x_0\|}.$$

我们知道 $\phi_{x_0}(x)$ 在不包含 x_0 的区域内是调和的, 这个性质是我们构造快速算法的理论源泉.

下面先举一个简单例子说明多极展开方法能节省计算量. 设有 m 个质点 $q_1, \cdots, q_m$ 位于 $x_1, \cdots, x_m \subset \mathbb{C}$, $y_1, \cdots, y_n$ 为 $\mathbb{C}$ 中另一点集, 我们说点集 $\{x_i\}$ 与 $\{y_i\}$ 是真分离的是指存在点 $x_0, y_0 \in \mathbb{C}$ 和实数 r 使得

$$|x_i - x_0| < r, \quad i = 1, \cdots, m,$$
$$|y_i - y_0| < r, \quad i = 1, \cdots, n,$$
$$|x_0 - y_0| > 3r.$$

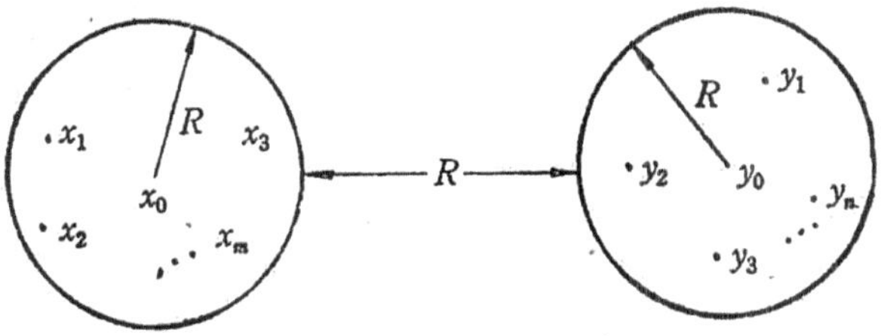

图 3 平面上真分离集

为了计算质点 $\{x_i\}$ 在 $\{y_i\}$ 产生的势, 需要求

$$\sum_{i=1}^{m} \phi_{x_i}(y_j), j = 1 \cdots n.$$

直接计算需计算量为 $O(nm)$，现在我们先求点 $\{x_i\}$ 在 x_0 的 p 项多极展开系数

$$Q = \sum_{i=1}^{m} q_i, \ a_k = \sum_{i=1}^{m} \frac{-q_i(x_i - x_0)^k}{k}, \ 1 \leqslant k \leqslant p,$$

这需要计算量为 $O(mp)$. 然后再求在 y_i 的 p 项多极展开

$$\sum_{i=1}^{m} \phi_{x_i}(y_j) \simeq Q \log(y_j - x_0) + \sum_{k=1}^{p} \frac{a_k}{|y_j - x_0|^k},$$

这需要计算量为 $O(np)$，总的计算量为 $O(mp + np)$. 由 Greengard 和 Roklin[1] 中定理 2.1 可知，误差为

$$\left|\sum_{i=1}^{m} \phi_{x_i}(y_j) - Q \log(y_j - x_0) - \sum_{k=1}^{p} \frac{a_k}{|y_j - x_0|^k}\right| \leqslant A\left(\frac{1}{2}\right)^p. \tag{1.6.21}$$

为了达到 ε 的精度,只需取 $p = -\log_2 \varepsilon$ 量级就行了. 从而计算量约为 $O(m) + O(n)$，当 m,n 很大时就大大地减少了计算量.

快速多极展开算法的总体思想是利用多极展开计算各种空间尺度的不同簇质点之间的相互作用,从而达到节省计算量的目的. 下面我们将介绍多极展开算法.

为了简单起见,我们假设计算区域为以原点为中心,边长为 1 的方块，其中包含 N 个质点，下图显示的附近的 8 个方块也将有用,且忽略边界影响.

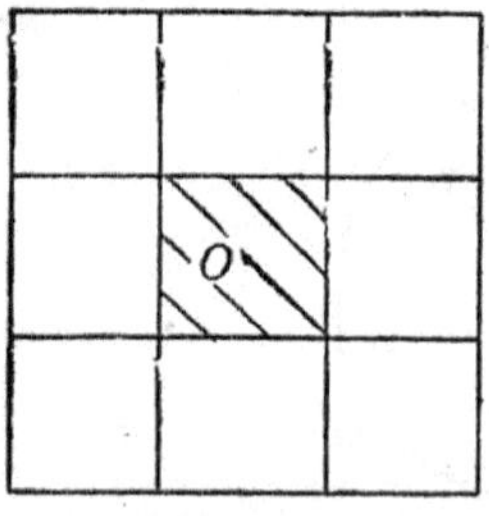

图 4　计算方块(阴影部分)及附近的周期方块，且方块中心在原点,面积为1

固定精度 ε，我们选取 $p = -\log_2 \varepsilon$，由于需要计算相互作用的各簇质点都是真分离的,从而由误差估计(1.6.21)得出的截断误差为 2^{-p}，它在期望的精度允许范围之内. 为了满足这些条件，我们引入网格的系统如下，把计算区域分割成越来越小的区域（如图 5)，网格的第 0 层为整个区

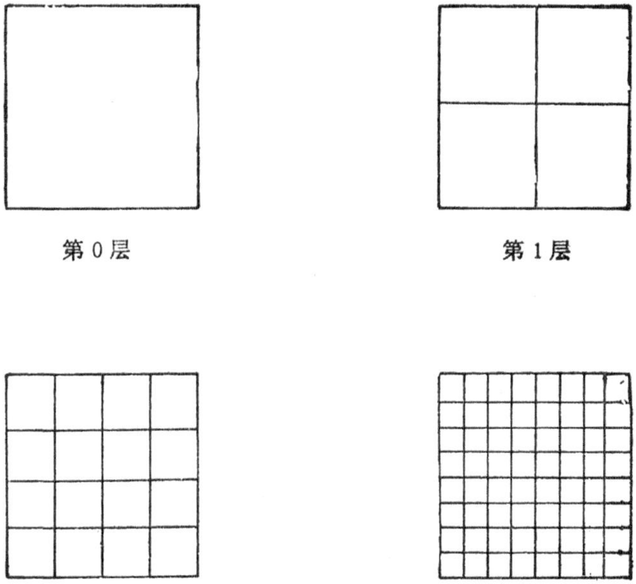

图 5　计算方块及加细的 3 层

域，第 $l+1$ 层是通过把第 l 层的每一区域分成相等的 4 个部分(称为该方块的子方块)而得到，从而第 l 层的不相交方块有 4^l 个.

为了描述算法，我们先介绍下面几个记号：$\Phi_{l,i}$：包含在第 l 层第 i 个方块内质点产生的位势关于该方块中心的 p 项多极展开. $\Psi_{l,i}$：在第 l 层第 i 个方块及除了离它最近邻域之外的所有质点产生的位势在该方块中心的 p 项局部展开. $\tilde{\Psi}_{l,i}$：在第 l 层第 i 个方块的父母方块及除了父母方块最近邻域之外所有质点产生的位势在该方块中心的 p 项局部展开. 相互作用表：对第 l 层第 i 个方块，由它的父母方块最近邻域中与第 i 个方块真分离的子方块组成.

假设在第 $l-1$ 层，已知局部展开 $\Psi_{l-1,i}$

$$\Psi_{l-1,i}=\sum_{k=0}^{n} a_k(z-z_0)^k.$$

我们可以把展式 $\Psi_{l-1,i}$ 转换到第 i 个方块的子方块上去

$$\sum_{k=0}^{n} a_k (z-z_0)^k = \sum_{l=0}^{n}\left(\sum_{k=l}^{n} a_k \binom{k}{l}(-z_0)^{k-l}\right) z^l,$$

则对第 l 层第 i 个方块可得到 $\tilde{\Psi}_{l,j}$，为了得到 $\Psi_{l,j}$，我们需要相互作用表，把相互作用表中的方块的多极展开

$$\phi(z) = a_0 \log(z-z_0) + \sum_{k=1}^{p} \frac{a_k}{(z-z_0)^k}$$

转换成第 i 个方块的局部展开

$$\phi(z) = \sum_{l=0}^{p} b_l z^l,$$

这里

$$b_0 = \sum_{k=1}^{p} \frac{a_k}{z_0^k}(-1)^k + a_0 \log(-z_0)$$

和

$$b_l = \left(\frac{1}{z_0^l}\sum_{k=1}^{p}\frac{a_k}{z_0^k}\binom{l+k-1}{k-1}(-1)^k\right) - \frac{a_0}{l\cdot z_0^k}\quad l \geqslant 1.$$

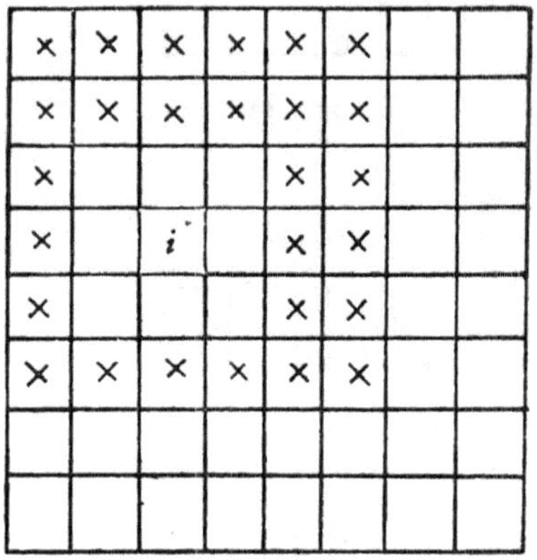

图6　第 i 个方块的相互作用表，用“×”作记号的方块是与第 i 个方块真分离的，且它在第 i 个方块的父母方块最近邻域内

由于我们不考虑边界的影响，$\Psi_{0,i}, \Psi_{1,i}$ 为零，我们从第 2 层开始考虑．

快速多极展开算法描述如下：

选择加细的层数 $n \simeq \log_4 N$，精度 ε，令 $p \simeq -\log_2 \varepsilon$．

第一步：在最细层的每一个方块内，形成由该方块内质点产生的位势关于该方块中心的多极展开 $\Phi_{n,i}$．

第二步：在粗层形成关于每一方块中心的多极展开，每一层式表示由该方块内质点产生的位势．具体做法是把每一子方块的多极层式

$$\phi(z) = a_0 \log(z-z_0) + \sum_{k=1}^{p} \frac{a_k}{(z-z_0)^k}$$

转换成关于该方块中心的多极展开式

$$\phi(z) = a_0 \log z + \sum_{l=1}^{p} \frac{b_l}{z^l},$$

这里

$$b_l = \left(\sum_{k=1}^{l} a_k z_0^{l-k} \binom{l-1}{k-1}\right) - \frac{a_0 z_0^l}{l},$$

并把它们加起来从而形成 p 项多极展式 $\Phi_{l,i}$. 然后，相互作用都是尽可能在粗层上计算,对一给定的方块,相互作用只对那些与该方块是真分离的且在上一层没有计算相互作用的方块而言.

第三步：在每一层 $l \leqslant n-1$ 形成关于每一方块中心的局部展式，这个局部展式描述的是不在该方块及邻域内所有质点产生的位势场 $\Psi_{l,i}$. 它由两部分组成，一部分为 $\tilde{\Psi}_{l,i}$，它通过把第 i 个方块的父母方块的 $\Psi_{l-1,j}$ 转换而来的. 另一部分是通过把相互作用表中多极展 $\Phi_{l,j}$ 转换成关于第 i 个方块中心的局部展开并加起来而得到的.

第四步：计算最细层的相互作用. 把第 i 个方块相互作用表中第 j 个方块的多极展开 $\Phi_{l,j}$ 转换成关于第 i 个方块中心的局部展式并把它们加起来,然后再加上 $\tilde{\Psi}_{n,i}$，从而形成 $\Psi_{n,i}$. 最细层的局部展式将用于计算位于最细层方块最近邻域之外的质点产生的位势.

第五步：在质点位置计算局部展式，对在第 i 个方块中位于 z_j 的质点 p_j 计算 $\Phi_{n,i}(z_j)$.

第六步：直接计算近邻域内的位势. 使对第 i 个方块内每一质点 p_j. 计算该方块及邻域内其它质点与 p_j 的作用.

第七步：对第 i 个方块的每一质点，把直接计算的部分与远处的项加起来.

注意：每一个局部展开都是由 p 项的多项式描述的，在一点直接计算这些多项式就产生位势. 由解析性及速度场与位势的关系,从导数就可以得到速度场的表达式,而不必要数值微分.

对于有边界情形,在 Greengard 和 Rokhlin [1] 中有详尽说明.

当计算区域内质点分布很不均匀时，Carrier，Greengard 和 Rokhlin [1] 中给出了一种快速算法.

在 Greengard 和 Rohklin [2] 中讨论了三维情形的快速多极展开方法.

第二章　不可压缩流的数学理论

§1. Sobolev 空间的一些性质

以$x=(x_1,\cdots,x_d)$，$y=(y_1,\cdots,y_d)$ 表示 d 维欧几里得空间 $\mathbb{R}^d$ 中的点，并且令$|x|=\sqrt{x_1^2+\cdots+x_d^2}$． 设$\Omega$为 $\mathbb{R}^d$ 中的开集，$u(x)$ 为定义于Ω上的函数．我们以 $\frac{\partial}{\partial x_1},\cdots,\frac{\partial}{\partial x_d}$记一阶微分算子，它们也记作 $\partial_1,\cdots,\partial_d$．对于高阶微商，我们引进多重指标 $\alpha=(\alpha_1,\cdots,\alpha_d)$，$\beta=(\beta_1,\cdots,\beta_d)$ 等，其中α_i,β_i等都是非负整数，然后令

$$\partial^\alpha=\frac{\partial^{\alpha_1+\cdots+\alpha_d}}{\partial x_1^{\alpha_1}\cdots\partial x_d^{\alpha_d}},$$

又记 $|\alpha|=\alpha_1+\cdots+\alpha_d$． 设 $|\alpha|=m$，则以 D^m 表示集合 $\{\partial^\alpha\}_{|\alpha|=m}$．在一般情况下，我们假设$\Omega$的边界充分光滑．

设 $1\leqslant p<\infty$，令

$$\|u\|_{0,p,\Omega}=\left(\int_\Omega|u(x)|^p dx\right)^{\frac{1}{p}},\qquad(2.1.1)$$

我们以 $L^p(\Omega)$ 记Ω上所有使(2,1,1)有限的 Lebesgue 可测的函数的集合．在范数(2.1.1)之下，$L^p(\Omega)$ 为一 Banach 空间，又令

$$\|u\|_{0,\infty,\Omega}=\operatorname*{ess\,sup}_{\Omega}|u(x)|=\inf_N\sup_{\Omega\setminus N}|u(x)|,\qquad(2.1.2)$$

其中N表示Ω内任一零测度集合，我们以 $L^\infty(\Omega)$ 表示Ω上所有使(2,1,2)为有限的 Lebesgue 可测的函数的集合．在范数(2,1,2)之下 $L^\infty(\Omega)$ 也是一个 Banach 空间，对于 $p=2$，$L^2(\Omega)$ 还是一个 Hilbert 空间，以

$$(u,v)=\int_\Omega u(x)v(x)dx$$

作为它的内积．设 m 为非负整数，$1 \leqslant p < \infty$，令

$$\|u\|_{m,p,\Omega} = \left(\sum_{|\alpha| \leqslant m} \|\partial^\alpha u\|_{0,p,\Omega}^p \right)^{\frac{1}{p}}, \tag{2.1.3}$$

其中 $\partial^\alpha u$ 表示广义微商．按范数 (2.1.3) 得到的 Banach 空间记作 $W^{m,p}(\Omega)$．当 $p = 2$，它又记作 $H^m(\Omega)$．对于 $p = \infty$，可以定义

$$\|u\|_{m,\infty,\Omega} = \max_{|\alpha| \leqslant m} \|\partial^\alpha u\|_{0,\infty,\Omega},$$

对应的空间记作 $W^{m,\infty}(\Omega)$．在以上范数中，如果对于开集 Ω 不会引起误会，则 Ω 可以不写，当 $p = 2$ 时，p 也可以略去不写．

在空间 $W^{m,p}(\Omega)$ 中，我们还常用如下的半范数：

$$|u|_{m,p,\Omega} = \left(\sum_{|\alpha| = m} \|\partial^\alpha u\|_{0,p,\Omega}^p \right)^{\frac{1}{p}}, \ 1 \leqslant p < \infty,$$

$$|u|_{m,\infty,\Omega} = \max_{|\alpha| = m} \|\partial^\alpha u\|_{0,\infty,\Omega}.$$

以上是非负整数阶 Sobolev 空间的定义．我们还用到其它一些空间． $C^k(\Omega)$ 和 $C^k(\bar{\Omega})$ 分别表示在 Ω 上或在 $\bar{\Omega}$ 上 k 次连续可微的函数的集合，对于后者，如果引进范数

$$\|u\|_{C^k(\bar{\Omega})} = \sum_{|\alpha| \leqslant k} \|\partial^\alpha u\|_{0,\infty,\Omega},$$

则它也是一个 Banach 空间． $C_0^k(\Omega)$ 则表示在 Ω 中 k 次连续可微有紧支集的函数的集合． 在以上定义中，k 可以等于∞． 设 $0 < \lambda \leqslant 1$，令

$$\|u\|_{C^{k,\lambda}(\bar{\Omega})} = \|u\|_{C^k(\bar{\Omega})} + \max_{|\alpha| = k} \sup_{x,y \in \bar{\Omega}} \frac{|\partial^\alpha u(x) - \partial^\alpha u(y)|}{|x - y|^\lambda}, \tag{2.1.4}$$

则它对应的空间 $C^{k,\lambda}(\bar{\Omega})$ 也是一个 Banach 空间，(2.1.4)的第二项称为 Hölder 系数．

空间 $C_0^\infty(\Omega)$ 在 $W^{m,p}(\Omega)$ 中的闭包记作 $W_0^{m,p}(\Omega)$，它也是一个 Banach 空间．当 $p = 2$，它也记作 $H_0^m(\Omega)$．

设 $s \geqslant 0$，它不一定是一个整数，我们定义空间 $W^{s,p}(\Omega)$，

$1 \leqslant p < \infty$。不妨设 $s = k + \lambda$，其中 k 为一个整数，$0 < \lambda < 1$. 引进如下范数

$$\|u\|_{s,p,\Omega} = \|u\|_{k,p,\Omega} + \left(\sum_{|\alpha|=k} \int_\Omega \int_\Omega \frac{|\partial^\alpha u(x) - \partial^\alpha u(y)|^p}{|x-y|^{d+p\lambda}} dxdy \right)^{\frac{1}{p}},$$

则所得到的空间记作 $W^{s,p}(\Omega)$。当 $p = 2$ 时，它也可记作 $H^s(\Omega)$. 同理还有 $W_0^{s,p}(\Omega)$ 与 $H_0^s(\Omega)$。

设 $\frac{1}{p} + \frac{1}{q} = 1$，$p \geqslant 1$，$q \geqslant 1$，$s \geqslant 0$，空间 $W_0^{s,q}(\Omega)$ 的对偶空间记作 $W^{-s,p}(\Omega)$，它的范数定义为

$$\|u\|_{-s,p,\Omega} = \sup_{v \in W_0^{s,q}(\Omega)} \frac{\langle v, u \rangle}{\|v\|_{s,q,\Omega}}.$$

同样，当 $p = 2$，$W^{-s,p}(\Omega)$ 可以记作 $H^{-s}(\Omega)$。设 为某一可测函数，则我们说 $u \in W^{-s,p}(\Omega)$ 的意思是，按照

$$\int_\Omega uvdx = \langle v, u \rangle, \ \forall v \in W_0^{s,q}(\Omega)$$

定义对偶积，u 与 $W^{-s,p}(\Omega)$ 中的一个元素对应。在这种意义下，我们有

$$W^{s_1,p}(\Omega) \subset W^{s_2,p}(\Omega),$$

其中 s_1 与 s_2 都是任意的实数，满足 $s_2 < s_1$。

上述有关 Sobolev 空间的定义还可以作一些推广。设 X 为 Banach 空间，我们定义一个映射 $f:(0, T) \to X$，则可以对 f 的集合定义类似的 Sobolev 空间，它记作 $W^{s,p}(0, T; X)$。

下面叙述 Sobolev 空间中的嵌入定理、紧嵌入与迹定理。为了叙述简单起见，设 Ω 的边界有界且充分光滑，此外，我们在本书中，永远假设 C 为一个通用的常数，在不同的公式中它可以取不同的值，而 $C_0, C_1, \cdots, M, M_0, M_1, \cdots$，等都是具有某种特定意义的常数。

设有两个赋范空间 A 与 B，满足

(a) A 是 B 的子空间；

(b) 对一切 $a \in A$，由 $I: a \to a$ 定义的从 A 到 B 的恒同算子

是连续的，则称 A 嵌入到 B，记作 $A \to B$.

整数阶 Sobolev 空间的嵌入定理可以叙述如下：设 p 满足 $1 \leqslant p < \infty$，则

(a) 当 $mp < d$ 时，$W^{m,p}(\Omega) \to L^q(\Omega)$，其中

$$p \leqslant q \leqslant \frac{dp}{d - mp};$$

(b) 当 $mp = d$ 时，$W^{m,p}(\Omega) \to L^q(\Omega)$，其中 $p \leqslant q < \infty$；

(c) 当 $mp > d > (m-1)p$ 时，$W^{m,p}(\Omega) \to C^{0,\lambda}(\bar{\Omega})$，其中 $0 < \lambda \leqslant m - \dfrac{d}{p}$.

如果 Ω 是有界区域，则以上嵌入除了 (a) $q = \dfrac{dp}{d - mp}$ 情形外，都是紧的.

对于分数阶 Sobolev 空间，根据下文的需要，我们只叙述 $p = 2$ 时的嵌入定理：设 $s > 0$，$2 \leqslant q < \infty$，$\chi = s - \dfrac{d}{2} + \dfrac{d}{q}$，则当 $\chi \geqslant 0$ 时，有 $H^s(\Omega) \to W^{\chi,q}(\Omega)$.

迹定理则表示了不同维数区域上空间的嵌入，我们也只叙述与下文有关的特殊情形. 对于上述区域，有

$$\|u\|_{s-\frac{1}{2},\partial\Omega} \leqslant c\|u\|_{s,\Omega}, \quad s \geqslant \frac{1}{2},$$

此外，对于边界上的法向导数，有

$$\left\|\frac{\partial^j u}{\partial n^j}\right\|_{s-j-\frac{1}{2},\partial\Omega} \leqslant c\|u\|_{s,\Omega}, \quad s \geqslant j + \frac{1}{2}.$$

对于空间 $H_0^1(\Omega)$，它有一个很有用的性质，即 Poincaré 不等式，设 Ω 为有界区域，则

$$\|u\|_{0,\Omega} \leqslant c|u|_{1,\Omega}, \quad \forall u \in H_0^1(\Omega).$$

以上均为标量函数的空间，我们下面常用到向量函数的空间. 例如 $(L^2(\Omega))^3$，$u \in (L^2(\Omega))^3$ 意味着 $u = (u_1, u_2, u_3)$，而它的每一个分量都分别属于 $L^2(\Omega)$，其范数的定义为

$$\left(\sum_{i=1}^{d}\|u_i\|_{0,\Omega}^2\right)^{\frac{1}{2}}.$$

为了书写方便,我们以后仍把它记作 $\|u\|_{0,\Omega}$.

在研究不可压缩流动时，有一个 Sobolev 空间的子空间是很有用的. 先取集合 $\{u;\ u\in(C_0^\infty(\Omega))^d,\ \nabla\cdot u=0\}$，然后在 $(L^2(\Omega))^d$ 中取闭包,所得到的空间记作 X. 在某种意义下，它是 $(L^2(\Omega))^d$ 中所有满足 $\nabla\cdot u=0$, $u\cdot n|_{\partial\Omega}=0$ 的函数的集合，这里 n 是单位外法向量. 当 Ω 为有界区域，并且它的边界适当正则时,我们可以把 $(L^2(\Omega))^d$ 作如下的正交分解:

$$(L^2(\Omega))^d=X\oplus G,$$

其中 $G=\{u\in(L^2(\Omega))^d;\ u=\nabla p,\ p\in H^1(\Omega)\}$. 如果 Ω 不是有界区域,则上述分解仍然存在,只是 G 的定义减弱为

$$G=\{u\in(L^2(\Omega))^d;\ u=\nabla p,\ p\in L_{loc}^2(\Omega)\},$$

其中 $L_{loc}^2(\Omega)$ 表示在任一紧子区域上属于 L^2 的函数. 由此分解,还可以得到一个正交投影,

$$P:(L^2(\Omega))^d\to X,$$

它称为 Helmholtz 投影算子. 因为它是正交投影,所以它是一个有界算子.

下面假设空间的维数 $d=3$，我们还假定 Ω 是一个有界的单连通区域，它的边界充分光滑，则旋度算子 curl 具有如下的性质:

(a) 在空间 $X\cap(H^1(\Omega))^3$ 中,范数 $\|\mathrm{curl}\cdot\|_0$ 与 $\|\cdot\|_1$ 等价;

(b) 当 $s\geqslant 0$ 时,

$$\mathrm{curl}:\ X\cap(H^{s+1}(\Omega))^3\to\{v\in(H^s(\Omega))^3;\nabla\cdot v=0\}$$

是一个同构映射.

下面叙述有关内插的一些性质，为了叙述方便起见，仍假设 Ω 是一个边界充分光滑的区域，则对于 $W^{s_1,p}(\Omega)$, $W^{s_2,p}(\Omega)$ 与 $W^{s_3,p}(\Omega)$, $p>1$, $0\leqslant s_1\leqslant s_2\leqslant s_3$，有如下的内插不等式

$$\|u\|_{s_2,p}\leqslant C\|u\|_{s_1,p}^{1-\theta}\|u\|_{s_3,p}^{\theta},\quad\forall u\in W^{s_3,p}(\Omega),\qquad(2.1.5)$$

其中 $\theta = \dfrac{s_2 - s_1}{s_3 - s_1}$.

有许多方法可以定义空间之间的内插. 我们在这里叙述 Calderon 与 Lions 的复内插法. 设 B_0, B_1 为两个 Banach 空间, Y 为拓扑向量空间, B_0 和 B_1 连续嵌入 Y, 即恒同算子 $I: B_0 \to Y$ 与 $I: B_1 \to Y$ 是连续的. 令

$$B_0 + B_1 = \{b_0 + b_1 \in Y; b_0 \in B_0, b_1 \in B_1\},$$

$$\|u; B_0 + B_1\| = \inf_{\substack{b_i \in B_i \\ b_0 + b_1 = u}} (\|b_0\|_{B_0} + \|b_1\|_{B_1}).$$

再定义 $\mathbb{C} \to B_0 + B_1$ 的子空间为

$F(B_0, B_1) = \{f; f: \sigma + i\tau \to B_0 + B_1$, 并且 f 满足

(a) f 在 $0 < \sigma < 1$ 内全纯;

(b) f 在 $0 \leqslant \sigma \leqslant 1$ 内连续且有界;

(c) $\tau \in \mathbb{R}$, $f(i\tau) \in B_0$, $\tau \to f(i\tau)$ 连续,

$$\lim_{|\tau| \to \infty} f(i\tau) = 0;$$

(d) $\tau \in \mathbb{R}$; $f(1 + i\tau) \in B_1$, $\tau \to f(1 + i\tau)$ 连续,

$$\lim_{|\tau| \to \infty} f(1 + i\tau) = 0\}.$$

定义一个范数

$$\|f; F(B_0, B_1)\| = \max\{\sup_{\tau \in \mathbb{R}} \|f(i\tau)\|_{B_0}, \sup_{\tau \in R} \|f(1 + i\tau)\|_{B_1}\},$$

在此范数下它是一个 Banach 空间. 对于任意的 $\sigma \in [0,1]$, 我们定义“中间空间”:

$$[B_0, B_1]_\sigma = \{u \in B_0 + B_1; \text{存在 } f \in F(B_0, B_1), \text{使 } u = f(\sigma)\},$$

并且赋以范数

$$\|u; [B_0, B_1]_\sigma\| = \inf_{\substack{f \in F(B_0, B_1) \\ f(\sigma) = u}} \|f; F(B_0, B_1)\|,$$

在此范数下, 它是一个 Banach 空间.

可以证明, 如果 $0 \leqslant s_1 \leqslant s_2 \leqslant s_3$, 则

$$H^{s_2}(\Omega) = [H^{s_1}(\Omega), H^{s_3}(\Omega)]_\theta,$$

其中 $\theta = \dfrac{s_2 - s_1}{s_3 - s_1}$.

对于内插空间，如下的算子内插定理是十分有用的：设 Φ, Ψ 为两个拓扑向量空间，以 $\mathscr{L}(\Phi;\Psi)$ 记所有从 Φ 到 Ψ 的线性连续映射所构成的空间. 现在设 X, Y 为两个 Hilbert 空间，它们具有上述关于 B_0, B_1 的性质，又设 $\mathscr{X}, \mathscr{Y}$ 为另一对 Hilbert 空间，它们也有上述性质，$\pi \in \mathscr{L}(X;\mathscr{X})$，同时又有 $\pi \in \mathscr{L}(Y;\mathscr{Y})$，则有

$$\pi \in \mathscr{L}([X,Y]_\theta;\ [\mathscr{X},\mathscr{Y}]_\theta),\ 0<\theta<1,$$

并且有

$$\|\pi a\|_{[\mathscr{X},\mathscr{Y}]_\theta} \leqslant C\max(\alpha,\beta)\|a\|_{[X,Y]_\theta}, \tag{2.1.6}$$

其中 c 为一个只依赖于上述空间与常数 θ 的常数，α 和 β 分别是 π 在空间 $\mathscr{L}(X;\mathscr{X})$，$\mathscr{L}(Y,\mathscr{Y})$ 中的范数.

§2. 椭圆型偏微分方程解的一些估计

我们在本节中只列出对于下文有用的一些结果. 为叙述简单起见，仍假设 $\Omega \subset \mathbb{R}^d$ 为有界的，边界充分光滑的区域. 首先考查如下的 Poisson 方程的 Dirichlet 问题

$$-\Delta\psi = \omega, \tag{2.2.1}$$

$$\psi|_{\partial\Omega} = 0. \tag{2.2.2}$$

设 $s \geqslant -1$, $p \in (1,\infty)$. 则当 $\omega \in W^{s,p}(\Omega)$ 时，$\psi \in W^{s+2,p}(\Omega)$，且有估计

$$\|\psi\|_{s+2,p} \leqslant C\|\omega\|_{s,p}. \tag{2.2.3}$$

还可以考虑非齐次边界条件

$$\psi|_{\partial\Omega} = g, \tag{2.2.4}$$

则问题(2.2.1),(2.2.4)的解有估计

$$\|\psi\|_{s+2,p,\Omega} \leqslant C(\|\omega\|_{s,p,\Omega} + \|g\|_{s+2-1/p,p,\partial\Omega}) \tag{2.2.5}$$

还可以考虑局部估计，设 $\Omega' \subset \Omega$，令 $\Gamma = \partial\Omega \cap \partial\Omega'$，我们设 Γ 是一个 $d-1$ 维的光滑曲面（曲线），又设 $\Omega'' \subset \Omega'$ 并且 $\bar{\Omega}''$ 在

$\Omega' \cup \Gamma$ 中紧，则有

$$\|\psi\|_{s+2,p,\Omega''} \leqslant c(\|\omega\|_{s,p,\Omega'} + \|g\|_{s+2-1/p,p,\Gamma} + \|\psi\|_{0,p,\Omega'}). \tag{2.2.6}$$

对于问题(2.2.1),(2.2.2)的解还有 Schauder 型估计

$$\|\psi\|_{C^{m+2,\lambda}(\bar{\Omega})} \leqslant c\|\omega\|_{C^{m,\lambda}(\bar{\Omega})}, \tag{2.2.7}$$

其中 m 为任一非负整数，$0<\lambda<1$，也有 Schauder 型局部估计。设 Ω',Ω'' 如上所设，则有

$$\|\psi\|_{C^{m+2,\lambda}(\bar{\Omega}'')} \leqslant C(\|\omega\|_{C^{m,\lambda}(\bar{\Omega}')} + \|g\|_{C^{m+2,\lambda}(\Gamma)} + \|\psi\|_{C^0(\bar{\Omega}')}). \tag{2.2.8}$$

值得注意的是，当 $\lambda=0$，Schauder 估计是不成立的，但是我们可以得到一个弱一些的估计，下面我们设 $\omega \in L^\infty(\Omega)$。

以 $G(x,z)$ 记对应于(2.2.1)的 Green 函数，则有

$$\psi(x) = \int_\Omega G(x,z)\omega(z)dz,$$

它的一阶微商等于

$$\nabla\psi(x) = \int_\Omega \nabla x G(x,z)\omega(z)dz. \tag{2.2.9}$$

在 $\bar{\Omega}$ 上任取两点 x, y，令 $a=|x-y|$，以 x 为中心，$2a$ 为半径作一个球(圆) Σ，则有

$$\begin{aligned}|\nabla\psi(x)-\nabla\psi(y)| \leqslant C\|\omega\|_{0,\infty}\Big\{&\int_{\Omega\cap\Sigma}(|\nabla_x G(x,z)| \\ &+ |\nabla_y G(y,z)|)dz \\ &+ \int_{\Omega\setminus\Sigma}|\nabla_x G(x,z) - \nabla_y G(y,z)|dz\Big\}.\end{aligned}$$

对于 Green 函数，有如下的估计：

$$|DG(x,z)| \leqslant C|x-z|^{1-d},$$
$$|D^2G(x,z)| \leqslant C|x-z|^{-d}.$$

于是

$$\begin{aligned}|\nabla\psi(x)-\nabla\psi(y)| \leqslant C\|\omega\|_{0,\infty}\Big\{&\int_\Sigma |x-z|^{1-d}dz \\ &+\int_\Sigma |y-z|^{1-d}dz\end{aligned}$$

$$+\int_{2a\leqslant|x-z|\leqslant R}|x-y|\cdot|x-z|^{-d}dz\Big\}$$
$$\leqslant C(a+a|\log a|)\|\omega\|_{0,\infty},$$

其中 R 为 Ω 的直径,即有

$$|\nabla\psi(x)-\nabla\psi(y)|\leqslant C(|x-y|+|x-y|\cdot|\log|x-y||)\|\omega\|_{0,\infty}. \qquad (2.2.10)$$

若 $\Omega=\mathbf{R}^d$, 则以 x 为中心,给定的常数 R 为半径再作一个球 B. 只要 $2a\leqslant R$, 在 B 内的估计已如上述,在 B 之外则由 $D^2G(x,z)$ 的有界性得

$$\left|\int_{\mathbf{R}^d\setminus B}(\nabla_x G(x,z)-\nabla_y G(y,z))\omega(z)dz\right|$$
$$\leqslant c|x-y|\int_{\mathbf{R}^d\setminus B}|\omega(z)|dz\leqslant C|x-y|\cdot\|\omega\|_{0,1,\mathbf{R}^d},$$

于是有

$$|\nabla\psi(x)-\nabla\psi(y)|\leqslant C(|x-y|+|x-y|\cdot|\log|x-y||)\|\omega\|_{0,\infty,\mathbf{R}^d}+C|x-y|\cdot\|\omega\|_{0,1,\mathbf{R}^d}. \qquad (2.2.11)$$

显然当 $2a>R$ 时,(2.2.11)也是成立的.

对于 Neumann 问题,有类似的估计,设边界条件为

$$\left.\frac{\partial\psi}{\partial n}\right|_{\partial\Omega}=g, \qquad (2.2.12)$$

当 $s\geqslant 0$, $p\in(1,\infty)$, 则当 $\omega\in W^{s,p}(\Omega)$, $g\in W^{s+1-\frac{1}{p},p}(\partial\Omega)$ 时,问题(2.2.1),(2.2.12)的解满足估计式

$$\|\nabla\psi\|_{s+1,p,\Omega}\leqslant C(\|\omega\|_{s,p,\Omega}+\|g\|_{s+1-\frac{1}{p},p,\partial\Omega}). \qquad (2.2.13)$$

当 $\Omega=\mathbf{R}^d$ 时,同样我们可以估计微商. 设 m 为非负整数, 则有

$$|\psi|_{m+2,p,\mathbf{R}^d}\leqslant c\|\omega\|_{m,p,\mathbf{R}^d}. \qquad (2.2.14)$$

对于 Stokes 方程,有完全类似的估计,我们考查固壁问题

$$-\nu\Delta u+\frac{1}{\rho}\nabla p=f,$$
$$\nabla\cdot u=0,$$
$$u|_{\partial\Omega}=0,$$

则对任意的 $s \geqslant -1$，有

$$\|u\|_{s+2} \leqslant c\|f\|_s. \tag{2.2.15}$$

以后，我们还将用到双调和方程. 设

$$\Delta^2 u = 0,$$

$$u|_\Gamma = g_1, \quad \left.\frac{\partial u}{\partial n}\right|_\Gamma = g_2,$$

则与局部估计(2.2.6)对应地有

$$\|u\|_{s+1,\Omega''} \leqslant C(\|g_1\|_{s+\frac{1}{2},\Gamma} + \|g_2\|_{s-\frac{1}{2},\Gamma} + \|u\|_{0,\Omega'}), \tag{2.2.16}$$

其中 $s \geqslant 1$。

利用以上的估计，我们可以证明 Helmholtz 投影算子 P 是一个有界算子: $P:(H^s(\Omega))^d \to (H^s(\Omega))^d$，其中 $s \geqslant 0$ 为任意. 由第 1 节，设 $u \in (H^s(\Omega))^d$，则

$$u = v + w, \tag{2.2.17}$$

其中 $v = Pu \in X$，$w = \nabla p \in G$. 以散度算子 ∇ 作用于(2.2.17)得

$$\nabla \cdot u = \Delta p,$$

在边界上，以 n 作内积得

$$u \cdot n|_{\partial\Omega} = w \cdot n|_{\partial\Omega} = \left.\frac{\partial p}{\partial n}\right|_{\partial\Omega}.$$

于是由(2.2.13)得

$$\|\nabla p\|_{s+1,\Omega} \leqslant C(\|\nabla \cdot u\|_{s,\Omega} + \|u \cdot n\|_{s+\frac{1}{2},\partial\Omega}),$$

其中 $s \geqslant 0$. 由迹定理得

$$\|\nabla p\|_{s+1,\Omega} \leqslant C\|u\|_{s+1,\Omega},$$

即

$$\|w\|_{s+1,\Omega} \leqslant C\|u\|_{s+1,\Omega}.$$

由(2.2.17)得

$$\|Pu\|_{s+1} \leqslant C\|u\|_{s+1}.$$

再利用第 1 节中的内插定理即可知道

$$\|Pu\|_s \leqslant C\|u\|_s$$

对于任意的 $s \geqslant 0$ 都成立.

在本节的最后，我们叙述与椭圆型方程有关的 Lax-Milgram

定理：设 V 为可分的实 Hilbert 空间，以 $\|\cdot\|_V$ 为范数．$a(u,v)$ 是定义于 $V\times V$ 上的双线性连续泛函，它满足如下的椭圆型条件：存在常数 $\alpha>0$，使

$$a(u,u)\geqslant\alpha\|u\|_V^2,\qquad\forall u\in V.$$

再设 V' 为 V 的对偶空间，则对任一 $l\in V'$，存在唯一的 $u\in V$，使

$$a(u,v)=\langle l,v\rangle,\qquad\forall v\in V,$$

并且

$$\|u\|_V\leqslant C\|l\|_{V'}.$$

§3. 三维 Euler 方程的初值问题

下面的讨论对于二维情形也是适用的，我们在区域 $\mathbb{R}^3\times[0,T]$ 中考虑如下的初值问题：

$$\frac{\partial u}{\partial t}+(u\cdot\nabla)u+\frac{1}{\rho}\nabla p=f,\tag{2.3.1}$$

$$\nabla\cdot u=0,\tag{2.3.2}$$

$$u|_{t=0}=u_0.\tag{2.3.3}$$

定理 3.1 若 $m\geqslant3$，$u_0\in(H^m(\mathbb{R}^3))^3$，$\nabla\cdot u_0=0$，$f\in L^1(0,T;(H^m(\mathbb{R}^3))^3)$，则存在常数 T_*，$T_*\in[0,T]$，使得问题(2.3.1)—(2.3.3)有唯一解 $u\in L^\infty(0,T_*;(H^m(\mathbb{R}^3))^3)$，又 $\nabla p\in L^\infty(0,T_*;(H^m(\mathbb{R}^3))^3)$，$p$ 按如下意义是唯一的：它可以加上任意一个依赖于 t 的标量函数．

证明 先作一些估计，以散度算子 ∇ 作用于(2.3.1)得

$$\frac{1}{\rho}\Delta p=\nabla\cdot f-\frac{\partial u_j}{\partial x_i}\frac{\partial u_i}{\partial x_j},\tag{2.3.4}$$

这里我们使用了张量的记号，在一项中指标 i，j 重复出现时，即指关于 i,j 求和．

由定理的假设，对于几乎所有的 t，$\nabla\cdot f\in H^{m-1}(\mathbb{R}^3)$，又我们暂且先假设 $u\in(H^m(\mathbb{R}^3))^3$，由估计式(2.2.14)得

$$|p|_{k+1} \leqslant C\left\|\nabla\cdot f - \frac{\partial u_j}{\partial x_i}\frac{\partial u_i}{\partial x_j}\right\|_{k-1}, \quad 1 \leqslant k \leqslant m. \tag{2.3.5}$$

要使上式有意义，我们必须验证 $\frac{\partial u_j}{\partial x_i}\frac{\partial u_i}{\partial x_j} \in H^{k-1}(\mathbb{R}^3)$. 下面以 $k=3$ 为例进行验证，对于其余的 k，验证方法是类似的. 由 Leibniz 公式，设 $|\alpha|=2$，则有

$$\partial^\alpha\left(\frac{\partial u_j}{\partial x_i}\frac{\partial u_i}{\partial x_j}\right) = \sum_{0\leqslant\beta\leqslant\alpha} c_{\alpha\beta}\partial^\beta\left(\frac{\partial u_j}{\partial x_i}\right)\partial^{\alpha-\beta}\frac{\partial u_i}{\partial x_j},$$

其中 $c_{\alpha\beta}$ 为一些常系数，$0\leqslant\beta\leqslant\alpha$ 的意义是每个分量都适合相应的不等式. 当 $|\beta|=0$，由嵌入定理知

$$\left\|\frac{\partial u_j}{\partial x_i}\partial^\alpha\left(\frac{\partial u_i}{\partial x_j}\right)\right\|_0 \leqslant C\left\|\frac{\partial u_j}{\partial x_i}\right\|_{0,\infty}\left\|\partial^\alpha\frac{\partial u_i}{\partial x_j}\right\|_0$$

$$\leqslant C\left\|\frac{\partial u_j}{\partial x_i}\right\|_2\left\|\frac{\partial u_i}{\partial x_j}\right\|_2 \leqslant C\|u\|_3^2.$$

当 $|\beta|=1$，由 Schwarz 不等式和嵌入定理知

$$\left\|\partial^\beta\left(\frac{\partial u_j}{\partial x_i}\right)\partial^{\alpha-\beta}\left(\frac{\partial u_i}{\partial x_j}\right)\right\|_0 = \left(\int\left|\partial^\beta\left(\frac{\partial u_j}{\partial x_i}\right)\partial^{\alpha-\beta}\left(\frac{\partial u_i}{\partial x_j}\right)\right|^2 dx\right)^{\frac{1}{2}}$$

$$\leqslant\left(\int\left|\partial^\beta\left(\frac{\partial u_j}{\partial x_i}\right)\right|^4 dx\right)^{1/4}\left(\int\left|\partial^{\alpha-\beta}\left(\frac{\partial u_i}{\partial x_j}\right)\right|^4 dx\right)^{1/4}$$

$$=\left\|\partial^\beta\left(\frac{\partial u_j}{\partial x_i}\right)\right\|_{0,4}\left\|\partial^{\alpha-\beta}\left(\frac{\partial u_i}{\partial x_j}\right)\right\|_{0,4}$$

$$\leqslant C\left\|\partial^\beta\left(\frac{\partial u_j}{\partial x_i}\right)\right\|_1\left\|\partial^{\alpha-\beta}\left(\frac{\partial u_i}{\partial x_j}\right)\right\|_1 \leqslant C\|u\|_3^2.$$

当 $|\beta|=2$，估计式与 $|\beta|=0$ 的情形一样，总之有

$$\left\|\frac{\partial u_j}{\partial x_i}\frac{\partial u_i}{\partial x_j}\right\|_{k-1} \leqslant C\|u\|_k^2. \tag{2.3.6}$$

以 $((\cdot,\cdot))_m$ 记 H^m 内积，以 $\partial^\alpha(|\alpha|\leqslant m)$ 作用于方程，然后以 $\partial^\alpha u$ 乘之，在 $\mathbb{R}^3$ 上积分，关于 α 求和得

$$\frac{1}{2}\frac{d}{dt}\|u\|_m^2 = -\left(\left(u_j\frac{\partial u}{\partial x_j},\ u\right)\right)_m$$

$$+\frac{1}{\rho}((\nabla p, u))_m + ((f, u))_m \tag{2.3.7}$$

我们分别估计(2.3.7)右端各项．先估计第三项，

$$((f,u))_m \leqslant \|f\|_m\|u\|_m,$$

再估计第二项．利用分部积分不难看出

$$(\nabla\partial^\alpha p,\ \partial^\alpha u)=0,$$

因此

$$\frac{1}{\rho}((\nabla p,u))_m=0.$$

第一项的估计最麻烦一些．我们有

$$-\left(\left(u_j\frac{\partial u}{\partial x_j},\ u\right)\right)_m=-\sum_{|\alpha|\leqslant m}((u\cdot\nabla)\partial^\alpha u$$

$$+\sum_{0<\beta\leqslant\alpha}c_{\alpha\beta}(\partial^\beta u\cdot\nabla)\partial^{\alpha-\beta}u,\partial^\alpha u).$$

利用分部积分可得

$$((u\cdot\nabla)\partial^\alpha u,\partial^\alpha u)=\int u_i\left(\frac{\partial}{\partial x_i}\partial^\alpha u_j\right)\partial^\alpha u_j dx$$

$$=-\int\frac{\partial u_i}{\partial x_i}(\partial^\alpha u_j)^2dx-\int u_i\cdot\partial^\alpha u_j\cdot\frac{\partial}{\partial x_i}\partial^\alpha u_j dx$$

$$=-\int u_i\cdot\partial^\alpha u_j\frac{\partial}{\partial x_i}\partial^\alpha u_j dx=-((u\cdot\nabla)\partial^\alpha u,\partial^\alpha u),$$

因此

$$((u\cdot\nabla)\partial^\alpha u,\ \partial^\alpha u)=0. \tag{2.3.8}$$

于是

$$-\left(\left(u_j\frac{\partial u}{\partial x_j},\ u\right)\right)_m\leqslant\sum_{0<|\alpha|\leqslant m}\ \sum_{0<\beta\leqslant\alpha}|c_{\alpha\beta}|$$

$$\cdot\|(\partial^\beta u\cdot\nabla)\partial^{\alpha-\beta}u\|_0\|\partial^\alpha u\|_0.$$

现在 $\partial^\beta u\in(H^{m-|\beta|}(\mathbb{R}^3))^3$，可以嵌入于

$$(L^\rho(\mathbb{R}^3))^3,$$

$\partial_i\partial^{\alpha-\beta}u\in(H^{m-|\alpha-\beta|-1}(\mathbb{R}^3))^3$，可以嵌入于 $(L^\sigma(\mathbb{R}^3))^3$. 关于 ρ 与 σ 的值我们分下面几种情形讨论：

如果 $m-|\beta|>\dfrac{3}{2}$，则 $\rho=\infty$，这时

$$\|(\partial^\beta u\cdot\nabla)\partial^{\alpha-\beta}u\|_0\leqslant\|\partial^\beta u\|_{0,\infty}\|\nabla\partial^{\alpha-\beta}u\|_0$$
$$\leqslant C\|\partial^\beta u\|_{m-|\beta|}\|\nabla\partial^{\alpha-\beta}u\|_0\leqslant C\|u\|_m^2.$$

如果 $m-|\beta|<\frac{3}{2}$，但是 $m-|\alpha-\beta|-1>\frac{3}{2}$，则同样可以估计.

如果 $m-|\beta|<\frac{3}{2}$，又有 $m-|\alpha-\beta|-1<\frac{3}{2}$，这时取

$$\frac{1}{\rho}=\frac{1}{2}-\frac{m-|\beta|}{3},\quad \frac{1}{\sigma}=\frac{1}{2}-\frac{1}{\rho},$$

则有

$$\frac{1}{\sigma}=\frac{m-|\beta|}{3}>\frac{1}{2}-\frac{m-|\alpha-\beta|-1}{3}.$$

于是由 Hölder 不等式得

$$\|(\partial^\beta u\cdot\nabla)\partial^{\alpha-\beta}u\|_0\leqslant C\|\partial^\beta u\|_{0,\rho}\|\nabla\partial^{\alpha-\beta}u\|_{0,\sigma}.$$

再利用嵌入定理

$$\|\partial^\beta u\|_{0,\rho}\leqslant C\|\partial^\beta u\|_{m-|\beta|}\leqslant C\|u\|_m,$$
$$\|\nabla\partial^{\alpha-\beta}u\|_{0,\sigma}\leqslant C\|\nabla\partial^{\alpha-\beta}u\|_{\frac{3}{2}-\frac{3}{\sigma}}\leqslant C\|\nabla\partial^{\alpha-\beta}u\|_{m-|\alpha-\beta|-1}$$
$$\leqslant C\|u\|_m.$$

总之有

$$\|(\partial^\beta u\cdot\nabla)\partial^{\alpha-\beta}u\|_0\leqslant C\|u\|_m^2$$

把三项归纳起来，最后得

$$\frac{1}{2}\frac{d}{dt}\|u\|_m^2\leqslant C(\|f\|_m+\|u\|_m^2)\|u\|_m,$$

即

$$\frac{d}{dt}\|u\|_m\leqslant C(\|f\|_m+\|u\|_m^2).\tag{2.3.9}$$

又有初始条件 $\|u(0)\|_m=\|u_0\|_m$.

对应的常微分方程初值问题是

$$y'=C(\|f\|_m+y^2),$$
$$y(0)=\|u_0\|_m.$$

它有一个局部解 $y(t)$，因此，取定一个常数 $C_0 > 0$，则存在常数 $T_* \leqslant T$，使当 $t \in [0, T_*]$ 时，$|y(t)| \leqslant C_0$. 又容易证明 $\|u\|_m \leqslant y(t)$，所以在此区间上有 $\|u\|_m \leqslant C_0$.

下面证明解的存在性，我们用“粘性消失法”. 首先设 $u_0 \in X \cap (C_0^\infty(\mathbb{R}^3))^3$，$f \in C^\infty([0,T];(C_0^\infty(\mathbb{R}^3))^3)$. 取 $\nu > 0$，则由 Navier-Stokes 方程解的存在定理（Ladyzhenskaya [1]或 Temam [2]）可知，问题

$$\frac{\partial u}{\partial t} + (u \cdot \nabla)u + \frac{1}{\rho}\nabla p = \nu\Delta u + f, \tag{2.3.10}$$

$$\nabla \cdot u = 0, \tag{2.3.11}$$

$$u|_{t=0} = u_0 \tag{2.3.12}$$

在 $t = 0$ 附近有一个光滑解，记作 u^ν. 又我们注意到对于 u^ν 上述关于 Euler 方程的解的估计仍然成立. 因为用同样的方法仍然可以得到与(2.3.9)类似的估计：

$$\frac{1}{2}\frac{d}{dt}\|u^\nu\|_m^2 + \nu\|\nabla u^\nu\|_m^2 \leqslant C(\|f\|_m + \|u^\nu\|_m^2)\|u^\nu\|_m,$$

因此仍然有

$$\|u^\nu\|_m \leqslant y(t).$$

利用上述估计我们可以把 u^ν 不断地延拓，最后定义于区间 $0, T_*]$，常数 T_* 不依赖于 ν.

以算子 P 作用于(2.3.10)得

$$\frac{\partial u^\nu}{\partial t} + P(u^\nu, \nabla)u^\nu = \nu P\Delta u^\nu + Pf. \tag{2.3.13}$$

任取有界区域 Ω，在第 2 节中我们已经证明了

$$P:(H^s(\Omega))^3 \to (H^s(\Omega))^3, \ s \geqslant 0,$$

是有界的，由方程(2.3.13)，$\left\|\frac{\partial u^\nu}{\partial t}\right\|_{m-2}$ 关于 t 和 ν 一致有界. 取一系列 ν，使 $\nu \to 0$，由 $\|u^\nu(t)\|_m$ 的有界性及嵌入定理，在每一时刻 t 都可以找到一个子序列，使 $u^\nu(t)$ 在 $(L^2(\Omega))^3$ 中收敛. 再利用 $\left\|\frac{\partial u^\nu}{\partial t}\right\|_{m-2}$ 的一致有界性，就可以取一个子序列，使 $u^\nu(t)$ 在

$[0,T_*]$上按 L^2 范数关于 t 一致收敛. 再利用内插不等式(2.1.5), 对于 ν_1 与 ν_2, 我们有

$$\|u^{\nu_1}-u^{\nu_2}\|_s \leqslant c\|u^{\nu_1}-u^{\nu_2}\|_m^{s/m}\cdot\|u^{\nu_1}-u^{\nu_2}\|_0^{1-s/m}, \tag{2.3.14}$$

于是对任意的 $s\in[0,m)$, $u^\nu(t)$ 都在 $[0,T_*]$ 上按 H^s 范数关于 t 一致收敛, 且设极限为 $u(t)$。

在(2.3.13)中令 $\nu\to 0$ 取极限, 我们已经证明了, 除了 $\dfrac{\partial u^\nu}{\partial t}$ 这一项以外, 其余各项都按范数 H^{m-2} 关于 t 一致收敛, 于是这一项也有同样的收敛性, 它的极限就是 $\dfrac{\partial u}{\partial t}$. 因此 u 满足

$$\frac{\partial u}{\partial t}+P(u\cdot\nabla)u=Pf。$$

由 $(L^2(\Omega))^3$ 空间的正交分解

$$(u\cdot\nabla)u-f=P((u\cdot\nabla)u-f)-\frac{1}{\rho}\nabla p,$$

即得

$$\frac{\partial u}{\partial t}+(u\cdot\nabla)u+\frac{1}{\rho}\nabla p=f,$$

其中 $\nabla p\in L^\infty(0,T_*;\ L^2(\Omega))$.

取一系列有界区域 Ω, 使它们的并集为全空间 $\mathbb{R}^3$, 再利用对角线子序列的方法即可以在 $\mathbb{R}^3\times[0,T]$ 上得到(2.3.1)—(2.3.3)的解. 利用估计式(2.3.5)(2.3.6)可知$\nabla p\in L^\infty(0,T_*;(H^m(\mathbb{R}^3))^3)$.

我们再取消关于 u_0 与 f 的光滑性限制. 设 $u_0\in(H^m(\mathbb{R}^3))^3$, $f\in L^1(0,T;(H^m(\mathbb{R}^3))^3)$, 总可以作上述无穷次可微的函数序列逼近 u_0 与 f, 设 $u_0^l\to u_0$ $(l\to\infty,(H^m(\mathbb{R}^3))^3)$, $f^l\to f(l\to\infty,L^1(0,T;(H^m(\mathbb{R}^3))^3)$, 则有一致估计

$$\|u^l\|_m\leqslant C_0,\qquad t\in[0,T_*].$$

重复上面的取极限过程便可得到问题的解.

最后证明唯一性. 设有两个解 u_1,u_2, 令 $u=u_1-u_2$, 得

$$\left(\frac{\partial u}{\partial t},\ v\right)+((u_1\cdot\nabla)u+(u\cdot\nabla)u_2,v)=0,\ \forall v\in X,$$

取 $v=u$，类似于(2.3.8)，有

$$((u_1\cdot\nabla)u,u)=0,$$

于是

$$\frac{1}{2}\frac{d}{dt}\|u\|_0^2+((u\cdot\nabla)u_2,u)=0,$$

从而有

$$\frac{1}{2}\frac{d}{dt}\|u\|_0^2\leqslant C\|u\|_0^2.$$

又 $\|u(0)\|_0=0$，由此可得 $\|u\|_0=0$，即 $u=0$.

利用 $(L^2(\mathbb{R}^3))^3$ 的正交分解的唯一性，我们得到在每一时刻 t，∇p 都是唯一的，因此在每一时刻 t，p 可相差一个任意常数，证毕.

§4. 三维 Euler 方程的初边值问题

设 Ω 为 $\mathbb{R}^3$ 中的有界区域，其边界 $\partial\Omega$ 充分光滑. 在 $\bar{\Omega}\times[0,T]$ 中我们考虑如下的问题

$$\frac{\partial u}{\partial t}+(u\cdot\nabla)u+\frac{1}{\rho}\nabla p=f, \tag{2.4.1}$$

$$\nabla\cdot u=0, \tag{2.4.2}$$

$$u\cdot n|_{x\in\partial\Omega}=0, \tag{2.4.3}$$

$$u|_{t=0}=u_0. \tag{2.4.4}$$

与定理 3.1 对应有如下的存在唯一性定理:

定理 4.1 若 $m\geqslant 3$，$u_0\in(H^m(\Omega))^3$，$\nabla\cdot u_0=0$，$u_0\cdot n|_{\partial\Omega}=0$，$f\in L^1(0,T;(H^m(\Omega))^3)$，则存在常数 $T_*\in(0,T]$，使得问题(2.4.1)—(2.4.4)有唯一解 $u\in L^\infty(0,T_*;(H^m(\Omega))^3)$，$p\in L^\infty(0,T;H^{m+1}(\Omega))$ 在允许相差一个依赖于 t 的标量函数的意义下也是唯一的.

证明 我们也先作一些估计. 在 $\partial\Omega$ 上，以 n 与方程 (2.4.1) 作内积，得

$$\frac{1}{\rho}\frac{\partial p}{\partial n}\bigg|_{x\in\partial\Omega}=\left(f\cdot n-u_i\frac{\partial u_j}{\partial x_i}n_j\right)\bigg|_{x\in\partial\Omega}. \tag{2.4.5}$$

在 $\partial\Omega$ 上任取一点,在它的一个邻域内,$\partial\Omega$ 可表为方程 $\phi(x)=0$,因此单位外法向量就是

$$n(x)=\frac{\nabla\phi(x)}{|\nabla\phi(x)|}.$$

边界条件(2.4.3)可以写成

$$u(x)\cdot\nabla\phi(x)|_{x\in\partial\Omega}=0. \tag{2.4.6}$$

函数 $u\cdot\nabla\phi$ 在 $\partial\Omega$ 上既然取值为零,它的梯度 $\nabla(u\cdot\nabla\phi)$ 就与 $\nabla\phi$ 在 $\partial\Omega$ 上平行,即

$$\nabla(u\cdot\nabla\phi)|_{x\in\partial\Omega}=k\nabla\phi|_{x\in\partial\Omega},$$

其中 k 为比例因子. 因此有

$$\frac{\partial u_j}{\partial x_i}\frac{\partial\phi}{\partial x_j}+u_j\frac{\partial^2\phi}{\partial x_i\partial x_j}=k\frac{\partial\phi}{\partial x_i}.$$

以 u_i 乘上述两边,并关于 i 求和,然后利用(2.4.6),得

$$u_i\frac{\partial u_j}{\partial x_i}\frac{\partial\phi}{\partial x_j}+u_iu_j\frac{\partial^2\phi}{\partial x_i\partial x_j}=0.$$

代入(2.4.5)得

$$\frac{1}{\rho}\frac{\partial p}{\partial n}\bigg|_{x\in\partial\Omega}=(f\cdot n+u_iu_j\phi_{ij})|_{x\in\partial\Omega}, \tag{2.4.7}$$

其中

$$\phi_{ij}=\frac{\partial^2\phi}{\partial x_i\partial x_j}\bigg/|\nabla\phi(x)|.$$

对于 Neumann 问题(2.3.4)和(2.4.7),利用估计(2.2.13)得

$$\|\nabla p\|_{m,\Omega}\leqslant C\left(\left\|\nabla\cdot f-\frac{\partial u_j}{\partial x_i}\frac{\partial u_i}{\partial x_j}\right\|_{m-1,\Omega}\right.$$

$$\left.+\|f\cdot n+u_iu_j\phi_{ij}\|_{m-\frac{1}{2},\partial\Omega}\right),$$

其中第一项可以利用(2.3.6),对于第二项,可以利用迹定理得

$$\|f\cdot n+u_iu_j\phi_{ij}\|_{m-\frac{1}{2},\partial\Omega}\leqslant C(\|f\|_m+\|u\|_m^2),$$

所以

$$\|\nabla p\|_{m,\Omega} \leqslant c(\|f\|_m + \|u\|_m^2). \tag{2.4.8}$$

我们同样可得(2.3.7)，但是其中第二项的估计略有不同，注意到 $(\nabla p, u) = 0$，得

$$-\frac{1}{\rho}((\nabla p, u))_m \leqslant \frac{1}{\rho}\sum_{k=1}^{m}|\nabla p|_k|u|_k.$$

以(2.4.8)代入得

$$-\frac{1}{\rho}((\nabla p, u))_m \leqslant c(\|f\|_m + \|u\|_m^2)\|u\|_m.$$

因此(2.3.9)仍然成立.

下面用 Galerkin 方法证明 u 的存在性. 令

$$X_m = X \cap (H^m(\Omega))^3,$$

考虑问题：求 $w \in X_m$，使

$$((w, v))_m = (g, v), \quad \forall v \in X_m,$$

其中 $g \in X$. 由 Lax-Milgram 定理，它有唯一解，记作 $w = w(g)$. 因为

$$\|w(g)\|_m \leqslant c\|g\|_0,$$

所以由紧嵌入，$g \to w(g)$ 是 X 中的紧自伴算子，它有特征函数的正交完备集 $\{w_k\}$，即

$$((w_k, v))_m = \lambda_k(w_k, v), \quad \forall v \in X_m, \tag{2.4.9}$$

且 $\{w_k\}$ 在 X 中与在 X_m 中互相正交，我们作一近似解

$$u_N = \sum_{j=1}^{N} g_{jN}(t) w_j, \tag{2.4.10}$$

它满足

$$\frac{d}{dt}(u_N, w_k) + ((u_N \cdot \nabla)u_N, w_k) = (f, w_k), \quad 1 \leqslant k \leqslant N, \tag{2.4.11}$$

$$u_N(0) = u_{0N} = P_N u_0, \tag{2.4.12}$$

其中 P_N 为从 X 到 $\{w_1, \cdots, w_N\}$ 张成的子空间 $\text{span}\{w_1, \cdots, w_n\}$ 上的正交投影，以(2.4.10)代入(2.4.11)(2.4.12)即可得 $g_{jN}(t)$ 满

足的一个常微分方程组的初值问题，它在 $t=0$ 附近有唯一解．下面我们给出它的估计，以 $g_{kN}(t)$ 与方程(2.4.11)相乘，并关于 k 求和得

$$\frac{1}{2}\frac{d}{dt}\|u_N\|_0^2 \leqslant \|f\|_0\|u_N\|_0,$$

求积分后就得到在 $g_{jN}(t)$ 的存在区间上的估计式

$$\|u_N\|_0 \leqslant \|u_0\|_0 + \int_0^T \|f(t)\|_0 dt.$$

我们注意到以上上界并不依赖于 $g_{jN}(t)$ 的存在区间，并且在有限维空间 $\mathrm{span}\{w_1,\cdots,w_N\}$ 上所有范数都是等价的，因此通过延拓可得 $g_{jN}(t)$ 在 $[0,T]$ 上有界，从而常微分方程组在区间 $[0,T]$ 上有解．

利用 Helmholtz 投影算子 P 的性质，我们可以把方程(2.4.11)改写为

$$\left(\frac{\partial u_N}{\partial t}, w_k\right) + (P(u_N\cdot\nabla)u_N, w_k) = (Pf, w_k), \tag{2.4.13}$$

以 $\lambda_k g_{kN}(t)$ 乘方程(2.4.13)，并关于 k 求和，利用(2.4.9)得

$$\frac{1}{2}\frac{d}{dt}\|u_N\|_m^2 = ((P(f-(u_N\cdot\nabla)u_N, u_N))_m. \tag{2.4.14}$$

利用 $(L^2(\Omega))^3$ 的正交分解，我们知道存在 $\nabla\Pi_N\in G$，使

$$P(f-(u_N\cdot\nabla)u_N) = f-(u_N\cdot\nabla)u_N + \nabla\Pi_N. \tag{2.4.15}$$

于是

$$-\Delta\Pi_N = \nabla\cdot(f-(u_N\cdot\nabla)u_N).$$

在 $\partial\Omega$ 上，以 n 和方程(2.4.15)作内积得

$$\left.\frac{\partial\Pi_N}{\partial n}\right|_{x\in\partial\Omega} = -(f-(u_N\cdot\nabla)u_N)\cdot n|_{x\in\partial\Omega}.$$

和(2.4.8)完全相同，我们有

$$\|\nabla\Pi_N\|_m \leqslant C(\|f\|_m + \|u_N\|_m^2).$$

将(2.4.15)代入(2.4.14)，利用与估计(2.3.9)同样的方法便得到了区间 $[0,T_*]$ 上的估计 $\|u_N\|_m \leqslant C$。

我们再估计 $\frac{\partial u_N}{\partial t}$，利用 (2.4.13) 得

$$\frac{du_N}{dt} = P_N P(f - (u_N \cdot \nabla)u_N).$$

因为 P_N 是有界算子,所以

$$\left\|\frac{du_N}{dt}\right\|_0 \leqslant \|f - (u_N \cdot \nabla)u_N\|_0 \leqslant C.$$

换句话说,我们已经证明了 $\{u_N\}$ 在 $L^\infty(0, T_*; (H^m(\Omega))^3)$ 和 $W^{1,\infty}(0,T_*; (L^2(\Omega))^3)$ 中是关于N一致有界的. 按照 Temam [2] 中给出的一个紧性定理,就可以证明, 存在子序列,在 $L^\infty(0, T_*;(H^m(\Omega))^3)$ 中弱收敛, 并且在 $L^2(0, T_*;(L^2(\Omega))^3)$ 中强收敛. 在方程 (2.4.13) 中取极限, 就得到了解 $u\in L^\infty(0, T_*; (H^m(\Omega))^3)$. p 的存在性和 u, p 的唯一性的证明与定理 3.1 没有区别. 证毕.

为了第四章中证明的需要, 我们在下面证明一个低阶范数的估计.

定理 4.2 设 $s \geqslant 0$, $m = \max(3, s)$, $\|u_0\|_m \leqslant M$, $u_0 \in X$, $f\in L^\infty(0,T;(H^m(\Omega))^3)$, 则存在常数 $C_1 > 0$, 使得只要

$$t \leqslant \frac{1}{C_1(\|u_0\|_m + \sup\limits_{0\leqslant\tau\leqslant T_*} \|f(\tau)\|_m + 1)}, \tag{2.4.16}$$

就有

$$\|u(t)\|_s \leqslant C_2(\|u_0\|_s + 1),\ t\in[0,T_*], \tag{2.4.17}$$

其中常数 C_2 只依赖于区域 Ω, 常数 m, s, T 和 $\sup\limits_{0\leqslant\tau\leqslant T}\|f(\tau)\|_m$ 与 $\|u_0\|_m$ 无关.

证明 由定理 4.1 知

$$\|u(t)\|_m \leqslant y(t), \tag{2.4.18}$$

其中 $y(t)$ 为下述问题的解:

$$y' = C(\|f\|_m + y^2),$$

$$y(0) = \|u_0\|_m.$$

我们取 $M=3(\|u_0\|_m+\sup\limits_{0\leqslant\tau\leqslant T}\|f(\tau)\|_m)$，并且作限制 $|y|\leqslant M$. 则积分得

$$0\leqslant y(t)\leqslant\|u_0\|_m+C\int_0^t\|f(\tau)\|_m d_\tau+CM\int_0^t y(\tau)d\tau.$$

由 Gronwall 不等式得

$$y(t)\leqslant c^{CMt}\left(\|u_0\|_m+C\int_0^t\|f(\tau)\|_m d\tau\right). \qquad (2.4.19)$$

令 $c_1=3C$，设 t 满足 (2.4.16)，则 $CMt\leqslant 1$，$Ct\leqslant 1$. 于是由(2.4.19)就得 $y(t)\leqslant M$. 由(2.4.18)得

$$\|u(t)\|_m\leqslant 3(\|u_0\|_m+\sup_{0\leqslant\tau\leqslant T}\|f(\tau)\|_m).$$

考虑一个辅助问题

$$\frac{\partial\tilde{u}}{\partial t}+(u\cdot\nabla)\tilde{u}+\nabla\tilde{\Pi}=\tilde{f}, \qquad (2.4.20)$$

$$\nabla\cdot\tilde{u}=0,$$

$$\tilde{u}\cdot n|_{x\in\partial\Omega}=0,$$

$$\tilde{u}|_{t=0}=\tilde{u}_0,$$

其中 u 就是问题 (2.4.1)—(2.4.4) 的解. 由唯一性，当 $\tilde{u}_0=u_0$，$\tilde{f}=f$ 时，$\tilde{u}=u$. 类似于(2.4.8)有

$$\|\nabla\tilde{\Pi}(t)\|_m\leqslant C(\|\tilde{f}(t)\|_m+\|u(t)\|_m\|\tilde{u}(t)\|_m).$$

由此得

$$\frac{1}{2}\frac{d}{dt}\|\tilde{u}(t)\|_m^2\leqslant C(\|\tilde{f}(t)\|_m+\|u(t)\|_m\|\tilde{u}(t)\|_m)\|\tilde{u}(t)\|_m.$$

但已知 $\|u(t)\|_m\leqslant M$，由 Gronwall 不等式得

$$\|\tilde{u}(t)\|_m\leqslant e^{CMt}(\|\tilde{u}_0\|_m+Ct\sup_{0\leqslant\tau\leqslant T}\|\tilde{f}(\tau)\|_m).$$

由(2.4.16)得

$$\|\tilde{u}(t)\|_m\leqslant e(\|\tilde{u}_0\|_m+\sup_{0\leqslant\tau\leqslant T}\|\tilde{f}(\tau)\|_m)。$$

另一方面，以 $\tilde{u}$ 与方程(2.4.20)作内积得

$$\left(\frac{\partial\tilde{u}}{\partial t},\ \tilde{u}\right)=(\tilde{f},\tilde{u}),$$

于是

$$\|\tilde{u}(t)\|_0 \leqslant \|\tilde{u}_0\|_0 + \int_0^t \|f(\tau)\|_0 d\tau \leqslant \|\tilde{u}_0\|_0 + T \sup_{0\leqslant\tau\leqslant T} \|\tilde{f}(\tau)\|_0.$$

因为 $(\tilde{u}_0, \tilde{f}) \to \tilde{u}$ 是线性算子，所以可以用内插定理，由(2.1.6)得

$$\|\tilde{u}(t)\|_s \leqslant Ce(\|\tilde{u}_0\|_s + (T+1) \sup_{0\leqslant\tau\leqslant T} \|\tilde{f}(\tau)\|_s).$$

取 $\tilde{u}_0 = u_0$，$\tilde{f} = f$ 即得(2.4.17). 证毕.

§5. 二维 Euler 方程

以上的存在定理都是局部的. 在二维情形可以得到整体解的存在性. 下面就初值问题我们来证明这一点. 所用的方法对于初边值问题也是适用的.

首先证明一个引理，它不仅对于本节的存在定理有用，而且对以后各章也有用. 不仅对于二维问题成立，对于三维问题也成立，这里我们仅就二维情形加以证明.

引理 5.1 如果 $u \in C^1$，则特征方程(1.2.3)，(1.2.4)所确定的映射 $G: x \to \xi$，对任意的 τ 和 t 都是保测度的.

证明 我们计算 Jacobi 行列式

$$J(\tau) = \begin{vmatrix} \dfrac{\partial \xi_1}{\partial x_1} & \dfrac{\partial \xi_1}{\partial x_2} \\ \dfrac{\partial \xi_2}{\partial x_1} & \dfrac{\partial \xi_2}{\partial x_2} \end{vmatrix},$$

其中 ξ_1, ξ_2, x_1, x_2 都是分量，显然 $J(t) = 1$. 由方程(1.2.3)得

$$\frac{\partial J}{\partial \tau} = \begin{vmatrix} \dfrac{\partial^2 \xi_1}{\partial \tau \partial x_1} & \dfrac{\partial^2 \xi_1}{\partial \tau \partial x_2} \\ \dfrac{\partial \xi_2}{\partial x_1} & \dfrac{\partial \xi_2}{\partial x_2} \end{vmatrix} + \begin{vmatrix} \dfrac{\partial \xi_1}{\partial x_1} & \dfrac{\partial \xi_1}{\partial x_2} \\ \dfrac{\partial^2 \xi_2}{\partial \tau \partial x_1} & \dfrac{\partial^2 \xi_2}{\partial \tau \partial x_2} \end{vmatrix}$$

$$= \begin{vmatrix} \dfrac{\partial u_1}{\partial x_1}\dfrac{\partial \xi_1}{\partial x_1} + \dfrac{\partial u_1}{\partial x_2}\dfrac{\partial \xi_2}{\partial x_1} & \dfrac{\partial u_1}{\partial x_1}\dfrac{\partial \xi_1}{\partial x_2} + \dfrac{\partial u_1}{\partial x_2}\dfrac{\partial \xi_2}{\partial x_2} \\ \dfrac{\partial \xi_2}{\partial x_1} & \dfrac{\partial \xi_2}{\partial x_2} \end{vmatrix}$$

$$+\begin{vmatrix} \dfrac{\partial \xi_1}{\partial x_1} & \dfrac{\partial \xi_1}{\partial x_2} \\ \dfrac{\partial u_2}{\partial x_1}\dfrac{\partial \xi_1}{\partial x_1}+\dfrac{\partial u_2}{\partial x_2}\dfrac{\partial \xi_2}{\partial x_1} & \dfrac{\partial u_2}{\partial x_1}\dfrac{\partial \xi_1}{\partial x_2}+\dfrac{\partial u_2}{\partial x_2}\dfrac{\partial \xi_2}{\partial x_2} \end{vmatrix}$$

$$=\left(\frac{\partial u_1}{\partial x_1}+\frac{\partial u_2}{\partial x_2}\right)\begin{vmatrix} \dfrac{\partial \xi_1}{\partial x_1} & \dfrac{\partial \xi_1}{\partial x_2} \\ \dfrac{\partial \xi_2}{\partial x_1} & \dfrac{\partial \xi_2}{\partial x_2} \end{vmatrix}=(\nabla\cdot u)J=0,$$

因此 $J=1$，即上述映射是保测度的. 证毕.

定理 5.1 若 $m\geqslant 3$，$u_0\in(H^m(\mathbb{R}^2))^2$，$\nabla\cdot u_0=0$，$\nabla\wedge u_0\in L^1(\mathbb{R}^2)$，$f\in L^1(0,T;\ (H^m(\mathbb{R}^2))^2)$，$\nabla\wedge f\in L^1(0,T;\ L^1(\mathbb{R}^2))$，则问题(2.3.1)—(2.3.3)在 $L^\infty(0,T;(H^m(\mathbb{R}^2))^2)$ 中有唯一解 u。

证明 按定理 3.1，上述问题已经在 $[0,T_*]$ 上有解. 下面我们只要能证明一个与 T_* 无关的估计 $\|u(t)\|_m\leqslant C$ 即可把解延拓到区间 $[0,T]$ 上去，我们仅就 $m=3$ 证明，对于 $m>3$，证明是类似的。

按第一章 § 1，引进涡度 ω 与流函数 ψ，则问题 (2.3.1)—(2.3.3)可以化为

$$\frac{\partial\omega}{\partial t}+u\cdot\nabla\omega=F, \tag{2.5.1}$$

$$-\Delta\psi=\omega,\ u=\nabla\wedge\psi, \tag{2.5.2}$$

$$\omega|_{t=0}=\omega_0, \tag{2.5.3}$$

其中 $\omega_0=-\nabla\wedge u_0$。按(1.2.3)(1.2.4)引进特征线 $\xi(\tau;x,t)$，则可以把(2.5.1)积分为

$$\omega(x,t)=\omega_0(\xi(0;x,t))+\int_0^t F(\xi(\tau;x,t),\tau)d\tau. \tag{2.5.4}$$

由嵌入定理，$\omega_0\in L^\infty(\mathbb{R}^2)$，$F\in L^1(0,T;L^\infty(\mathbb{R}^2))$. 由 (2.5.4) 得 $|\omega(x,t)|\leqslant C$ 我们特别强调，这个常数 c 不依赖于 T_*，以后出现的常数也都有这个特点. 又由(2.5.4)得

$$\int_{\mathbb{R}^2}|\omega(x,t)|dx\leqslant\int_{\mathbb{R}^2}|\omega_0(\xi(0;x,t))|dx$$

$$+\int_{\mathbb{R}^2}\int_0^t F(\xi(\tau;x,t),\tau)|d\tau dx.$$

由引理 5.1，上式右端等于

$$\int_{\mathbb{R}^2}|\omega_0(\xi)|d\xi+\int_{\mathbb{R}^2}\int_0^t|F(\xi,\tau)|d\tau d\xi.$$

于是由本定理的假定 $\|\omega(\cdot,t)\|_{0,1,\mathbb{R}^2}\leqslant C$，以及从(2.2.9)可以看出，$|\nabla\psi(x,t)|\leqslant C$，即 $|u|\leqslant C$。由(2.2.11)得

$$|u(x)-u(y)|\leqslant C|x-y|(1+|\log|x-y||).$$

我们再估计函数 $\xi(\tau;x,t)$ 关于 x 的 Hölder 系数，由方程(1.2.3)得

$$\left|\frac{\partial}{\partial\tau}(\xi(\tau;x,t)-\xi(\tau;y,t))\right|=|u(\xi(\tau;x,t),\tau)$$

$$-u(\xi(\tau;y,t),\tau)|\leqslant C|\xi(\tau;x,t)$$

$$-\xi(\tau;y,t)|(1+|\log|\xi(\tau;x,t)-\xi(\tau;y,t)||).$$

取 $\beta=e^{-2cT}$，设 $|x-y|^\beta<e^{-1}$，令 $z=|\xi(\tau;x,t)-\xi(\tau;y,t)|$，并设 $\tau\leqslant t$。因为当 $\tau=t$ 时，$|z|<e^{-1}$，所以存在 $t_1<t$，使当 $\tau\in[t_1,t]$ 时都有 $|z|<e^{-1}$。在此区间上有

$$\left|\frac{dz}{d\tau}\right|<2Cz|\log z|.$$

于是

$$\frac{d}{d\tau}e^{-2C\tau}\log z=\left(-2c\log z+\frac{1}{z}\frac{dz}{d\tau}\right)e^{-2C\tau}\geqslant 0,$$

因此

$$e^{-2C\tau}\log z(\tau)\leqslant e^{-2Ct}\log|x-y|,$$

从而

$$z(\tau)\leqslant|x-y|^{e^{-2C(t-\tau)}}<|x-y|^{e^{-2CT}}<e^{-1}.$$

根据此式，t_1 可以继续向下延拓直到 $t_1=0$。最后我们证明了：只要 $|x-y|^\beta<e^{-1}$，就有

$$|\xi(\tau;x,t)-\xi(\tau;y,t)|\leqslant|x-y|^\beta. \tag{2.5.5}$$

由(2.5.4)得

$$|\omega(x,t)-\omega(y,t)|\leqslant|\omega_0(\xi(0;x,t))-\omega_0(\xi(0;y,t))|$$
$$+\int_0^t|F(\xi(\tau;x,t),\tau)-F(\xi(\tau;y,t),\tau)|d\tau.$$
由嵌入定理，H^{m-1} 可嵌入于 $C^{0,\lambda}$，其中 λ 只需满足 $0<\lambda<1$. 以(2.5.5)代入，即得，只要 $|x-y|^\beta<e^{-1}$，就有
$$|\omega(x,t)-\omega(y,t)|\leqslant C|x-y|^{\lambda\beta}.$$
由方程(2.5.2)和 Schauder 局部估计(2.2.8)得
$$\|\psi\|_{C^{2,\lambda\beta}}\leqslant C,\ \|u\|_{C^{1,\lambda\beta}}\leqslant C.$$
我们再回到方程(1.2.3)，关于 x 求导可得
$$\frac{\partial^2\xi}{\partial\tau\partial x}=\frac{\partial u}{\partial\xi}\frac{\partial\xi}{\partial x},$$
于是
$$\left|\frac{\partial^2\xi}{\partial\tau\partial x}\right|\leqslant C\left|\frac{\partial\xi}{\partial x}\right|.$$
又已知
$$\left.\frac{\partial\xi}{\partial x}\right|_{t=\tau}=I,$$
其中 I 为单位矩阵，由 Gronwall 不等式即可得
$$\left|\frac{\partial\xi}{\partial x}\right|\leqslant e^{C|t-\tau|}.$$
由方程(2.5.4)
$$\frac{\partial\omega}{\partial x}=\frac{\partial\omega_0}{\partial\xi}\frac{\partial\xi}{\partial x}+\int_0^t\frac{\partial F}{\partial\xi}\frac{\partial\xi}{\partial x}d\tau.$$
由嵌入定理 $\frac{\partial\omega_0}{\partial\xi}\in H^{m-2}$ 可嵌入于 L^p，其中 $1\leqslant p<+\infty$，同理 $\frac{\partial F}{\partial\xi}$ 也可以作此嵌入. 利用引理 5.1 得
$$\left\|\frac{\partial\omega}{\partial x}\right\|_{0,p}\leqslant C\left\|\frac{\partial\omega_0}{\partial\xi}\right\|_{0,p}+C\int_0^t\left\|\frac{\partial F}{\partial\xi}\right\|_{0,p}d\tau\leqslant C.$$
由估计式(2.2.14)得
$$|\psi|_{3,p}\leqslant C,\ |u|_{2,p}\leqslant C.$$
我们又回到方程(1.2.3)，设 $|\alpha|=2$，$|\beta|=1$，$\beta\leqslant\alpha$，则有

$$\frac{\partial}{\partial \tau}\partial^\alpha \xi_i = \frac{\partial u_i}{\partial \xi}\partial^\alpha \xi + (\partial^{\alpha-\beta}\xi)^T \frac{\partial^2 u_i}{\partial \xi^2}\partial^\beta \xi,\quad i = 1, 2.$$

以 $|\partial^\alpha \xi_i|^{p-2}\partial^\alpha \xi_i$ 乘上式，且关于 i 和 α 求和，这里 $p \geqslant 2$，在 $\mathbb{R}_2$ 上积分得

$$\frac{d}{d\tau}\|D_x^2\xi\|_{0,p}^p \leqslant C\|D_x^2\xi\|_{0,p}^p + C\int_{\mathbb{R}^2}\left|\frac{\partial^2 u}{\partial \xi^2}\right| \cdot |\partial_x^2 \xi|^{p-1} dx.$$

再利用 Hölder 不等式，并注意到引理 5.1，即得

$$\begin{aligned}\frac{d}{d\tau}\|D_x^2\xi\|_{0,p}^p &\leqslant C\|D_x^2\xi\|_{0,p}^p \\ &\quad + C\left(\int_{\mathbb{R}^2}\left|\frac{\partial^2 u}{\partial \xi^2}\right|^p dx\right)^{\frac{1}{p}}\left(\int_{\mathbb{R}^2}|D_x^2\xi|^p dx\right)^{\frac{p-1}{p}} \\ &= C\|D_x^2\xi\|_{0,p}^p + C\left(\int_{\mathbb{R}^2}\left|\frac{\partial^2 u}{\partial \xi^2}\right|^p d\xi\right)^{\frac{1}{p}}\left(\int_{\mathbb{R}^2}|D_x^2\xi|^p dx\right)^{\frac{p-1}{p}} \\ &\leqslant C(\|D_x^2\xi\|_{0,p}^p + |u|_{2,p}^p).\end{aligned}$$

再利用 Gronwall 不等式即得 $\|D_x^2\xi\|_{0,p} \leqslant C$.

取 $p = 4$，由方程(2.5.4)得

$$\begin{aligned}\|D_x^2\omega\|_0 \leqslant C\Big\{&\left\|\frac{\partial \omega_0}{\partial \xi}\right\|_{0,4}\|D_x^2\xi\|_{0,4} + \left\|\frac{\partial^2 \omega_0}{\partial \xi^2}\right\|_0 \\ &+ \int_0^t\left(\left\|\frac{\partial F}{\partial \xi}\right\|_{0,4}\|D_x^2\xi\|_{0,4} + \left\|\frac{\partial^2 F}{\partial \xi^2}\right\|_0\right)d\tau\Big\} \leqslant C.\end{aligned}$$

再利用(2.2.14)即得 $|u|_3 \leqslant C$. 此外，$\|u\|_0$ 的估计是常规的，象定理 4.1，定理 4.2 中那样，我们可以得

$$\|u\|_0 \leqslant \|u_0\|_0 + \int_0^T \|f(t)\|_0 dt.$$

于是 $\|u\|_3 \leqslant C$. 以 $t = T_*$ 时的解作为初值，就可以得到 $t > T_*$ 时的解，不断地向上延拓，最后达到了整个区间 $[0, T]$. 证毕.

§6. 线性算子半群

我们在这里介绍有关线性算子半群的一些定义与结论（参看 Pazy[1]）.

定义 6.1 设 X 为 Banach 空间，有界算子的单参数族 $T(t)$: $X \to X$, $0 \leqslant t < \infty$，称为半群，如果

(a) $T(0) = I$;

(b) $T(t+s) = T(t)T(s)$, $t \geqslant 0$, $s \geqslant 0$.

定义 6.2 半群 $T(t)$ 称为强连续的（C_0 半群），如果

$$\lim_{t \to +0} T(t)x = x, \ \forall x \in X.$$

定义 6.3 半群 $T(z)$ 称为解析半群，如果它定义于区域

$$D = \{z \in \mathrm{C};\ \varphi_1 < \arg z < \varphi_2,\ \varphi_1 < 0 < \varphi_2\}$$

上，当 $z \in D$ 时，$T(z)$ 为有界线性算子，满足

(a) $z \to T(z)$ 在 D 内解析；

(b) $T(0) = I$, $\lim\limits_{\substack{z \to 0 \\ z \in D}} T(z)x = x$, $\forall x \in X$;

(c) $T(z_1 + z_2) = T(z_1)T(z_2)$, $\forall z_1, z_2 \in D$.

显然解析半群在正实轴上的限制为一 C_0 半群.

定义 6.4 设 $D(A) \subset X$，线性算子 A: $D(A) \to X$ 称为半群 $T(t)$ 的无穷小生成元，如果

$$Ax = \lim_{t \to +0} \frac{T(t)x - x}{t}, \ \forall x \in D(A).$$

定理 6.1 (Hill-Yosida) 算子 A 是一个 C_0 半群 $T(t)$ 的无穷小生成元的充分必要条件是

(a) A 为闭算子，$\overline{D(A)} = X$;

(b) A 的预解集 $\rho(A)$ 包含正实轴 $\mathbf{R}^+$，并且

$$\|R(\lambda; A)\| \leqslant \frac{1}{\lambda}, \ \forall \lambda > 0.$$

定理 6.2 设 $T(t)$ 为一致有界的 C_0 半群，A 为它的无穷小生成元，$0 \in \rho(A)$，则下述提法是等价的：

(a) $T(t)$ 可以延拓为 $D_\delta = \{z;\ |\arg z| < \delta\}$ 上的解析半群，对于 $\delta' < \delta$, $\|T(z)\|$ 在闭区域 $\overline{D}_{\delta'}$ 上一致有界；

(b) $\|R(\sigma + i\tau; A)\| < \dfrac{C}{|\tau|}$, $\forall \sigma > 0$, $\tau \neq 0$;

(c) 存在 $\delta \in \left(0, \frac{\pi}{2}\right)$，使

$$\rho(A) \supset \Sigma = \left\{\lambda; |\arg \lambda| < \frac{\pi}{2} + \delta\right\} \cup \{0\},$$

并且

$$\|R(\lambda; A)\| \leqslant M/|\lambda|, \quad \forall \lambda \in \Sigma, \ \lambda \neq 0;$$

(d) $T(t)$ 在 $t > 0$ 时可微，并且

$$\|AT(t)\| \leqslant c/t, \quad t > 0.$$

现在设 $T(z)$ 为解析半群，$-A$ 为无穷小生成元，$0 \in \rho(A)$. 因为 $\rho(A)$ 为开集，所以必有 0 的一邻域在 $\rho(A)$ 内，于是存在 $\delta > 0$，使 $-A + \delta$ 仍是一个解析半群的无穷小生成元. 以后为简便计，我们把与 $-A$ 对应的半群记作 e^{-tA}，则有

$$\|e^{t(-A+\delta)}\| \leqslant M.$$

于是

$$\|e^{-tA}\| \leqslant M e^{-\delta t}.$$

任取 $\alpha > 0$，我们定义 A 的负乘幂为

$$A^{-\alpha} = \frac{1}{\Gamma(\alpha)} \int_0^\infty t^{\alpha-1} e^{-tA} dt.$$

容易验证当 $\alpha = 1, 2, \cdots$，时，以上定义与 A^{-n} 的定义一致.

定理 6.3 $A^{-\alpha}$ 具有如下性质:

(a) $A^{-(\alpha+\beta)} = A^{-\alpha-\beta}$;

(b) $\|A^{-\alpha}\| \leqslant C$，$0 \leqslant \alpha \leqslant 1$;

(c) $\lim\limits_{\alpha \to 0} A^{-\alpha} x = x$，$\forall x \in X$;

(d) $A^{-\alpha}$ 为一一映射.

下面我们再定义 A 的正乘幂，令 $A^{\alpha} = (A^{-\alpha})^{-1}$，则有

定理 6.4 A^{α} 具有如下性质:

(a) A^{α} 为闭算子，$D(A^{\alpha}) = R(A^{-\alpha})$;

(b) 当 $\alpha \geqslant \beta > 0$ 时 $D(A^{\alpha}) \subset D(A^{\beta})$;

(c) $\overline{D(A^{\alpha})} = X$，$\alpha \geqslant 0$;

(d) $A^{\alpha+\beta} x = A^{\alpha} A^{\beta} x$，$\forall x \in D(A^{\gamma})$，

其中 α,β 为实数，$\gamma=\max(\alpha,\beta,\alpha+\beta)$;

(e) $A^\alpha x=\dfrac{\sin\pi\alpha}{\pi}\displaystyle\int_0^\infty t^{\alpha-1}A(tI+A)^{-1}xdt,$

$$\forall x\in D(A),\ 0<\alpha<1;$$

(f) $\|A^\alpha x\|\leqslant C(\rho^\alpha\|x\|+\rho^{\alpha-1}\|Ax\|),$

$\|A^\alpha x\|\leqslant C\|x\|^{1-\alpha}\|Ax\|^\alpha,$

$\forall x\in D(A),\ 0<\alpha<1,$

其中 ρ 为任意正的常数.

把分数次幂与半群结合起来，则有：

定理 6.5 (a) $e^{-tA}:X\to D(A^\alpha),\ \forall t>0,\ \alpha\geqslant 0;$

(b) $e^{-tA}A^\alpha x=A^\alpha e^{-tA}x,\ \forall x\in D(A^\alpha);$

(c) $\|A^\alpha e^{-tA}\|\leqslant M_\alpha t^{-\alpha}e^{-\delta t};$

(d) $\|e^{-tA}x-x\|\leqslant C_\alpha t^\alpha\|A^\alpha x\|,$

$\forall 0\leqslant\alpha\leqslant 1,\ x\in D(A^\alpha);$

其中 M_α,C_α 表示依赖于 α 的常数.

§7. Stokes 算子及其生成的半群

设 $\Omega\subset\mathbb{R}^d$ 是一个边界充分光滑的有界区域，和前面一样，以 Δ 记 Laplace 算子，以 P 记 Helmholtz 投影算子，我们定义 Stokes 算子 $A=-P\Delta$，它的定义域是 $D(A)=\{u\in(H^2(\Omega))^d;\ \nabla\cdot u=0,\ u|_{\partial\Omega}=0\}$，则 $A:D(A)\to X$. 设 $f\in X$，则方程

$$Au=f \tag{2.7.1}$$

与 Stokes 问题

$$-\Delta u+\Delta p=f,\ \nabla\cdot u=0,\ u|_{\partial\Omega}=0 \tag{2.7.2}$$

是等价的. 因为，如果 u 为问题(2.7.2)的解，以 P 作用于方程就得(2.7.1)，反之，如果 u 为问题(2.7.1)的解，我们可以把 $-\Delta u$ 作分解

$$-\Delta u=f_1+f_2,\ f_1\in G,\ f_2\in X,$$

因此存在 $p\in H^1(\Omega)$，使 $-\nabla p=f_1$，而 $f_2=P(-\Delta u)=Au$,

即 $f_2 = f$，所以 u,p 满足(2.7.2)。已知问题(2.7.2)的解是存在且唯一的，所以 A 是从 $D(A)$ 到 X 的一一对应。

考虑问题

$$(\lambda I + A)u = f,\ f \in X,\ u \in D(A),$$

取 $v \in (H_0^1(\Omega))^d \cap X$，作 L^2 内积得

$$\lambda(u,v) + (\nabla u, \nabla v) = (f,v). \tag{2.7.3}$$

由对称性，谱点都在实轴上。又当 $\lambda \geqslant 0$ 时，由 Lax-Milgram 定理，它有唯一解，因此谱点都是负数。当 $\lambda > 0$，取 $v = u$ 得

$$\lambda \|u\|_X^2 \leqslant \|f\|_X \|u\|_X,$$

因此

$$\|u\|_X \leqslant \frac{\|f\|_X}{\lambda}.$$

因为 $A^{-1}: X \to D(A)$ 是一个有界算子，所以它是闭算子，又

$$\{u \in (C_0^\infty(\Omega))^d;\ \nabla \cdot u = 0\}$$

在 X 中稠密，所以 $D(A)$ 在 X 中稠密，由定理 6.1 得 $-A$ 是一个 C_0 半群的无穷小生成元，我们就把这个半群记作 e^{-tA}。

当 $\lambda = \sigma + i\tau$，$\sigma > 0$ 时，令 $v = u$，取(2.7.3)的虚部，得

$$i\tau \|u\|_X^2 = i\,\mathrm{Im}(f,u),$$

于是

$$\|u\|_X \leqslant \frac{\|f\|_X}{|\tau|}.$$

由定理 6.2 (a)，(b)，e^{-tA} 可以延拓为一个解析半群。

为了研究 A 的乘幂，我们先研究 $B = -\Delta$ 的乘幂，B 的定义域为 $D(B) = H^2(\Omega) \cap H_0^1(\Omega)$。以上关于 A 的讨论对于 B 都是适用的。因此 $-B$ 是解析半群 e^{-tB} 的无穷小生成元，在定义了乘幂 B^α 以后可以证明它的定义域就是内插空间(参看 Lions, Magenes [1])

$$D(B^\alpha) = [L^2(\Omega),\ D(B)]_\alpha,$$
$$0 \leqslant \alpha \leqslant 1, \tag{2.7.4}$$

显然

$$H_0^2(\Omega)\subset D(B)\subset H^2(\Omega),$$

因此

$$[L^2(\Omega),H_0^2(\Omega)]_\alpha\subset D(B^\alpha)\subset[L^2(\Omega),H^2(\Omega)]_\alpha. \quad (2.7.5)$$

但是两端两个空间就是 $H_0^{2\alpha}(\Omega)$ 与 $H^{2\alpha}(\Omega)$，它们具有同样的范数 $\|\cdot\|_{2\alpha}$，所以空间 $D(B^\alpha)$ 上的范数与 $\|\cdot\|_{2\alpha}$ 等价．例如当 $\alpha=\frac{1}{2}$，$D(B^{1/2})$ 上的范数就是 $\|\cdot\|_1$.

此外，从(2.7.5)我们还可以得到有关空间 $D(B^\alpha)$ 的一些刻划，例如当 $\alpha=\frac{1}{2}$，由定理 6.4(b)

$$D(B)\subset D(B^{1/2}),$$

即

$$H^2(\Omega)\cap H_0^1(\Omega)\subset D(B^{1/2}),$$

因为按范数 $\|\cdot\|_1$，$D(B^{1/2})$ 是一个 Banach 空间，所以 $H^2(\Omega)\cap H_0^1(\Omega)$ 按范数 $\|\cdot\|_1$ 取闭包应该在 $D(B^{1/2})$ 内，即有 $H_0^1(\Omega)\subset D(B^{1/2})$．但另一方面

$$D(B^{1/2})\supset[L^2(\Omega),H_0^2(\Omega)]_{\frac{1}{2}}=H_0^1(\Omega),$$

所以就有

$$D(B^{1/2})=H_0^1(\Omega).$$

当 $0\leqslant\alpha\leqslant\frac{1}{2}$ 时，我们可以取 $L^2(\Omega)$ 与 $H_0^1(\Omega)$ 作内插，即有

$$D(B^\alpha)=[L^2(\Omega),H_0^1(\Omega)]_{2\alpha}=H_0^{2\alpha}(\Omega),$$
$$0\leqslant\alpha\leqslant\frac{1}{2}. \quad (2.7.6)$$

当 $\frac{1}{2}\leqslant\alpha\leqslant1$ 时，我们又可以取 $H_0^1(\Omega)$ 与 $D(B)$ 作内插，即有

$$\begin{aligned}D(B^\alpha)&=[H_0^1(\Omega),\ H^2(\Omega)\cap H_0^1(\Omega)]_{2\alpha-1}\\&=H_0^1(\Omega)\cap[H^1(\Omega),H^2(\Omega)]_{2\alpha-1}\end{aligned}$$

$$= H_0^1(\Omega)\cap H^{2\alpha}(\Omega),\quad \frac{1}{2}\leqslant\alpha\leqslant 1. \tag{2.7.7}$$

(2.7.6)与(2.7.7)完全刻划了当 $0\leqslant\alpha\leqslant 1$ 时的 $D(B^\alpha)$. 当 $\alpha>1$ 时，例如当 $1<\alpha\leqslant 2$，可以利用

$$B^\alpha = B^{\alpha-1}B$$

来刻划定义域 $D(B^\alpha)$ 与范数.

下面，我们着手建立 $D(B^\alpha)$ 与 $D(A^\alpha)$ 之间的关系，为此，我们先让 B 定义于向量函数的空间 $(H^2(\Omega))^d\cap(H_0^1(\Omega))^d$ 上，显然，以上的讨论不须作任何改变.

引理 7.1 存在连续算子 $\tilde{P}:(L^2(\Omega))^d\to X$，使

$$\tilde{P}|_{D(B)}:\ D(B)\to D(A)$$

是连续的.

附注. 我们要注意的是 Helmholtz 算子 P 不符合要求，因为限制在 $D(B)$ 上，P 的象集合不在 $D(A)$ 内.

证明 令 $\tilde{P}f=-A^{-1}P\Delta f=A^{-1}PBf$，则当 $f\in D(B)$ 时，$\tilde{P}f\in D(A)$，所以我们只要证明 $\tilde{P}$ 可以延拓为从 $(L^2(\Omega))^d$ 到 X 的有界算子就可以了.

考虑对偶算子 $\tilde{P}^*=BIA^{-1}$，其中 I 仍为恒同算子. 由 Stokes 问题解的先验估计得

$$\|\tilde{P}^*f\|_0\leqslant\|A^{-1}f\|_2\leqslant\|f\|_0,$$

因此 $\tilde{P}^*:X\to(L^2(\Omega))^d$ 是有界的，它的对偶 $\tilde{P}:(L^2(\Omega))^d\to X$ 也是有界的. 证毕.

定理 7.1

$$[X,D(A)]_\alpha=[(L^2(\Omega))^d,\ D(B)]_\alpha\cap X.$$

证明 首先我们有 $D(A)=D(B)\cap X$.

任取 $u\in[X,D(A)]_\alpha$，则按内插空间的定义，存在 $f\in F(X, D(A))$，使 $u=f(\alpha)$，显然 $f\in F((L^2(\Omega))^d,\ D(B))$，所以 $u\in[(L^2(\Omega))^d,\ D(B)]_\alpha$. 又因为 $D(A)\subset X$，所以 $f\in X$，于是 $u\in X$，即有

$$u\in[(L^2(\Omega))^d,\ D(B)]_\alpha\cap X.$$

反之，任取 $u \in [(L^2(\Omega))^d,\ D(B)]_\alpha \cap X$，则存在

$$f \in F((L^2(\Omega))^d, D(B)),$$

使 $u = f(\alpha)$，我们考虑 $\tilde{P}f$，则 $\tilde{P}f \in F(X, D(A))$。又当 $f \in D(A)$ 时，由定义，$\tilde{P}f = f$，所以 $\tilde{P}$ 在 $D(A)$ 内为恒同映射。$D(A)$ 在 X 内稠密，所以 $\tilde{P}$ 在 X 上也是一个恒同算子。现在 $u \in X$，所以，$\tilde{P}u = u$，即 $u = \tilde{P}f(\alpha)$。于是 $u \in [X, D(A)]_\alpha$。证毕。

推论 1 当 $0 \leqslant \alpha \leqslant \frac{1}{4}$ 时，$D(A^\alpha) = X \cap (H^{2\alpha}(\Omega))^d$；当 $1 \leqslant \alpha \leqslant \frac{5}{4}$ 时，

$$D(A^\alpha) = D(A) \cap (H^{2\alpha}(\Omega))^d.$$

证明 与(2.7.4)类似，我们有

$$D(A^\alpha) = [X, D(A)]_\alpha,\quad 0 \leqslant \alpha \leqslant 1.$$

当 $0 \leqslant \alpha \leqslant \frac{1}{4}$ 时，由定理 7.1，$D(A^\alpha) = D(B^\alpha) \cap X$，又由(2.7.6)得

$$D(A^\alpha) = (H_0^{2\alpha}(\Omega))^d \cap X.$$

但是当 $0 \leqslant \alpha \leqslant \frac{1}{4}$ 时，$H_0^{2\alpha}(\Omega) = H^{2\alpha}(\Omega)$，所以结论成立。当 $1 \leqslant \alpha \leqslant \frac{5}{4}$ 时，显然有

$$D(A^\alpha) \subset D(A) \cap (H^{2\alpha}(\Omega))^d,$$

另一方面，当 $u \in D(A) \cap (H^{2\alpha}(\Omega))^d$ 时，$Au \in X \cap (H^{2\alpha-2}(\Omega))^d$ 利用刚才证明的结论得，$Au \in D(A^{\alpha-1})$，即 $u \in D(A^\alpha)$。证毕。

推论 2 在空间 $D(A^\alpha)$ 上，范数 $\|A^\alpha \cdot\|_0$ 与 $\|\cdot\|_{2\alpha}$ 等价。

证明 已知按范数 $\|\cdot\|_{2\alpha}$，$D(B^\alpha)$ 成一 Banach 空间。由定理 7.1，$D(A^\alpha)$ 是 $D(B^\alpha)$ 的闭子空间，因此按范数 $\|\cdot\|_{2\alpha}$，$D(A^\alpha)$ 也成一 Banach 空间。由定理 6.3，定理 6.4，$A^\alpha: D(A^\alpha) \to X$ 是一一映射，并且是闭算子，由闭图象定理得

$$\|A^\alpha u\|_0 \leqslant C\|u\|_{2\alpha},\quad \forall u \in D(A^\alpha),$$

$$\|A^{-\alpha} u\|_{2\alpha} \leqslant C\|u\|_0,\quad \forall u \in X.$$

由此就得等价性。证毕。

§8. 不定常 Navier-Stokes 方程

设 Ω 是一个有界的，边界充分光滑的区域，我们在考虑Navier-Stokes 方程之前，先讨论不定常的 Stokes 方程，它是线性的。

$$\frac{\partial u}{\partial t}+\frac{1}{\rho}\nabla p=\nu\Delta u+f, \tag{2.8.1}$$

$$\nabla\cdot u=0, \tag{2.8.2}$$

$$u|_{x\in\partial\Omega}=0, \tag{2.8.3}$$

$$u|_{t=0}=u_0. \tag{2.8.4}$$

设 $u_0\in X, f\in L^1(0,T;(L^2(\Omega))^d)$，则(2.8.1)—(2.8.4)的解的解析表达式是

$$u=e^{-\nu tA}u_0+\int_0^t e^{-\nu(t-\tau)A}Pf(\tau)d\tau. \tag{2.8.5}$$

不难直接验证表达式(2.8.5)满足(2.8.2)—(2.8.4)。我们现在验证它在弱的意义下满足(2.8.1)。任取 $v\in X\cap(H_0^1(\Omega))^d$，$\varphi\in C_0^\infty(0,T)$，以 $v\varphi'(t)$ 与方程(2.8.5)作内积得

$$\begin{aligned}\int_0^T(u,v)\varphi'(t)dt&=\int_0^T(e^{-\nu tA}u_0,v)\varphi'(t)dt\\&\quad+\int_0^T\int_0^t(e^{-\nu(t-\tau)A}Pf(\tau),v)\varphi'(t)d\tau dt\\&=\int_0^T(\nu Ae^{-\nu tA}u_0,v)\varphi(t)dt\\&\quad-\int_0^T\left\{(Pf(t),v)-\int_0^t(\nu Ae^{-\nu(t-\tau)A}Pf(\tau),v)d\tau\right\}\varphi(t)dt,\end{aligned}$$

再以(2.8.5)代入右端得

$$\int_0^T(u,v)\varphi'(t)dt=\int_0^T(\nu Au,v)\varphi(t)dt-\int_0^T(f(t),v)\varphi(t)dt,$$

即

$$\int_0^T(u,v)\varphi'(t)dt=-\int_0^T(\nu\Delta u+f,v)\varphi(t)dt.$$

这就是弱解的表达式. 当 u_0, f 的正则性提高时, 解的正则性也会相应地提高. 关于这一点, 我们将在第四章中看得很清楚. 如果假定 $u_0 \in D(A)$, $f \in W^{1,1}(0, T; (L^2(\Omega))^d)$, 则 Ladyzhenskaya [1]中证明了 $w = \frac{\partial u}{\partial t}$ 是下述问题的弱解

$$
\begin{aligned}
&\frac{\partial w}{\partial t} + \frac{1}{\rho} \nabla q = \nu \Delta w + \frac{\partial f}{\partial t}, \\
&\nabla \cdot w = 0, \\
&w|_{x \in \partial\Omega} = 0, \\
&w|_{t=0} = P\{\nu \Delta u_0 + f(x,0)\}.
\end{aligned}
$$

从而可以进一步讨论 $\frac{\partial u}{\partial t}$ 的正则性.

对于不定常 Navier-Stokes 方程的初边值问题

$$\frac{\partial u}{\partial t} + (u \cdot \nabla)u + \frac{1}{\rho} \nabla p = \nu \Delta u + f, \tag{2.8.6}$$

$$\nabla \cdot u = 0, \tag{2.8.7}$$

$$u|_{x \in \partial\Omega} = 0, \tag{2.8.8}$$

$$u|_{t=0} = u_0. \tag{2.8.9}$$

现有的存在唯一性定理很多, 我们只给出其中最弱的一个存在定理: 设 $V = D(A^{\frac{1}{2}})$, V' 为 V 的对偶空间, $u_0 \in X$, $f \in L^2(0, T; V')$, 则问题(2.8.1)—(2.8.9)在二维及三维情形都在 $[0, T]$ 上有一个弱解(参看 Temam[2]).

关于唯一性, 在二维情形, 上述弱解是唯一的, 而在三维情形, 没有能证明上述弱解的唯一性. 加强 u_0, f 的假定可以改善解的正则性. 但是迄今为止, 关于三维问题的存在唯一性定理都是在一定限制下得到的, 例如区域充分小, ν 充分大, 已知数据 u_0, f 充分小, 等等.

第三章　Euler方程涡度法的收敛性

在本章中，我们主要地讨论涡团法的收敛性．首先讨论二维与三维的初值问题．对于二维问题，Raviart 的讲稿提供了一个很好的证明，我们采用他的框架．在此基础上，结合 Beale 与 Majda 的技巧，就可以得到三维的理论．我们还要介绍点涡法的收敛定理．对于初边值问题，我们介绍我们得到的结果，除了半离散化问题外，我们还将介绍全离散化问题的收敛性结果．这里有两部分内容，其一是把所得的常微分方程组进行离散求解，其二是由涡度求速度时，要求解流函数，在一般情况下，它也需要离散求解。

§1. 涡团法解的存在唯一性

考虑 Euler 方程的初值问题

$$\frac{\partial u}{\partial t}+(u\cdot\nabla)u+\frac{1}{\rho}\nabla p=f, \tag{3.1.1}$$

$$\nabla\cdot u=0, \tag{3.1.2}$$

$$u|_{t=0}=u_0,\ u|_{|x|=\infty}=u_\infty(t), \tag{3.1.3}$$

其中 u_0 满足 $\nabla\cdot u_0=0$．在二维情形，令 $\omega=-\nabla\wedge u$, $\omega_0=-\nabla\wedge u_0$, $F=-\nabla\wedge f$，则有等价的方程组

$$\frac{\partial\omega}{\partial t}+u\cdot\nabla\omega=F, \tag{3.1.4}$$

$$-\Delta\psi=\omega,\ u=\nabla\wedge\psi+u_\infty(t), \tag{3.1.5}$$

$$\omega|_{t=0}=\omega_0, \tag{3.1.6}$$

其中 ψ 为流函数． 为简化我们的讨论，设 F 与 ω_0 都是紧支集函数，这时对于 ψ 有零边界条件

$$\psi|_{|x|=\infty}=0.$$

作核函数

$$K(x)=\frac{1}{2\pi|x|^2}(-x_2,x_1), \tag{3.1.7}$$

则 u 与 ω 的关系还可以写成

$$u=K*\omega+u_\infty, \tag{3.1.8}$$

即

$$u(x,t)=\int_{\mathbb{R}^2}K(x-\xi)\omega(\xi,t)d\xi+u_\infty(t).$$

在三维情形，为简化我们的讨论，设外力有势，令 $\omega=\text{curl}u$，$\omega_0=\text{curl}u_0$，也以 ψ 表示一个流函数，它满足 $\nabla\cdot\psi=0$，则有等价方程组

$$\frac{\partial\omega}{\partial t}+(u\cdot\nabla)\omega-(\omega\cdot\nabla)u=0, \tag{3.1.9}$$

$$-\Delta\psi=\omega, u=\text{curl}\psi+u_\infty(t), \tag{3.1.10}$$

$$\omega|_{t=0}=\omega_0. \tag{3.1.11}$$

我们仍然假定 ω_0 有紧支集，引进核函数

$$K(x)=-\frac{1}{4\pi}\frac{x}{|x|^3},$$

则

$$u(x,t)=\int_{\mathbb{R}^3}K(x-\xi)\times\omega(\xi,t)d\xi+u_\infty(t). \tag{3.1.12}$$

为了符号上的统一，我们记

$$K(x)=-\frac{1}{4\pi}\frac{x}{|x|^3}\times, \tag{3.1.13}$$

则也有

$$u=K*\omega+u_\infty.$$

按照(1.2.3)和(1.2.4)，引进特征线 $\xi=\xi(\tau;x,t)$，它满足

$$\frac{d\xi}{dt}=u(\xi(\tau;x,t),\tau),\ \xi(t;x,t)=x, \tag{3.1.14}$$

则对于二维情形，沿特征线有特征关系式

$$\frac{d\omega}{dt}=F(\xi(t;x,0),t). \tag{3.1.15}$$

对于三维情形，特征关系式可以有两种提法，一种是

$$\frac{d\omega}{dt}=(\omega\cdot\nabla)u, \tag{3.1.16}$$

另一种是

$$\omega(\xi(\tau;x,0),\tau)=\frac{\partial\xi(\tau;x,0)}{\partial x}\,\omega_0(x), \tag{3.1.17}$$

或者

$$\frac{d\omega}{d\tau}(\xi(\tau;x,0),\tau)=\frac{\partial u(\xi(\tau;x,0),\tau)}{\partial x}\cdot\omega_0(x), \tag{3.1.18}$$

它们的推导已在第一章第 1,2 两节给出。

对于涡团法，有一个“涡团”函数。设 $\zeta(x)$ 为有界可积函数，满足

$$\int\zeta(x)dx=1. \tag{3.1.19}$$

任取 $\varepsilon>0$，在二维情形，令

$$\zeta_\varepsilon(x)=\frac{1}{\varepsilon^2}\zeta\left(\frac{x}{\varepsilon}\right),$$

在三维情形，令

$$\zeta_\varepsilon(x)=\frac{1}{\varepsilon^3}\zeta\left(\frac{x}{\varepsilon}\right).$$

用平行于坐标的直线或平面，将二维或三维空间分割为边长为 h 的闭正方形或闭正六面体。设 j 为二维向量 (j_1, j_2) 或三维向量 (j_1, j_2, j_3)，其中 $j_k\in\mathbf{Z}$，$\mathbf{Z}$ 为全体整数的集合。我们记 $X_j=jh$ 为上述四边形或六面体的中心，四边形或六面体记作 Bj。这样就完成了空间的离散化。

在二维情形，涡团法的公式是

$$\omega^\varepsilon(x,t)=\sum_{j\in\mathbf{Z}^2}\alpha_j^\varepsilon(t)\zeta_\varepsilon(x-X_j^\varepsilon(t)), \tag{3.1.20}$$

$$\frac{d\alpha_j^\varepsilon}{dt}=h^2F(X_j^\varepsilon(t),t),\quad \alpha_j^\varepsilon(0)=\alpha_j, \tag{3.1.21}$$

$$\frac{dX_j^\varepsilon}{dt}=u^\varepsilon(X_j^\varepsilon(t),t),\quad X_j^\varepsilon(0)=X_j, \tag{3.1.22}$$

$$u^\varepsilon = K * \omega^\varepsilon + u_\infty, \tag{3.1.23}$$

其中 $\alpha_j = \omega_0(X_j)h^2$. 在这里，有限和 $\sum_j \alpha_j \zeta_\varepsilon(x - X_j)$是 ω_0 的一个近似。

在三维情形，相应于(3.1.16)或(3.1.18)有两种格式. 我们先给格式(A),

$$\omega^\varepsilon(x,t) = \sum_{j \in \mathbf{Z}^3} \alpha_j^\varepsilon(t) \zeta_\varepsilon(x - X_j^\varepsilon(t)), \tag{3.1.24}$$

$$\frac{d\alpha_j^\varepsilon}{dt} = \nabla_j^h u^\varepsilon(X_j^\varepsilon(t),t)\alpha_j^\varepsilon, \quad \alpha_j^\varepsilon(0) = \alpha_j \tag{3.1.25}$$

$$\frac{dX_j^\varepsilon}{dt} = u^\varepsilon(X_j^\varepsilon(t),t), \quad X_j^\varepsilon(0) = X_j, \tag{3.1.26}$$

$$u^\varepsilon = K * \omega^\varepsilon + u_\infty, \tag{3.1.27}$$

其中 $\alpha_j = \omega_0(X_j)h^3$. ∇_j^h 是一个关于 i 的差分算子,它是 $\frac{\partial}{\partial x}$ 的一个近似. 格式(B)的公式大部分与(A)一致，只是(3.1.25)须改为

$$\frac{d\alpha_j^\varepsilon}{dt} = (\alpha_j^\varepsilon(t) \cdot \nabla) u^\varepsilon(X_j^\varepsilon(t),t), \quad \alpha_j^\varepsilon(0) = \alpha_j. \tag{3.1.28}$$

下面我们证明涡团法解在任意区间 $t \in [0,T]$ 上的存在唯一性. 我们以二维情形为例，三维情形是类似的.

定理 1.1 设 $\zeta \in W^{1,\infty}(\mathbf{R}^2) \cap W^{1,1}(\mathbf{R}^2)$, F 充分光滑,则在任意区间 $[0,T]$ 上,(3.1.20)—(3.1.23)有唯一解.

证明 令 $K_\varepsilon = K * \zeta_\varepsilon$, 则(3.1.23),(3.1.20)可以表成

$$u^\varepsilon(x,t) = \sum_{j \in \mathbf{Z}^2} \alpha_j^\varepsilon(t) K_\varepsilon(x - X_j^\varepsilon(t)) + u_\infty(t).$$

代入(3.1.22)得

$$\frac{dX_i^\varepsilon}{dt} = \sum_{j \in \mathbf{Z}^2} \alpha_j^\varepsilon(t) K_\varepsilon(X_i^\varepsilon(t) - X_j^\varepsilon(t)) + u_\infty(t). \tag{3.1.29}$$

对于联立方程组(3.1.21),(3.1.29)，我们只需证明右端满足 Lipschitz 条件,即可得到整体解的存在唯一性. 我们试求如下微商

$(k=1,2)$

$$\frac{\partial K_\delta}{\partial x_k}=\int_{\mathbf{R}^2}K(x-\xi)\frac{\partial\zeta_\delta(\xi)}{\partial\xi_k}d\xi$$

$$=\int_{|x-\xi|<1}K(x-\xi)\frac{\partial\zeta_\delta(\xi)}{\partial\xi_k}d\xi$$

$$+\int_{|x-\xi|\geqslant1}K(x-\xi)\frac{\partial\zeta_\delta(\xi)}{\partial\xi_k}d\xi.$$

对于第一个积分，我们注意到 $\zeta\in W^{1,\infty}$，对于第二个积分，我们注意到 $\zeta\in W^{1,1}$ 及 K 有界，不难看出 $\partial K_\delta/\partial x_k$ 一致有界．又已知 $\boldsymbol{F}$ 充分光滑有紧支集，所以它们都满足 Lipschitz 条件．证毕．

下面着手讨论收敛性，为此我们需要一些预备性的引理．

§2. 函数的逼近

我们要用到本质上相同的关于函数逼近的二个引理，现引用如下而不加以证明(参看 Ciarlet[1])．

引理 2.1 (Bramble-Hilbert) 设 Ω 为 R^d 中开集，它有 Lipschitz 连续的边界．对于某个整数 $k\geqslant0$ 和 $p\in[1,\infty)$，设 f 是定义于空间 $W^{k+1,p}(\Omega)$ 上的有界线性泛函，它满足条件

$$f(g)=0,\quad\forall g\in P_k(\Omega),$$

则

$$|f(v)|\leqslant c\|f\|^*_{k+1,p,\Omega}|v|_{k+1,p,\Omega},\forall v\in W^{k+1,p}(\Omega),$$

其中 $P_k(\Omega)$ 为 Ω 上所有不高于 k 次的多项式的集合，$\|\cdot\|^*_{k+1,p,\Omega}$ 为 $W^{k+1,p}(\Omega)$ 的对偶空间的范数．

引理 2.2 设 $k\geqslant0$，$m\geqslant0$，$p,q\in[1,\infty)$，空间 $W^{k+1,p}(B_j)$ 嵌入于 $W^{m,q}(B_j)$，有界线性算子 Π：$W^{k+1,p}(B_j)\to W^{m,q}(B_j)$ 满足

$$\Pi g=g,\quad\forall g\in P_k(B_j),$$

则

$$|v-\Pi v|_{m,q,B_j}\leqslant Ch^{k+1-m+\frac{d}{q}-\frac{d}{p}}|v|_{k+1,p,B_j},\ \forall v\in W^{k+1,p}(B_j),$$

其中 d 为空间的维数，它等于 2 或 3.

现在设 $g \in C^0(B_j)$，令

$$E_j(g) = \int_{B_j} g dx - h^d g(X_j), \tag{3.2.1}$$

则有如下的逼近结果：

引理 2.3

$$|E_j(g)| \leqslant C \cdot \begin{cases} h^{1+\frac{d}{q}} |g|_{1,p,B_j} & \forall g \in W^{1,p}(B_j), p > d, \\ h^{2+\frac{d}{q}} |g|_{2,p,B_j}, & \forall g \in W^{2,p}(B_j), p > \dfrac{d}{2}, \end{cases}$$

其中 $\dfrac{1}{p} + \dfrac{1}{q} = 1$.

证明 设 $B = [-1,1]^d$，令

$$\tilde{E}(\tilde{g}) = \int_B \tilde{g}(\xi) d\xi - 2^d g(0), \quad \forall \tilde{g} \in C^0(B),$$

则

$$\tilde{E}(\tilde{g}) = 0, \quad \forall \tilde{g} \in P_1(B).$$

因此 $\tilde{g} \to \tilde{E}(\tilde{g})$ 在 $P_1(B)$ 上等于零. 由嵌入定理和本引理的条件，$W^{2,p}(B)$ 与 $W^{1,p}(B)$ 都嵌入到 $C^0(B)$，因此 $\tilde{E}$ 为相应空间上的有界线性泛函. 由引理 2.1，可知

$$\tilde{E}(\tilde{g}) \leqslant C \cdot \begin{cases} |\tilde{g}|_{1,p,B}, & \forall \tilde{g} \in W^{1,p}(B), \quad p > d, \\ |\tilde{g}|_{2,p,B}, & \forall \tilde{g} \in W^{2,p}(B), \quad p > \dfrac{d}{2}. \end{cases}$$

作仿射变换 $F: B \to B_j$，则当 $g \in W^{m,p}(B_j)$ 时，$g \circ F \in W^{m,p}(B)$，并且

$$|g \circ F|_{m,p,B} = \left(\frac{h}{2}\right)^{m-\frac{d}{p}} |g|_{m,p,B_j},$$

又 $E_j(g) = \left(\dfrac{h}{2}\right)^d \tilde{E}(g \circ F)$，即得所证. 证毕.

我们再讨论对于 E_j 的高阶估计.

引理 2.4 对于所有的函数 $g \in W^{m,p}(B_j), m \geqslant 3, p > \dfrac{d}{m}$，有

$$\left|E_j(g) - \sum_{2\leqslant|\alpha|\leqslant m-1} c_\alpha h^{|\alpha|}\int_{B_j}\partial^\alpha g dx\right| \leqslant Ch^{m+\frac{d}{q}}|g|_{m,p,B_j},$$

其中 $\frac{1}{p}+\frac{1}{q}=1$，$\alpha$ 为多重指标，c_α 为适当的 Taylor 展开式中的系数。

证明 用引理 2.3 的记号，我们首先归纳地证明：当 $m\geqslant 3$，泛函

$$\tilde{L}_m(\tilde{g}) = \tilde{E}(\tilde{g}) - \sum_{2\leqslant|\alpha|\leqslant m-1} \tilde{c}_\alpha\int_B \partial^\alpha\tilde{g}(\xi)d\xi \tag{3.2.2}$$

在 $P_{m-1}(B)$ 上等于零，已知 $\tilde{E}$ 在 $P_1(B)$ 上等于零。下面设(3.2.2)关于某个 $m\geqslant 2$ 已成立。令

$$\tilde{L}_{m+1}(\tilde{g}) = \tilde{L}_m(\tilde{g}) - \sum_{|\alpha|=m} \tilde{c}_\alpha\int_B \partial^\alpha\tilde{g}(\xi)d\zeta,$$

其中 $\tilde{c}_\alpha$ 待定，则有

$$\tilde{L}_{m+1}(\tilde{g}) = 0,\quad \forall\tilde{g}\in P_{m-1}(B).$$

设 $\xi^\beta = \xi_1^{\beta_1}\cdots\xi_d^{\beta_d}$，$|B| = m$，则

$$\begin{aligned}\tilde{L}_{m+1}(\xi^\beta) &= \tilde{L}_m(\xi^\beta) - \sum_{|\alpha|=m}\tilde{c}_\alpha\int_B \partial^\alpha\xi^\beta d\xi \\ &= \tilde{L}_m(\xi^\beta) - 2^d\beta_1!\cdots\beta_d!\tilde{c}_\beta.\end{aligned}$$

因此只需令

$$\tilde{c}_\beta = \frac{\tilde{L}_m(\xi^\beta)}{2^d\beta_1!\cdots\beta_d!}$$

就可以使(3.2.2)关于 $m+1$ 成立。

由本引理的条件，$W^{m,p}(B)$ 嵌入到 $C^0(B)$，由引理 2.1 得

$$|\tilde{L}_m(\tilde{g})| \leqslant C|\tilde{g}|_{m,p,B},\quad \forall\tilde{g}\in W^{m,p}(B).$$

象引理 2.3 一样即可得所需的结论。证毕。

引理 2.5 设 m 为整数，$p>\frac{d}{m}$，$q=\frac{p}{p-1}$，则当 $m\leqslant 2$，$g\in W^{m,p}(\mathbb{R}^d)\cap L^1(\mathbb{R}^d)$ 或 $m\geqslant 3$，$g\in W^{m,p}(\mathbb{R}^d)\cap W^{m-1,1}(\mathbb{R}^d)$ 时，有

$$\left|\int_{\mathbf{R}^d} g(x)dx - h^d \sum_{j\in \mathbf{Z}^d} g(X_j)\right| \leqslant Ch^{m+\frac{d}{q}} \sum_{j\in \mathbf{Z}^d} |g|_{m,p,B_j}. \tag{3.2.3}$$

证明 利用记号(3.2.1)得

$$\int_{\mathbf{R}^d} g(x)dx - h^d \sum_{j\in \mathbf{Z}^d} g(X_j) = \sum_{j\in \mathbf{Z}^d} E_j(g).$$

当 $m \leqslant 2$，则由引理 2.3 得(3.2.3)．当 $m \geqslant 3$，则由 $g \in W^{m-1,1}(\mathbf{R}^d)$ 得

$$\int_{\mathbf{R}^d} \partial^\alpha g dx = 0, \quad 2 \leqslant |\alpha| \leqslant m-1.$$

因此

$$\sum_{j\in \mathbf{Z}^d} E_j(g) = \sum_{j\in \mathbf{Z}^d} \left\{E_j(g) - \sum_{2\leqslant|\alpha|\leqslant m-1} c_\alpha h^{|\alpha|} \int_{B_j} \partial^\alpha g dx\right\}.$$

由引理 2.4 得(3.2.3)．证毕．

下面，我们设"涡团函数" $\zeta(x)$ 对于 $k \geqslant 1$ 满足如下的矩条件：

$$\int_{\mathbf{R}^d} x^\alpha \zeta(x)dx = 0, \ \alpha \in \mathrm{N}^d, 1 \leqslant |\alpha| \leqslant k-1, \tag{3.2.4}$$

$$\int_{\mathbf{R}^d} |x|^k |\zeta(x)| dx < +\infty, \tag{3.2.5}$$

其中 N 表示全体自然数的集合．我们有如下的逼近引理：

引理 2.6 设(3.2.4)，(3.2.5)成立，则对所有的 $f \in W^{k,p}(\mathbf{R}^d)$，$1 \leqslant p \leqslant +\infty$，

$$\|f * \zeta_\varepsilon - f\|_{0,p,\mathbf{R}^d} \leqslant C\varepsilon^k |f|_{k,p,\mathbf{R}^d}. \tag{3.2.6}$$

证明 设 $f \in W^{k,\infty}(\mathbf{R}^d)$，由积分余项型 Taylor 公式得

$$f(x-y) = f(x) + \sum_{l=1}^{k-1} (-1)^l D^l f(x) y^l + \frac{(-1)^k}{(k-1)!} \int_0^1 (1-t)^{k-1} D^k f(x-ty) y^k dt,$$

其中 $D^l f(x) y^l = D^l f(x)(y, y. \cdots, y)$，是 f 在 x 点的 l 阶 Frechet 微商作用于 l 维向量 $y^l = (y, y, \cdots, y)$ 上的值，对于任一多重指标 α，我们有

$$\int_{\mathbf{R}^d} y^\alpha \zeta_\varepsilon(y)dy = \frac{1}{\varepsilon^d}\int_{\mathbf{R}^d} y^\alpha \zeta\left(\frac{y}{\varepsilon}\right)dy = \varepsilon^{|\alpha|}\int_{\mathbf{R}^d} z^\alpha \zeta(z)dz.$$

由矩条件(3.2.4)及条件(3.1.19)得

$$\int_{\mathbf{R}^d} f(x-y)\zeta_\varepsilon(y)dy = f(x)$$

$$+\frac{(-1)^k}{(k-1)!}\int_{\mathbf{R}^d}\int_0^1 (1-t)^{k-1}D^k f(x-ty)y^k\zeta_\varepsilon(y)dtdy,$$

即

$$(f*\zeta_\varepsilon - f)(x)$$

$$=\frac{(-1)^k}{(k-1)!}\int_0^1 (1-t)^{k-1}\int_{\mathbf{R}^d} D^k f(x-ty)y^k\zeta_\varepsilon(y)dydt. \tag{3.2.7}$$

由矩条件(3.2.5)并注意到

$$\int_{\mathbf{R}^d} |y|^k|\zeta_\varepsilon(y)|dy = \varepsilon^k\int_{\mathbf{R}^d}|z|^k|\zeta(z)|dz,$$

就得到 $p=+\infty$ 时的(3.2.6)式。

现在考虑 $1\leqslant p<+\infty$ 的情形，首先设 $f\in C_0^\infty(\mathbf{R}^d)$，令 $z=ty$，我们有

$$\int_{\mathbf{R}^d} D^k f(x-ty)y^k\zeta_\varepsilon(y)dy$$

$$=\frac{1}{t^k}\int_{\mathbf{R}^d} D^k f(x-z)z^k\zeta_{t\varepsilon}(z)dz$$

$$=\frac{1}{t^k}\sum_{|\alpha|=k}\lambda_\alpha\int_{\mathbf{R}^d}\partial^\alpha f(x-z)z^\alpha\zeta_{t\varepsilon}(z)dz,$$

其中 λ_α 为正常数。因此用卷积形式有

$$\int_{\mathbf{R}^d} D^k f(x-ty)y^k\zeta_\varepsilon(y)dy$$

$$=\frac{1}{t^k}\sum_{|\alpha|=k}\lambda_\alpha[\partial^\alpha f*(x^\alpha\zeta_{t\varepsilon})](x).$$

对于任意的函数 $g\in L^p(\mathbf{R}^d)$，$h\in L^1(\mathbf{R}^d)$ 都有(Young 定理)

$$\|g*h\|_{0,p}\leqslant\|g\|_{0,p}\|h\|_{0,1},$$

因此由(3.2.7)可得

$$\begin{aligned}&\|f*\zeta_\varepsilon-f\|_{0,p,\mathbb{R}^d}\\&\leqslant\frac{1}{(k-1)!}\sum_{|\alpha|=k}\lambda_\alpha\int_0^1\frac{(1-t)^k}{t^k}\|\partial^\alpha f\|_{0,p,\mathbb{R}^d}\|x^\alpha\zeta_{t\varepsilon}\|_{0,1,\mathbb{R}^d}dt.\end{aligned}$$

由矩条件(3.2.5)知

$$\|x^\alpha\zeta_{t\varepsilon}\|_{0,1,\mathbb{R}^d}\leqslant(t\varepsilon)^k\int_{\mathbb{R}^d}|x|^k|\zeta(x)|d_x\leqslant c(t\varepsilon)^k,$$

我们得

$$\begin{aligned}\|f*\zeta_\varepsilon-f\|_{0,p,\mathbb{R}^d}&\leqslant\frac{C\varepsilon^k}{k!}\sum_{|\alpha|=k}\lambda_\alpha\|\partial^\alpha f\|_{0,p,\mathbb{R}^d}\\&\leqslant C\varepsilon^k|f|_{k,p,\mathbb{R}^d}.\end{aligned}$$

再利用 $C_0^\infty(\mathbb{R}^d)$ 在 $W^{m,p}(\mathbb{R}^d)$ 中的稠密性，即得(3.2.6)。证毕。

§3. 积分算子的一些性质

在本节中，我们讨论由(3.1.7)或(3.1.13)所定义的核K构成的积分算子的一些性质，它们将在下面的收敛性证明中用到。

引理 3.1 设 $\omega\in L^1(\mathbb{R}^d)\cap L^p(\mathbb{R}^d)$, $\dfrac{d}{d-1}<p\leqslant+\infty$，则

$$\|K*\omega\|_{0,p,\mathbb{R}^d}\leqslant C(\|\omega\|_{0,1,\mathbb{R}^d}+\|\omega\|_{0,p,\mathbb{R}^d}).\tag{3.3.1}$$

证明 首先考虑 $p=+\infty$的情形。我们有

$$\left|\int_{|\xi|<1}K(\xi)\omega(x-\xi)d\xi\right|\leqslant\|\omega\|_{0,\infty}\left|\int_{|\xi|<1}K(\xi)d\xi\right|\leqslant C\|\omega\|_{0,\infty},$$

$$\begin{aligned}\left|\int_{|\xi|>1}K(\xi)\omega(x-\xi)d\xi\right|&\leqslant C\left|\int_{|\xi|>1}\omega(x-\xi)d\xi\right|\\&\leqslant C\|\omega\|_{0,1},\end{aligned}$$

于是(3.3.1)得证。再考虑 $\dfrac{d}{d-1}<p<+\infty$ 的情形，这时同样有

$$\begin{aligned}&\int_{\mathbb{R}^d}K(\xi)\omega(x-\xi)d\xi\\&=\int_{|\xi|<1}K(\xi)\omega(x-\xi)d\xi+\int_{|\xi|>1}K(\xi)\omega(x-\xi)d\xi,\end{aligned}$$

我们分别估计以上两个积分. 对于第一个积分，令

$$\widetilde{K}(x)=\begin{cases}K(x), & |x|<1,\\ 0, & |x|>1,\end{cases}$$

则由 Young 定理,得

$$\|\widetilde{K}*\omega\|_{0,p}\leqslant\|\widetilde{K}\|_{0,1}\|\omega\|_{0,p}.$$

由K的表达式可得 $\|\widetilde{K}\|_{0,1}\leqslant C$，于是

$$\|\widetilde{K}*\omega\|_{0,p}\leqslant C\|\omega\|_{0,p}.$$

对于第二个积分，令

$$\bar{K}(x)=\begin{cases}K(x), & |x|>1,\\ 0, & |x|<1,\end{cases}$$

同样由 Young 定理得

$$\|\bar{K}*\omega\|_{0,p}\leqslant\|\bar{K}\|_{0,p}\|\omega\|_{0,1},$$

因为 $p>\dfrac{d}{d-1}$，所以由K的表达式可得 $\|\bar{K}\|_{0,p}\leqslant C$，于是

$$\|\bar{K}*\omega\|_{0,p}\leqslant C\|\omega\|_{0,1}.$$

合并即得(3.3.1),证毕.

引理 3.2 (Calderon-Zygmund) 卷积算子 $f\to\dfrac{\partial K}{\partial x_i}*f$ 分别是从 $L^p(\mathbb{R}^2)$ 到 $(L^p(\mathbb{R}^2))^2$ 与从 $(L^p(\mathbb{R}^3))^3$ 到 $(L^p(\mathbb{R}^3))^3$ 的有界算子,其中 $1<p<\infty$.

下面我们证明 $K_\varepsilon=K*\zeta_\varepsilon$ 的一些性质.

引理 3.3 设 $p\in(1,\infty)$，$\zeta\in W^{l-1,p}(\mathbb{R}^d)$，整数 $l\geqslant1$，则

$$\|\partial^\alpha K_\varepsilon\|_{0,p,\mathbb{R}^d}\leqslant\frac{C}{\varepsilon^{l+d-1-d/p}},\quad |\alpha|=l. \tag{3.3.2}$$

证明 我们有 $\partial^\alpha K_\varepsilon=\partial^\beta K*\partial^\gamma\zeta_\varepsilon$，其中$\beta,\gamma$都是多重指标，并且 $|\beta|=1$，$|\gamma|=l-1$. 由引理 3.2 得

$$\|\partial^\alpha K_\varepsilon\|_{0,p,\mathbb{R}^d}\leqslant C\|\partial^\gamma\zeta_\varepsilon\|_{0,p,\mathbb{R}^d},$$

但是

$$\|\partial^\gamma\zeta_\varepsilon\|_{0,p,\mathbb{R}^d}\leqslant\frac{C}{\varepsilon^{|\gamma|+d-d/p}}=\frac{C}{\varepsilon^{l+d-1-d/p}},$$

所以(3.3.2)成立．证毕．

引理 3.4 设整数 $l\geqslant 0$, α 为多重指标，$|\alpha|=l$。

(a) 若 $\zeta\in W^{l,\infty}(\mathbb{R}^d)\cap W^{l,1}(\mathbb{R}^d)$，则

$$|\partial^\alpha K_\varepsilon(x)|\leqslant\frac{C}{\varepsilon^{l+d-1}},\quad x\in\mathbb{R}^d. \tag{3.3.3}$$

(b) 除上述条件外，若 ζ 还满足

$$|x|^{l+d}|\partial^\alpha\zeta(x)|\leqslant c, \tag{3.3.4}$$

则

$$|\partial^\alpha K_\varepsilon(x)|\leqslant\frac{C}{|x|^{l+d-1}},\quad |x|\geqslant\varepsilon. \tag{3.3.5}$$

(c) 若 $\zeta\in L^1(\mathbb{R}^d)$，并且有包含于球 $S(0,r)$ 内的紧支集，则(3.3.5)在 $|x|\geqslant(r+1)\varepsilon$ 时成立．

证明 (a) 令 $I=K*\zeta$，则

$$K_\varepsilon(x)=\frac{1}{\varepsilon^{d-1}}I\left(\frac{x}{\varepsilon}\right). \tag{3.3.6}$$

事实上，例如在二维情形，

$$K_\varepsilon(x)=\frac{1}{\varepsilon^2}\int_{\mathbb{R}^2}K(x-\xi)\zeta\left(\frac{\xi}{\varepsilon}\right)d\xi,$$

是一1阶齐次函数，因此

$$\begin{aligned}K_\varepsilon(x)&=\frac{1}{\varepsilon^3}\int_{\mathbb{R}^2}K\left(\frac{x-\xi}{\varepsilon}\right)\zeta\left(\frac{\xi}{\varepsilon}\right)d\xi\\&=\frac{1}{\varepsilon}\int_{\mathbb{R}^2}K\left(\frac{x}{\varepsilon}-z\right)\zeta(z)dz.\end{aligned}$$

就得到了(3.3.6)．在三维情形．K 是一2阶齐次函数，证明是同样的．

(b) 现在我们证明(a)，我们有

$$\partial^\alpha I=K*\partial^\alpha\zeta.$$

由假设条件，$\partial^\alpha\zeta\in L^\infty(\mathbb{R}^d)\cap L^1(\mathbb{R}^d)$，因此由引理 3.1，$|\partial^\alpha I|\leqslant C$，再由(3.3.6)得

$$\partial^\alpha K_\varepsilon(x)=\frac{1}{\varepsilon^{l+d-1}}\partial^\alpha I\left(\frac{x}{\varepsilon}\right). \tag{3.3.7}$$

于是(3.3.3)得证.

(c) 我们再证(b),作无穷次可微函数 ϕ: $\mathbb{R}_+ \to \mathbb{R}$, 满足

$$\begin{cases}\phi(r)=0, & 0\leqslant r\leqslant \dfrac{1}{4},\\ \phi(r)=1, & r\geqslant \dfrac{1}{2},\\ 0\leqslant \phi(r)\leqslant 1, & \text{其它}.\end{cases}$$

任取 $x\in\mathbb{R}^d$, $|x|\geqslant 1$, 记

$$\partial^\alpha I(x)=\int_{\mathbb{R}^d} K(\xi)\partial^\alpha\zeta(x-\xi)d\xi = A+B,$$

其中

$$A=\int_{\mathbb{R}^d}\phi\left(\frac{|\xi|}{|x|}\right)K(\xi)\partial^\alpha\zeta(x-\xi)d\xi,$$

$$B=\int_{\mathbb{R}^d}\left(1-\phi\left(\frac{|\xi|}{|x|}\right)\right)K(\xi)\partial^\alpha\zeta(x-\xi)d\xi.$$

先估计 A, 因为 ϕ 在 0 点的邻域内为零,所以 $\phi\left(\dfrac{|\xi|}{|x|}\right)K(\xi)$ 无穷次可微, 作分部积分得

$$A=(-1)^l\int_{\mathbb{R}^d}\partial_\xi^\alpha\left(\phi\left(\frac{|\xi|}{|x|}\right)K(\xi)\right)\zeta(x-\xi)d\xi,$$

但是

$$\left|\partial_\xi^\alpha\left(\phi\left(\frac{|\xi|}{|x|}\right)K(\xi)\right)\right|$$

$$\cdot\begin{cases}=0, & |\xi|\leqslant \dfrac{|x|}{4},\\ \leqslant C\displaystyle\sum_{k=0}^{l}\frac{1}{|x|^k}\frac{1}{|\xi|^{l-k+d-1}}, & |\xi|\geqslant\dfrac{|x|}{4},\end{cases}$$

所以

$$\left|\partial_\xi^\alpha\left(\phi\left(\frac{|\xi|}{|x|}\right)K(\xi)\right)\right|\leqslant\frac{C}{|x|^{l+d-1}}.$$

从而有

$$|A|\leqslant\frac{C}{|x|^{l+d-1}}\int_{\mathbb{R}^d}|\zeta(x-\xi)|d\xi\leqslant\frac{C}{|x|^{l+d-1}}.$$

再估计 B

$$|B| \leqslant \int_{|\xi| \leqslant \frac{|x|}{2}} |K(\xi)||\partial^\alpha \zeta(x-\xi)| d\xi,$$

由条件(3.3.4)，当 $|\xi| \leqslant \dfrac{|x|}{2}$ 时

$$|\partial^\alpha \zeta(x-\xi)| \leqslant \frac{C}{|x-\xi|^{l+d}} \leqslant \frac{C}{|x|^{l+d}},$$

因此

$$|B| \leqslant \frac{C}{|x|^{l+d}} \int_{|\xi| \leqslant \frac{|x|}{2}} |K(\xi)| d\xi.$$

已知 $|K(\xi)| \leqslant C/|\xi|^{d-1}$，所以上式积分有上界 $C|x|$，即有

$$|B| \leqslant \frac{C}{|x|^{l+d-1}}.$$

于是

$$|\partial^\alpha I(x)| \leqslant \frac{C}{|x|^{l+d-1}}, \quad |x| \geqslant 1.$$

由(3.3.7)式即得(3.3.5)式。

(d) 最后，我们证明(c)，当 $|x| \geqslant r+1$，$|x-\xi| \leqslant r$ 时，有 $|\xi| \geqslant 1$，因此

$$\partial^\alpha I(x) = \int_{|x-\xi| \leqslant r} \partial^\alpha K(\xi) \zeta(x-\xi) d\xi,$$

则

$$|\partial^\alpha I(x)| \leqslant C \int_{|x-\xi| \leqslant r} \frac{1}{|\xi|^{l+d-1}} |\zeta(x-\xi)| d\xi$$

$$\leqslant \frac{C}{(|x|-r)^{l+d-1}}.$$

于是，当 $|x| \geqslant r+1$ 时

$$|\partial^\alpha I(x)| \leqslant \frac{C}{|x|^{l+d-1}}.$$

同理即得(3.3.5)式。证毕。

对于三维问题，在收敛性的证明中用到了一系列离散模的估

计，现叙述如下：

设函数 f 定义于 $\{X_j\}$，$j\in\mathbb{Z}^3$，令 $f_j=f(X_j)$，定义范数

$$\|f\|_{0,p,h}=\Big(\sum_{j\in\mathbb{Z}^3}|f_j|^p h^3\Big)^{1/p},\quad p\geqslant 1.$$

$\|\cdot\|_{0,p,h}$ 范数有界的全体函数 f 的集合记作 L_h^p。当 $p=+\infty$，则令

$$\|f\|_{0,\infty,h}=\sup_{j\in\mathbb{Z}^3}|f_j|.$$

相应地也有集合 L_h^∞，记 D_i^+ 为沿着 x_i 方向的向前差商算子，我们定义一阶范数为

$$\|f\|_{1,p,h}=(\|f\|_{0,p,h}^p+\sum_{i=1}^{3}\|D_i^+f\|_{0,p,h}^p)^{1/p},$$

相应地有集合 $W_h^{1,p}$。设 $f\in L_h^p$，$g\in L_h^q$，$\dfrac{1}{p}+\dfrac{1}{q}=1$。我们可以定义对偶积

$$(f,g)_h=\sum_{j\in\mathbb{Z}^3}f_jg_jh^3.$$

由此可以定义负范数

$$\|f\|_{-1,p,h}=\sup_{g\in W_h^{1,q}}\frac{|(f\cdot g)_h|}{\|g\|_{1,q,h}}W_h^{1,q}.$$

相应地有集合 $W^{-1,p}$。有时，为了方便起见，我们把上述范数写成 $\|f_j\|_{0,p,h}$ 等等，它的意义与 $\|f\|_{0,p,h}$ 是一样的。

设 S_1 与 S_2 是 $\mathbb{R}^3$ 中的有界集合。我们按范数

$$\|f\|_{0,p,h}=\Big(\sum_{X_i\in S_1}|f_i|^p h^3\Big)^{\frac{1}{p}},$$

$$\|f\|_{0,p,h}=\Big(\sum_{X_j\in S_2}|f_j|^p h^3\Big)^{\frac{1}{p}},$$

可以定义空间 $L_h^p(S_1)$ 与 $L_h^p(S_2)$。设 K_{ij} 为依赖于 i,j 的 3×3 矩阵，其中 $X_i\in S_1, X_j\in S_2$，则可以定义一个映射 $\mathscr{K}:(L_h^p(S_2))^3\to(L_h^p(S_1))^3$ 如下：

$$(\mathscr{K}f)_i=\sum_{X_j\in S_2}K_{ij}f_jh^3,\quad \forall f\in(L_h^p(S_2))^3.$$

算子$\mathscr{K}$的范数定义为满足如下两个不等式的最小正数：

$$\sum_{X_j\in S_2}|K_{ij}|h^3\leqslant\|\mathscr{K}\|,\qquad X_i\in S_1,$$

$$\sum_{X_i\in S_1}|K_{ij}|h^3\leqslant\|\mathscr{K}\|,\qquad X_j\in S_2.$$

在作了上述准备以后，我们就可以叙述我们的引理了.

引理 3.5 设 $S_2=\{x;|x|<R+1\}$, $R>0$ 并且

$$f\in(W_h^{-1,p})^3,\ \operatorname{supp}f\subset\{x;|x|<R\},$$

其中网格参数 $h<1$，则有

$$\|\mathscr{K}f\|_{0,p,h}\leqslant C\left(\|\mathscr{K}\|+\sum_{l=1}^{3}\|D_l^+\mathscr{K}\|\right)\|f\|_{-1,p,h},\quad(3.3.8)$$

其中 $\|D_l^+\mathscr{K}\|$ 为与 $D_l^+K_{ij}$ 对应的范数，自变量取 X_j

证明 作 $\mathbf{R}^3$ 上的函数 ϕ，使当 $|X_j|<R$ 时，$\phi_j=1$，

$$|X_j|>R+1\text{ 时},\ \phi_j=0,\ 0\leqslant\phi\leqslant1,$$

并且ϕ是光滑函数. 以 $\mathscr{K}^T$ 记 $\mathscr{K}$ 的对偶，得

$$(\mathscr{K}f,g)_h=(f,\mathscr{K}^Tg)_h=(\phi f,\mathscr{K}^Tg)_h$$
$$=(f,\phi\mathscr{K}^Tg)_h$$

下面估计 $\|\phi\mathscr{K}^Tg\|_{1,q,h}$. 先估计 $\|\phi\mathscr{K}^Tg\|_{0,q,h}$.

$$\|\phi\mathscr{K}^Tg\|_{0,q,h}=\left(\sum_{i\in X'}|\phi\mathscr{K}^Tg_i|^qh^3\right)^{\frac{1}{q}}$$

$$=\left(\sum_{i\in Z'}\Big|\sum_{X_j\in S_1}\phi_iK_{ji}g_jh^3\Big|^qh^3\right)^{\frac{1}{q}}$$

$$\leqslant\left(\sum_{X_i\in S_1}\left(\sum_{X_j\in S_1}|K_{ji}|\cdot|g_j|^qh^3\right)\left(\sum_{X_j\in S_1}|K_{ji}|h^3\right)^{q-1}h^3\right)^{\frac{1}{q}}$$

$$\leqslant\|\mathscr{K}\|^{\frac{q-1}{q}}\left(\sum_{X_j\in S_2}\sum_{X_j\in S_1}|K_{ji}||g_j|^qh^3\cdot h^3\right)^{\frac{1}{q}}$$

$$=\|\mathscr{K}\|^{\frac{q-1}{q}}\left(\sum_{X_j\in S_1}\left(\sum_{X_i\in S_2}|K_{ji}|h^3\right)|g_j|^qh^3\right)^{\frac{1}{q}}$$

$$\leqslant\|\mathscr{K}\|\left(\sum_{X_j\in S_1}|g_j|^qh^3\right)^{\frac{1}{q}}=\|\mathscr{K}\|\cdot\|g\|_{0,q,h}.$$

其次，完全类似地可得

$$\|D_l^+\phi\mathscr{K}^T g\|_{0,q,h}\leqslant C\left(\|\mathscr{K}\|+\sum_{l=1}^{3}\|D_l^+\mathscr{K}\|\right)\|g\|_{0,q,h}.$$

于是

$$|(\mathscr{K}f,g)_h|\leqslant C\|f\|_{-1,p,h}\left(\|\mathscr{K}\|+\sum_{l=1}^{3}\|D_l^+\mathscr{K}\|\right)\|g\|_{0,q,h}.$$

由此便得(3.3.8)式。 证毕。

引理 3.6 设 $f=(f_j)\in W_h^{-1,p}$，$1<p<+\infty$，并且在 B_j 上令$f=f_j$，$j\in Z^3$，则

$$\|f\|_{-1,p}\leqslant C\|f\|_{-1,p,h}. \tag{3.3.9}$$

证明 以<，>记对偶积，我们只要证明当 $g\in W^{1,8}(\mathbf{R}^3)$ 时 $|\langle f,g\rangle|\leqslant C\|f\|_{-1,p,h}\|g\|_{1,q}$ 就够了，其中 $\dfrac{1}{p}+\dfrac{1}{q}=1$。令

$$\tilde{g}_j=\frac{1}{h^3}\int_{B_j}g(x)dx,\quad \tilde{g}=(\tilde{g}_i),$$

则

$$|<f,g>|\sum_{j\in Z^3}f_j\hat{g}_jh^3\leqslant\|f\|_{-1,p,h}\|\tilde{g}\|_{1,q,h}.$$

因此只要证明

$$\|\tilde{g}\|_{1,q,h}\leqslant C\|g\|_{1,q}$$

就够了，先估计零阶范数，

$$\|\tilde{g}\|^q_{0,q,h}=\sum_{j\in Z^3}|\tilde{g}_j|^qh^3=\sum_{j\in Z^3}\left|\int_{B_j}g(x)dx\right|^qh^{3-3q}$$

$$\leqslant\sum_{j\in Z^3}h^{3-3q}\int_{B_j}|g(x)|^qdxh^{3q/p}=\|g\|^q_{0,q}.$$

其次我们有

$$D_l^+\tilde{g}_j=h^{-4}\left(\int_{B_l'}gdx-\int_{B_j}gdx\right),$$

其中 B_j' 为与 B_j 相邻的沿 x_l 正方向的单元。记 e_l 为 x_l 方向的单位向量，则有

$$D_l^+\tilde{g}_j=h^{-4}\int_{B_j}(g(x+he_l)-g(x))dx$$

$$= h^{-4}\int_{B_j}\int_{x_l}^{x_l+h}\partial_l g dx,$$

于是

$$|D_l^+\tilde{g}_j| \leqslant Ch^{-3}\int_{B_j\cup B_j'}|\partial_l g|dx,$$

因此

$$\|D_l^+\tilde{g}\|^q_{0,q,h}\leqslant C\sum_{j\in \mathbf{Z}^3}\left(h^{-3}\int_{B_j\cup B_j'}|\partial_l g|dx\right)^q h^3$$

$$\leqslant C\sum_{j\in \mathbf{Z}^3}h^{3-3q}\int_{B_j\cup B_j'}|\partial_l g|^q dx\cdot(2h^3)^{3q/p}\leqslant C\|\partial_l g\|^q_{0,q}.$$

由此便得(3.3.9)式。证毕。

引理 3.7 设 $p\in(1,\infty)$，$\zeta\in W^{l,1}(\mathbf{R}^3)$，$|\alpha|=l$，$f\in W^{-1,p}(\mathbf{R}^3)^3$，则

$$\|\partial^\alpha(K_\varepsilon * f)\|_{0,p,\mathbf{R}^3}\leqslant\frac{C}{\varepsilon^l}\|f\|_{-1,p,\mathbf{R}^3}. \tag{3.3.10}$$

证明 为简明起见，我们取 K_ε 的一个分量，仍记作 K_ε，相应的 $f\in W^{-1,p}(\mathbf{R}^3)$。则存在 $f_0,f_1,f_2,f_3\in L^p(\mathbf{R}^3)$，使

$$f=f_0+\sum_{i=1}^{3}\partial_i f_i \tag{3.3.11}$$

并且

$$\|f_0\|_{0,p}+\sum_{i=1}^{3}\|f_i\|_{0,p}\leqslant C\|f\|_{-1,p}.$$

我们分别考虑(3.3.11)中的各项，以 $\partial_1 f_1$ 为例，有

$$\partial^\alpha K_\varepsilon*(\partial_1 f_1)=\partial_1\partial^\alpha K_\varepsilon * f_1=\partial_1\partial^\alpha(K*\zeta_\varepsilon)*f_1$$

$$=(\partial_1 K*\partial^\alpha\zeta_\varepsilon)*f_1=\partial_1 K*(\partial^\alpha\zeta_\varepsilon*f_1).$$

由引理 3.2

$$\|\partial_1 K*(\partial^\alpha\zeta_\varepsilon*f_1)\|_{0,p}\leqslant C\|\partial^\alpha\zeta_\varepsilon*f_1\|_{0,p},$$

由 Young 定理得

$$\|\partial^\alpha\zeta_\varepsilon*f_1\|_{0,p}\leqslant\|\partial^\alpha\zeta_\varepsilon\|_{0,1}\|f_1\|_{0,p}.$$

于是

$$\|\partial^\alpha K_\varepsilon*\partial_1 f_1\|_{0,p}\leqslant\frac{C}{\varepsilon^l}\|f_1\|_{0,p}\leqslant\frac{C}{\varepsilon^l}\|f\|_{-1,p}.$$

其余各项可类似估计。证毕。

引理 3.8

若 $$f=(f_j)\in W_h^{-1,p},\quad g\in C^{\perp}(\mathbb{R}^3),\quad g_j=g(X_j)\tag{3.3.12}$$

则 $$\|f_jg_j\|_{-1,p,h}\leqslant\|g\|_{C^1}\|f_j\|_{-1,p,h}.$$

证明 按定义

$$\|f_jg_j\|_{-1,p,h}=\sup_{\varphi\in W_h^{1,q}}\frac{|(fg,\varphi)_h|}{\|\varphi\|_{1,q,h}}=\sup_{\varphi\in W_h^{1,q}}\frac{|(f,g\varphi)_h|}{\|\varphi\|_{1,q,h}}$$

$$\leqslant\sup_{\varphi\in W_h^{1,q}}\frac{\|f\|_{-1,p,h}\|g\varphi\|_{1,q,h}}{\|\varphi\|_{1,q,h}}$$

其中 $\dfrac{1}{p}+\dfrac{1}{q}=1$. 再按定义

$$\|g\varphi\|_{1,q,h}^q=\|g\varphi\|_{0,q,h}^q+\sum_{i=1}^{3}\|D_i^+(g\varphi)\|_{0,q,h}^q$$

$$\leqslant\|g\|_{C^1}^q\|\varphi\|_{1,q,h}^q.$$

代入即得。证毕。

§4. 二维涡团法的相容性

从本节开始，我们研究涡团法的收敛性。先讨论二维情形。以 $\xi(\tau;x,t)$ 记由(3.1.14)定义的特征线，并且令 $X_j(t)=\xi(t;X_j,0)$，作定义于 $\{X_j\}$ 上的函数 $e(t)=(e(t)_j)$，它等于

$$e(t)_j=X_j(t)-X_j^\varepsilon(t),$$

与(3.1.21)对应，再令

$$\alpha_j(t)=h^2\omega(X_j(t),t),\quad \alpha_j(0)=\alpha_j\tag{3.4.1}$$

则由(3.1.15)得

$$\frac{d\alpha_j}{dt}=h^2F(X_j(t),t).\tag{3.4.2}$$

由(3.1.14)与(3.1.22)，

$$X_j(t)-X_j^\varepsilon(t)=\int_0^t(u(X_j(s),s)-u^\varepsilon(X_j^\varepsilon(s),s))ds$$

$$= \int_0^t (u - u^\varepsilon)(X_j(s), s)ds + \int_0^t (u^\varepsilon(X_j(s), s) - u^\varepsilon(X_j^\varepsilon(s), s))ds.$$

因此

$$\|e(t)\|_{0,p,h} \leqslant \int_0^t \Big(h^2 \sum_{j\in \mathbf{Z}^2} |(u - u^\varepsilon)(X_j(s), s)|^p\Big)^{1/p} ds + \int_0^t \Big(h^2 \sum_{j\in \mathbf{Z}^2} |u^2(X_j(s), s) - u^\varepsilon(X_j^\varepsilon(s), s)|^p\Big)^{1/p} ds. \quad (3.4.3)$$

由(3.1.8),(3.1.20),(3.1.23)

$$(u - u^\varepsilon)(x, t) = \int_{\mathbf{R}^2} K(x - \xi)\omega(\xi, t)d\xi - \sum_{j\in \mathbf{Z}^2} \alpha_j^\varepsilon(t) K_\delta(x - X_j^\varepsilon(t)).$$

我们把它分解成三项:

$$(u - u^\varepsilon)(x, t) = v_1(x, t) + v_2(x, t) + v_3(x, t),$$

其中

$$v_1(x, t) = \int_{\mathbf{R}^2} (K - K_\delta)(x - \xi)\omega(\xi, t)d\xi,$$

$$v_2(x, t) = \int_{\mathbf{R}^2} K_\delta(x - \xi)\omega(\xi, t)d\xi - \sum_{j\in \mathbf{Z}^2} \alpha_j(t) K_\delta(x - X_j(t)),$$

$$v_3(x, t) = \sum_{j\in \mathbf{Z}^2} (\alpha_j(t) K_\delta(x - X_j(t)) - \alpha_j^\varepsilon(t) K_\delta(x - X_j^\varepsilon(t))).$$

与 v_i 相对应,有一个定义于 $\{X_j\}$ 上的函数

$$\tilde{v}_i(t)_j = v_i(X_j(t), t),$$

则由(3.4.3)得

$$\|e(t)\|_{0,p,h} \leqslant \sum_{i=1}^3 \int_0^t \|\tilde{v}_i(S)\|_{0,p,h} dS$$

$$+\int_0^t\Big(h^2\sum_{j\in\mathbf{Z}^2}|u^\varepsilon(X_j(s),s)$$
$$-u^\varepsilon(X_j^\varepsilon(s),s)|^p\Big)^{1/p}ds.$$

因此，为了估计 $\|e(t)\|_{0,p,h}$，我们要估计

(a) $\|\tilde{v}_i(t)\|_{0,p,h}$，$i=1,2$，

(b) $\|\tilde{v}_3(t)\|_{0,p,h}$，$\Big(h^2\sum_{j\in\mathbf{Z}^2}|u^\varepsilon(X_j(t),t)-u^\varepsilon(X_j^\varepsilon(t),t)|^p\Big)^{1/p}$.

为了要估计 $\|u(\cdot,t)-u^\varepsilon(\cdot,t)\|_{0,\infty,\mathbf{R}^2}$，我们要估计

(c) $\|v_i(\cdot,t)\|_{0,\infty,\mathbf{R}^2}$，$i=1,2$，

(d) $\|v_3(\cdot,t)\|_{0,\infty,\mathbf{R}^2}$.

其中(a)与(c)称为相容性，(b)，(d)称为稳定性，本节讨论相容性.

注意，我们曾作过一个假定：ω_0 与 F 有紧支集且充分光滑. 由(3.1.14)(3.1.15)可知 $\omega(x,t)$ 也有紧支集. 下面设 $\operatorname{supp}(\omega(\cdot,t))\subset S(0,R)$，$0\leqslant t\leqslant T$. 这样，关于指标 i 就是一个有限和. 我们把它记作 $j\in J$，J 为有限集合.

引理 4.1 设有整数 $k\geqslant 1$，使得矩条件(3.2.4)(3.2.5)成立，则对于整数 $l\geqslant 0$，

$$|v_1(\cdot,t)|_{l,p,\mathbf{R}^2}\leqslant C\varepsilon^k,\ 2<p\leqslant+\infty. \tag{3.4.4}$$
$$\|\tilde{v}_1(t)\|_{0,p,h}\leqslant C\varepsilon^k,\ 1\leqslant p<+\infty. \tag{3.4.5}$$

证明 我们有

$$v_1(\cdot,t)=(K-K_\varepsilon)*\omega(\cdot,t)=K*\omega(\cdot,t)$$
$$-(K*\zeta_\varepsilon)*\omega(\cdot,t)$$
$$=K*(\omega(\cdot,t)-\omega(\cdot,t)*\zeta_\varepsilon).$$

于是 $\partial^\alpha v_1(\cdot,t)=K*\partial^\alpha(\omega(\cdot,t)-\omega(\cdot,t)*\zeta_\varepsilon)$，$|\alpha|=l$. 当 $2<p\leqslant+\infty$，由引理 3.1，

$$|v_1(\cdot,t)|_{l,p,\mathbf{R}^2}\leqslant C(|\omega(\cdot,t)-\omega(\cdot,t)*\zeta_\varepsilon|_{l,p,\mathbf{R}^2}$$
$$+|\omega(\cdot,t)-\omega(\cdot,t)*\zeta_\varepsilon|_{l,1,\mathbf{R}^2}).$$

由引理 2.6

$$|\omega(\cdot,t)-\omega(\cdot,t)*\zeta_\varepsilon|_{l,p,\mathbf{R}^2}\leqslant C\varepsilon^k|\omega|_{k+l,p,\mathbf{R}^2}, \tag{3.4.6}$$
$$|\omega(\cdot,t)-\omega(\cdot,t)*\zeta_\varepsilon|_{l,1,\mathbf{R}^2}\leqslant C\varepsilon^k|\omega|_{k+l,1,\mathbf{R}^2}.$$

又因为 ω 是充分光滑的有紧支集的函数．所以有(3.4.4)．

又当 $p\in[1,\infty)$，

$$\|\tilde{v}_1(t)\|_{0,p,h}\leqslant(h^2\mathrm{card}J)^{\frac{1}{p}}\|v_1(\cdot,t)\|_{0,\infty}.$$

因为 ω_0 有紧支集，所以

$$h^2\mathrm{card}J=\mathrm{meas}\left(\bigcup_{j\in J}B_j\right)\leqslant C.$$

于是由(3.4.4)得(3.4.5)．证毕．

引理 4.2 设整数 $m\geqslant 3$，$l\geqslant 0,\zeta\in W^{m+l-1,\infty}(\mathbb{R}^2)\cap W^{m+l-1,1}(\mathbb{R}^2)$，$\varepsilon\leqslant 1$，则对于任意小的正数 s，都有一个依赖于 s 的常数 C_s，使当 $t\in[0,T]$ 时

$$|v_2(\cdot,t)|_{l,\infty,\mathbb{R}^2}\leqslant C_s\frac{h^m}{\varepsilon^{m+l-1+s}},\tag{3.4.7}$$

$$\|\tilde{v}_2(t)\|_{0,p,h}\leqslant C_s\frac{h^m}{\varepsilon^{m-1+s}},\quad 1\leqslant p<\infty.\tag{3.4.8}$$

证明 作变量替换 $\eta\to\xi(t;\eta,0)$，则由第二章引理 5.1，以上变换是保测度的．因此

$$v_2(x,t)=\int_{\mathbb{R}^2}K_\varepsilon(x-\xi(t;\eta,0))\omega(\xi(t;\eta,0),t)d\eta$$

$$-\sum_{j\in J}\alpha_j(t)K_\varepsilon(x-X_j(t)).$$

取多重指标 γ，$|\gamma|=l$，令

$$g(x,\eta,t)=\partial^\gamma K_\varepsilon(x-\xi(t;\eta,0))\omega(\xi(t;\eta,0),t).$$

引用记号(3.2.1)得

$$\partial^\gamma v_2(x,t)=\sum_{j\in J}E_j(g(x,\cdot,t)).$$

由引理 3.3，$\partial^\gamma K_\varepsilon\in W^{m,p}(\mathbb{R}^2)$，$p\in(1,\infty)$．又 ξ 与 ω 都是充分光滑的而且 ω 有紧支集，因此 $g\in W^{m,1}(\mathbb{R}^2)$．由引理 2.5 得

$$|\partial^\gamma v_2(x,t)|\leqslant Ch^m|g(x,\cdot,t)|_{m,1,\mathbb{R}^2}.$$

取 $p>1$，$q>1$，$\frac{1}{p}+\frac{1}{q}=1$，则

$$|g(x,\cdot,t)|_{m,1,R^2} \leqslant C \sum_{|\alpha+\gamma|+|\beta|=m} \int_{\mathbb{R}^2} |\partial^{\alpha+\gamma} K_\varepsilon(x-\xi(t;\eta,0))$$

$$\cdot \partial^\beta \omega(\xi(t;\eta,0),t)|d\eta$$

$$\leqslant C \sum_{|\alpha+\gamma|+|\beta|=m} \|\partial^{\alpha+\gamma} K_\varepsilon(x-\xi(t;\cdot,0))\|_{0,p,\mathbb{R}^2}$$

$$\cdot \|\partial^\beta \omega(\xi(t;\cdot,0),t)\|_{0,q,\mathbb{R}^2}.$$

现在 ω 充分光滑，有紧支集，ξ 充分光滑，是保测度的，因此我们只需估计 $\|\partial^{\alpha+\gamma} K_\varepsilon\|_{0,p}$。

当 $|\alpha+\gamma|=0$ 时，由引理 3.1，当 $p>2$，

$$\|K_\varepsilon\|_{0,p} \leqslant C(\|\zeta_\varepsilon\|_{0,1}+\|\zeta_\varepsilon\|_{0,p}).$$

容易看出 $\|\zeta_\varepsilon\|_{0,1}\leqslant C$，$\|\zeta_\varepsilon\|_{0,p}\leqslant C/\varepsilon^{2-\frac{2}{p}}$，注意到 $\varepsilon\leqslant 1$，则有

$$\|K^\varepsilon\|_{0,p} \leqslant \frac{C}{\varepsilon^{1-\frac{2}{p}}}. \tag{3.4.9}$$

当 $|\alpha+\gamma|\geqslant 1$，由引理 3.3，对任意的 $p>1$

$$\|\partial^{\alpha+\gamma} K_\varepsilon\|_{0,p} \leqslant \frac{C}{\varepsilon^{m+l+1-\frac{2}{p}}}. \tag{3.4.10}$$

对于任意的 $s>0$，注意到 $m\geqslant 3$，在(3.4.9)中的指数

$$\alpha-\frac{2}{p}\leqslant m-1+s$$

在(3.4.10)中取 p，使 $\frac{1}{p}=1-\frac{s}{2}$，则也有

$$m+l+1-\frac{2}{p}=m+l-1+s,$$

于是(3.4.7)得证。类似于引理 4.1，可得(3.4.8)。证毕。

下面的引理涉及 ζ 是紧支集函数的情形，这时对 ζ 的正则性要求可以降低二阶。

引理 4.3 设 ζ 有紧支集并且属于 $W^{m+l-1,\infty}(\mathbb{R}^2)$，$m\geqslant 1$，则对任意整数 $N\geqslant 3$ 及任意的 $q\in[1,2)$，当 $t\in[0,T]$ 时

$$|v_2(\cdot,t)|_{l,\infty,\mathbb{R}^2} \leqslant C\left(\left(1+\frac{h}{\varepsilon}\right)^{2/q}\frac{h^m}{\varepsilon^{m+l-1}}+\frac{h^N}{\varepsilon^{N+l-1}}\right), \tag{3.4.11}$$

$$\|\tilde{v}_2(t)\|_{0,p,h}\leqslant C\left(\left(1+\frac{h}{\varepsilon}\right)^{2/q}\frac{h^m}{\varepsilon^{m-1}}+\frac{h^N}{\varepsilon^{N-1}}\right),\ 1\leqslant p<\infty. \tag{3.4.12}$$

证明 不妨设 $\zeta(x)$ 的支集在圆 $S(0,1)$ 内，给定 $x\in\mathbb{R}^2, t\in[0,T]$，令 $J_1=\{j\in J;\ \mathrm{dist}(B_j(t),x)\leqslant 2\varepsilon\}$，其中 $\mathrm{dist}(\cdot,\cdot)$ 为 Euclid 距离. $B_j(t)$ 为 B_j 在映射 $x\to\xi(t;x,0)$ 之下的象. 任取 $x,\ y\in\mathbb{R}^2$，由特征方程(3.1.14)得

$$\left|\frac{d}{d\tau}(\xi(\tau;x,0)-\xi(\tau;y,0))\right|\leqslant C\left|\xi(\tau;x,0)-\xi(\tau;y,0)\right|,$$

$$\xi(0;x,0)-\xi(0;y,0)=x-y.$$

因此 $|\xi(t;x,0)-\xi(t;y,0)|\leqslant|x-y|+C\int_0^t|\xi(\tau;x,0)-\xi(\tau;y,0)|d\tau$，由 Gronwall 不等式

$$|\xi(\tau;x,0)-\xi(\tau;y,0)|\leqslant C|x-y| \tag{3.4.13}$$

同理可证

$$|x-y|\leqslant C|\xi(\tau;x,0)-\xi(\tau;y,0)|. \tag{3.4.14}$$

把 x,y 两点都取在 B_j 内，我们就可以得到 $B_j(t)$ 的直径的估计:

$$\mathrm{diam}B_j(t)\leqslant Ch. \tag{3.4.15}$$

以 x 为中心，$2\varepsilon+Ch$ 为半径作圆，则若 $j\in J_1$，$B_j(t)$ 必整个在此圆内. 而由变换的保测度性可知 $B_j(t)$ 的测度仍为 h^2，于是

$$\mathrm{card}J_1\leqslant\frac{\pi(2\varepsilon+Ch)^2}{h^2}\leqslant C\left(1+\frac{\varepsilon}{h}\right)^2.$$

我们仍用引理 4.2 的记号，得 $g\in W^{m,p}(\mathbb{R}^2)$，$1<p<+\infty$，并且

$$\partial^r v_2(x,t)=\sum_{j\in J}E_j(g).$$

从引理 2.5 的证明可知

$$\partial^r v_2(x,t)=\sum_{j\in J}\left\{E_j(g)-\sum_{2\leqslant|\alpha|\leqslant m-1}c_\alpha h^{|\alpha|}\int_{B_j}\partial^\alpha g dx\right\}.$$

由引理 2.4，取 $p>2$，得

$$\left|\sum_{j\in J_1}\left\{E_j(g)-\sum_{2\leqslant|\alpha|\leqslant m-1}c_\alpha h^{|\alpha|}\int_{B_j}\partial^\alpha g dx\right\}\right|$$

$$\leqslant Ch^{m+\frac{2}{q}}\sum_{j\in J_1}|g(x,\cdot,t)|_{m,p,B_j},$$

其中 $q=\dfrac{p}{p-1}<2$。由 Hölder 不等式得

$$\left|\sum_{j\in J_1}\left\{E_j(g)-\sum_{2\leqslant|\alpha|\leqslant m-1}c_\alpha h^{|\alpha|}\int_{B_j}\partial^\alpha g dx\right\}\right|$$

$$\leqslant Ch^{m+\frac{2}{q}}(\mathrm{card}J_1)^{\frac{1}{q}}|g(x,\cdot,t)|_{m,p,\mathbb{R}^2}$$

$$\leqslant Ch^m(h+\varepsilon)^{2/q}|g(x,\cdot,t)|_{m,p,\mathbb{R}^2}.$$

类似于引理 4.2

$$|g(x,\cdot,t)|^p_{m,p,\mathbb{R}^2}\leqslant C\sum_{|\alpha|+|\beta|=m}\int_{\mathbb{R}^2}|\partial^{\alpha+\gamma}K_\varepsilon(x-\xi(t;\eta,0))$$

$$\cdot\,\partial^\beta\omega(\xi(t;\eta,0),t)|^p d\eta$$

$$\leqslant C\sum_{|\alpha|+|\beta|=m}\|\partial^{\alpha+\gamma}K_\varepsilon(x-\xi(t;\cdot,0))\|^p_{0,p,\mathbb{R}^2}$$

$$\cdot\,\|\partial^\beta\omega(\xi(t;\cdot,0)t)\|^p_{0,\infty,\mathbb{R}^2},$$

其中 ω 为紧支集的充分光滑的函数，所以由(3.4.10)得

$$\left|\sum_{j\in J_1}\left\{E_j(g)-\sum_{2\leqslant|\alpha|\leqslant m-1}c_\alpha h^{|\alpha|}\int_{B_j}\partial^\alpha g dx\right\}\right|$$

$$\leqslant Ch^m\frac{(h+\varepsilon)^{2/p}}{\varepsilon^{m+l+1-2/p}}=C\left(1+\frac{h}{\varepsilon}\right)^{2/q}\frac{h^m}{\varepsilon^{m+l-1}}.$$

再考虑集合 $J_2=J\setminus J_1$。令 $D=\bigcup_{j\in J_2}B_j$。若 $\eta\in D$，则 $|\xi(t;\eta,0)-x|\geqslant 2\varepsilon$，$K_\varepsilon(x-\xi(t;\eta,0))$ 为光滑函数。由引理 2.4，当 $N\geqslant 3$，

$$\left|\sum_{j\in J_2}\left\{E_j(g)-\sum_{2\leqslant|\alpha|\leqslant m-1}c_\alpha h^{|\alpha|}\int_{B_j}\partial^\alpha g dx\right\}\right|$$

$$\leqslant Ch^N|g(x,\cdot,t)|_{N,1,D}.$$

仿照引理 4.2 得

$$|g(x,\cdot,t)|_{N,1,D}\leqslant C\sum_{|\alpha|+|\beta|=N}\int_D|\partial^{\alpha+\gamma}K_\varepsilon(x-\xi(t;\eta,0))$$

$$\cdot\,\partial^\beta\omega(\xi(t;\eta,0),t)|d\eta.$$

当 $|\alpha+\gamma|=0$ 时有(3.4.9)式，当 $|\alpha+\gamma|\geqslant 1$ 时，由引理 3.4 (c)

$$\int_{|x|\geqslant 2\varepsilon} |\partial^{\alpha+\gamma} K_\varepsilon(x)|dx \leqslant \frac{C}{\varepsilon^{N+l-1}}.$$

因此

$$|g(x,\cdot,t)|_{N,1,D} \leqslant \frac{C}{\varepsilon^{N+l-1}},$$

从而

$$\left|\sum_{j\in J_1}\left\{E_j(g)-\sum_{2\leqslant|\alpha|\leqslant m-1} c_\alpha h^{|\alpha|}\int_{B_j}\partial^\alpha g dx\right\}\right| \leqslant C\frac{h^N}{\varepsilon^{N+l-1}}.$$

证明的其余部份与引理 4.2 是相同的。证毕。

§5. 二维涡团法的稳定性

首先我们估计 v_3，它可以写成

$$v_3(x,t)=v_3^{(1)}(x,t)+v_3^{(2)}(x,t),$$

其中

$$v_3^{(1)}(x,t)=\sum_{j\in J}\alpha_j^\varepsilon(t)(K_\varepsilon(x-X_j(t))-K_\varepsilon(x-X_j^\varepsilon(t))),$$

$$v_3^{(2)}(x,t)=\sum_{j\in J}(\alpha_j(t)-\alpha_j^\varepsilon(t))K_\varepsilon(x-X_j(t)).$$

$v_3^{(1)}$ 又可以写成

$$v_3^{(1)}=\sum_{j\in J}\alpha_j^\varepsilon(t)\left(\int_0^1 DK_\varepsilon(x-X_j(t)+\theta(X_j(t)-X_j^\varepsilon(t)))\cdot d\theta(X_j(t)-X_j^\varepsilon(t))\right)$$

$$=\left(DK*\sum_{j\in J}f_j(\cdot,t)\right)(x),$$

其中

$$f_j(x,t)=\alpha_j^\varepsilon(t)\int_0^1 \zeta_\varepsilon(x-X_j(t)+\theta(X_j(t)-X_j^\varepsilon(t)))d\theta\cdot(X_j(t)-X_j^\varepsilon(t)). \tag{3.5.1}$$

由引理 3.2，当 $p\in(1,\infty)$，整数 $l\geqslant 0$ 时

$$|v_3^{(1)}(\cdot,t)|_{l,p,\mathbb{R}^2}\leqslant C\left|\sum_{j\in J}f_j(\cdot,t)\right|_{l,p,\mathbb{R}^2}. \tag{3.5.2}$$

为了估计(3.5.2)的右端，我们先证下面的辅助结果：

引理 5.1 设 $(g_\mu)_{\mu\geqslant 1}$ 为 $L^p(\mathbb{R}^d)$ 中的函数序列，支集为 Ω_μ. 设任一点 $x\in\mathbb{R}^d$ 最多属于M个支集 Ω_μ，则

$$\left\|\sum_{\mu\geqslant 1}g_\mu\right\|_{0,p,\mathbb{R}^d}\leqslant M^{\frac{1}{q}}\left(\sum_{\mu\geqslant 1}\|g_\mu\|_{0,p,\mathbb{R}^d}^p\right)^{\frac{1}{p}}, \tag{3.5.3}$$

其中 $\dfrac{1}{p}+\dfrac{1}{q}=1$.

证明 以 $\chi_\mu(x)$ 记 Ω_μ 的特征函数，由 Hölder 不等式得

$$\left\|\sum_{\mu\geqslant 1}g_\mu\right\|_{0,p,\mathbb{R}^d}^p=\int_{\mathbb{R}^d}\left|\sum_{\mu\geqslant 1}g_\mu\chi_\mu\right|^p dx.$$

$$\leqslant\int_{\mathbb{R}^d}\left(\sum_{\mu\geqslant 1}|g_\mu|^p\right)\left(\sum_{\mu\geqslant 1}\chi_\mu\right)^{p/q}dx$$

因为 $\sum\limits_{\mu\geqslant 1}\chi_\mu\leqslant M$，所以(3.5.3)成立．证毕.

引理 5.2 设有整数 $l\geqslant 0$，$\zeta\in W^{l,\infty}(\mathbb{R}^2)\cap L^1(\mathbb{R}^2)$，$\varepsilon\leqslant 1$，并且

(a) 存在常数 $C_1>0$，$\gamma>2$，使

$$|\partial^\alpha\zeta(x)|\leqslant C_1(1+|x|)^{-\gamma},\ \forall x\in\mathbb{R}^2,\ |\alpha|=l;$$

(b) 存在常数 $C_2>0$，使 $\dfrac{h}{\varepsilon}\leqslant C_2$,

则当 $l=0$ 时对于 $p\in(\alpha,\infty)$，当 $l>0$ 时对于 $p\in(1,\infty)$ 有

$$|v_3(\cdot,t)|_{l,p,\mathbb{R}^2}\leqslant\frac{C}{\varepsilon^l}\left\{\left(1+\frac{1}{\varepsilon}\|e(t)\|_{0,\infty,h}\right)^{2/q}\|e(t)\|_{0,p,h}\right.$$

$$\left.+\int_0^t\|e(s)\|_{0,p,h}ds\right\},\quad t\in[0,T], \tag{3.5.4}$$

其中 $\dfrac{1}{p}+\dfrac{1}{q}=1$.

证明 (a) 先估计 $v_3^{(1)}$，并且假设 ζ 有紧支集，不妨设 $\mathrm{supp}\zeta\subset$

$S(0,1)$。任取 $x\in\mathbb{R}^2$，令

$$J_x=\{j\in J; x\in\operatorname{supp} f_j(\cdot,t)\}.$$

以 x 为圆心，$\varepsilon+\|e(t)\|_{0,\infty,h}$ 为半径作圆，则当 $j\in J_x$ 时，$X_j(t)$ 在此圆内，又由(3.4.15)，$B_j(t)$ 在以 x 为圆心，$\varepsilon+\|e(t)\|_{0,\infty,h}+Ch$ 为半径的圆内，再由保测度性得

$$\begin{aligned}\operatorname{card} J_x&\leqslant\frac{\pi(\varepsilon+\|e(t)\|_{0,\infty,h}+Ch)^2}{h^2}\\&\leqslant C\left(1+\frac{\varepsilon}{h}+\frac{\|e(t)\|_{0,\infty,h}}{h}\right)^2.\end{aligned}$$

由引理 5.1

$$\begin{aligned}\left|\sum_{j\in J}f_j(\cdot,t)\right|_{l,p,\mathbb{R}^2}&\leqslant C\left(1+\frac{\varepsilon}{h}+\frac{1}{h}\|e(t)\|_{0,\infty,h}\right)^{\frac{2}{q}}\cdot\\&\cdot\left(\sum_{j\in J}|f_j(\cdot,t)|^p_{l,p,\mathbb{R}^2}\right)^{\frac{1}{p}}.\end{aligned}$$

已知

$$|\zeta_\varepsilon|_{l,p,\mathbb{R}^2}\leqslant\frac{C}{\varepsilon^{l+2/q}},\tag{3.5.5}$$

因此

$$\begin{aligned}|f_j(\cdot,t)|_{l,p,\mathbb{R}^2}&=|\alpha_j^\varepsilon(t)|\cdot|X_j(t)-X_j^\varepsilon(t)|\cdot|\zeta_\varepsilon|_{l,p,\mathbb{R}^2}\\&\leqslant C\ \frac{h^2}{\varepsilon^{l+2/q}}|X_j(t)-X_j^\varepsilon(t)|.\end{aligned}$$

于是

$$\begin{aligned}\left|\sum_{j\in J}f_j(\cdot,t)\right|_{l,p,\mathbb{R}^2}&\leqslant\frac{C}{\varepsilon^l}\Big(1+\frac{h}{\varepsilon}\\&+\frac{1}{\varepsilon}\|e(t)\|_{0,\infty,h}\Big)^{2/q}\|e(t)\|_{0,p,h}.\end{aligned}$$

由假设(b)和(3.5.2)

$$|v_3^{(1)}(\cdot,t)|_{l,p,\mathbb{R}^2}\leqslant\frac{C}{\varepsilon^l}\left(1+\frac{1}{\varepsilon}\|e(t)\|_{0,\infty,h}\right)^{2/q}\|e(t)\|_{0,p,h}.\tag{3.5.6}$$

(b) 我们再估计 $v_3^{(2)}$，由方程(3.4.2)和(3.1.21)得

$$\frac{d(\alpha_j-\alpha_j^\varepsilon)}{dt}=h^2(F(X_j(t),t)-F(X_j^\varepsilon(t),t)),$$

$$\alpha_j(0)-\alpha_j^\varepsilon(0)=0.$$

因此

$$\frac{d}{dt}|\alpha_j-\alpha_j^\varepsilon|\leqslant C|X_j(t)-X_j^\varepsilon(t)|h^2.$$

积分得

$$|\alpha_j(t)-\alpha_j^\varepsilon(t)|\leqslant Ch^2\int_0^t|X_j(s)-X_j^\varepsilon(s)|ds. \qquad (3.5.7)$$

$v_3^{(2)}$ 可以写成

$$v_3^{(2)}=K*\sum_{j\in J}(\alpha_j(t)-\alpha_j^\varepsilon(t))\zeta_\delta(\cdot-X_j(t)).$$

当 $l=0$ 时,由引理 3.1,只要 $p>2$, 就有

$$\|v_3^{(2)}(\cdot,t)\|_{0,p,\mathbf{R}^2}\leqslant C\Big(\Big\|\sum_{j\in J}(\alpha_j(t)-\alpha_j^\varepsilon(t))\zeta_\delta(\cdot-X_j(t))\Big\|_{0,1,\mathbf{R}^2}$$

$$+\Big\|\sum_{j\in J}(\alpha_j(t)-\alpha_j^\varepsilon(t))\zeta_\delta(\cdot-X_j(t))\Big\|_{0,p,\mathbf{R}^2}\Big). \qquad (3.5.8)$$

类似于 $v_3^{(1)}$ 的估计,由引理 5.1 可得

$$\Big|\sum_{j\in J}(\alpha_j(t)-\alpha_j^\varepsilon(t))\zeta_\delta(\cdot-X_j(t))\Big|_{l,p,\mathbf{R}^2}$$

$$\leqslant C\left(1+\frac{\varepsilon}{h}\right)^{2/q}\Big(\sum_{j\in J}|(\alpha_j(t)-\alpha_j^\varepsilon(t))$$

$$\cdot\zeta_\delta(\cdot-X_j(t))|^p_{l,p,\mathbf{R}^2}\Big)^{\frac{1}{p}}.$$

以(3.5.7)代入得

$$\Big|\sum_{j\in J}(\alpha_j(t)-\alpha_j^\varepsilon(t))\zeta_\delta(\cdot-X_j(t))\Big|_{l,p,\mathbf{R}^2}$$

$$\leqslant C\left(1+\frac{\varepsilon}{h}\right)^{2/q}\cdot\Big(\sum_{j\in J}h^{2p}\Big(\int_0^t|X_j(s)-X_j^\varepsilon(s)|ds\Big)^p\Big)^{\frac{1}{p}}$$

$$\cdot|\zeta_\delta|_{l,p,\mathbf{R}^2}$$

$$\leqslant C\left(1+\frac{\varepsilon}{h}\right)^{2/q}h^{2/q}\int_0^t\|e(s)\|_{0,p,h}ds\cdot|\zeta_\delta|_{l,p,\mathbf{R}^2}. \qquad (3.5.9)$$

以(3.5.9)与(3.5.5)代入(3.5.8),并注意到 $\varepsilon \leqslant 1$ 得

$$\|v_3^{(2)}(\cdot,t)\|_{0,p,\mathbb{R}^2} \leqslant C\left(1+\frac{h}{\varepsilon}\right)^{2/q}\int_0^t \|e(s)\|_{0,p,h}ds.$$

当 $l>0$, 取多重指标 α, $|\alpha|=l$, 则 $\alpha=\beta_1+\beta_2$, $|\beta_1|=1$, $\partial^\alpha v_3^{(2)}=\partial^{\beta_1}K*\partial^{\beta_2}\sum\limits_{j\in J}(\alpha_j(t)-\alpha_j^\varepsilon(t))\zeta_\varepsilon(\cdot-X_j(t))$. 由引理 3.2,当 $p>1$ 有

$$|v_3^{(2)}(\cdot,t)|_{l,p,\mathbb{R}^2} \leqslant C\left|\sum_{j\in J}(\alpha_j(t)-\alpha_j^\varepsilon(t))\zeta_\varepsilon(\cdot-X_j(t))\right|_{l-1,p,\mathbb{R}^2}.$$

同样,以(3.5.9)与(3.5.5)代入即得

$$|v_3^{(2)}(\cdot,t)|_{l,p,\mathbb{R}^2} \leqslant \frac{C}{\varepsilon^{l-1}}\left(1+\frac{h}{\varepsilon}\right)^{2/q}\int_0^t \|e(s)\|_{0,p,h}ds.$$

注意到条件(b)及 $\varepsilon \leqslant 1$ 即得

$$|v_3^{(2)}(\cdot,t)|_{l,p,\mathbb{R}^2} \leqslant \frac{C}{\varepsilon^l}\int_0^t \|e(s)\|_{0,p,h}ds. \tag{3.5.10}$$

由(3.5.6)(3.5.10)即得(3.5.4)。

(c)下面,一般地设 ζ 满足(a). 取多重指标 $k=(k_1,k_2)\in\mathbb{Z}^2$. 令

$$D_k=\{x\in\mathbb{R}^2;\ k_i\leqslant x_i\leqslant k_i+1,\ i=1,2\}.$$

χ_k 为 D_k 上的特征函数。令 $\chi_{k\varepsilon}=\chi_k\left(\frac{x}{\varepsilon}\right)$, 它的支集记作 $D_{k\varepsilon}$。再取多重指标 α, $|\alpha|=l$, 则

$$\partial^\alpha\zeta_\varepsilon=\sum_{k\in\mathbb{Z}^2}\partial^\alpha\zeta_\varepsilon\cdot\chi_{k\varepsilon},$$

$$\begin{aligned}\|\partial^\alpha\zeta_\varepsilon\chi_{k\varepsilon}\|_{0,p} &= \left(\int_{\mathbb{R}^2}|\partial^\alpha\zeta_\varepsilon\chi_{k\varepsilon}|^p dx\right)^{1/p}\\ &= \left(\int_{D_{k\varepsilon}}|\partial^\alpha\zeta_\varepsilon|^p dx\right)^{1/p}\\ &= \frac{1}{\varepsilon^{l+2}}\left(\int_{D_{k\varepsilon}}\left|\partial^\alpha\zeta\left(\frac{x}{\varepsilon}\right)\right|^p dx\right)^{1/p}\\ &\leqslant \frac{C}{\varepsilon^{l+2-2/p}}(1+|k|)^{-\gamma}.\end{aligned}$$

以 $\partial^\alpha \zeta_\varepsilon \chi_{k\varepsilon}$ 代替(3.5.1)中的 $\partial^\alpha \zeta_\varepsilon$，相应的 $\partial^\alpha v_3^{(1)}$ 记作 $\partial^\alpha v_{3k}^{(1)}$，则与(3.5.6)一样可得

$$\|\partial^\alpha v_{3k}^{(1)}(\cdot, t)\|_{0,p,\mathbb{R}^2} \leqslant \frac{C}{\varepsilon^l}\left(1+\frac{1}{\varepsilon}\|e(t)\|_{0,\infty,h}\right)^{2/q}$$

$$\cdot(1+|k|)^{-\gamma}\|e(t)\|_{0,p,h}.$$

关于 k 求和并注意到 $\gamma > 2$，即可得(3.5.6)。此外，(3.5.10)的证明与 ζ 是否为紧支集函数无关。我们最后仍得(3.5.4)。证毕。

应用下面的引理，我们可以估计 $\|\tilde{v}_3(t)\|_{0,p,h}$。

引理 5.3 对于 $p > 2$，$g \in W^{1,p}(\mathbb{R}^2)$，有

$$\left(h^2 \sum_{j\in\mathbb{Z}^2} |g(X_j(t))|^p\right)^{1/p} \leqslant C(\|g\|_{0,p,\mathbb{R}^2} + h|g|_{1,p,\mathbb{R}^2}). \tag{3.5.11}$$

证明 在 B_j 上作投影 $\Pi: C^0(B_j) \to C^0(B_j)$ 如下：

$$\Pi f(x) \equiv f(X_j)$$

由嵌入定理，$W^{1,p}(B_j)$ 嵌入到 $C^0(B_j)$ 中。由引理 2.2 得

$$\|\Pi f - f\|_{0,p,\mathbb{R}^2} \leqslant Ch|f|_{1,p,\mathbb{R}^2}, \quad \forall f \in W^{1,p}(\mathbb{R}^2),$$

因此

$$\|\Pi f\|_{0,p,\mathbb{R}^2} \leqslant C(\|f\|_{0,p,\mathbb{R}^2} + h|f|_{1,p,\mathbb{R}^2}).$$

令 $f(x) = g(\xi(t;x,0))$ 则由映射 ξ 是保测度的，并且充分光滑得

$$\|f\|_{0,p,\mathbb{R}^2} = \|g\|_{0,p,\mathbb{R}^2},$$

$$|f|_{1,p,\mathbb{R}^2} \leqslant C|g|_{1,p,\mathbb{R}^2}.$$

又 $f(X_j) = g(\xi(t;X_j,0)) = g(X_j(t))$，即得(3.5.11)式。证毕。

结合引理 5.2 与引理 5.3 即得以下引理。

引理 5.4 假设

(a) $\zeta \in W^{1,\infty}(\mathbb{R}^2) \cap L^1(\mathbb{R}^2)$，并且存在常数 $C_1 > 0$ 与 $\gamma > 2$ 使

$$|\partial^\alpha \zeta(x)| \leqslant C_1(1+|x|)^{-\gamma}, \quad \forall x \in \mathbb{R}^2, \ |\alpha| = 0,1. \tag{3.5.12}$$

(b) 存在常数 $C_2 > 0$，使 $\frac{h}{\varepsilon} \leqslant C_2$。则

(i) 对任意的 $s\in(0,1)$, $p>\frac{2}{s}$, 有

$$\|v_3(\cdot,t)\|_{0,\infty,\mathbf{R}^2}\leqslant\frac{C}{\varepsilon^s}\left\{\left(1+\frac{1}{\varepsilon}\|e(t)\|_{0,\infty,h}\right)^{2/q}\|e(t)\|_{0,p,h}+\int_0^t\|e(s)\|_{0,p,h}ds\right\},\qquad 0\leqslant t\leqslant T,\tag{3.5.13}$$

(ii) 对于任意的 $p>2$ 有

$$\|\tilde{v}_3(t)\|_{0,p,h}\leqslant C\left\{\left(1+\frac{1}{\varepsilon}\|e(t)\|_{0,\infty,h}\right)^{2/q}\|e(t)\|_{0,p,h}+\int_0^t\|e(s)\|_{0,p,h}ds\right\},\ 0\leqslant t\leqslant T,\tag{3.5.14}$$

其中 $\frac{1}{p}+\frac{1}{q}=1$。

证明 当 $p>2$, $\frac{2}{p}<s<1$, $f\in W^{1,p}(\mathbf{R}^2)$ 时,我们取常数 $\varepsilon>0$, 令 $g(x)=f(\varepsilon x)$, 则由嵌入定理得

$$\begin{aligned}\|f\|_{0,\infty,\mathbf{R}^2}=\|g\|_{0,\infty,\mathbf{R}^2}&\leqslant C\|g\|_{1,p,\mathbf{R}^2}\\&\leqslant C(\|g\|_{0,p,\mathbf{R}^2}+|g|_{1,p,\mathbf{R}^2})\\&=C(\varepsilon^{-2/p}\|f\|_{0,p,\mathbf{R}^2}+\varepsilon^{1-2/p}|f|_{1,p,\mathbf{R}^2}).\end{aligned}$$

现在令

$$\varepsilon=\left(\frac{\|f\|_{0,p,\mathbf{R}^2}}{|f|_{1,p,\mathbf{R}^2}}\right)^{ps/2},$$

注意到 $\frac{ps}{2}>1$, 即得

$$\|f\|_{0,\infty,\mathbf{R}^2}\leqslant C\|f\|_{0,p,\mathbf{R}^2}^{1-s}\|f\|_{1,p,\mathbf{R}^2}^{s}.$$

于是由(3.5.4)可得(3.5.13),而(3.5.14)是(3.5.4)与(3.5.11)的直接推论,证毕.

下面,进行稳定性的第二部分的讨论,即估计

$$\left(h^2\sum_{j\in J}|u^\varepsilon(X_j(t),t)-u^\varepsilon(X_j^\varepsilon(t),t)|^p\right)^{1/p}.$$

引理 5.5 假设或者 ζ 具有紧支集并且属于空间 $W^{1,\infty}(\mathbf{R}^2)$, 或者属于空间 $W^{2,\infty}(\mathbf{R}^2)\cap W^{2,1}(\mathbf{R}^2)$, 并且存在常数 C_1, 使

$$|\partial^\alpha \zeta(x)| \leqslant C_1(1+|x|)^{-4},$$
$$\forall x \in \mathbf{R}^2, \quad |\alpha| = 2. \tag{3.5.15}$$

再假设 $\frac{h}{\varepsilon} \leqslant C_2$，则

$$\left|\sum_{j\in J} \alpha_j^\varepsilon(t) \frac{\partial K_\delta}{\partial x_i}(x - X_j^\varepsilon(t))\right|$$
$$\leqslant C\left\{\left(1 + \frac{1}{\varepsilon}\|e(t)\|_{0,\infty,h}\right)^2 + \frac{1}{\varepsilon}\int_0^t \|e(s)\|_{0,\infty,h} ds\right\},$$
$$x \in \mathbf{R}^2, \quad t \in [0, T]. \tag{3.5.16}$$

证明

$$\sum_{j\in J} \alpha_j^\varepsilon(t) \frac{\partial K_\delta}{\partial x_i}(x - X_j^\varepsilon(t))$$
$$= \int_{\mathbf{R}^2} \omega(\xi(t;y,0),t) \frac{\partial K_\delta}{\partial x_i}(x - \xi(t;y,0))dy$$
$$+ \sum_{j\in J}\left\{\alpha_j^\varepsilon(t) \frac{\partial K_\delta}{\partial x_i}(x - X_j^\varepsilon(t))\right.$$
$$\left.- \int_{B_j} \omega(\xi(t;y,0),t) \frac{\partial K_\delta}{\partial x_i}(x - \xi(t;y,0))dy\right\}.$$

先估计第一项，$y \to \xi(t;y,0)$ 是保测度的，由引理 3.1，

$$\left|\int_{\mathbf{R}^2} \omega(\xi(t;y,0),t) \frac{\partial K_\delta}{\partial x_i}(x - \xi(t;y,0))dy\right|$$
$$= \left|\int_{\mathbf{R}^2} \omega(\xi,t) \frac{\partial K_\delta}{\partial x_i}(x - \xi)d\xi\right|$$
$$= \left|K * \zeta_\delta * \frac{\partial}{\partial x_i}\omega(\cdot,t)\right|$$
$$\leqslant C\left(\left\|\zeta_\delta * \frac{\partial}{\partial x_i}\omega(\cdot,t)\right\|_{0,1} + \left\|\zeta_\delta * \frac{\partial}{\partial x_i}\omega(\cdot,t)\right\|_{0,\infty}\right)$$
$$\leqslant C\left(\|\zeta_\delta\|_{0,1}\left\|\frac{\partial}{\partial x_i}\omega(\cdot,t)\right\|_{0,1}\right.$$
$$\left.+ \|\zeta_\delta\|_{0,1}\left\|\frac{\partial}{\partial x_i}\omega(\cdot,t)\right\|_{0,\infty}\right) \leqslant C.$$

再估计第二项，任取 $x \in \mathbf{R}^2$，$t \in [0, T]$，令

$$J_1 = \{j \in J; dist(x, B_j(t)) \leqslant \varepsilon + a\},$$

其中

$$a = \sup_{j \in J} \sup_{y \in B_j} |\xi(t; y, 0) - X_j^\varepsilon(t)|.$$

由(3.4.15)得

$$a \leqslant Ch + \|e(t)\|_{0,\infty,h}.$$

以 x 为中心，$\varepsilon + a + Ch$ 为半径作圆，则当 $j \in J_1$，$B_j(t)$ 整个在圆内，因此

$$\text{card } J_1 \leqslant \frac{\pi(\varepsilon + a + Ch)^2}{h^2} \leqslant C\left(\frac{\varepsilon + h + \|e(t)\|_{0,\infty,h}}{h}\right)^2.$$

由引理 3.4(a)

$$\left\|\frac{\partial K_\varepsilon}{\partial x_i}\right\|_{0,\infty,\mathbb{R}^2} \leqslant \frac{C}{\varepsilon^2},$$

因此

$$\left|\sum_{j \in J_1} \alpha_j^\varepsilon(t) \frac{\partial K_\varepsilon}{\partial x_i}(x - X_j^\varepsilon(t))\right|$$

$$\leqslant C\frac{h^2}{\varepsilon^2}\left(\frac{\varepsilon + h + \|e(t)\|_{0,\infty,h}}{h}\right)^2,$$

$$\left|\sum_{j \in J_1} \int_{B_j} \omega(\xi(t; y, 0), t) \frac{\partial K_\varepsilon}{\partial x_i}(x - \xi(t; y, 0)) dy\right|$$

$$\leqslant C\frac{h^2}{\varepsilon^2}\left(\frac{\varepsilon + h + \|e(t)\|_{0,\infty,h}}{h}\right)^2,$$

右端都有上界 $C\left(1 + \frac{1}{\varepsilon}\|e(t)\|_{0,\infty,h}\right)^2$，我们再考虑 $j \in J_2 = J \backslash J_1$ 的情形.

$$\alpha_j^\varepsilon(t) \frac{\partial K_\varepsilon}{\partial x_i}(x - X_j(t)) - \int_{B_j} \omega(\xi(t; y, 0), t)$$

$$\cdot \frac{\partial K_\varepsilon}{\partial x_i}(x - \xi(t; y, 0)) dy$$

$$= (\alpha_j^\varepsilon(t) - \alpha_j(t))\frac{1}{h^2}\int_{B_j}\frac{\partial K_\varepsilon}{\partial x_i}(x - \xi(t;y,0))dy$$

$$+ \alpha_j^\varepsilon(t)\Big(\frac{\partial K_\varepsilon}{\partial x_i}(x - X_j^\varepsilon(t))$$

$$- \frac{1}{h^2}\int_{B_j}\frac{\partial K_\varepsilon}{\partial x_i}(x - \xi(t;y,0))dy\Big)$$

$$+ \int_{B_j}\Big(\frac{1}{h^2}\alpha_j(t) - \omega(\xi(t;y,0),t)\Big)$$

$$\cdot \frac{\partial K_\varepsilon}{\partial x_i}(x - \xi(t;y,0))dy.$$

我们逐项估计如下：由 Schwarz 不等式，

$$\Big|\sum_{j\in J_2}(\alpha_j^\varepsilon(t) - \alpha_j(t))\frac{1}{h^2}\int_{B_j}\frac{\partial K_\varepsilon}{\partial x_i}(x - \xi(t;y,0))dy\Big|$$

$$\leqslant \Big(\sum_{j\in J_2}\Big(\frac{\alpha_j^\varepsilon(t) - \alpha_j(t)}{h^2}\Big)^2 h^2\Big)^{1/2}\Big(\int_{\mathbb{R}^2}\Big|\frac{\partial K_\varepsilon}{\partial x_i}(x - \xi)\Big|^2 d\xi\Big)^{1/2}$$

由(3.5.7)

$$\Big(\sum_{j\in J_2}\Big(\frac{\alpha_j^\varepsilon(t) - \alpha_j(t)}{h^2}\Big)^2 h^2\Big)^{1/2}$$

$$\leqslant C\int_0^t\Big(\sum_{j\in J_2}|X_j(s) - X_j^\varepsilon(s)|^2 h^2\Big)^{1/2} ds$$

$$\leqslant C\int_0^t \|e(s)\|_{0,\infty,h} ds.$$

由引理 3.3

$$\|\partial^\alpha K_\varepsilon\|_{0,2} \leqslant C/\varepsilon,\quad |\alpha| = 1.$$

于是

$$\Big|\sum_{j\in J_2}(\alpha_j^\varepsilon(t) - \alpha_j(t))\frac{1}{h^2}\int_{B_j}\frac{\partial K_\varepsilon}{\partial x_i}(x - \xi(t;y,0))dy\Big|$$

$$\leqslant \frac{C}{\varepsilon}\int_0^t \|e(s)\|_{0,\infty,h} ds.$$

再估计第二项

$$\frac{\partial K_\varepsilon}{\partial x_i}(x - X_j^\varepsilon(t)) - \frac{\partial K_\varepsilon}{\partial x_i}(x - \xi(t;y,0))$$

$$= \left(\int_0^1 D \frac{\partial K_\varepsilon}{\partial x_i} (x - \xi(t;y,0) + \theta(\xi(t;y,0) - X_j^\varepsilon(t)))d\theta \right)(\xi(t;y,0) - X_j^\varepsilon(t)).$$

因为 $j \in J_2$，所以

$$|x - \xi(t;y,0) + \theta(\xi(t;y,0) - X_j^\varepsilon(t))| \geqslant \varepsilon, \quad y \in B_j.$$

注意到或者 $\zeta \in W^{2,\infty}(\mathbb{R}^2) \cap W^{2,1}(\mathbb{R}^2)$ 并且满足(3.3.4)或者 $\zeta \in L^1(\mathbb{R}^2)$ 有紧支集，在(3.3.5)中取 $l = 2$ 得(当 ζ 有紧支集，要用 $(r+1)\varepsilon$ 代替 ε)

$$\left| \frac{\partial K_\varepsilon}{\partial x_i}(x - X_j^\varepsilon(t)) - \frac{\partial K_\varepsilon}{\partial x_i}(x - \xi(t;y,0)) \right|$$

$$\leqslant C \frac{a}{||x - \xi(t;y,0)| - a|^3}.$$

于是由(3.1.21)

$$\left| \sum_{j \in J_2} \alpha_j^\varepsilon(t) \frac{1}{h^2} \int_{B_j} \left(\frac{\partial K_\varepsilon}{\partial x_i}(x - X_j^\varepsilon(t)) - \frac{\partial K_\varepsilon}{\partial x_i}(x - \xi(t;y,0)) \right) dy \right|$$

$$\leqslant Ca \sum_{j \in J_2} \int_{B_j} \frac{dy}{||x - \xi(t;y,0)| - a|^3}$$

$$\leqslant Ca \int_{|x-\xi| \geqslant \varepsilon + a} \frac{d\xi}{||x - \xi| - a|^3} \leqslant C\left(\frac{a}{\varepsilon} + \frac{a^2}{\varepsilon^2} \right)$$

$$\leqslant C\left(1 + \frac{\|e(t)\|_{0,\infty,h}}{\varepsilon} \right)^2.$$

最后我们估计第三项．由(3.4.1)，

$$\frac{1}{h^2} \alpha_j(t) - \omega(\xi(t;y,0),t) = \omega(X_j(t),t) - \omega(\xi(t;y,0),t).$$

由引理 2.2，

$$\left(\sum_{j \in J_2} \left(\frac{1}{h^2} \alpha_j(t) - \omega(\xi(t;y,0),t) \right)^2 h^2 \right)^{1/2}$$

$$=\left(\sum_{j\in J_2}\int_{B_j}(\omega_j(\xi(t;X_j,0),t)-\omega(\xi(t;y,0),t))^2dy\right)^{1/2}$$

$$\leqslant Ch|\omega(\xi(t;\cdot,0),t)|_{1,2,\mathbf{R}^2}.$$

和第一项的估计同样可得

$$\left|\sum_{j\in J_1}\left(\frac{1}{h^2}\alpha_j(t)-\omega(\xi(t;y,0),t)\right)\frac{\partial K_\varepsilon}{\partial x_i}(x-\xi(t;y,0))dy\right|$$

$$\leqslant C.$$

于是(3.5.16)得证,证毕.

引理 5.6 在引理 5.5 的条件下，设 $p\in[1,\infty)$, $t\in[0,T]$, 我们有

$$\left(h^2\sum_{j\in J}|u^\varepsilon(X_j(t),t)-u^\varepsilon(X_j^\varepsilon(t),t)|^p\right)^{1/p}$$
$$\leqslant C\left\{\left(1+\frac{1}{\varepsilon}\|e(t)\|_{0,\infty,h}\right)^2+\frac{1}{\varepsilon}\int_0^t\|e(s)\|_{0,\infty,h}ds\right\}\|e(t)\|_{0,p,h}. \qquad (3.5.17)$$

证明 由引理 5.5,(3.1.20)(3.1.23)得

$$\left|\frac{\partial u^\varepsilon}{\partial x_i}\right|\leqslant C\left\{\left(1+\frac{1}{\varepsilon}\|e(t)\|_{0,\infty,h}\right)^2+\frac{1}{\varepsilon}\int_0^t\|e(s)\|_{0,\infty,h}ds\right\}.$$

又

$$\left(h^2\sum_{j\in J}|u^\varepsilon(X_j(t),t)-u^\varepsilon(X_j^\varepsilon(t),t)|^p\right)^{1/p}$$
$$\leqslant|u^\varepsilon|_{1,\infty}\left(h^2\sum_{j\in J}|X_j(t)-X_j^\varepsilon(t)|^p\right)^{1/p}.$$

将以上两个不等式合并即得(3.5.17)式. 证毕.

§6. 二维涡团法的收敛性

定理 6.1 假设

(a) 函数 ζ 满足(3.1.19)并且使矩条件(3.2.4)(3.2.5)对于某个整数 $k\geqslant2$ 成立;

(b) 或者 ζ 属于 $W^{m-1,\infty}(\mathbb{R}^2)$, $m \geqslant 2$，并且具有紧支集，或者 ζ 属于 $W^{m-1,\infty}(\mathbb{R}^2) \cap W^{m-1,1}(\mathbb{R}^2)$, $m \geqslant 3$，并且满足条件(3.5.12)(3.5.15)；

(c) 存在常数 $C > 0$, $\alpha \geqslant \beta > 1$，使

$$C^{-1}\varepsilon^{\alpha} \leqslant h < C\varepsilon^{\beta},$$

则对任意的 $s > 0$，存在常数 C_s，使

$$\|u(\cdot,t) - u^{\varepsilon}(\cdot,t)\|_{0,\infty,\mathbb{R}^2} + \|e(t)\|_{0,\infty,h}$$
$$\leqslant \frac{C_s}{\varepsilon^s}\left(\varepsilon^k + \frac{h^m}{\varepsilon^{m-1}}\right), \quad 0 \leqslant t \leqslant T. \tag{3.6.1}$$

证明 我们先估计 $\|e(t)\|_{0,p,h}$ 其中 $p \in (2,\infty)$. 取固定常数 $M > 0$，并且定义

$$T_\varepsilon = \sup\{t_1 \in [0,T]; \|e(t)\|_{0,\infty,h} \leqslant M\varepsilon, t \in [0,t_1]\}.$$

在区间 $[0,T_\varepsilon)$ 上我们估计(3.4.3)式的右端. 引理 4.1,4.2,4.3,5.4共同给出函数. $(u - u^{\varepsilon})(X_j(t),t)$ 的一个估计:

$$\left(h^2 \sum_{j\in Z^2} |(u - u^{\varepsilon})(X_j(t),t)|^p\right)^{1/p}$$
$$\leqslant C\left(\varepsilon^k + \frac{h^m}{\varepsilon^{m-1+\sigma}} + \|e(t)\|_{0,p,h} + \int_0^t \|e(s)\|_{0,p,h} ds\right),$$

其中 $\sigma > 0$ 是一个任意小的常数，C 依赖于 σ，我们还用到了假设条件(c). 又由引理 5.6 得

$$\left(h^2 \sum_{j\in J} |u^{\varepsilon}(X_j(t),t) - u^{\varepsilon}(X_j^{\varepsilon}(t),t)|^p\right)^{1/p}$$
$$\leqslant C\|e(t)\|_{0,p,h}.$$

将以上两个不等式代入(3.4.3)即得

$$\|e(t)\|_{0,p,h} \leqslant C\left(\varepsilon^k + \frac{h^m}{\varepsilon^{m-1+\sigma}} + \int_0^t \|e(s)\|_{0,p,h} ds\right)$$

由 Gronwall 不等式得

$$\|e(t)\|_{0,p,h} \leqslant C\left(\varepsilon^k + \frac{h^m}{\varepsilon^{m-1+\sigma}}\right), \quad 0 \leqslant t \leqslant T_\varepsilon, \tag{3.6.2}$$

又由引理 4.1,4.2,4.3,5.4 和假设条件 (c)，当 $p > \dfrac{2}{\sigma}$ 时

$$\|(u-u^{\varepsilon})(\cdot,t)\|_{0,\infty,\mathbb{R}^2}\leqslant C\left(\varepsilon^k+\frac{h^m}{\varepsilon^{m-1+\sigma}}+\frac{1}{\varepsilon^{\sigma}}\|e(t)\|_{0,p,h}\right.$$

$$\left.+\frac{1}{\varepsilon^{\sigma}}\int_0^t\|e(s)\|_{0,p,h}ds\right).$$

由(3.6.2)，在同一区间上

$$\|(u-u^{\varepsilon})(\cdot,t)\|_{0,\infty,\mathbb{R}^2}\leqslant\frac{C}{\varepsilon^s}\left(\varepsilon^k+\frac{h^m}{\varepsilon^{m-1}}\right).$$

我们再估计 $\|e(t)\|_{0,\infty,h}$，注意到

$$\|e(t)\|_{0,p,h}=h^{2/p}\left(\sum_{j\in J}|X_j(t)-X_j^{\varepsilon}(t)|^p\right)^{1/p}$$

$$\geqslant h^{2/p}\|e(t)\|_{0,\infty,h},$$

所以

$$\|e(t)\|_{0,\infty,h}\leqslant h^{-2/p}\|e(t)\|_{0,p,h}. \tag{3.6.3}$$

注意到条件(c)，取 p 充分大即得

$$\|e(t)\|_{0,\infty,h}\leqslant\frac{C}{\varepsilon^s}\left(\varepsilon^k+\frac{h^m}{\varepsilon^{m-1}}\right),\quad 0\leqslant t\leqslant T_{\varepsilon},$$

其中 $s>0$ 为任意小的常数.

取 $\varepsilon\leqslant\varepsilon_0$，$h\leqslant h_0$，$\varepsilon_0$ 与 h_0 充分小，就可以使 $\|e(t)\|_{0,\infty,h}<M\varepsilon$，于是 $T_{\varepsilon}=T$. (3.6.1)得证. 当 $h\geqslant h_0$ 或 $\varepsilon\geqslant\varepsilon_0$ 时，(3.6.1)是显然的. 证毕.

§7. 三维涡团法的收敛性——格式 A

三维涡团法的相容性可以与二维情形平行地证明，主要困难在于稳定性. 我们略去相容性证明中重复的部分，仅列出结果，而把叙述的重点放在稳定性上.

如同二维情形，令

$$e(t)=(X_j(t)-X_j^{\varepsilon}(t))_{j\in J}$$

$$\alpha_j(t)=h^3\omega(X_j(t),t),\quad \alpha_j(0)=\alpha_j,$$

则 $\alpha_j(t)$ 满足

$$\frac{d\alpha_j(t)}{dt}=\frac{\partial}{\partial x}u(\xi(t;X_j,0),t)\cdot\alpha_j.$$

此处需要注意的是，在二维情形，$\alpha_j^\varepsilon(t)h^{-2}$ 的有界性是明显的，而现在 $\alpha_j^\varepsilon(t)h^{-3}$ 的有界性则需要作进一步的讨论

我们假设当 $t\in[0,T]$ 时，(3.1.1)—(3.1.3)有一个充分光滑的解，在第1节中已假定 F 与 ω_0 都是紧支集函数，因此 ω 也是紧支集函数．对于 $u-u^\varepsilon$，和二维情形一样，可以定义 v_1,v_2,v_3，我们对它们进行估计如下:

引理 7.1 设有整数 $k\geqslant1$，使得矩条件(3.2.4)(3.2.5)成立，则对于整数 $l\geqslant0$ 有

$$|v_1(\cdot,t)|_{l,p,\mathbb{R}^3}\leqslant C\varepsilon^k,\qquad \frac{3}{2}<p\leqslant+\infty,$$

$$\|\tilde{v}_1^\varepsilon(t)\|_{0,p,h}\leqslant C\varepsilon^k,\qquad 1\leqslant p<+\infty.$$

引理 7.2 设整数

$m\geqslant4$，$l\geqslant0$，$\zeta\in W^{m+l-1,\infty}(\mathbb{R}^3)\cap W^{m+l-1,1}(\mathbb{R}^3)$，$\varepsilon\leqslant1$，则对于任意小的正数 s，都有一个依赖于 s 的常数 C_s，使当 $t\in[0,T]$ 时

$$|v_2(\cdot,t)|_{l,\infty,\mathbb{R}^3}\leqslant C_s\frac{h^m}{\varepsilon^{m+l-1+s}},$$

$$\|\tilde{v}_2(t)\|_{0,p,h}\leqslant C_s\frac{h^m}{\varepsilon^{m-1+s}},\ 1\leqslant p<+\infty.$$

引理 7.3 设函数 ζ 有紧支集并且属于 $W^{m+l-1,\infty}(\mathbb{R}^3)$，$m\geqslant1$，则对整数 $N\geqslant4$，及任意的 $q\in\left[1,\frac{3}{2}\right)$，当 $t\in[0,T]$ 时

$$|v_2(\cdot,t)|_{l,\infty,\mathbb{R}^3}\leqslant C\left(\left(1+\frac{h}{\varepsilon}\right)^{3/q}\frac{h^m}{\varepsilon^{m+l-1}}+\frac{h^N}{\varepsilon^{N+l-1}}\right),$$

$$\|\tilde{v}_2(t)\|_{0,p,h}\leqslant C\left(\left(1+\frac{h}{\varepsilon}\right)^{3/q}\frac{h^m}{\varepsilon^{m-1}}+\frac{h^N}{\varepsilon^{N-1}}\right),$$

$$1\leqslant p<\infty.$$

下面，我们开始考虑稳定性。取 R_0 充分大，使 $\omega(x,t)$ 的支

集整个包含在 $\{x;|x|<R_0\}\times[0,T]$ 内。然后令 $\Omega=\{x;|x|<R_0+1\}$，记

$$\tilde{\omega}_j(t)h^3=\alpha_j(t)-\alpha_j^\varepsilon(t),\quad \tilde{\omega}(t)=(\tilde{\omega}_j(t))_{j\in J},\tag{3.7.1}$$

则有

引理 7.4 设有整数 $l\geqslant 0$，$\zeta\in W^{l+2,\infty}(\mathbb{R}^3)\cap W^{l+2,1}(\mathbb{R}^3)$，$\varepsilon\leqslant\frac{1}{2}$，$h<1$，并且

(a) 存在常数 $C_1>0$，使

$$|\partial^\alpha\zeta(x)|\leqslant C_1(1+|x|)^{-l-5},$$
$$\forall x\in\mathbb{R}^3,\ |\alpha|=l,\ l+1,\ l+2,$$

(b) 存在常数 $C_2>0$，使 $\frac{h}{\varepsilon}\leqslant C_2$，

则对于 $p\in(2,\infty)$，有

$$|v_3(\cdot,t)|_{l,p,\Omega}\leqslant\frac{C}{\varepsilon^l}\left\{\left(1+\frac{1}{\varepsilon}\|e(t)\|_{0,\infty,h}\right)^{3/q}\|e(t)\|_{0,p,h}\right.$$
$$\left.+\left(1+\frac{1}{\varepsilon}\|e(t)\|_{0,\infty,h}\right)^4\|\tilde{\omega}(t)\|_{-1,p,h}\right\},\quad t\in[0,T],\tag{3.7.2}$$

其中 $\frac{1}{p}+\frac{1}{q}=1$。

证明 类似于二维情形，

$$v_3(x,t)=v_3^{(1)}(x,t)+v_3^{(2)}(x,t)+v_3^{(3)}(x,t),$$

其中

$$v_3^{(1)}(x,t)=\sum_{j\in J}(K_\varepsilon(x-X_j(t))-K_\varepsilon(x-X_j^\varepsilon(t)))\alpha_j(t),$$

$$v_3^{(2)}(x,t)=\sum_{j\in J}K_\varepsilon(x-X_j(t))(\alpha_j(t)-\alpha_j^\varepsilon(t)),$$

$$v_3^{(3)}(x,t)=\sum_{j\in J}(K_\varepsilon(x-X_j(t))$$
$$-K_\varepsilon(x-X_j^\varepsilon(t)))(\alpha_j^\varepsilon(t)-\alpha_j(t)),$$

$v_3^{(1)}$ 的估计与二维情形一样：

$$|v_3^{(1)}(\cdot,t)|_{l,p,\mathbb{R}^3}\leqslant\frac{C}{\varepsilon^l}\left(1+\frac{1}{\varepsilon}\|e(t)\|_{0,\infty,h}\right)^{3/q}\|e(t)\|_{0,p,h}.\tag{3.7.3}$$

我们估计 $v_3^{(2)}$，由(3.7.1)，

$$v_3^{(2)}(x,t)=\sum_{j\in J}K_\varepsilon(x-X_j(t))\tilde{\omega}_j(t)h^3,$$

取多重指标 α，$|\alpha|=l$，则

$$\partial^\alpha v_3^{(2)}(x,t)=\sum_{j\in J}\partial^\alpha K_\varepsilon(x-X_j(t))\tilde{\omega}_j(t)h^3.$$

令

$$w(y,t)=\sum_{j\in J}\partial^\alpha K_\varepsilon(\xi(t;y,0)-\xi(t;X_j,0))\tilde{\omega}_j(t)h^3,$$

则由于 $y\to\xi(t;y,0)$ 是保测度的，所有存在有界区域 Ω_1，使

$$|v_3^{(2)}(\cdot,t)|_{l,p,\Omega}\leqslant\|w(\cdot,t)\|_{0,p,\Omega_1}.$$

我们取 δX 适当小，使 $X_i+\delta x\in B_i$，作函数 $\tilde{w}(y,t)=w(X_i+\delta x,\ t)$，$\forall y\in B_i$，$\forall i\in J$. 我们先估计 $\tilde{w}$，把 $(\tilde{\omega}_j(t))_{j\in J}$ 延拓于 $\mathbb{R}^3$，记作 ϖ，使当 $y'\in B_j$ 时 $\varpi(y')=\tilde{\omega}_j(t)$. 令

$$\widetilde{K}_\varepsilon(y,y')=\partial^\alpha K_\varepsilon(\xi(t;X_i+\delta x,0)-\xi(t;X_j,0)),$$
$$\forall y\in B_i,\ y'\in B_j,$$

则

$$\tilde{w}(y,t)=\int_{\mathbb{R}^3}\widetilde{K}_\varepsilon(y,y')\varpi(y')dy'.$$

令

$$\tilde{w}^{(k)}(y,t)=\int_{\mathbb{R}^3}\widetilde{K}_\varepsilon^{(k)}(y,y')\varpi(y')dy',k=1,2,3,$$

其中

$$\widetilde{K}_\varepsilon^{(1)}(y,y')=\partial^\alpha K_\varepsilon(\xi(t;y,0)-\xi(t;y',0)),$$
$$\widetilde{K}_\varepsilon^{(2)}(y,y')=\partial^\alpha K_\varepsilon(\xi(t;X_i+\delta x,0)-\xi(t;X_j,0))$$
$$-\partial^\alpha K_\varepsilon(\xi(t;X_i+\delta x,0)-\xi(t;y',0)),$$
$$\widetilde{K}_\varepsilon^{(3)}(y,y')=\partial^\alpha K_\varepsilon(\xi(t;X_i+\delta x,0)-\xi(t;y',0))$$
$$-\partial^\alpha K_\varepsilon(\xi(t;y,0)-\xi(t;y',0)).$$

我们分别对它们进行估计. 作坐标变换 $\xi'=\xi(t;y',0)$，则

$$|\tilde{w}^{(1)}(y,t)|=\left|\int_{\mathbb{R}^3}\partial^\alpha K_\varepsilon(\xi(t;y,0)-\xi')\varpi(y'(\xi',t))d\xi'\right|,$$

其中 $y'(\xi',t)$ 为 $\xi'=\xi(t;y',0)$ 的反函数. 由引理 3.7 得

$$\|\widetilde{w}^{(1)}(\cdot,t)\|_{0,p,\mathbb{R}^3}\leqslant\frac{C}{\varepsilon^l}\|\varpi(y'(\cdot,t))\|_{-1,p,\mathbb{R}^3},$$

再由 y' 充分光滑及 ω 有紧支集得

$$\|\widetilde{w}^{(1)}(\cdot,t)\|_{0,p,\mathbb{R}^3}\leqslant\frac{C}{\varepsilon^l}\|\varpi\|_{-1,p,\mathbb{R}^3}.$$

由引理 3.6

$$\|\widetilde{w}^{(1)}(\cdot,t)\|_{0,p,\mathbb{R}^3}\leqslant\frac{C}{\varepsilon^l}\|\tilde{\omega}(t)\|_{-1,p,h}. \tag{3.7.4}$$

我们再估计 $\widetilde{w}^{(2)}$, 令

$$F(y')=\partial^\alpha K_\varepsilon(\xi(t;X_i+\delta x,0)-\xi(t;y',0)),$$

则

$$\widetilde{w}^{(2)}=\sum_{j\in J}\int_{B_j}(F(X_j)-F(y'))\varpi(y')dy'.$$

令

$$\mathscr{K}_{ij}=\int_{B_j}(F(X_j)-F(y'))dy'/h^3,$$

我们注意到 $\varpi(y')$ 在 B_j 上保持为常值 $\tilde{\omega}_j(t)$, $\widetilde{w}^{(2)}$ 在 B_i 上也保持常值,所以可以利用引理 3.5 得

$$\|\widetilde{w}^{(2)}(.,t)\|_{0,p,\Omega_1}\leqslant C\left(\|\mathscr{K}\|+\sum_{i_1=1}^{3}\|D_{i_1}^{+}\mathscr{K}\|\right)\|\varpi\|_{-1,p,\mathbb{R}^3}. \tag{3.7.5}$$

下面估计 $\|\mathscr{K}\|$ 与 $\|D_{i_1}^{+}\mathscr{K}\|$.

$$\begin{aligned}\sum_{j\in J}|\mathscr{K}_{ij}|h^3&=\sum_{j\in J}\left|\int_{B_j}(F(X_j)-F(y'))dy'\right|\\
&\leqslant\sum_{j\in J}\int_{B_j}|F(X_j)-F(y')|dy'\\
&\leqslant\sum_{j\in J}\int_{B_j}\int_0^1|\nabla F(X_j+\theta(y'-X_j))\cdot(y'-X_j)|d\theta dy'\\
&=\sum_{j\in J}\int_{B_j}\int_0^1\nabla\partial^\alpha K_\varepsilon(\xi(t;X_i+\delta x,0)-\xi(t;X_j+\theta(y'\\
&\quad-X_j),0))\cdot(y'-X_j)|d\theta dy',\end{aligned}$$

现在 $|y'-X_i|\leqslant h$，我们作变量替换 $\xi=\xi(t;y',0)$，并且令 $\xi_0=\xi(t;X_i+\delta x,0)$，$\xi'=\xi(t;X_i+\theta(y'-X_i),0)$，$y'\in B_i$，则

$$\sum_{j\in J}|\mathscr{K}_{ij}|h^3\leqslant h\int_0^1 d\theta\int_{|\xi|<R_1}|\nabla\partial^\alpha K_\varepsilon(\xi_0-\xi')|d\xi,$$

其中 R_1 为一充分大但固定的常数． 由(3.4.15)得 $|\xi-\xi'|\leqslant C_3h$。由条件(b)得$|\xi-\xi'|\leqslant C_3C_2\varepsilon$，我们取 $R=(C_3+1)C_2\varepsilon$. 令

$$\Omega_1=\{\xi;|\xi-\xi_0|<R\},\quad \Omega_2=\{\xi;2R_1>|\xi-\xi_0|>R\},$$

则有

$$\int_{|\xi|<R_1}|\nabla\partial^\alpha K_\varepsilon(\xi_0-\xi')|d\xi\leqslant\int_{\Omega_1}|\nabla\partial^\alpha K_\varepsilon(\xi_0-\xi')|d\xi+\int_{\Omega_2}|\nabla\partial^\alpha K_\varepsilon(\xi_0-\xi')|d\xi.$$

由引理 3.4，当 $\xi\in\Omega_1$ 时

$$|\nabla\partial^\alpha K_\varepsilon(\xi_0-\xi')|\leqslant\frac{C}{\varepsilon^{l+3}}.$$

当 $\xi\in\Omega_2$ 时

$$|\nabla\partial^\alpha K_\varepsilon(\xi_0-\xi')|\leqslant\frac{C}{|\xi_0-\xi'|^{l+3}}\leqslant\frac{C}{(|\xi-\xi_0|-C_3C_2\varepsilon)^{l+3}},$$

于是

$$\int_{\Omega_1}|\nabla\partial^\alpha K_\varepsilon(\xi_0-\xi')|d\xi\leqslant\frac{C}{\varepsilon^{l+3}}\varepsilon^3=\frac{C}{\varepsilon^l},$$

$$\int_{\Omega_2}|\nabla\partial^\alpha K_\varepsilon(\xi_0-\xi')|d\xi\leqslant C\int_{(C_3+1)C_2\varepsilon}^{2R_1}\frac{r^2dr}{(r-C_3C_2\varepsilon)^{l+3}}\leqslant\begin{cases}C|\log\varepsilon|, & l=0,\\ C/\varepsilon^l, & l>0.\end{cases}$$

所以

$$\sum_{j\in J}|\mathscr{K}_{ij}|h^3\leqslant\begin{cases}Ch|\log\varepsilon|, & l=0,\\ Ch/\varepsilon^l, & l>0.\end{cases}$$

关于 i 求和的估计是类似的．我们只要首先对 $y'\in B_i$ 估计

$$\sum_{i\in J}|F(X_j)-F(y')|h^3,$$

然后关于 $y'\in B_j$ 求平均值即可。

$\|D_{i_1}^+\mathscr{K}\|$ 的估计也是类似的，这时对于 K_ε 的微商高了一阶，因此

$$\sum_{j\in J}|D_{i_1}^+\mathscr{K}|h^3\leqslant C\frac{h}{\varepsilon^{l+1}},$$

$$\sum_{i\in J}|D_{i_1}\mathscr{K}|h^3\leqslant C\frac{h}{\varepsilon^{l+1}}.$$

由(3.7.5)及引理 3.6 得

$$\|\widetilde{w}^{(2)}(\cdot,t)\|_{0,p,\Omega_1}\leqslant\frac{Ch}{\varepsilon^{l+1}}\|\varpi\|_{-1,p,\mathrm{R}^3}\leqslant\frac{Ch}{\varepsilon^{l+1}}\|\tilde{\omega}(t)\|_{-1,p,h}. \quad (3.7.6)$$

对于 $\tilde{w}^{(3)}(x,t)$，可以类似地估计，现在所不同的是 $\widetilde{w}^{(3)}$ 在 B_i 上不是常数。可以用如下办法：先取定一个 $y\in B_i$，用同样的方法可得

$$\left(\sum_{i\in J}\left|\sum_{j\in J}\int_{B_j}\widetilde{K}_\varepsilon^{(3)}(y,y')dy'\cdot\tilde{\omega}_j(t)\right|^p h^3\right)^{\frac{1}{p}}$$

$$\leqslant C\frac{h}{\varepsilon^{l+1}}\|\tilde{\omega}(t)\|_{-1,p,h}.$$

以上常数 C 关于 y 一致，因此

$$\int_{\Omega_1}\left|\sum_{j\in J}\int_{B_j}\widetilde{K}_\varepsilon^{(3)}(y,y')dy'\tilde{\omega}_j(t)\right|^p dy$$

$$=\sum_{i\in J}\int_{B_i}\left|\sum_{j\in J}\int_{B_j}\widetilde{K}_\varepsilon^{(3)}(y,y')dy'\tilde{\omega}_j(t)\right|^p dy$$

$$\leqslant\sum_{i\in J}\left|\sum_{j\in J}\int_{B_j}\widetilde{K}_\varepsilon^{(3)}(y,y')dy'\cdot\tilde{\omega}_j(t)\right|^p h^3,$$

因此

$$\|\widetilde{w}^{(3)}(\cdot,t)\|_{0,p,\Omega_1}\leqslant\frac{Ch}{\varepsilon^{l+1}}\|\tilde{\omega}(t)\|_{-1,p,h}. \quad (3.7.7)$$

由(3.7.4)—(3.7.7)得

$$\|\widetilde{w}(\cdot,t)\|_{0,p,\Omega_1}\leqslant\frac{C}{\varepsilon^l}\left(1+\frac{h}{\varepsilon}\right)\|\tilde{\omega}(t)\|_{-1,p,h},$$

以上估计关于 δx 又是一致的，用同样的方法即得

$$\|w(\cdot,t)\|_{0,p,\Omega_1}\leqslant\frac{C}{\varepsilon^l}\left(1+\frac{h}{\varepsilon}\right)\|\tilde{\omega}(t)\|_{-1,p,h},$$

即

$$|v_3^{(2)}(\cdot,t)|_{l,p,\Omega}\leqslant\frac{C}{\varepsilon^l}\left(1+\frac{h}{\varepsilon}\right)\|\tilde{\omega}(t)\|_{-1,p,h}.$$

注意到条件(b)得

$$|v_3^{(2)}(\cdot,t)|_{l,p,\Omega}\leqslant\frac{C}{\varepsilon^l}\|\tilde{\omega}(t)\|_{-1,p,h}. \tag{3.7.8}$$

我们再估计 $v_3^{(3)}$，取多重指标 α，$|\alpha|=l$，则

$$\begin{aligned}\partial^\alpha v_3^{(3)}(x,t)=&\sum_{j\in J}\partial^\alpha(K_\varepsilon(x-X_j(t))\\&-K_\varepsilon(x-X_j^\varepsilon(t)))(\alpha_j^\varepsilon(t)-\alpha_j(t))\\=&\sum_{j\in J}\int_0^1\partial^\alpha\nabla K_\varepsilon(x-X_j(t)+\theta(X_j(t)\\&-X_j^\varepsilon(t)))d\theta\cdot(X_j(t)-X_j^\varepsilon(t))\\&\cdot(\alpha_j(t)-\alpha_j^\varepsilon(t)).\end{aligned}$$

由(3.7.1)，

$$\begin{aligned}\partial^\alpha v_3^{(3)}(x,t)=&\sum_{j\in J}h^3\int_0^1\partial^\alpha\nabla K_\varepsilon(x-X_j(t)\\&+\theta(X_j(t)-X_j^\varepsilon(t)))d\theta\\&\cdot(X_j(t)-X_j^\varepsilon(t))\cdot\tilde{\omega}_j(t)\end{aligned}$$

取 $g\in L^q(\Omega)$，$\dfrac{1}{p}+\dfrac{1}{q}=1$，则

$$\begin{aligned}&\|\partial^\alpha v_3^{(3)}(\cdot,t)\|_{0,p,\Omega}\\=&\sup_{\substack{g\in L^q(\Omega)\\g\neq0}}\sum_{j\in J}h^3\int_{\mathbb{R}^3}\int_0^1\partial^\alpha\nabla K_\varepsilon(x-X_j(t)\\&+\theta(X_j(t)-X_j^\varepsilon(t)))\cdot d\theta g(x)dx\tilde{\omega}_j(t)\\&\cdot(X_j(t)-X_j^\varepsilon(t))/\|g\|_{0,q,\Omega}\end{aligned}$$

$$\leqslant \|e(t)\|_{0,\infty,h}\|\tilde{\omega}\|_{-1,p,h} \sup_{\substack{g\in L^q(\Omega)\\ g\neq 0}} \Big\| \int_\Omega \int_0^1 \partial^\alpha \nabla K_\varepsilon(x - X_j(t)$$

$$+ \theta(X_j(t) - X_j^\varepsilon(t)))d\theta g(x)dx \Big\|_{1,q,h} \Big/ \|g\|_{0,q,\Omega}.$$

利用引理 3.5 中估计 $\|\cdot\|_{1,q,h}$ 的方法，可得

$$\Big\| \int_\Omega \partial^\alpha \nabla K_\varepsilon(x - X_j(t) + \theta(X_j(t) - X_j^\varepsilon(t)))g(x)dx \Big\|_{1,q,h}$$

$$\leqslant C\left(\|\mathscr{K}\| + \sum_{i_1=1}^{3}\|D_{i_1}^{+}\mathscr{K}\|\right)\|g\|_{0,q,\Omega}.$$

再用估计 $v_3^{(2)}$ 时的方法估计 $\|\mathscr{K}\|$ 和 $\|D_{i_1}^{+}\mathscr{K}\|$，取 $\xi\in B_j(t)$，令

$$\xi' = \xi - X_j(t) + \theta(X_j(t) - X_j^\varepsilon(t)),$$

则

$$\sum_{j\in J} |\partial^\alpha \nabla K_\varepsilon(x - X_j(t) + \theta(X_j(t) - X_j^\varepsilon(t)))| h^3$$

$$= \int_{|\xi|<R_0} |\partial^\alpha \nabla K_\varepsilon(x - \xi + \xi')| d\xi.$$

现在

$$|\xi'| \leqslant Ch + \|e(t)\|_{0,\infty,h},$$

我们令

$$R = Ch + \|e(t)\|_{0,\infty,h} + \varepsilon,$$

则有

$$\int_{|x-\xi|<R} |\partial^\alpha \nabla K_\varepsilon(x - \xi + \xi')| d\xi$$

$$\leqslant \frac{C}{\varepsilon^{l+3}}(Ch + \|e(t)\|_{0,\infty,h} + \varepsilon)^3$$

$$\leqslant \frac{C}{\varepsilon^{l}}\left(1 + \frac{h}{\varepsilon} + \frac{1}{\varepsilon}\|e(t)\|_{0,\infty,h}\right)^3,$$

$$\int_{2R_0>|x-\xi|>R} |\partial^\alpha \nabla K_\varepsilon(x - \xi + \xi')| d\xi$$

$$\leqslant C\int_R^{2R_0} \frac{r^2 dr}{(r - R + \varepsilon)^{l+3}}$$

$$\leqslant \begin{cases} C\log\varepsilon, & l = 0, \\ C/\varepsilon^l, & l > 0. \end{cases}$$

与 $v_3^{(2)}$ 的估计同理得

$$\left\|\int_\Omega \int_0^1 \partial^\alpha \nabla K_\varepsilon (x - X_j(t) + \theta(X_j(t) - X_j^\varepsilon(t))) d\theta g(x) dx\right\|_{1,q,h}$$

$$\leq C \frac{1}{\varepsilon^{l+1}} \left(1 + \frac{h}{\varepsilon} + \frac{1}{\varepsilon} \|e(t)\|_{0,\infty,h}\right)^3 \|g\|_{0,q,\Omega}.$$

注意到条件(b),得

$$|v_3^{(3)}(\cdot,t)|_{l,p,\Omega} \leq \frac{C}{\varepsilon^l} \left(1 + \frac{1}{\varepsilon} \|e(t)\|_{0,\infty,h}\right)^4 \|\tilde\omega(t)\|_{-1,p,h}.$$

与(3.7.3)(3.7.8)合并即得(3.7.2). 证毕.

下面对 $\|\tilde\omega(t)\|_{-1,p,h}$ 作出估计,为此,我们对(3.1.25)中的差分算子 ∇_j^h 作一些假定. 设

(a) 当 $p \in (1,\infty)$ 时, ∇_j^h 按离散范数从 $\|\cdot\|_{0,p,h}$ 到 $\|\cdot\|_{-1,p,h}$ 是连续的,即

$$\|\nabla_j^h \tilde v\|_{-1,p,h} \leq C \|\tilde v\|_{0,p,h}, \quad \forall \tilde v \in L_h^p. \qquad (3.7.9)$$

(b) ∇_j^h 具有 r 阶精度,即对 $v \in w^{r+1,\infty}$,有

$$\left(\sum_{j \in J} |\nabla_j^h \tilde v_j - \nabla v(X_j)|^p h^3\right)^{1/p} \leq C h^r |v|_{r+1,p}, \quad 1 \leq p < \infty,$$
$$\qquad (3.7.10)$$

$$\max_{j \in J} |\nabla_j^h \tilde v_j - \nabla v(X_j)| \leq C h^r |v|_{r+1,\infty}, \qquad (3.7.11)$$

其中 $\tilde v_j = v(X_j)$, C 与 v 无关.

条件(3.7.10),(3.7.11)是常规的,条件(3.7.9)是一般可以满足的,因为我们有如下的引理.

引理 7.5 设 $l = (l_1,l_2,l_3)$ 为多重指标, T^l 为平移算子,即

$$T^l \tilde v(X_j) = \tilde v(X_j - (hl_1, hl_2, hl_3)),$$

如果 ∇_j^h 的第 i 个分量 ∇_{ji}^h 可以写成

$$\nabla_{ji}^h = \sum_{|l| \leq l_0} \alpha_{ij} D_i^- T^l,$$

其中 $|\alpha_{ij}| \leq C$, D_i^- 为沿着 x_i 方向的后差商算子,则(3.7.9)成立.

证明 取 $\frac{1}{p} + \frac{1}{q} = 1$,则

$$|(\nabla_{j;i}^h \tilde{v}, \tilde{w})_h| \leqslant C \sum_{|l| \leqslant l_0} |(T^l \tilde{v}, D_i^+ \tilde{w})_h|$$

$$\leqslant C \sum_{|l| \leqslant l_0} \|T^l \tilde{v}\|_{0,p,h} \|D_i^+ \tilde{w}\|_{0,q,h}$$

$$\leqslant C \sum_{|l| \leqslant l_0} \|\tilde{v}\|_{0,p,h} \|\tilde{w}\|_{1,q,h},$$

即得(3.7.9)式. 证毕.

现在 $\alpha_j(t) = \omega(X_j(t), t)h^3$, 由(3.1.18)得

$$\frac{d\alpha_j(t)}{dt} = \nabla_x u(\xi(t; x, 0), t)|_{x=X_j} \cdot \alpha_j,$$

与(3.1.25)相减得

$$\frac{d(\alpha_j(t) - \alpha_j^\varepsilon(t))}{dt} = \nabla_j^h (u(X_j(t), t) - u^\varepsilon(X_j^\varepsilon(t), t)) \cdot \alpha_j$$

$$- (\nabla_j^h u(X_j(t), t) - \nabla_x u(\xi(t; x, 0), t)|_{x=X_j})\alpha_j. \quad (3.7.12)$$

引理 7.6 设条件(3.7.9)(3.7.10)成立,则

$$\|\tilde{\omega}(t)\|_{-1,p,h} \leqslant C\left(h^r + \int_0^t \|e'(s)\|_{0,p,h} ds\right). \quad (3.7.13)$$

证明 我们估计(3.7.12)式右端各项的 $\|\cdot\|_{-1,p,h}$ 范数. 由(3.1.14),(3.1.26)得

$$\nabla_j^h (u(X_j(t), t) - u^\varepsilon(X_j^\varepsilon(t), t)) = \nabla_j^h \frac{d}{dt}(X_j(t) - X_j^\varepsilon(t)).$$

又已知 $\alpha_j = \omega_0(X_j)h^3$, ω_0 充分光滑,因此由引理 3.8,

$$\|\nabla_j^h (u(X_j(t), t) - u^\varepsilon(X_j^\varepsilon(t), t)) \cdot \alpha_j\|_{-1,p,h}$$
$$\leqslant Ch^3 \|\nabla_j^h e'(t)_j\|_{-1,p,h}.$$

由引理 7.5,

$$\|\nabla_j^h (u(X_j(t), t) - u^\varepsilon(X_j^\varepsilon(t), t)) \cdot \alpha_j\|_{-1,p,h}$$
$$\leqslant Ch^3 \|e'(t)\|_{0,p,h}. \quad (3.7.14)$$

又由(3.7.10)

$$\left(\sum_{j \in J} |(\nabla_j^h u(X_j(t), t) - \nabla_x u(\xi(t; x, 0), t)|_{x \in X_j}) \cdot \alpha_j|^p h^3\right)^{1/p}$$
$$\leqslant Ch^{r+3}, \quad (3.7.15)$$

从而它的$\|\cdot\|_{-1,p,h}$范数也有同样的上界。由（3.7.1），（3.7.12），（3.7.14），（3.7.15）得

$$\left\|\frac{d}{dt}\tilde{\omega}(t)\right\|_{-1,p,h} \leqslant C(h^r + \|e'(t)\|_{0,p,h}).$$

在区间$(0,t)$上求积分，并且注意到$\tilde{\omega}(0)=0$，即得（3.7.13）式。证毕。

类似于引理 5.5，我们有

引理 7.7 设ζ属于$W^{3,\infty}(\mathbb{R}^3)\cap W^{3,1}(\mathbb{R}^3)$，并且满足

$$|\partial^\alpha \zeta(x)| \leqslant C_1(1+|x|)^{-6},\ \forall x\in\mathbb{R}^3,\ |\alpha|=1,2,3, \quad (3.7.16)$$

并且有

$$\frac{h}{\varepsilon} \leqslant C_2,$$

则

$$\begin{aligned}&\left|\sum_{j\in J}\frac{\partial K_\varepsilon}{\partial x_i}(x-X_j^\varepsilon(t))\alpha_j^\varepsilon(t)\right|\\&\leqslant C\left\{\left(1+\frac{1}{\varepsilon}\|e(t)\|_{0,\infty,h}\right)^3\right.\\&\qquad\left.+\frac{1}{\varepsilon}\left(1+\frac{1}{\varepsilon}\|e(t)\|_{0,\infty,h}\right)\|\tilde{\omega}(t)\|_{-1,p,h}\right\},\end{aligned} \quad (3.7.17)$$

其中$p>3$。

证明 我们有

$$\begin{aligned}&\sum_{j\in J}\frac{\partial K_\varepsilon}{\partial x_i}(x-X_j^\varepsilon(t))\alpha_j^\varepsilon(t)\\&=\sum_{j\in J}\frac{\partial K_\varepsilon}{\partial x_i}(x-X_j^\varepsilon(t))\alpha_j(t)\\&\quad-\sum_{j\in J}\frac{\partial K_\varepsilon}{\partial x_i}(x-X_j(t))(\alpha_j(t)-\alpha_j^\varepsilon(t))\\&\quad+\sum_{j\in J}\frac{\partial}{\partial x_i}(K_\varepsilon(x-X_j(t))-K_\varepsilon(x-X_j^\varepsilon(t)))\\&\quad\cdot(\alpha_j(t)-\alpha_j^\varepsilon(t)).\end{aligned}$$

类似于引理 5.5 可得

$$\left|\sum_{j\in J}\frac{\partial K_\varepsilon}{\partial x_i}(x-X_j^\varepsilon(t))\alpha_j(t)\right|\leqslant C\left(1+\frac{1}{\varepsilon}\|e(t)\|_{0,\infty,h}\right)^3.$$

而第二项与第三项即为引理 7.4 中的 $v_3^{(2)}$ 与 $v_3^{(3)}$. 由引理 7.4 可得 $W^{1,p}(\Omega)$ 中的估计,然后取 $p>3$, 利用嵌入 $W^{1,p}(\mathbb{R}^3)\to C^0(\mathbb{R}^3)$, 即得(3.7.17). 证毕.

在作了上述准备以后, 我们就可以着手证明收敛性定理了.

定理 7.1 假设

(a) 存在整数 $k\geqslant 2$, 使矩条件(3.2.4)(3.2.5)成立;

(b) 函数 ζ 属于 $W^{m-1,\infty}(\mathbb{R}^3)\cap W^{m-1,1}(\mathbb{R}^3)$, $m\geqslant 4$, 并且满足条件(3.7.16);

(c) 存在常数 $C_0>0$, $\alpha\geqslant\beta>1$, 使

$$C_0^{-1}\varepsilon^\alpha\leqslant h<C_0\varepsilon^\beta;$$

(d) 存在 $r\geqslant 1$, 使(3.7.9)(3.7.10)成立,则对任意的 $s>0$, 存在常数 C_s, h_0, ε_0, 使当 $\varepsilon<\varepsilon_0$, $h<h_0$ 时

$$\|u(\cdot,t)-u^\varepsilon(\cdot,t)\|_{0,\infty,\Omega}+\|e(t)\|_{0,\infty,h}$$
$$\leqslant\frac{C_s}{\varepsilon^s}\left(\varepsilon^k+\frac{h^m}{\varepsilon^{m-1}}+h^r\right),\qquad 0\leqslant t\leqslant T. \qquad (3.7.18)$$

证明 类似于二维情形,设 $p\in(3,\infty)$, 取固定常数 $M>0$, $\varepsilon_0>0$, 并且 $M\varepsilon_0<1$, 设 $\varepsilon<\varepsilon_0$, 并且定义

$$T_\varepsilon=\sup\{t_1\in[0,T];\|e(t)\|_{0,\infty,h}\leqslant M\varepsilon,t\in[0,t_1]\}.$$

我们先估计 $\|e'(t)\|_{0,p,h}$. 由(3.1.14),(3.1.26)

$$\frac{d}{dt}(X_j(t)-X_j^\varepsilon(t))=u(X_j(t),t)-u^\varepsilon(X_j^\varepsilon(t),t)$$

$$=(u-u^\varepsilon)(X_j(t),t)+(u^\varepsilon(X_j(t),t)-u^\varepsilon(X_j^\varepsilon(t),t).$$

因此

$$\|e'(t)\|_{0,p,h}\leqslant\left(h^3\sum_{j\in J}|(u-u^\varepsilon)(X_j(t),t)|^p\right)^{1/p}$$
$$+\left(h^3\sum_{j\in J}|u^\varepsilon(X_j(t),t)-u^\varepsilon(X_j^\varepsilon(t),t)|^p\right)^{1/p}.$$

由引理 7.1 至引理 7.4,并结合引理 5.3 得

$$\left(h^3\sum_{j\in J}|(u-u^\varepsilon)(X_j(t),t)|^p\right)^{1/p}$$
$$\leqslant C\left(\varepsilon^k+\frac{h^m}{\varepsilon^{m-1+\sigma}}+\|e(t)\|_{0,p,h}+\|\tilde{\omega}(t)\|_{-1,p,h}\right).$$

由引理 7.7 可得 Ω 内 $\dfrac{\partial u^\varepsilon}{\partial x_i}$ 的估计，注意到 $M\varepsilon<1$，可知 $X_j^\varepsilon(t)\in\Omega$，再结合引理 5.6 得

$$\left(h^3\sum_{j\in J}|u^\varepsilon(X_j(t),t)-u^\varepsilon(X_j^\varepsilon(t),t)|^p\right)^{1/p}$$
$$\leqslant C\left(1+\frac{1}{\varepsilon}\|\tilde{\omega}(t)\|_{-1,p,h}\right)\|e(t)\|_{0,p,h}$$
$$\leqslant C(\|e(t)\|_{0,p,h}+\|\tilde{\omega}(t)\|_{-1,p,h}).$$

于是

$$\|e'(t)\|_{0,p,h}\leqslant C\left(\varepsilon^k+\frac{h^m}{\varepsilon^{m-1+\sigma}}+\|e(t)\|_{0,p,h}+\|\tilde{\omega}(t)\|_{-1,p,h}\right).$$

由引理 7.6

$$\|e'(t)\|_{0,p,h}\leqslant C\left(\varepsilon^k+\frac{h^m}{\varepsilon^{m-1+\sigma}}+\|e(t)\|_{0,p,h}+h^r\right.$$
$$\left.+\int_0^t\|e'(s)\|_{0,p,h}ds\right).$$

又因为 $X_j(\theta)=X_j^\varepsilon(0)=X_j$，所以

$$\|e(t)\|_{0,p,h}=\left\|\int_0^t e'(s)ds\right\|_{0,p,h}\leqslant\int_0^t\|e'(s)\|_{0,p,h}ds. \tag{3.7.19}$$

于是

$$\|e'(t)\|_{0,p,h}\leqslant C\left(\varepsilon^k+\frac{h^m}{\varepsilon^{m-1+\sigma}}+h^r+\int_0^t\|e'(s)\|_{0,p,h}ds\right).$$

由 Gronwall 不等式得

$$\|e'(t)\|_{0,p,h}\leqslant C\left(\varepsilon^k+\frac{h^m}{\varepsilon^{m-1+\sigma}}+h^r\right). \tag{3.7.20}$$

由(3.7.19)，

$$\|e(t)\|_{0,p,h}\leqslant C\left(\varepsilon^k+\frac{h^m}{\varepsilon^{m-1+\sigma}}+h^r\right).$$

由引理 7.6

$$\|\tilde{\omega}(t)\|_{-1,p,h} \leqslant C\left(\varepsilon^k + \frac{h^m}{\varepsilon^{m-1+\sigma}} + h^r\right).$$

由引理 7.1 至引理 7.4

$$\|u(\cdot,t) - u^\varepsilon(\cdot,t)\|_{0,\infty,\Omega} \leqslant \frac{C}{\varepsilon^s}\left(\varepsilon^k + \frac{h^m}{\varepsilon^{m-1}} + h^r\right).$$

象定理 6.1 一样，我们得

$$\|e(t)\|_{0,\infty,h} \leqslant \frac{C}{\varepsilon^s}\left(\varepsilon^k + \frac{h^m}{\varepsilon^{m-1}} + h^r\right).$$

注意到 $k \geqslant 2$，条件(c)与条件(d)，我们总可以取 s 充分小，使

$$\frac{Ch^r}{\varepsilon^s} < \frac{M}{2}\varepsilon.$$

当 h 充分小时

$$\frac{C}{\varepsilon^s}\left(\varepsilon^k + \frac{h^m}{\varepsilon^{m-1}}\right) < \frac{M}{2}\varepsilon.$$

可以用连续延拓的方法得 $T_\varepsilon = T$。证毕。

§8. 三维涡团法的收敛性——格式 B

在证明格式 B 的收敛性时，可以利用第 7 节中的一些结果. 除了引理 7.6 以外，其他各引理都可以利用，与引理 7.6 相对应，现在有

引理 8.1 设有常数 $C_0 > 0$，使

$$\|e(t)\|_{0,\infty,h} \leqslant C_0\varepsilon, \tag{3.8.1}$$

又有常数 $C_1 > 0$，使 $h \leqslant C_1\varepsilon$，并有整数 $m \geqslant 4$ 与 $r > 0$，使函数 $\zeta \in W^{m-1,\infty}(\mathbb{R}^3) \cap W^{m-1,1}(\mathbb{R}^3)$，以及 $\zeta \in W^{r+2,\infty}(\mathbb{R}^3)$，则

$$\Big\| \alpha_j(t) \cdot \nabla \sum_i K_\varepsilon(X_j(t) - X_i(t))\alpha_i(t) - \alpha_j^\varepsilon(t)$$

$$\cdot \nabla \sum_i K_\varepsilon(X_j^\varepsilon(t) - X_i^\varepsilon(t))\alpha_i^\varepsilon(t) \Big\|_{-1,p,h}$$

$$\leqslant Ch^3 \left\{\left(1 + \frac{h^m}{\varepsilon^{m+1}} + \frac{h^r}{\varepsilon^{r+1}} + \frac{\|e(t)\|_{0,\infty,h}}{\varepsilon^2}\right)\left(1 + \frac{\|\tilde{\omega}(t)\|_{-1,p,h}}{\varepsilon h^{1+3/p}}\right.\right.$$

$$+\frac{\|\tilde{\omega}(t)\|_{-1,p,h}^{2}}{\varepsilon h^{2+6/p}}\Big)\|e(t)\|_{0,p,h}+\Big(1+\frac{h^m}{\varepsilon^{m+1}}+\frac{h^r}{\varepsilon^{r+1}}\Big)$$

$$\cdot\Big(\|\tilde{\omega}(t)\|_{-1,p,h}+\frac{\|\tilde{\omega}(t)\|_{-1,p,h}^{2}}{h^{2+3/p}}\Big)\Big\}, \tag{3.8.2}$$

其中 $1<p<+\infty$，$\alpha_j(t)=h^3\omega(X_0(t),t)$。

证明 $K_\varepsilon,\alpha_i,\alpha_j$ 等都是向量，我们在下文可以只考虑它们的一个分量，因此在书写时，不妨就认为它们是标量，待估计的函数可以分解为 $s^{(1)}+s^{(2)}+s^{(3)}$，其中

$$s^{(1)}=\sum_i(\nabla K_\varepsilon(X_j(t)-X_i(t))-\nabla K_\varepsilon(X_j^\varepsilon(t)-X_i^\varepsilon(t))\alpha_i(t)\alpha_j(t),$$

$$s^{(2)}=\sum_i\nabla K_\varepsilon(X_j(t)-X_i(t))(\alpha_i(t)\alpha_j(t)-\alpha_i^\varepsilon(t)\alpha_j^\varepsilon(t)),$$

$$s^{(3)}=\sum_i(\nabla K_\varepsilon(X_j^\varepsilon(t)-X_i^\varepsilon(t))-\nabla K_\varepsilon(X_j(t)-X_i(t)))(\alpha_i(t)\alpha_j(t)-\alpha_i^\varepsilon(t)\alpha_j^\varepsilon(t)).$$

下面逐项进行估计，首先估计 $s^{(1)}$，

$$s^{(1)}=s^{(1,1)}+s^{(1,2)},$$

其中

$$s^{(1,1)}=\sum_i(\nabla K_\varepsilon(X_j(t)-X_i(t))-\nabla K_\varepsilon(X_j(t)-X_i^\varepsilon(t))\alpha_i(t)\alpha_j(t),$$

$$s^{(1,2)}=\sum_i(\nabla K_\varepsilon(X_j(t)-X_i^\varepsilon(t))-\nabla K_\varepsilon(X_j^\varepsilon(t)-X_i^\varepsilon(t)))\alpha_i(t)\alpha_j(t).$$

作 Taylor 展开，得

$$s^{(1,1)}=\sum_i(D^2K_\varepsilon(X_j(t)-X_i(t))(X_i(t)-X_i^\varepsilon(t))\alpha_i(t)\alpha_j(t)+\varepsilon_i),$$

其中

$$|\varepsilon_i| \leqslant C|D^3K_\varepsilon(X_j(t)-X_i(t)+y_{ij})|\cdot|X_i(t)-X_i^\varepsilon(t)|^2h^6,$$

$$|y_{ij}| \leqslant \|e(t)\|_{0,\infty,h}.$$

以 η 记 Lagrange 坐标,则有

$$D^2K_\varepsilon(X_j(t)-X_i(t))=\left[\frac{\partial\eta}{\partial\xi}D_\eta\nabla K_\varepsilon(\xi(t;\eta,0)-X_i(t))\right]_{\eta=X_j}.$$

作差分算子 ∇_j^h，使(3.7.9)、(3.7.11)成立,以 ∇_j^h 代替 D_η，并利用函数 $\xi(t;\eta,0)$ 与 $\omega(x,t)$ 是充分光滑的,有

$$\begin{aligned}
&\left\|\sum_i\left[\frac{\partial\eta}{\partial\xi}\nabla_j^h\nabla K_\varepsilon(\xi(t;\eta,0)-X_i(t))\right]_{\eta=X_j}\right.\\
&\qquad\left.\cdot(X_i(t)-X_i^\varepsilon(t))\alpha_i(t)\alpha_j(t)\right\|_{-1,p,h}\\
&\leqslant Ch^3\left\|\sum_i\left[\frac{\partial\eta}{\partial\xi}\nabla_j^h\nabla K_\varepsilon(\xi(t;\eta,0)-X_i(t))\right]_{\eta=X_j}\right.\\
&\qquad\left.\cdot(X_i(t)-X_i^\varepsilon(t))\alpha_i(t)\right\|_{-1,p,h}\\
&=Ch^3\left\|\left.\frac{\partial\eta}{\partial\xi}\right|_{\eta=X_j}\nabla_j^h\sum_i\nabla K_\varepsilon(X_j(t)-X_i(t))(X_i(t)\right.\\
&\qquad\left.-X_i^\varepsilon(t))\alpha_i(t)\right\|_{-1,p,h}\\
&\leqslant Ch^6\left\|\sum_i\nabla K_\varepsilon(X_j(t)-X_i(t))(X_i(t)-X_i^\varepsilon(t))\right\|_{0,p,h}.
\end{aligned}$$

在形式上,它与引理 7.4 中的函数 $\tilde{w}$ 的估计完全一样,只是我们现在希望得到的是 $(X_i-X_i^\varepsilon)$ 的零阶范数估计,用同样的手法即得上界

$$Ch^3\|e(t)\|_{0,p,h}.$$

还有一个差项:

$$\sum_i\left[\frac{\partial\eta}{\partial\xi}(D_\eta-\nabla_j^h)\nabla K_\varepsilon(\xi(t;\eta,0)-X_i(t))\right]_{\eta=X_j}\cdot(X_i(t)-X_i^\varepsilon(t))\alpha_i(t)\alpha_j(t),$$

利用(3.7.11)得

$$\begin{aligned}
&|(D_\eta-\nabla_j^h)\nabla K_\varepsilon(\xi(t;\eta,0)-X_i(t))|\\
&\qquad\leqslant Ch^r\sup|D^{r+2}K_\varepsilon(\xi(t;\eta,0)-X_i(t))|
\end{aligned}$$

以上的上界是在一个直径为 Ch 的范围内取的，利用引理 7.4 中的技巧，可以不妨就取在 $\eta = X_j$ 这一点的值，于是

$$\left\| \sum_i \left[\frac{\partial \eta}{\partial \xi} (D_\eta - \nabla_j^h) \nabla K_\delta(\xi(t;\eta,0) - X_i(t)) \right]_{\eta = X_j} \cdot (X_i(t) - X_i^\varepsilon(t)) \alpha_i(t) \alpha_j(t) \right\|_{-1,p,h}$$

$$\leqslant C \left\| \sum_i \left[\frac{\partial \eta}{\partial \xi} (D_\eta - \nabla_j^h) \nabla K_\delta(\xi(t;\eta,0) - X_i(t)) \right]_{\eta = X_j} \cdot (X_i(t) - X_i^\varepsilon(t)) \alpha_i(t) \alpha_j(t) \right\|_{0,p,h}$$

$$\leqslant C \left\| \sum_i h^r D^{r+2} K_\delta(X_j(t) - X_i(t))(X_i(t) - X_i^\varepsilon(t)) h^6 \right\|_{0,p,h}.$$

再利用引理 7.4 中函数 $\tilde{w}$ 的估计方法，可得上界

$$Ch^3 \frac{h^r}{\varepsilon^{r+1}} \| e(t) \|_{0,p,h}.$$

对于 ε_i，估计的方法也是相同的，注意到条件(3.8.1)得

$$\left\| \sum_i e_i \right\|_{0,p,h} \leqslant C \frac{h^3}{\varepsilon^2} \| e(t) \|_{0,\infty,h} \| e(t) \|_{0,p,h}.$$

总之，

$$\| s^{(1,1)} \|_{-1,p,h} \leqslant Ch^3 \left(1 + \frac{h^r}{\varepsilon^{r+1}} + \frac{\| e(t) \|_{0,\infty,h}}{\varepsilon^2} \right) \| e(t) \|_{0,p,h}. \tag{3.8.3}$$

我们再估计 $s^{(1,2)}$。与 $s^{(1,1)}$ 类似，只要估计

$$\sum_i D^2 K_\delta(X_j(t) - X_i(t))(X_j(t) - X_j^\varepsilon(t)) \alpha_i(t) \alpha_j(t).$$

我们证明

$$\left| \sum_i D^2 K_\delta(X_j(t) - X_i(t)) \alpha_i(t) \right| \leqslant C \left(1 + \frac{h^m}{\varepsilon^{m+1}} \right), \tag{3.8.4}$$

于是便有

$$\left\| \sum_i D^2 K_\delta(X_j(t) - X_i(t))(X_j(t) - X_j^\varepsilon(t)) \alpha_i(t) \alpha_j(t) \right\|_{0,p,h}$$

$$\leqslant Ch^3\left(1+\frac{h^m}{\varepsilon^{m+1}}\right)\|e(t)\|_{0,p,h}. \tag{3.8.5}$$

下面我们证明(3.8.4)式，由引理 2.5 得

$$\left|\int_{\mathbf{R}^3} D^2K_\varepsilon(X_j(t)-\xi)\omega(\xi,t)d\xi-\sum_i D^2K_\varepsilon(X_j(t)-X_i(t))\alpha_i(t)\right|$$
$$\leqslant Ch^m|D^2K_\varepsilon(X_j(t)-\cdot)\omega(\cdot,t)|_{m,1,\mathbf{R}^3}.$$

由引理 3.4，右端有上界 $C\frac{h^m}{\varepsilon^{m+1}}$，又因为 ω 是充分光滑的，作分部积分得

$$\left|\int_{\mathbf{R}^3} D^2K_\varepsilon(X_j(t)-\xi)\omega(\xi,t)d\xi\right|$$
$$=\left|\int_{\mathbf{R}^3} K_\varepsilon(X_j(t)-\xi)D^2\omega(\xi,t)d\xi\right|\leqslant C.$$

于是(3.8.4)成立

我们估计 $s^{(2)}$，它又可以分解为

$$s^{(2)}=s^{(2,1)}+s^{(2,2)}+s^{(2,3)},$$

其中

$$s^{(2,1)}=\sum_i \nabla K_\varepsilon(X_j(t)-X_i(t))(\alpha_j(t)-\alpha_j^\varepsilon(t))\alpha_i(t),$$

$$s^{(2,2)}=\sum_i \nabla K_\varepsilon(X_j(t)-X_i(t))(\alpha_i(t)-\alpha_i^\varepsilon(t))\alpha_j(t),$$

$$s^{(2,3)}=-\sum_i \nabla K_\varepsilon(X_j(t)-X_i(t))(\alpha_i(t)-\alpha_i^\varepsilon(t))(\alpha_j(t)-\alpha_j^\varepsilon(t)).$$

先估计 $s^{(2,1)}$，与(3.8.4)同样有

$$\left\|\sum_i \nabla K_\varepsilon(\cdot-X_j(t))\alpha_i(t)\right\|_{C^1}\leqslant C\left(1+\frac{h^m}{\varepsilon^{m+1}}\right).$$

由引理 3.8，

$$\|s^{(2,1)}\|_{-1,p,h}\leqslant C\left(1+\frac{h^m}{\varepsilon^{m+1}}\right)\|\alpha_j(t)-\alpha_j^\varepsilon(t)\|_{-1,p,h}$$
$$=Ch^3\left(1+\frac{h^m}{\varepsilon^{m+1}}\right)\|\tilde{\omega}(t)\|_{-1,p,h}. \tag{3.8.6}$$

对于 $s^{(2,2)}$，处理的方法与 $s^{(1,1)}$ 类似，我们有

$$\|s^{(2,2)}\|_{-1,p,h} \leqslant Ch^3\left\|\sum_i D_\eta K_\delta(\xi(t;\eta,0)-X_i(t))|_{\eta=X_j}\right.$$

$$\left.\cdot(\alpha_i(t)-\alpha_i^\varepsilon(t))\right\|_{-1,p,h}$$

$$\leqslant Ch^3\left\{\left\|\sum_i \nabla_j^h K_\delta(\xi(t;\eta,0)-X_i(t))|_{\eta=X_j}\right.\right.$$

$$\left.\cdot(\alpha_i(t)-\alpha_i^\varepsilon(t))\right\|_{-1,p,h}$$

$$+\left\|\sum_i (D_\eta-\nabla_j^h)K_\delta(\xi(t;\eta,0)\right.$$

$$\left.\left.-X_i(t))|_{\eta=X_j}(\alpha_i(t)-\alpha_i^\varepsilon(t))\right\|_{-1,p,h}\right\}.$$

由(3.7.11)

$$|(D_\eta-\nabla_j^h)K_\delta(\xi(t;\eta,0)-X_i(t))|$$
$$\leqslant Ch^r\sup|D^{r+1}K_\delta(\xi(t;\eta,0)-X_i(t))|.$$

利用引理 7.4 中估计 $\tilde{\omega}$ 的方法可得第二项的上界

$$C\frac{h^r}{\varepsilon^{r+1}}h^3\|\tilde{\omega}(t)\|_{-1,p,h}.$$

而第一项有上界

$$Ch^3\left\|\sum_i K_\delta(X_j(t)-X_i(t))(\alpha_i(t)-\alpha_i^\varepsilon(t))\right\|_{0,p,h}.$$

它可以用(3.7.8)与引理 5.3 进行估计，最后得

$$\|s^{(2,2)}\|_{-1,p,h} \leqslant C\left(1+\frac{h^r}{\varepsilon^{r+1}}\right)h^3\|\tilde{\omega}(t)\|_{-1,p,h}. \tag{3.8.7}$$

$s^{(2,3)}$ 可估计如下：

$$\|s^{(2,3)}\|_{-1,p,h} \leqslant C\|s^{(2,3)}\|_{0,p,h}$$
$$\leqslant C\left\|\sum_i \nabla K_\delta(X_j(t)-X_i(t))(\alpha_i(t)-\alpha_i^\varepsilon(t))\right\|_{0,p,h}$$
$$\cdot\max_j|\alpha_j(t)-\alpha_j^\varepsilon(t)|$$
$$\leqslant Ch^{-1}\left\|\sum_i \nabla K_\delta(X_j(t)-X_i(t))(\alpha_i(t)-\alpha_i^\varepsilon(t))\right\|_{-1,p,h}$$
$$\cdot\max_j|\alpha_j(t)-\alpha_j^\varepsilon(t)|,$$

由(3.8.7)得

$$\left\|\sum_i \nabla K_\varepsilon(X_j(t)-X_i(t))(\alpha_i(t)-\alpha_i^\varepsilon(t))\right\|_{-1,p,h}$$

$$\leqslant C\left(1+\frac{h^r}{\varepsilon^{r+1}}\right)\|\tilde{\omega}(t)\|_{-1,p,h},$$

又与(3.6.3)类似，有

$$\max_i|\alpha_j(t)-\alpha_j^\varepsilon(t)|\leqslant h^{-3/p}\|\tilde{\omega}(t)\|_{0,p,h}\cdot h^3$$

$$\leqslant h^{-1-3/p}\|\tilde{\omega}(t)\|_{-1,p,h}\cdot h^3.$$

于是

$$\|s^{(2,3)}\|_{-1,p,h}\leqslant Ch^3\left(1+\frac{h^r}{\varepsilon^{r+1}}\right)\frac{\|\tilde{\omega}(t)\|^2_{-1,p,h}}{h^{2+3/p}}. \qquad (3.8.8)$$

最后，我们估计 $s^{(3)}$，它可以分解为

$$s^{(3)}=s^{(3,1)}+s^{(3,2)},$$

其中

$$s^{(3,1)}=-\sum_i\left(\nabla K_\varepsilon(X_j(t)-X_i(t))-\nabla K_\varepsilon(X_j(t)-X_i^\varepsilon(t))\right)$$

$$\cdot(\alpha_i(t)\alpha_j(t)-\alpha_i^\varepsilon(t)\alpha_j^\varepsilon(t)),$$

$$s^{(3,2)}=-\sum_i\left(\nabla K_\varepsilon(X_j(t)-X_i^\varepsilon(t))-\nabla K_\varepsilon(X_j^\varepsilon(t)-X_i^\varepsilon(t))\right)$$

$$\cdot(\alpha_i(t)\alpha_j(t)-\alpha_i^\varepsilon(t)\alpha_j^\varepsilon(t)).$$

对于 $s^{(3,1)}$，用微分中值定理得

$$s^{(3,1)}=-\sum_i D^2K_\varepsilon(X_j(t)-X_i(t)+y_{ij})(X_i(t)-X_i^\varepsilon(t))$$

$$\cdot(\alpha_i(t)\alpha_j(t)-\alpha_i^\varepsilon(t)\alpha_j^\varepsilon(t)),$$

其中

$$|y_{ij}|\leqslant\|e(t)\|_{0,\infty,h}.$$

又有

$$|\alpha_i(t)\alpha_j(t)-\alpha_i^\varepsilon(t)\alpha_j^\varepsilon(t)|$$

$$=|\alpha_i(t)(\alpha_j(t)-\alpha_j^\varepsilon(t))+(\alpha_i(t)-\alpha_i^\varepsilon(t))$$

$$\cdot\alpha_j(t)-(\alpha_i(t)-\alpha_i^\varepsilon(t))(\alpha_j(t)-\alpha_j^\varepsilon(t))|$$

$$\leqslant Ch^3h^{-3/p}\|\alpha_j(t)-\alpha_j^\varepsilon(t)\|_{0,p,h}$$

$$+ h^{-6/p}\|\alpha_i(t) - \alpha_i^\varepsilon(t)\|_{0,p,h}\|\alpha_j(t) - \alpha_j^\varepsilon(t)\|_{0,p,h}$$

$$\leqslant Ch^6\left\{\frac{\|\tilde{\omega}(t)\|_{-1,p,h}}{h^{1+3/p}} + \frac{\|\tilde{\omega}(t)\|_{-1,p,h}^2}{h^{2+6/p}}\right\}, \tag{3.8.9}$$

利用引理 7.4 中 $\tilde{w}$ 的估计方法得

$$\left\|\sum_i D^2K_\varepsilon(X_j(t) - X_i(t) + y_{ij})(X_i(t) - X_i^\varepsilon(t))\right\|_{0,p,h}$$

$$\leqslant C\,\frac{1}{\varepsilon}\,\|e(t)\|_{0,p,h}h^{-3}.$$

于是

$$\|S^{(3,1)}\|_{-1,p,h} \leqslant C\|S^{(3,1)}\|_{0,p,h}$$

$$\leqslant Ch^3\left\{\frac{\|\tilde{\omega}(t)\|_{-1,p,h}}{\varepsilon h^{1+3/p}} + \frac{\|\tilde{\omega}(t)\|_{-1,p,h}^2}{\varepsilon h^{2+6/p}}\right\}$$

$$\cdot\|e(t)\|_{0,p,h}. \tag{3.8.10}$$

对于 $s^{(3,2)}$，也用微分中值定理可得

$$s^{(3,2)} = -\sum_i D^2K_\varepsilon(X_j(t) - X_i(t) + y_{ij})$$

$$\cdot(X_j(t) - X_j^\varepsilon(t))(\alpha_i(t)\alpha_j(t) - \alpha_i^\varepsilon(t)\alpha_j^\varepsilon(t)),$$

其中

$$|y_{ij}| \leqslant 2\|e(t)\|_{0,\infty,h}.$$

由引理 3.4，用引理 7.4 中的手法即可得

$$\left|\sum_i D^2K_\varepsilon(X_j(t) - X_i(t) + y_{ij})h^3\right| \leqslant \frac{C}{\varepsilon},$$

由(3.8.9)得

$$\|s^{(3,2)}\|_{-1,p,h} \leqslant C\|s^{(3,2)}\|_{0,p,h}$$

$$\leqslant Ch^3\left\{\frac{\|\tilde{\omega}(t)\|_{-1,p,h}}{\varepsilon h^{1+3/p}} + \frac{\|\tilde{\omega}(t)\|_{-1,p,h}^2}{\varepsilon h^{2+6/p}}\right\}$$

$$\cdot\|e(t)\|_{0,p,h}. \tag{3.8.11}$$

合并(3.8.3)(3.8.5)—(3.8.8),(3.8.10),(3.8.11)得(3.8.2). 证毕.

与定理 7.1 类似,可以有收敛定理:

定理 8.1 假设

(a) 存在整数 $k \geqslant 3$，使矩条件(3.2.4)(3.2.5)成立;

(b) 存在常数 $C_0>0$，$\frac{3}{2}>\alpha\geqslant\beta>1$，使 $C_0^{-1}\varepsilon^{\alpha}\leqslant h<C_0\varepsilon^{\beta}$；

(c) 存在整数 m，$m\geqslant\frac{2}{\beta-1}$，使函数 ζ 满足 $\zeta\in W^{m-1,\infty}(\mathbb{R}^3)\cap W^{m-1,1}(\mathbb{R}^3)$ 及条件(3.7.16)；

(d) 存在整数 r，$r\geqslant\frac{1}{\beta-1}$，使函数 ζ 属于 $W^{r+2,\infty}(\mathbb{R}^3)\cap W^{r+2,1}(\mathbb{R}^3)$；

则对任意的 $s>0$，存在常数 C_s,h_0,ε_0，使当 $\varepsilon<\varepsilon_0,h<h_0$ 时

$$
\begin{aligned}
&\|u(\cdot,t)-u^{\varepsilon}(\cdot,t)\|_{0,\infty,\Omega}+\|e(t)\|_{0,\infty,h}\\
&\leqslant\frac{C_s}{\varepsilon^s}\left(\varepsilon^k+\frac{h^m}{\varepsilon^{m-1}}+\frac{h^{m+r}}{\varepsilon^{m+r}}\right),\quad 0\leqslant t\leqslant T.
\end{aligned}
$$

证明　取 p，使 $p>\frac{3\alpha}{3-2\alpha}$，则 $h^{2+3/p}\geqslant(C_0^{-1}\varepsilon^{\alpha})^{2+3/p}$，令 $\gamma=\alpha\left(2+\frac{3}{p}\right)$，则 $\gamma<3$。

类似于定理 7.1，只是现在令

$$
T_{\varepsilon}=\sup\{t_1\in[0,T];\|e(t)\|_{0,\infty,h}+\|\tilde{\omega}(t)\|_{-1,p,h}\leqslant M\varepsilon^{\gamma},\ t\in[0,t_1]\}.
$$

我们在条件 $t\in[0,T_{\varepsilon}]$ 之下估计(3.8.2)的右端，这时由条件(b)，(c)，(d)有

$$
\frac{h^m}{\varepsilon^{m+1}}\leqslant C,\quad \frac{h^{\gamma}}{\varepsilon^{\gamma+1}}\leqslant C,
$$

$$
\|\tilde{\omega}(t)\|_{-1,p,h}\leqslant Ch^{2+3/p},
$$

$$
\|e(t)\|_{0,\infty,h}\leqslant C\varepsilon^2,
$$

因此(3.8.2)右端有上界

$$
Ch^3(\|e(t)\|_{0,p,h}+\|\tilde{\omega}(t)\|_{-1,p,h}). \tag{3.8.12}
$$

由(3.1.16)得

$$
\frac{d\alpha_j(t)}{dt}=(\alpha_j(t)\cdot\nabla)u(X_j(t),t).
$$

与(3.1.28)相减得

$$\frac{d(\alpha_j(t)-\alpha_j^\varepsilon(t))}{dt}=(\alpha_j(t)\cdot\nabla)(u(X_j(t),t)$$

$$-\sum_i K_\delta(X_j(t)-X_i(t))\alpha_i(t)$$

$$+(\alpha_j(t)\cdot\nabla)\sum_i K_\delta(X_j(t)-X_i(t))\alpha_i(t)$$

$$-(\alpha_j^\varepsilon(t)\cdot\nabla)\sum_i K_\delta(X_j^\varepsilon(t)-X_i^\varepsilon(t))\alpha_i^\varepsilon(t).$$

由(3.8.12)得

$$\left\|\frac{d(\alpha_j(t)-\alpha_j^\varepsilon(t))}{dt}\right\|_{-1,p,h}\leqslant Ch^3(\|\nabla v_1(X_j(t),t)\|_{-1,p,h}$$

$$+\|\nabla v_2(X_j(t),t)\|_{-1,p,h}+\|e(t)\|_{0,p,h}+\|\tilde{\omega}(t)\|_{-1,p,h}).$$

由(3.7.9),(3.7.10)与引理 7.2 得

$$\|\nabla v_2(X_j(t),t)\|_{-1,p,h}\leqslant\|\nabla_j^h v_2(X_j(t),t)\|_{-1,p,h}$$

$$+\|(\nabla-\nabla_j^h)v_2(X_j(t),t)\|_{-1,p,h}\leqslant C\left(\frac{h^m}{\varepsilon^{m-1+\sigma}}+\frac{h^{m+\gamma}}{\varepsilon^{m+\gamma}}\right),$$

由引理 7.1 得

$$\|\nabla v_1(X_j(t),t)\|_{-1,p,h}\leqslant C\varepsilon^k,$$

因此

$$\|\tilde{\omega}(t)\|_{-1,p,h}\leqslant C\left(\varepsilon^k+\frac{h^m}{\varepsilon^{m-1+\sigma}}+\frac{h^{m+\gamma}}{\varepsilon^{m+\gamma}}+\int_0^t\|e(s)\|_{0,p,h}ds\right.$$

$$\left.+\int_0^t\|\tilde{\omega}(s)\|_{-1,p,h}ds\right).$$

利用 Gronwall 不等式得

$$\|\tilde{\omega}(t)\|_{-1,p,h}\leqslant C\left(\varepsilon^k+\frac{h^m}{\varepsilon^{m-1+\sigma}}+\frac{h^{m+\gamma}}{\varepsilon^{m+\gamma}}\right.$$

$$\left.+\int_0^t\|e(s)\|_{0,p,h}ds\right).$$

和定理 7.1 的证明一样,有

$$\|e'(t)\|_{0,p,h}\leqslant C\left(\varepsilon^k+\frac{h^m}{\varepsilon^{m-1+\sigma}}+\frac{h^{m+\gamma}}{\varepsilon^{m+\gamma}}+\|e(t)\|_{0,p,h}\right.$$

$$\left.+\int_0^t\|e(s)\|_{0,p,h}ds\right),$$

于是得

$$\|e(t)\|_{0,p,h}+\|\tilde{\omega}(t)\|_{-1,p,h}\leqslant C\left(\varepsilon^{k}+\frac{h^{m}}{\varepsilon^{m-1+\sigma}}+\frac{h^{m+\gamma}}{\varepsilon^{m+\gamma}}\right).$$

我们验证右式有上界 $C\varepsilon^{\frac{3}{2}+\frac{\gamma}{2}}$，由定理的假设，$k\geqslant 3$. 又由条件(b)，

$$\frac{h^{m}}{\varepsilon^{m-1+\sigma}}\leqslant C\varepsilon^{m\beta-m+1-\sigma},$$

由条件(c)

$$m\beta-m+1-\sigma\geqslant 3-\sigma,$$

取 $\sigma<\dfrac{3-\gamma}{2}$，则得

$$m\beta-m+1-\sigma>\frac{3}{2}+\frac{\gamma}{2}$$

又由条件 (b),(c),(d) 得

$$\frac{h^{m+\gamma}}{\varepsilon^{m+\gamma}}\leqslant C\varepsilon^{(m+\gamma)(\beta-1)}\leqslant C\varepsilon^{3}$$

取 ε 充分小，就可以使 $C\varepsilon^{\frac{3}{2}+\frac{\gamma}{2}}<M\varepsilon^{\gamma}$，用连续延拓的办法即可使 $T_{\varepsilon}=T$. 定理的其余证明与定理 7.1 相同. 证毕.

§9. 点涡法的收敛性

有很长一段时间，人们认为点涡法是不收敛的，但是 Goodman，Hou 和 Lowengrub 等人的研究表明，只要方程的解充分光滑，点涡法可以有二阶收敛性，他们的证明对于二维及三维情况都是成立的. 下面仅就二维情况说明他们的证明方法，和前面各节一样，我们设解充分光滑，ω 具有紧支集，点涡法的计算格式是：

$$\frac{d\alpha_j^h}{dt}=h^2F(X_j^h(t),t),\quad \alpha_j^h(0)=\alpha_j, \tag{3.9.1}$$

$$\frac{dX_j^h}{dt}=u^h(X_j^h(t),t),\quad X_j^h(0)=X_j, \tag{3.9.2}$$

$$u^h(X_j^h(t),t) = \sum_{i \neq j} \alpha_i^h(t) K(X_j^h(t) - X_i^h(t)) + u_\infty(t). \quad (3.9.3)$$

我们在第一章第 1 节中曾说明为什么 $i \neq j$. 这样一来，涡度是 Dirac 函数的线性组合

$$\omega^h(x,t) = \sum_j \alpha_j^h(t) \delta(x - X_j^h(t)),$$

但是由(3.9.3)定义的速度场 u^h 与 ω^h 之间并不满足

$$u^h = K * \omega^h + u_\infty.$$

显然，我们这里只能考虑离散范数，先考虑相容性，相当于 v_l，我们需要估计

$$\begin{aligned} v_j(t) &= \int_{\mathbb{R}^2} K(X_j(t) - \xi)\omega(\xi,t)d\xi \\ &\quad - \sum_{i \neq j} \alpha_i(t) K(X_j(t) - X_i(t)) \\ &= \int_{\mathbb{R}^2} K(\xi(t;X_j,0) - \xi(t;y,0))\omega(\xi(t;y,0),t)dy \\ &\quad - \sum_{i \neq j} \omega(\xi(t;X_i,0),t) K(\xi(t;X_j,0) \\ &\quad - \xi(t;X_i,0))h^2. \end{aligned}$$

引理 9.1

$$|v_j(t)| \leqslant Ch^2 |\log h|, \quad t \in [0,T].$$

证明 我们考虑 K 的一个分量，由(3.1.7)，取

$$K_1(x) = \frac{x_1}{2\pi |x|^2}.$$

另一个分量的估计是同样的. 相应的 $v_j(t)$ 的分量记作 $v_{1,j}(t)$，它又可以分解为

$$v_{1,j}(t) = v_j^{(1)}(t) + v_j^{(2)}(t),$$

其中

$$\begin{aligned} v_j^{(1)}(t) &= \int_{\mathbb{R}^2} K_1(\xi(t;X_j,0) - \xi(t;y,0))(\omega(\xi(t;y,0),t) \\ &\quad - \omega(\xi(t;X_j,0),t))dy - \sum_{i \neq j} K_1(\xi(t;X_j,0) \end{aligned}$$

$$
\begin{aligned}
&\quad - \xi(t;X_i,0))(\omega(\xi(t;X_i,0),t) \\
&\quad - \omega(\xi(t;X_j,0),t))h^2, \\
v_j^{(2)}(t) &= \omega(\xi(t;X_j,0),t)\Big(\int_{\mathbb{R}^2} K_1(\xi(t;X_j,0) \\
&\quad - \xi(t;y,0))dy \\
&\quad - \sum_{i\neq j} K_1(\xi(t;X_j,0) - \xi(t;X_i,0))h^2\Big).
\end{aligned}
$$

先估计 $v_j^{(2)}$，令

$$
\begin{aligned}
K_1^d(X_j,y) &= K_1(\xi(t;X_j,0) - \xi(t;y,0)) \\
&\quad - DS_1(X_j,y),
\end{aligned} \tag{3.9.4}
$$

其中

$$
DS_1(X_j,y) = \frac{1}{2\pi}\,\frac{\nabla\xi_1(t;X_j,0)\cdot(y-X_j)}{|\nabla\xi_1(t;X_j,0)\cdot(y-X_j)|^2},
$$

其中 ξ_1 为 ξ 的第一个分量．由 Taylor 公式

$$
\begin{aligned}
\xi(t;y,0) - \xi(t;X_j,0) &= \nabla\xi(t;X_j,0)(y-X_j) \\
&\quad + O(|y-X_j|^2).
\end{aligned} \tag{3.9.5}
$$

再利用(3.4.14)得，当 $|y-X_j|$ 充分小时有

$$
|\nabla\xi(t;X_j,0)(y-X_j)| \geqslant C^{-1}|y-X_j|. \tag{3.9.6}
$$

因此 DS_1 是有意义的，又 $DS_1(X_j,y)$ 关于 $y-X_j$ 是奇函数，所以

$$
\int_{\mathbb{R}^2} DS_1(X_j,y)dy = 0,\quad \sum_{i\neq j} DS_1(X_j,X_i)h^2 = 0. \tag{3.9.7}
$$

以(3.9.5)，(3.9.6)代入(3.9.4)，得到 K_1^d 的一致估计：

$$
|K_1^d(X_j,y)| \leqslant C. \tag{3.9.8}
$$

将(3.9.4)求导，可得各阶微商的估计

$$
|D^\gamma K_1^d(X_j,y)| \leqslant \frac{C}{|y-X_j|^{|\gamma|}}. \tag{3.9.9}
$$

由引理 2.3，取 $p=\infty$ 得

$$
\begin{aligned}
&\left|\int_{B_i} K_1^d(X_j,y)dy - K_1^d(X_j,X_i)h^2\right| \\
&\quad \leqslant Ch^4|K_1^d(X_j,\cdot)|_{2,\infty,B_i}.
\end{aligned}
$$

关于 i 求和，并注意到(3.9.7)得

$$|v_j^{(2)}| \leqslant Ch^4 \sum_{i \neq j} |K_1^d(X_j, \cdot)|_{2,\infty,B_i}.$$

由(3.4.14)，当 $i \neq j$, $y \in B_i$

$$|\xi(t;X_j,0) - \xi(t;y,0)| \geqslant C^{-1}h. \tag{3.9.10}$$

于是由(3.9.9)得

$$|v_j^{(2)}| \leqslant Ch^2|\log h|.$$

此外，利用

$$\begin{aligned}|D^\gamma(K_1(\xi(t;,X_j,0) - \xi(t;y,0))(\omega(\xi(t;y,0),t)\\ - \omega(\xi(t;X_j,0),t)))|\\ \leqslant \frac{C}{|y - X_j|^{|\gamma|}},\end{aligned}$$

也可以从引理 2.3 得到 $v_j^{(1)}$ 的估计．证毕．

在证明稳定性之前，我们先考查一种特殊的涡团函数．设函数 ζ 除满足条件(3.1.19)外，还满足轴对称条件与紧支集条件:

$$\zeta(x) = \phi(|x|), \tag{3.9.11}$$

$$\zeta(x) = 0, \text{ 当 } |x| \geqslant 1. \tag{3.9.12}$$

并且 $\zeta \in C^3(\mathbb{R}^2)$，在这些条件下，矩条件(3.2.4)(3.2.5)关于 $k=2$ 成立，并且 $K_\varepsilon = K * \zeta_\varepsilon$ 具有一个特殊的性质． 我们注意到 K 是一个以 0 点为奇点的调和函数，并且是一个奇函数，因此当 $|x| \geqslant \varepsilon$ 时，由调和函数的平均值定理

$$\begin{aligned}K_\varepsilon(x) &= \int_0^\varepsilon \frac{1}{\varepsilon^2}\phi\left(\frac{r}{\varepsilon}\right) r\,dr \int_0^{2\pi} K(\alpha - y)d\theta\\ &= 2\pi K(x)\int_0^\varepsilon \frac{1}{\varepsilon^2}\phi\left(\frac{r}{\varepsilon}\right) r\,dr\\ &= K(x)\int_{|y|\leqslant\varepsilon} \zeta_\varepsilon(y)dy = K(\alpha),\end{aligned}$$

其中 $y = (r\cos\theta, r\sin\theta)$．当 $|x| < \varepsilon$ 时，

$$\int_0^{|x|} \frac{1}{\varepsilon^2}\phi\left(\frac{r}{\varepsilon}\right) r\,dr \int_0^{2\pi} K(x-y)d\theta = K(x)\int_{|y|\leqslant|x|} \zeta_\varepsilon(y)dy$$

$$= K(x)\int_{|y|\leqslant|x|/\varepsilon}\zeta(y)dy,$$

$$\int_{|x|}^{\varepsilon}\frac{1}{\varepsilon^2}\phi\left(\frac{r}{\varepsilon}\right)r\,dr\int_0^{2\pi}K(x-y)d\theta = 0.$$

总之有

$$K_\varepsilon(x) = \begin{cases} K(x), & |x| \geqslant \varepsilon, \\ K(x)\int_{|y|\leqslant|x|/\varepsilon}\zeta(y)dy, & |x| < \varepsilon, \\ 0, & x = 0. \end{cases} \tag{3.9.13}$$

下面证明稳定性:

引理 9.2 若存在 $0<s<1$，使当 $0\leqslant t\leqslant T_*$ 时.

$$\|e(t)\|_{0,\infty,h} \leqslant h^{1+s}, \tag{3.9.14}$$

则当 h 充分小时，

$$\begin{aligned}\Bigg(\sum_{i\in J}\Bigg|\sum_{j\neq i} & K(X_i(t)-X_j(t))\alpha_j(t) \\ & -\sum_{j\neq i}K(X_i^h(t)-X_j^h(t))\alpha_j^h(t)\Bigg|^p\Bigg)^{1/p} \\ & \leqslant C\left(\|e(t)\|_{0,p,h}+\int_0^t\|e(s)\|_{0,p,h}ds\right),\end{aligned} \tag{3.9.15}$$

其中 $1<p<\infty$。

证明 我们取上述涡团函数 ζ，并设 $h\leqslant C\varepsilon$，注意到 (3.9.14)，由引理 5.4，当 $0\leqslant t\leqslant T_*$ 时，

$$\|\tilde{v}_3(t)\|_{0,p,h} \leqslant C\left(\|e(t)\|_{0,p,h}+\int_0^t\|e(s)\|_{0,p,h}ds\right).$$

由引理 5.6，有

$$\left(h^2\sum_{j\in J}|u^\varepsilon(X_j(t),t)-u^\varepsilon(X_j^\varepsilon(t),t)|^p\right)^{1/p} \leqslant C\|e(t)\|_{0,p,h}.$$

合并即得

$$\begin{aligned}\Bigg(\sum_{i\in J}\Bigg|\sum_{j\in J} & K_\varepsilon(X_i(t)-X_j(t))\alpha_j(t) \\ & -\sum_{j\in J}K_\varepsilon(X_i^\varepsilon(t)-X_j^\varepsilon(t))\alpha^\varepsilon(t)\Bigg|^p\Bigg)^{1/p} \\ & \leqslant C\left(\|e(t)\|_{0,p,h}+\int_0^t\|e(s)\|_{0,p,h}ds\right).\end{aligned} \tag{3.9.16}$$

这里 $X_j^\varepsilon(t)$ 与 $\alpha_j^\varepsilon(t)$ 当然不同于 $X_j^h(t)$ 与 $\alpha_j^h(t)$，但是上述两个引理的证明中并没有依赖 $X_j^\varepsilon(t)$ 或 $\alpha_j^\varepsilon(t)$ 的任何特殊性质．所以把它们换成 $X_j^h(t)$ 与 $\alpha_j^h(t)$，上述不等式仍然成立．

由(3.9.10)和(3.9.14)

$$
\begin{aligned}
|X_i^h(t) - X_j^h(t)| \geqslant |X_i(t) - X_j(t)| - |X_i^h(t) \\
- X_i(t)| - |X_j(t) - X_j^h(t)| \geqslant Ch - 2h^{1+s}.
\end{aligned}
$$

当 h 充分小时，右端有下界 $\dfrac{C}{2}h$，我们取 $\varepsilon = \dfrac{C}{2}h$，则由(3.9.13)可以看出把(3.9.16)中的 K_ε 换为 K，它们的值并没有改变，于是得到(3.9.15)．证毕．

与定理 6.1 类似，我们可以证明点涡法的收敛定理：

定理 9.1 设 s 为任意小的正数，则有

$$
\|e(t)\|_{0,\infty,h} \leqslant Ch^{2-s}. \tag{3.9.17}
$$

证明从略．

利用上述点涡法收敛性的证明，我们可以得到涡团法的一个有趣的结果，在以往的收敛定理中我们总是要求 h 是比 ε 更高阶的无穷小量．实际上，如果它们是同阶的，仍然有接近于二阶的收敛性．下面我们就来证明这一点．

取 ζ 满足(3.1.19)(3.9.11)与(3.9.12)，对于涡团法，我们仍然要估计

$$
\begin{aligned}
v_j^{(1)} = \int_{\mathbb{R}^2} & K_{1\varepsilon}(\xi(t;X_j,0) - \xi(t;y,0))(\omega(\xi(t;y,0),t) \\
& - \omega(\xi(t;X_j,0),t))dy \\
& - \sum_{i \neq j} K_{1\varepsilon}(\xi(t;X_j,0) - \xi(t;X_i,0))(\omega(\xi(t;X_i,0),t) \\
& - \omega(\xi(t;X_j,0),t))h^2, \\
v_j^{(2)} = \omega(\xi(t; & X_j,0),t)\Big(\int_{\mathbb{R}^2} K_{1\varepsilon}(\xi(t;X_j,0) - \xi(t;y,0))dy \\
& - \sum_{i \neq j} K_{1\varepsilon}(\xi(t;X_j,0) - \xi(t;X_i,0))h^2\Big),
\end{aligned}
$$

其中 $K_{1\varepsilon} = K_1 * \zeta_\varepsilon$，当 $i = j$，对应的一项等于零，所以在这里与求和 $i \in J$ 没有区别．由(3.9.13)，令

$$K_{1\varepsilon}^{d}=K_{1\varepsilon}-f\left(\frac{|x|}{\varepsilon}\right)DS_1,$$

$$f\left(\frac{|x|}{\varepsilon}\right)=\begin{cases}\iint_{|y|\leqslant|x|/\varepsilon}\zeta(y)dy, & |x|<\varepsilon,\\ 1, & |x|\geqslant\varepsilon,\end{cases}$$

则

$$v_j^{(2)}=\omega(\xi(t;X_j,0),t)\Big(\int_{\mathbb{R}^2}K_{1\varepsilon}^{d}(\xi(t;X_j,0)-\xi(t;y,0))dy-\sum_{i\neq j}K_{1\varepsilon}^{d}(\xi(t;X_j,0)-\xi(t;X_i,0))h^2\Big).$$

作变量替换 $\xi(t;y,0)=\xi$，利用保测度性得

$$\begin{aligned}&\int_{\mathbb{R}^2}K_{1\varepsilon}^{d}(\xi(t;X_j,0)-\xi(t;y,0))dy\\ &=\int_{\mathbb{R}^2}K_{1\varepsilon}^{d}(\xi(t;X_j,0)-\xi)d\xi\\ &=\int_{\mathbb{R}^2}K_1^{d}(\xi(t;X_j,0)-\xi)d\xi\\ &\quad+\int_{|\xi(t;X_j,0)-\xi|<\varepsilon}(K_{1\varepsilon}^{d}(\xi(t;X_j,0)-\xi)\\ &\quad-K_1^{d}(\xi(t;X_j,0)-\xi))d\xi.\end{aligned}$$

由估计式(3.9.8)，

$$\left|\int_{\mathbb{R}^2}K_{1\varepsilon}^{d}(\xi(t;X_j,0)-\xi(t;y,0))dy-\int_{\mathbb{R}^2}K_1^{d}(\xi(t;X_j,0)-\xi(t;y,0))dy\right|\leqslant C\varepsilon^2$$

$v_j^{(2)}$ 与 $v_j^{(1)}$ 中的其它各项也可以类似地与点涡法的对应项作比较。令 $v_j=v_j^{(1)}+v_j^{(2)}$，由引理 9.1 得

$$|v_j(t)|\leqslant C(h^2|\log h|+\varepsilon^2).$$

再利用第 4 节中 v_1的估计，第 5 节中的稳定性引理，得

定理 9.2 如果函数 ζ 满足(3.1.19)，(3.9.11)与(3.9.12)，并且 $\zeta\in C^3(\mathbb{R}^2)$，又存在常数 $C_1>0$，使 $h\leqslant C_1\varepsilon$。则涡团法当 h，ε

充分小时有误差估计

$$\|e(t)\|_{0,\infty,h} \leqslant Ch^{-s}(h^2 + \varepsilon^2), \tag{3.9.18}$$

其中 s 是任意小的正数。

以上结果可以很容易地推广到 ζ 不具有紧支集的情形。利用 Taylor 公式，DelPrete [1] 中得到了一个更为精确的结果，其中误差的 L^p 范数估计可以达到二阶。

§ 10. 二维初边值问题的涡团法——半离散化

从本节开始，我们证明 Euler 方程初边值问题涡团法的收敛性。设 $\Omega \subset \mathbb{R}^2$ 是一个边界充分光滑的有界区域，为了叙述简明起见，设它是凸的。我们考虑如下的问题：

$$\frac{\partial u}{\partial t} + (u \cdot \nabla)u + \frac{1}{\rho}\nabla p = f, \tag{3.10.1}$$

$$\nabla \cdot u = 0, \tag{3.10.2}$$

$$u \cdot n|_{x \in \partial\Omega} = 0, \tag{3.10.3}$$

$$u|_{t=0} = u_0, \tag{3.10.4}$$

其中 n 为边界 $\partial\Omega$ 上的单位外法向量，我们要求 $\nabla \cdot u_0 = 0$，$u_0 \cdot n|_{\partial\Omega} = 0$，并且 u_0 与 f 充分光滑。由第 2 章第 5 节，对于任意的 $T > 0$，在区域 $\bar{\Omega} \times [0,T]$ 上有一充分光滑的解。

令 $\omega = -\nabla \wedge u$，$\omega_0 = -\nabla \wedge u_0$，$\psi$ 为与 u 对应的流函数，则 (3.10.1)—(3.10.4)等价于

$$\frac{\partial \omega}{\partial t} + u \cdot \nabla\omega = -\nabla \wedge f \equiv F, \tag{3.10.5}$$

$$-\nabla\psi = \omega, \quad u = \nabla \wedge \psi, \tag{3.10.6}$$

$$\psi|_{x \in \partial\Omega} = 0, \tag{3.10.7}$$

$$\omega|_{t=0} = \omega_0. \tag{3.10.8}$$

考虑如下格式：把区域 Ω 稍作一些扩展，对于常数 $c > 0$，令

$$\Omega_c = \{x; \mathrm{dist}(x, \bar{\Omega}) < c\}.$$

取一个参数 $d > 0$，我们以后在 $\bar{\Omega}_d \times [0,T]$ 上求解。把 u_0 与

f 也作延拓，我们设 u_0 在 $\mathbb{R}^2$ 上充分光滑，有紧支集，f 在 $\mathbb{R}^2\times[0,T]$ 上充分光滑有紧支集，而且 u_0 在 $\mathbb{R}^2$ 上满足不可压缩条件(3.10.2). 在本节中，我们讨论如下的半离散格式：

$$\omega^\varepsilon(x,t)=\sum_{j\in J_1}\alpha_j^\varepsilon(t)\zeta_\varepsilon(x-X_j^\varepsilon(t)),\tag{3.10.9}$$

$$\frac{d\alpha_j^\varepsilon}{dt}=h^2F(X_j^\varepsilon(t),t)\quad \alpha_j^\varepsilon(0)=\alpha_j,\tag{3.10.10}$$

$$\frac{\partial X_j^\varepsilon}{dt}=g^\varepsilon(X_j^\varepsilon(t),t),\quad X_j^\varepsilon(0)=X_j,\tag{3.10.11}$$

$$-\Delta\psi^\varepsilon=\omega^\varepsilon,\quad \psi^\varepsilon|_{x\in\partial\Omega}=0,\tag{3.10.12}$$

$$u^\varepsilon=\nabla\wedge\psi^\varepsilon,\tag{3.10.13}$$

其中 $\zeta_\varepsilon, X_j, \alpha_j, \varepsilon, h$ 的意义与过去相同，为了叙述简明，我们设 ζ 的支集包含于单位圆 $S(0,1)$ 内，而 g^ε 则是 u^ε 在 Ω_d 上的一个外推，它的定义如下：

$$g^\varepsilon(x,t)=\sum_{i=1}^{M}a_iu^\varepsilon(x^{(i)},t),\tag{3.10.14}$$

其中 a_i 满足代数方程组

$$\sum_{i=1}^{M}(-i)^ja_i=1,\quad j=0,\cdots,M-1,$$

$x^{(i)}$ 的定义是：当 $x\in\bar{\Omega}$ 时，$x^{(i)}=x$，否则

$$x^{(i)}=(i+1)Y-ix,\tag{3.10.15}$$

Y 为 $\partial\Omega$ 上离 X 最近的点，集合 J_1 则定义为 $J_1=\{j;X_j\in\Omega_d\}$.

只有当 $x^{(i)}\in\bar{\Omega}$ 时(3.10.14)式才有意义，由(3.10.15)，只要 x 离 $\bar{\Omega}$ 充分接近就有 $x^{(i)}\in\bar{\Omega}$. 因此在(3.10.11)式中我们要求 $X_j^\varepsilon(t)$ 离 $\bar{\Omega}$ 充分接近，我们在下面将会看到，只要 d 充分小，这一点总是可以做到的.

为了证明格式(3.10.9)—(3.10.15)的收敛性，我们用稍微不同一点的方式作延拓. 设 u,p 为(3.10.1)—(3.10.4)的解. 由(3.10.6)(3.10.7)求 ϕ，然后把 ϕ 光滑地延拓到 $\mathbb{R}^2\times[0,T]$，并且使 ϕ 有紧支集，同样作 p 的延拓. 由(3.10.6)可以定出 u，代入方程(3.10.1)，

可以求出 f 的一个延拓，它与上面的 f 的延拓不同，我们把它记作 $\tilde{f}$，然后使 $\tilde{F}$ 与它对应．当 $t=0$ 时，$\psi|_{t=0}$ 是已知的，我们要求 $t=0$ 时 ψ 的延拓与上述 u_0 的延拓精确地对应起来．

按照这个延拓，u，p 就是 Euler 方程初值问题在 $\mathbb{R}^2\times[0,T]$ 上的解，它的涡团法的收敛性是已经证明了的．我们下面将充分利用初值问题的有关结果．

类似于(3.1.14)，我们引进特征线 $X^\varepsilon(\tau;x,t)$，它满足

$$\frac{\partial}{\partial\tau}X^\varepsilon(\tau;x,t)=g^\varepsilon(X^\varepsilon(\tau;x,t),\tau),X^\varepsilon(t;x,t)=x,\tag{3.10.16}$$

不难看出

$$X^\varepsilon(t;X_j,0)=X_j^\varepsilon(t).$$

类似于(3.4.13)(3.4.14)，我们可以证明：

引理 10.1 如果存在常数 C_1，使 $|\nabla u^\varepsilon|\leqslant C_1$，则有常数 C_0，使

$$|X^\varepsilon(\tau;\xi_1,t)-X^\varepsilon(\tau;\xi_2,t)|\leqslant C_0|\xi_1-\xi_2|,$$
$$\forall\xi_1,\ \xi_2\in\Omega_d,t,\tau\in[0,T].\tag{3.10.17}$$

证明 因为 Ω 是凸的，由(3.10.15)得

$$|(\xi_1)^{(i)}-(\xi_2)^{(i)}|\leqslant i|\xi_1-\xi_2|.$$

由(3.10.16)及(3.10.14)即得

$$\left|\frac{d}{dt}(X^\varepsilon(\tau;\xi_1,t)-X^\varepsilon(\tau;\xi_2,t))\right|,$$
$$\leqslant C|X^\varepsilon(\tau;\xi_1,t)-X^\varepsilon(\tau;\xi_2,t)|.$$

由 Gron wall 不等式即可得(3.10.17)．证毕．

设有正数 C_2，使得当 $|x|\geqslant C_2$ 时 $u=0$，我们考虑如下集合：

$$J=\{j;|jh|\leqslant C_2\},$$

则 J 是一个有限集合．再引进一个算子 G．设 ω 与 u 为广义函数，满足(3.10.6)(3.10.7)则记 $u=G\omega$．由(2.2.3)式，对于 $m\geqslant-1,p\in(1,\infty)$，$G$ 是一一映射 G: $W^{m,p}(\Omega)\to(W^{m+1,p}(\Omega))^2$，并

且有

$$\|G\omega\|_{m+1,p} \leqslant C\|\omega\|_{m,p}. \tag{3.10.18}$$

下面开始对 $u-u^\varepsilon$ 进行估计，象第4节一样，记

$$u-u^\varepsilon = v_1+v_2+v_3,$$

其中

$$v_1 = u - G(\omega(\cdot,t)*\zeta_\varepsilon),$$

$$v_2 = G(\omega(\cdot,t)*\zeta_\varepsilon - \sum_{j\in J}\alpha_j(t)\zeta_\varepsilon(\cdot - X_j(t))),$$

$$v_3 = G\left(\sum_{j\in J}\alpha_j(t)\zeta_\varepsilon(\cdot - X_j(t)) - \sum_{j\in J_1}\alpha_j^\varepsilon(t)\zeta_\varepsilon(\cdot - X_j^\varepsilon(t))\right),$$

$\alpha_j(t)$ 为如下方程的解：

$$\frac{d\alpha_j(t)}{dt} = h^2\tilde{F}(X_j(t),t),\ \alpha_j(0)=\alpha_j. \tag{3.10.19}$$

引理 10.2 设对于 $k\geqslant 1$，矩条件(3.2.4)成立，则对于整数 $l\geqslant 0$ 及 $p\in[1,\infty]$，

$$\|v_1(\cdot,t)\|_{l,p,\Omega} \leqslant C\varepsilon^k. \tag{3.10.20}$$

证明 由(3.4.6)，对于 $p\in(2,\infty]$

$$|\omega(\cdot,t)*\zeta_\varepsilon - \omega(\cdot,t)|_{l,p,\mathbf{R}^2} \leqslant C\varepsilon^k|\omega|_{k+l,p,\mathbf{R}^2}.$$

现在 ω 是一个充分光滑，有紧支集的函数，考虑函数在 Ω 上的限制，同样有

$$|\omega(\cdot,t)*\zeta_\varepsilon - \omega(\cdot,t)|_{l,p,\Omega} \leqslant C\varepsilon^k.$$

由(3.10.18)即得 $p\in(2,\infty)$ 时的(3.10.20)式。因为 Ω 有界，(3.10.20)式对于 $p\in[1,2]$ 时也成立。然后我们取 $r>2$，利用嵌入 $W^{l+1,r}(\Omega)\to W^{l,\infty}(\Omega)$，即可得到 $p=+\infty$ 时的(3.10.20)式。证毕。

引理 10.3 设 $p>1$，整数 $m\geqslant 1, l\geqslant 0, \zeta\in W^{m+l-1,\infty}(\mathbf{R}^2)$，则对任意的常数 $r\in[1,2)$，和整数 $N\geqslant 3$，我们有

$$|v_2(\cdot,t)|_{l,p,\Omega} \leqslant C\left(\left(1+\frac{h}{\varepsilon}\right)^{\frac{2}{r}}\frac{h^m}{\varepsilon^{m+l-1}} + \frac{h^N}{\varepsilon^{N+l-1}}\right). \tag{3.10.21}$$

证明 令

$$\tilde{v}_2(x,t)=\int_{\mathbb{R}^2}K_\varepsilon(x-y)\omega(y,t)dy$$
$$-\sum_{j\in J}\alpha_j(t)K_\varepsilon(x-X_j(t)).$$

由(3.4.11)，对于 $\tilde{v}_2$ 估计式(3.10.21)已成立，于是有

$$\left|\omega(\cdot,t)*\zeta_\varepsilon-\sum_{j\in J}\alpha_j(t)\zeta_\varepsilon(\cdot-X_j(t))\right|_{l-1,p,\mathbb{R}^2}$$
$$\leqslant C\left(\left(1+\frac{h}{\varepsilon}\right)^{\frac{2}{r}}\frac{h^m}{\varepsilon^{m+l-1}}+\frac{h^N}{\varepsilon^{N+l-1}}\right).$$

再用引理 10.2 中的同样方法即可得(3.10.21)．证毕．

为证明稳定性，我们再引进一些记号．令

$$J_2=\{j;X_j\in\Omega_{C_0\varepsilon}\cap\Omega_d\},$$

其中 C_0 就是引理 10.1 中的常数，它是待定的．我们定义特征线的误差

$$\|e(t)\|_{0,p,h}=\left(h^2\sum_{j\in J_2}|X_j(t)-X_j^\varepsilon(t)|^p\right)^{1/p},\quad 1\leqslant p<+\infty,$$

$$\|e(t)\|_{0,\infty,h}=\max_{j\in J_2}|X_j(t)-X_j^\varepsilon(t)|.$$

引理 10.4 在引理 10.1 的假设条件下，设整数 $l\geqslant 0$，$\zeta\in W^{l,\infty}(\mathbb{R}^2)$，$p>1$，并且有常数 C_3，使 $h\leqslant C_3\varepsilon$，则当 ε 充分小时

$$|v_3(\cdot,t)|_{l,p,\Omega}\leqslant\frac{C}{\varepsilon^l}\left\{\left(1+\frac{\|e(t)\|_{0,\infty,h}}{\varepsilon}\right)^{2/q}\|e(t)\|_{0,p,h}\right.$$
$$\left.+\int_0^t\|e(s)\|_{0,p,h}ds+\varepsilon^N\right\},\qquad(3.10.22)$$

其中 $\dfrac{1}{p}+\dfrac{1}{q}=1$，$N$ 为任意正整数．

证明 我们首先证明，如果 $C_0\varepsilon\leqslant d$，则

$$v_3=G\left(\sum_{j\in J_2}\alpha_j(t)\zeta_\varepsilon(\cdot-X_j(t))\right.$$
$$\left.-\sum_{j\in J_2}\alpha_j^\varepsilon(t)\zeta_\varepsilon\left(\cdot-X_j^\varepsilon(t)\right)\right).\qquad(3.10.23)$$

事实上,如果 $\text{supp}\zeta_\varepsilon(\cdot - X_j^\varepsilon(t))$ 与 Ω 的交集非空,则有 $x \in \bar{\Omega}$, 使

$$|x - X_j^\varepsilon(t)| < \varepsilon.$$

由引理 10.1,

$$|X^\varepsilon(0; x, t) - X_j| < C_0\varepsilon.$$

但是 $X^\varepsilon(0; x, t) \in \bar{\Omega}$, 因此 $X_j \in \Omega_{C_0\varepsilon}$. 对于 $\zeta_\varepsilon(\cdot - X_j(t))$ 也可作同样论证. 因此只要 $X_j \bar{\in} \Omega_{C_0\varepsilon}$, 它就对 v_3 没有贡献. 这就证明了(3.10.23).

类似于第 5 节, 我们可以有如下分解:

$$v_3 = v_3^{(1)} + v_3^{(2)},$$

其中

$$v_3^{(1)} = G\left(\sum_{j\in J_7} \alpha_j^\varepsilon(t)(\zeta_\varepsilon(\cdot - X_j(t)) - \zeta_\varepsilon(\cdot - X_j^\varepsilon(t)))\right),$$

$$v_3^{(2)} = G\left(\sum_{j\in J_7} (\alpha_j(t) - \alpha_j^\varepsilon(t))\zeta_\varepsilon(\cdot - X_j(t))\right).$$

将(3.10.19)与(3.1.21)作比较,可得

$$\begin{aligned}\alpha_j(t) - \alpha_j^\varepsilon(t) &= h^2\int_0^t (\tilde{F}(X_j(s), s) - F(X_j^\varepsilon(s), s))ds \\ &= h^2\int_0^t (F(X_j(s), s) - F(X_j^\varepsilon(s), s))ds \\ &\quad + h^2\int_0^t (\tilde{F}(X_j(s), s) - F(X_j(s), s))ds,\end{aligned}$$

于是 $v_3^{(2)}$ 又可以进一步分解成

$$v_3^{(2)} = v_3^{(2,1)} + v_3^{(2,2)}$$

其中

$$\begin{aligned}v_3^{(2,1)} = G\Bigg(\sum_{j\in J_7} h^2\int_0^t &(F(X_j(s), s) \\ &- F(X_j^\varepsilon(s), s))ds\,\zeta_\varepsilon(\cdot - X_j(t))\Bigg),\end{aligned}$$

$$\begin{aligned}v_3^{(2,2)} = G\Bigg(\sum_{j\in J_7} h^2\int_0^t &(\tilde{F}(X_j(s), s) \\ &- F(X_j(s), s))ds\,\zeta_\varepsilon(\cdot - X_j(t))\Bigg).\end{aligned}$$

利用引理 5.2 以及引理 10.2 中使用过的方法,我们可得

$$|v_3^{(1)}+v_3^{(2,1)}|_{l,p,\Omega}\leqslant\frac{C}{\varepsilon^l}\left\{\left(1+\frac{1}{\varepsilon}\|e(t)\|_{0,p,h}\right)^{2/q}\|e(t)\|_{0,p,h}\right.$$

$$\left.+\int_0^t\|e(s)\|_{0,p,h}ds\right\}. \qquad (3.10.24)$$

我们再估计 $v_3^{(2,2)}$，因为 F 与 $\tilde{F}$ 是同一函数的光滑延拓，所以当 $x\in\bar{\Omega}$ 时，$\tilde{F}(x,s)\equiv F(x,s)$，再利用 Taylor 公式可知当 $x\in\Omega_{C_0\varepsilon}\backslash\bar{\Omega}$ 时，

$$|\tilde{F}(x,s)-F(x,s)|\leqslant C(C_0\varepsilon)^N.$$

令

$$\tilde{v}_3^{(2,2)}=\sum_{j\in J_1}h^2\int_0^t(\tilde{F}(X_j(s),s)$$

$$-F(X_j(s),s))dsK_\varepsilon(x-X_j(t)),$$

然后以 $(C_0\varepsilon)^N$ 代替(3.5.7)式中的 $|X_j(s)-X_j^\varepsilon(s)|$，利用引理 5.2 的证明就得到了一个与(3.5.10)平行的结果

$$|\tilde{v}_3^{(2,2)}(\cdot,t)|_{l,p,\mathbb{R}^2}\leqslant\frac{C}{\varepsilon^l}(C_0\varepsilon)^N.$$

再利用引理 10.2 中的方法即得

$$|v_3^{(2,2)}(\cdot,t)|_{l,p,\Omega}\leqslant\frac{C}{\varepsilon^l}(C_0\varepsilon)^N. \qquad (3.10.25)$$

合并(3.10.24)与(3.10.25)即得(3.10.22)。 证毕。

下面我们估计 $\|e(t)\|_{0,p,h}$，由(3.1.14)与(3.10.11)

$$X_j(t)-X_j^\varepsilon(t)=\int_0^t(u(X_j(s),s)-g^\varepsilon(X_j^\varepsilon(s),s))ds$$

$$=I_j^{(1)}+I_j^{(2)}+I_j^{(3)}, \qquad (3.10.26)$$

其中

$$I_j^{(1)}=\sum_{i=1}^M a_i\int_0^t(u(X_j(s),s)-u((X_j(s))^{(i)},s))ds,$$

$$I_j^{(2)}=\sum_{i=1}^M a_i\int_0^t(u-u^\varepsilon)((X_j(s))^{(i)},s)ds,$$

$$I_j^{(3)}=\sum_{i=1}^M a_i\int_0^t(u^\varepsilon((X_j(s))^{(i)},s)-u^\varepsilon((X_j^\varepsilon(s))^{(i)},s))ds.$$

引理 10.5 在引理 10.1 的假设条件下，设对于 $k=M\geqslant 2$，矩条件(3.2.4)成立，$\zeta\in W^{m,\infty}(\mathbb{R}^2), m\geqslant 1$，并且

$$C_4^{-1}\varepsilon^a\leqslant h\leqslant C_4\varepsilon^{1+\frac{k-1}{m}}, \tag{3.10.27}$$

其中 $\frac{(k-1)p}{2}>a\geqslant 1+\frac{k-1}{m}$，则只要 ε 充分小，对于 $t\in[0,T]$，我们有

$$\|e(t)\|_{0,p,h}\leqslant C\varepsilon^k. \tag{3.10.28}$$

证明 利用 Taylor 展开式和 u 的光滑性可以很容易地估计 $I_i^{(1)}$，得

$$|I_i^{(1)}|\leqslant C\varepsilon^k,\quad \forall_i\in J_2,$$

于是

$$\left(h^2\sum_{i\in J_2}|I_i^{(1)}|^p\right)^{\frac{1}{p}}\leqslant C\varepsilon^k.$$

其次 估计 $I_i^{(2)}$，由引理 10.2 到引理 10.4

$$\begin{aligned}|u-u^\varepsilon|_{l,p,\Omega}\leqslant C\Big\{&\varepsilon^k+\left(1+\frac{h}{\varepsilon}\right)^{\frac{2}{r}}\frac{h^m}{\varepsilon^{m+l-1}}+\frac{h^N}{\varepsilon^{N+l-1}}\\&+\frac{1}{\varepsilon^l}\left(1+\frac{1}{\varepsilon}\|e(t)\|_{0,\infty,h}\right)^{2/q}\|e(t)\|_{0,p,h}\\&+\frac{1}{\varepsilon^l}\int_0^t\|e(s)\|_{0,p,h}ds\Big\},\end{aligned} \tag{3.10.29}$$

其中 $\frac{1}{p}+\frac{1}{q}=1$，$N$ 充分大，$l=0,1$，ε 充分小。我们令

$$J_0=\{j;X_j\in\bar{\Omega}\},$$

则由引理 5.3 得

$$\begin{aligned}&\left(h^2\sum_{j\in J_0}|(u-u^\varepsilon)(X_j(t),t)|^p\right)^{1/p}\\&\leqslant C(\|u-u^\varepsilon\|_{0,p,\Omega}+h|u-u^\varepsilon|_{1,p,\Omega}).\end{aligned}$$

当 $X_j\bar{\in}\bar{\Omega}$，记映射 $\Phi: x\to x^{(i)}$，则有

$$\begin{aligned}&\left(h^2\sum_{j\in J_2\setminus J_0}|(u-u^\varepsilon)((X_j(t))^{(i)},t)|^p\right)^{1/p}\\&\leqslant C(\|(u-u^\varepsilon)\circ\Phi\|_{0,p,\Omega C_0\varepsilon\setminus\bar{\Omega}}+h|(u-u^\varepsilon)\circ\Phi|_{1,p,\Omega C_0\varepsilon\setminus\bar{\Omega}}.\end{aligned}$$

$$\leqslant C(\|u-u^{\varepsilon}\|_{0,p,\Omega}+h|u-u^{\varepsilon}|_{1,p,\Omega}).$$

由(3.10.29)得

$$\left(h^2\sum_{i\in J_2}|(u-u^{\varepsilon})((X_j(t))^{(i)},t)|^p\right)^{1/p}$$
$$\leqslant C\left\{\varepsilon^k+\left(1+\frac{1}{\varepsilon}\|e(t)\|_{0,\infty,h}\right)^{2/q}\right.$$
$$\left.\cdot\|e(t)\|_{0,p,h}+\int_0^t\|e(s)\|_{0,p,h}ds\right\}. \quad (3.10.30)$$

最后我们估计 $I_i^{(3)}$，注意到 $|\nabla u^{\varepsilon}|\leqslant C_1$，我们有

$$|u^{\varepsilon}((X_j(s))^{(i)},s)-u^{\varepsilon}((X_i^{\varepsilon}(s))^{(i)},s)|$$
$$\leqslant C|(X_j(s))^{(i)}-(X_i^{\varepsilon}(s))^{(i)}|$$
$$\leqslant C|X_j(s)-X_i^{\varepsilon}(s)|,$$

于是

$$\left(h^2\sum_{i\in J_2}|I_i^{(3)}|^p\right)^{1/p}\leqslant C\int_0^t\|e(s)\|_{0,p,h}ds.$$

把它们都代入(3.10.26)得

$$\|e(t)\|_{0,p,h}\leqslant C\int_0^t\left\{\varepsilon^k+\left(1+\frac{1}{\varepsilon}\|e(s)\|_{0,\infty,h}\right)^{2/q}\right.$$
$$\left.\cdot\|e(s)\|_{0,p,h}\right\}ds. \quad (3.10.31)$$

下面我们证明

$$\|e(t)\|_{0,p,h}\leqslant C_5\varepsilon^k, \quad (3.10.32)$$

其中 C_5 是一个待定的常数。因为 $\|e(0)\|_{0,p,h}=0$，并且 $e(t)$ 是连续的，所以(3.10.32)总在一个区间 $[0,T_*]$ 上成立，由(3.6.3)与(3.10.27)，我们有

$$\|e(t)\|_{0,\infty,h}\leqslant h^{-2/p}\|e(t)\|_{0,p,h}$$
$$\leqslant C_4^{2/p}\varepsilon^{-2a/p}\|e(t)\|_{0,p,h}. \quad (3.10.33)$$

由(3.10.32)得

$$\|e(t)\|_{0,\infty,h}\leqslant C_4^{2/p}C_5\varepsilon^{k-2a/p},\quad t\in[0,T_*].$$

由本引理的假设，$k-2a/p>1$，因此在此区间上

$$\left(1+\frac{1}{\varepsilon}\|e(t)\|_{0,\infty,h}\right)^{2/q}\leqslant C_6,$$

其中

$$C_6 \geqslant (1 + C_4^{2/p} C_5 \varepsilon^{k-1-2a/p})^{2/q}. \tag{3.10.34}$$

由(3.10.31)得

$$\|e(t)\|_{0,p,h} \leqslant C_7 \int_0^t (\varepsilon^k + C_6 \|e(s)\|_{0,p,h}) ds.$$

利用 Gronwall 不等式得

$$\|e(t)\|_{0,p,h} \leqslant C_7 t e^{C_7 C_6 t} \varepsilon^k. \tag{3.10.35}$$

首先,我们取某一个 $C_6 > 1$,然后,我们令 $C_5 = C_7 T e^{C_7 C_6 T}$. 再取 ε_0 充分小,使当 $\varepsilon \leqslant \varepsilon_0$ 时,(3.10.34)成立,我们现在证 $T_* = T$,设不然,如果 $T_* < T$,则由(3.10.35)得,当 $t \in [0, T_*]$ 时

$$\|e(t)\|_{0,p,h} < C_5 \varepsilon^k,$$

于是可以利用连续性扩大 T_*,由此产生矛盾,即有 $T_* = T$. 证毕.

附注 实际上,引理 10.5 的结论对于任意的 $\varepsilon > 0$, $p \in [1, \infty)$ 都是成立的,条件 $(k-1)p/2 > a$ 也并不必要. 事实上,对于 $a \geqslant 1 + \frac{k-1}{m}$,我们可以先取 p 充分大,使引理 10.5 的条件立成,然后,对于 $r \in [1, p)$,我们可以用 Hölder 不等式得

$$\begin{aligned}\|e(t)\|_{0,r,h} &= \left(h^2 \sum_{i \in J_2} |X_i(t) - X_i^\varepsilon(t)|^r\right)^{1/r} \\ &\leqslant \left(h^2 \sum_{i \in J_2} |X_i(t) - X_i^\varepsilon(t)|^p\right)^{1/p} \\ &\quad \cdot \left(h^2 \sum_{i \in J_2} 1\right)^{1/r-1/p} \leqslant C \|e(t)\|_{0,p,h}.\end{aligned}$$

于是有

$$\|e(t)\|_{0,r,h} \leqslant C \varepsilon^k.$$

此外,如果 $\varepsilon > \varepsilon_0$,则因为 Ω 有界,

$$\|e(t)\|_{0,p,h} \leqslant C,$$

然后有

$$\|e(t)\|_{0,p,h} \leqslant C \varepsilon_0^{-k} \varepsilon^k.$$

最后，我们证明收敛定理.

定理 10.1 存在常数 $d_0>0, C_0>0, C_1$，如果 $d\leqslant d_0$，矩条件(3.2.4)成立，$k=M\geqslant 2$，$\zeta\in W^{m+1,\infty}(\mathbb{R}^2)$，其中 $m\geqslant 1$,并且(3.10.27)成立,其中 $a\geqslant 1+\frac{k-1}{m}$，则对于任意的 $p\in[1,\infty)$，存在常数 C_8，使得问题(3.10.9)—(3.10.15)的解满足

$$|\nabla u^\varepsilon(x,t)|\leqslant C_1, x\in\bar{\Omega}, \tag{3.10.36}$$

$$\|u-u^\varepsilon\|_{0,p,\Omega}+\|e(t)\|_{0,p,h}\leqslant C_8\varepsilon^k, \tag{3.10.37}$$

其中 $t\in[0,T]$.

证明 在引理 10.2,10.3 中取 $l=0,1,2$, $p>2$, $N>m$，则有

$$\left\|u-G\sum_{j\in J}\alpha_j(t)\zeta_\varepsilon(\cdot-X_j(t))\right\|_{2,p,\Omega}\leqslant C.$$

由嵌入定理得

$$\left\|u-G\sum_{j\in J}\alpha_j(t)\zeta_\varepsilon(\cdot-X_j(t))\right\|_{1,\infty,\Omega}\leqslant C_9. \tag{3.10.38}$$

取 $\varepsilon<d$, $t=0$，我们得

$$\|u(\cdot,0)-u^\varepsilon(\cdot,0)\|_{1,\infty,\Omega}\leqslant C_9.$$

令

$$C_1=\max_{(x,t)\in\bar{\Omega}\times[0,T]}|\nabla u|+C_9+1. \tag{3.10.39}$$

从引理 10.1 就可以确定常数 C_0. 限定 $\varepsilon\leqslant d/C_0$,则只要 $|\nabla u^\varepsilon|\leqslant C_1$，(3.10.23)就成立. (3.10.38)(3.10.39)蕴含了当 $t=0$ 时 $|\nabla u^\varepsilon|<C_1$，由连续性,(3.10.36)在某一个区间 $[0,T_*]$ 上成立，于是引理 10.4 在此区间上成立. 我们首先取 p 充分大，则引理 10.5 也成立,于是

$$|v_3|_{l,p,\Omega}\leqslant C\varepsilon^{k-l}.$$

取 s，满足 $2/p<s<1$，则由内插不等式得

$$\|v_3\|_{1,\infty,\Omega}\leqslant C\|v_3\|_{1,p,\Omega}^{1-s}\|v_3\|_{2,p,\Omega}^{s}\leqslant C\varepsilon^{(1-s)(k-1)}.$$

取 ε 充分小，则可以有

$$\|v_3\|_{1,\infty,\Omega}<1.$$

再利用(3.10.38)(3.10.39)就得 $|\nabla u^\varepsilon| < C_1$. 利用连续性可知当 $t\in[0,T]$ 时(3.10.36)都成立.

再利用引理 10.2 至引理 10.5，对于充分大的 p 与充分小的 ε 我们得到了(3.10.37)，再根据引理 10.5 的附注， 就可以取消对 p 与 ε 的限制. 证毕.

§11. 二维初边值问题的涡团法——关于空间变量进一步离散化

对于格式(3.10.9)—(3.10.15)，若 Ω 为一般区域，则问题(3.10.12)的求解需要进一步离散化. 本节的目的是就有限元方法求解(3.10.12)，证明整个格式的收敛性，首先，关于格式(3.10.9)—(3.10.15)，我们需要如下的进一步的结果.

引理 11.1 在定理 10.1 的假设条件下，给定一个常数 $C_{10}>0$，则存在常数 C_{11}，使

$$\|\omega^\varepsilon(\cdot,t)\|_{k-1,p,\Omega_{C_{10}\varepsilon}}\leqslant C_{11},\ t\in[0,T].$$

证明 以 C_0+C_{10} 代替 C_0，则 $\Omega_{(C_0+C_{10})\varepsilon}$ 之外的点对于 $\Omega_{C_{10}\varepsilon}$ 中的 ω^ε 没有影响，由引理 10.2 至引理 10.4 得

$$\begin{aligned}&|\omega-\omega^\varepsilon|_{l-1,p,\Omega_{C_{10}\varepsilon}}\\&\leqslant C\Big\{\varepsilon^k+\Big(1+\frac{h}{\varepsilon}\Big)^{2/r}\frac{h^m}{\varepsilon^{m+l-1}}\\&\quad+\frac{h^N}{\varepsilon^{N+l-1}}+\frac{1}{\varepsilon}\\&\quad\cdot\Big(1+\frac{1}{\varepsilon}\|e(t)\|_{0,\infty,h}\Big)^{2/q}\\&\quad\cdot\|e(t)\|_{0,p,h}\\&\quad+\frac{1}{\varepsilon^l}\int_0^t\|e(s)\|_{0,p,h}ds\Big\},\end{aligned}$$

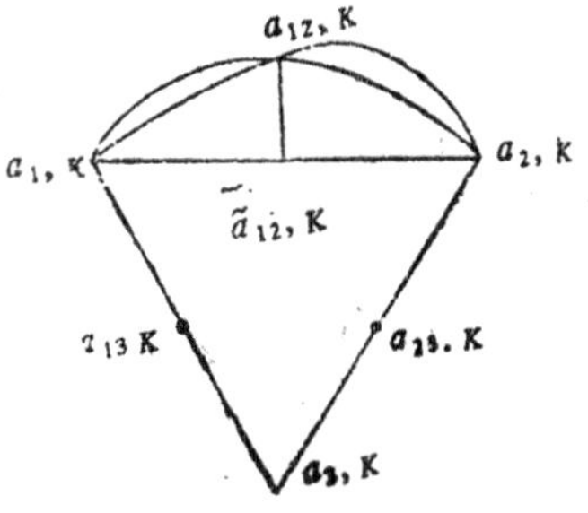

图 7

不难看出，当 $l\leqslant k$，上式右端是关于 ε,h,t 一致有界的. 证毕.

我们下面描述等参数有限元. 在 Ω 上作二次 Lagrange 型等参数有限元剖分的手续如下：把 Ω 分割为一系列直边或曲边三角

形单元，每条曲边都必须是边界 $\partial\Omega$ 的一部分，任两个单元或者不相交，或者有一公共顶点，或者有一公共边. 节点的取法为：所有顶点均为节点，直边的中点也是节点，若 $\widehat{a_{1,K}a_{2,K}}$ 是一曲边，则取线段 $\overline{a_{1,K}a_{2,K}}$ 的中点 $\tilde{a}_{12,K}$，然后作垂线与 $\partial\Omega$ 交于 $a_{12,K}$，把 $a_{12,K}$ 也取作节点. 再在 ξ 平面上取一参考单元 $\hat{K}$，它的构成与上述 K 的构成相同，但都是直边. 定义 ξ 平面上的二次函数 $x=F_K(\xi)$，使 $\hat{K}$ 的节点与 x 平面上的节点一一对应. 这时 $\hat{K}$ 的象记作 K. 它与原曲边三角形在一般情况下不会重合. 所有单元 K 的集合记作 $\mathscr{T}\delta$，它们的并集构成了区域 Ω 的一个近似，我们把它记作 Ω^δ，这里 δ 同时也指最大的单元直径. 我们还假定剖分是正则的，即每个单元的直径 δ_K 与内切圆的直径 ρ_K 之比 δ_K/ρ_K 有一公共上界.

在单元 K 上的插值函数由如下的隐式表达式给出：$x=F_K(\xi)$，$u=F(\xi)$，其中 F 为任一二次多项式. 若 $v\in C^0(K)$，则按节点插值得到 $\Pi_K v$.

下面两个结果可见 Ciarlet[1]，此处引用而不证明.

引理 11.2 给定正则等参数有限元族 K，整数 $m\geqslant 0, p, q\in[1,\infty]$，设空间 $W^{3,p}(\hat{K})$ 嵌入到 $W^{m,q}(\hat{K})$，则对所有的 $v\in W^{3,p}(K)$ 有

$$\|v-\Pi_K v\|_{m,q,K}\leqslant C(\text{meas}K)^{1/q-1/p}\delta_K^{3-m}(|v|_{2,p,K}+|v|_{3,p,K}).$$

任取 $f\in L^2(\Omega)$，把它延拓到 $\mathbb{R}^2$，记作 $\tilde{f}$. 设等参数有限元空间为 V^δ，考虑 Poisson 方程的 Dirichlet 边值问题：求 $w\in H_0^1(\Omega)$，使

$$\int_\Omega \nabla w\cdot\nabla v dx=\int_\Omega f v dx,\quad \forall v\in H_0^1(\Omega),$$

及其有限元近似：求 $w^\delta\in V^\delta$，使

$$\int_{\Omega^\delta}\nabla w^\delta\cdot\nabla v dx=\int_{\Omega^\delta}\tilde{f}v dx,\quad \forall v\in V^\delta.$$

则有

引理 11.3 设 $\tilde{w}$ 为 w 在全空间的适当延拓，使 $\tilde{w}\in H^1$，则有

$$\|\tilde{w}-w^\delta\|_{1,\Omega^\delta}\leqslant C\ (\inf_{v\in V^\delta}\|\tilde{w}-v\|_{1,\Omega^\delta}$$

$$+\sup_{\substack{v\in V^\delta\\ v\neq 0}}\frac{\left|\int_{\Omega^\delta}\nabla\tilde{w}\cdot\nabla v dx-\int_{\Omega^\delta}\tilde{f}v dx\right|}{\|v\|_{1,\Omega^\delta}}\Bigg).$$

关于 L^∞ 范数估计 Schatz 和 Wahlbin [1] 证明了以下引理.

引理 11.4 设 $\tilde{f}\in W^{1,\infty}, \tilde{w}\in W^{1,\infty}$, 则有

$$\|\tilde{w}-w^\delta\|_{1,\infty,\Omega^\delta}\leqslant C\delta^2\|\tilde{f}\|_{1,\infty,\tilde{\Omega}},$$

其中 $\tilde{\Omega}\supset\bar{\Omega}^\delta$, 并且 $\tilde{\Omega}$ 与 δ 无关.

在作了以上准备以后, 我们就能给出关于空间变量进一步离散化的格式如下:

$$\omega^\delta(x,t)=\sum_{j\in J_1}\alpha_j^\delta(t)\zeta_\varepsilon(x-X_j^\delta(t)), \tag{3.11.1}$$

$$\frac{d\alpha_j^\delta(t)}{dt}=h^2F(X_j^\delta(t),t),\quad \alpha_j^\delta(0)=\alpha_j, \tag{3.11.2}$$

$$\frac{dX_j^\delta(t)}{dt}=g^\delta(X_j^\delta(t),t),\quad X_j^\delta(0)=X_j, \tag{3.11.3}$$

$\psi^\delta\in V^\delta$, 满足

$$\int_{\Omega^\delta}\nabla\psi^\delta\cdot\nabla v dx=\int_{\Omega^\delta}\omega^\delta v dx,\quad \forall v\in V^\delta, \tag{3.11.4}$$

$$u^\delta=\nabla\wedge\psi^\delta, \tag{3.11.5}$$

其中

$$g^\delta(x,t)=\sum_{i=1}^{M}a_iu^\delta(x_\delta^{(i)},t).$$

$x_\delta^{(i)}$ 的定义如下: 若 $x\in\bar{\Omega}^\delta$, 则 $x_\delta^{(i)}=x$, 否则

$$x_\delta^{(i)}=(i+1)Y_\delta-ix,$$

Y_δ 是 $\partial\Omega^\delta$ 上离 x 最近的一个点,现在 Ω^δ 不一定是凸区域, Y_δ 也不一定唯一,我们可以取其中任一点. 现在 g^δ 也不再连续, 所以(3.11.3)按古典的意义是没有意义的. 我们用广义的定义 (参看 Филиппов[1]): $X_j^\delta(t)$ 关于 t 绝对连续, 并且几乎处处满足

$$\frac{dX_j^\delta(t)}{dt}\in\bigcap_{r>0}\bigcap_{N}\operatorname{conv}g^\delta(U(X_j^\delta(t),r)\backslash N,t), \tag{3.11.6}$$

其中 conv 表示凸闭包, N 为零测度集合, $U(X_j^\delta(t),r)$ 则为 $X_j^\delta(t)$

点的 r 邻域. 按照这个定义,初值问题(3.11.3)至少有一个解, 我们取其中的任一个.

在一般情况下, Ω 与 Ω^{δ} 互相没有包含关系. 有时我们需要把一些函数从 Ω 延拓到整个空间 $\mathbb{R}^2$. 因为 $\partial\Omega$ 充分光滑, 所以存在一个强 m-延拓算子 E, 使得(参看 Adams[1])

$$\|E\psi\|_{k,p,\mathbb{R}^2} \leqslant C\|\psi\|_{k,p,\Omega}, \quad \forall 0 \leqslant k \leqslant m,$$
$$1 \leqslant p < \infty, \quad \psi \in W^{m,p}(\Omega). \tag{3.11.7}$$

我们取 m 足够大, 把流函数 ψ^{ε} 延拓到 $\mathbb{R}^2$, 仍记作 ψ^{ε}, 于是相应的 $u^{\varepsilon}, w^{\varepsilon}$ 也都延拓到了全空间.

下面估计误差 $u^{\varepsilon} - u^{\delta}$ 与 $X_j^{\varepsilon}(t) - X_j^{\delta}(t)$, 令

$$\|e(t)\|_{0,p,h} = \left(h^2 \sum_{j \in J_1} |X_j^{\varepsilon}(t) - X_j^{\delta}(t)|^p\right)^{1/p},$$

$$\|e(t)\|_{0,\infty,h} = \max_{j \in J_1} |X_j^{\varepsilon}(t) - X_j^{\delta}(t)|.$$

引理 11.5 在定理 10.1 的假设条件下,如果 $\delta \leqslant C_{10}\varepsilon$, $p \geqslant 2$, $\frac{1}{p} + \frac{1}{q} = 1$, 则有

$$\|\psi^{\varepsilon}(\cdot,t) - \psi^{\delta}(\cdot,t)\|_{1,p,\Omega^{\delta}} \leqslant C\delta^2 + C\left\{\left(1 + \frac{1}{\varepsilon}\|e(t)\|_{0,\infty,h}\right)^{2/q}\right.$$
$$\left.\cdot \|e(t)\|_{0,p,h} + \int_0^t \|e(s)\|_{0,p,h} ds\right\}. \tag{3.11.8}$$

证明 我们定义两个算子,如果 ψ^{ε} 与 ω^{ε} 按(3.10.12)对应,则记 $\psi^{\varepsilon} = \Delta^{-1}\omega^{\varepsilon}$, 而(3.11.4)确定了一个类似的算子 $\psi^{\delta} = \Delta_{\delta}^{-1}\omega^{\delta}$, 则在 Ω^{δ} 上

$$\psi^{\varepsilon} - \psi^{\delta} = \Delta^{-1}\left(\sum_{j \in J_1} \alpha_j^{\varepsilon}(t)\zeta_{\varepsilon}(\cdot - X_j^{\varepsilon}(t))\right)$$
$$- \Delta_{\delta}^{-1}\left(\sum_{j \in J_1} \alpha_j^{\delta}(t) \cdot \zeta_{\varepsilon}(\cdot - X_j^{\delta}(t))\right)$$
$$= \varphi_1 + \varphi_2 + \varphi_3,$$

其中

$$\varphi_1 = \Delta^{-1}\left(\sum_{j \in J_1} \alpha_j^{\delta}(t)(\zeta_{\varepsilon}(\cdot - X_j^{\varepsilon}(t)) - \zeta_{\varepsilon}(\cdot - X_j^{\delta}(t))\right).$$

$$\varphi_2 = \Delta^{-1}\left(\sum_{j\in J_1}(\alpha_j^\varepsilon(t)-\alpha_j^\delta(t))\zeta_\varepsilon(\cdot - X_j^\varepsilon(t))\right),$$

$$\varphi_3 = (\Delta^{-1}-\Delta_\delta^{-1})\sum_{j\in J_1}\alpha_j^\delta(t)\zeta_\delta(\cdot - X_j^\delta(t)).$$

关于 φ_1, φ_2 的估计，与引理 10.4 中关于 $v_3^{(1)}$ 及 $v_3^{(2,1)}$ 的估计是一样的，我们可以得

$$\|\varphi_1(\cdot,t)\|_{1,p,\Omega} \leqslant C\left(1+\frac{1}{\varepsilon}\|e(t)\|_{0,\infty,h}\right)^{2/q}\|e(t)\|_{0,p,h}, \tag{3.11.9}$$

$$\|\varphi_2(\cdot,t)\|_{1,p,\Omega} \leqslant C\int_0^t\|e(s)\|_{0,p,h}ds, \tag{3.11.10}$$

以及

$$\begin{aligned}&\|\omega^\varepsilon(\cdot,t)-\omega^\delta(\cdot,t)\|_{1,p,\Omega_{\varepsilon_{10\delta}}}\\&\leqslant \frac{C}{\varepsilon^2}\left\{\left(1+\frac{1}{\varepsilon}\|e(t)\|_{0,\infty,h}\right)^{2/q}\|e(t)\|_{0,p,h}\right.\\&\qquad\left.+\int_0^t\|e(s)\|_{0,p,h}ds\right\}\end{aligned} \tag{3.11.11}$$

由(3.11.11)以及引理 11.1 可以得

$$\begin{aligned}\|\omega^\delta(\cdot,t)\|_{1,p,\Omega_{\varepsilon_{10\delta}}} \leqslant C+\frac{C}{\varepsilon^2}&\left\{\left(1+\frac{1}{\varepsilon}\|e(t)\|_{0,\infty,h}\right)^{2/q}\|e(t)\|_{0,p,h}\right.\\&\left.+\int_0^t\|e(s)\|_{0,p,h}ds\right\}.\end{aligned} \tag{3.11.12}$$

下面估计 φ_3。令 ψ_1 是如下问题的解

$$-\Delta\psi_1 = \omega^\delta,\ x\in\Omega,$$
$$\psi_1|_{x\in\partial\Omega} = 0.$$

由引理 11.3，我们需要估计

$$\begin{aligned}&\left|\int_{\Omega^\delta}\nabla\psi_1\cdot\nabla v dx - \int_{\Omega^\delta}\omega^\delta v dx\right|\\&=\left|-\int_{\Omega^\delta}(\Delta\psi_1+\omega^\delta)v dx\right|\\&=\left|\int_{\Omega^\delta\setminus\Omega}(\Delta\psi_1+\omega^\delta)v dx\right|.\end{aligned}$$

利用 Hölder 不等式，可知右端有上界

$$\|\nabla\psi_1+\omega^\delta\|_{0,6,\Omega^\delta\setminus\Omega}\|v\|_{0,6,\Omega^\delta\setminus\Omega}\cdot(\text{meas}(\Omega^\delta\setminus\Omega))^{\frac{2}{3}}.$$

我们将在附录中证明:

$$\text{meas}(\Omega^\delta\setminus\Omega)\leqslant C\delta^3.$$

又由嵌入定理，$H^1(\Omega^\delta)\to L^6(\Omega^\delta)$，因此

$$\left|\int_{\Omega^\delta}\nabla\psi_1\cdot\nabla v dx-\int_{\Omega^\delta}\omega^\delta v dx\right|$$
$$\leqslant C\delta^2(\|\omega^\delta\|_{1,\Omega^\delta}+\|\psi_1\|_{3,\Omega^\delta})\|v\|_{1,\Omega^\delta}$$
$$\leqslant C\delta^2\|\omega^\delta\|_{1,\Omega^\delta\cup\Omega}\|v\|_{1,\Omega^\delta}.$$

由引理 11.2 和 11.3 得

$$\|\psi_1-\psi^\delta\|_{1,\Omega^\delta}\leqslant C\delta^2\|\omega^\delta\|_{1,\Omega_{C_{10}\varepsilon}}.$$

再由引理 11.4

$$\|\psi_1-\psi^\delta\|_{1,\infty,\Omega^\delta}\leqslant C\delta^2\|\omega^\delta\|_{1,\infty,\Omega_{C_{10}\varepsilon}}.$$

利用 Stampachia 内插不等式(参看陈亚浙,吴兰成[1])得

$$\|\psi_1-\psi^\delta\|_{1,p,\Omega^\delta}\leqslant C\delta^2\|\omega^\delta\|_{1,p,\Omega_{C_{10}\varepsilon}},$$

即

$$\|\varphi_3\|_{1,p,\Omega^\delta}\leqslant C\delta^2\|\omega^\delta\|_{1,p,\Omega_{C_{10}\varepsilon}}. \tag{3.11.13}$$

从(3.11.9)(3.11.10)(3.11.13)以及(3.11.12)就得到了(3.11.8)。证毕。

引理 11.6 在定理 10.1 的假设条件下，当 $K\geqslant 3$ 时，只要 $\delta\leqslant C_{10}\varepsilon$，$d$ 充分小,就有

$$\|e(t)\|_{0,p,h}\leqslant C\delta^2+C\int_0^t\left(1+\frac{1}{\delta}\|e(s)\|_{0,\infty,h}+\frac{h}{\delta}\right)^{2/p}$$
$$\cdot\left\{\delta^2+\left(1+\frac{1}{\varepsilon}\|e(s)\|_{0,\infty,h}\right)^{2/q}\|e(s)\|_{0,p,h}\right.$$
$$\left.+\int_0^s\|e(\tau)\|_{0,p,h}d\tau\right\}ds, \tag{3.11.14}$$

其中 $p\geqslant 2$，$\dfrac{1}{p}+\dfrac{1}{q}=1$。

证明 我们定义

$$g^{\varepsilon\delta}(x,t)=\sum_{i=1}^{M}a_iu^{\varepsilon}(x_\delta^{(i)},t),$$

$$I_1=g^{\varepsilon}(X_j^{\varepsilon}(t),t)-g^{\varepsilon\delta}(X_j^{\delta}(t),t),$$

$$I_2=g^{\varepsilon\delta}(X_j^{\delta}(t),t)-g^{\delta}(X_j^{\delta}(t),t),$$

则

$$g^{\varepsilon}(X_j^{\varepsilon}(t),t)-g^{\delta}(X_j^{\delta}(t),t)=I_1+I_2. \tag{3.11.15}$$

由(3.10.36)

$$\begin{aligned}|I_1|&\leqslant C\,|(X_j^{\varepsilon}(t))^{(i)}-(X_j^{\delta}(t))_\delta^{(i)}|\\&\leqslant C\,|(X_j^{\varepsilon}(t))^{(i)}-X_j^{\delta}(t))^{(i)}|\\&\quad+C\,|(X_j^{\delta}(t))^{(i)}-X_j^{\delta}(t))_\delta^{(i)}|.\end{aligned}$$

因为Ω是凸区域,第一项有上界 $C\,|X_j^{\varepsilon}(t)-X_j^{\delta}(t)|$, 我们将在附录中证明第二项有上界 $C\delta^2$, 因此

$$|I_1|\leqslant C\,|X_j^{\varepsilon}(t)-X_j^{\delta}(t)|+C\delta^2. \tag{3.11.16}$$

再估计 I_2, 以 $K_j^{(i)}$ 记点 $(X_j^{\delta}(t))_\delta^{(i)}$ 所属的单元,则有

$$\begin{aligned}|I_2|&\leqslant C\sum_{i=1}^{M}\|u^{\varepsilon}(\cdot,t)-u^{\delta}(\cdot,t)\|_{0,\infty,K_j^{(i)}}\\&=C\sum_{i=1}^{M}|\psi^{\varepsilon}(\cdot,t)-\psi^{\delta}(\cdot,t)|_{1,\infty,K_j^{(i)}}.\end{aligned}$$

设 $I:C^0(K)\to P_2(\hat{K})\circ F_k^{-1}$ 为对应于节点的插值算子,则有

$$\begin{aligned}&|\psi^{\varepsilon}(\cdot,t)-\psi^{\delta}(\cdot,t)|_{1,\infty,K_j^{(i)}}\\&\leqslant|\psi^{\varepsilon}(\cdot,t)-I\psi^{\varepsilon}(\cdot,t)|_{1,\infty,K_j^{(i)}}+|I\psi^{\varepsilon}(\cdot,t)\\&\quad-\psi^{\delta}(\cdot,t)|_{1,\infty,K_j^{(i)}}.\end{aligned}$$

由引理 11.2, 第一项有上界

$$\begin{aligned}|\psi^{\varepsilon}(\cdot,t)-I\psi^{\varepsilon}(\cdot,t)|_{1,\infty,K_j^{(i)}}&\leqslant C\delta^2\|\psi^{\varepsilon}(\cdot,t)\|_{3,\infty,K_j^{(i)}}\\&\leqslant C\delta^2\|\psi^{\varepsilon}(\cdot,t)\|_{3,\infty,\Omega}\leqslant C\delta^2.\end{aligned}$$

对于第二项,可以用逆不等式(参看 Ciarlet[1]) 得

$$\begin{aligned}&|I\psi^{\varepsilon}(\cdot,t)-\psi^{\delta}(\cdot,t)|_{1,\infty,K_j^{(i)}}\\&\leqslant C\delta^{-2/p}\|I\psi^{\varepsilon}(\cdot,t)-\psi^{\delta}(\cdot,t)\|_{1p,K_j^{(i)}},\end{aligned}$$

从而

$$|I_2| \leqslant C\delta^2 + \sum_{i=1}^{M} \delta^{-\frac{2}{p}} \|I\psi^\varepsilon(\cdot, t) - \psi^\delta(\cdot, t)\|_{1,p,K_j^{(i)}}. \quad (3.11.17)$$

由(3.11.15)—(3.11.17)得

$$\begin{aligned}
&|g^\varepsilon(X_j^\varepsilon(t), t) - g^\delta(X_j^\delta(t), t)| \\
&\leqslant C\delta^2 + C|X_j^\varepsilon(t) - X_j^\delta(t)| \\
&\quad + C\sum_{i=1}^{M} \delta^{-\frac{2}{p}} \|I\psi^\varepsilon(\cdot, t) - \psi^\delta(\cdot, t)\|_{1,p,K_j^{(i)}}.
\end{aligned}$$

由(3.10.11),(3.11.6)得,几乎处处有

$$\begin{aligned}
\left|\frac{dX_j^\varepsilon(t)}{dt} - \frac{dX_j^\delta(t)}{dt}\right| &\leqslant C\delta^2 + C|X_j^\varepsilon(t) - X_j^\delta(t)| \\
&\quad + C\sum_{i=1}^{M} \delta^{-\frac{2}{p}} \|I\psi^\varepsilon(\cdot, t) - \psi^\delta(\cdot, t)\|_{1,p,K_j^{(i)}}. \quad (3.11.18)
\end{aligned}$$

在关于 i 求和前，我们还要估计在一个单元内 $(X_j^\delta(t))_\delta^{(i)}$ 可能会有多少个。我们首先估计 $\operatorname{card}\{j \in J_1;\ X_j^\delta(t) \in K\}$，令 $B_j^\varepsilon(t) = \{y(t); \forall y_0 \in B_j\}$，其中 $y(t)$ 为如下方程的解:

$$\frac{dy}{dt} = g^\varepsilon(y, t), \quad y|_{t=0} = y_0 \in B_j.$$

由(3.10.36)

$$\operatorname{meas} B_j \leqslant C \operatorname{meas} B_j^\varepsilon(t), \quad \operatorname{diam} B_j^\varepsilon(t) \leqslant Ch.$$

因为 $X_j^\delta(t)$ 与 $X_j^\varepsilon(t)$ 之间的距离小于 $\|e(t)\|_{0,\infty,h}$，所以如果 $X_j^\delta(t) \in K$，则 $B_j^\varepsilon(t)$ 就在以 $\delta + \|e(t)\|_{0,\infty,h} + Ch$ 为半径,中心在K内的圆内,又因为 $B_j^\varepsilon(t)$ 互相不重叠,所以

$$\operatorname{card}\{j \in J_1; X_j^\delta(t) \in K\} \leqslant C\,\frac{\pi(\delta + \|e(t)\|_{0,\infty,h} + Ch)^2}{h^2}.$$

其次，我们估计 $\operatorname{card}\{j \in J_1,\ (X_j^\delta(t))_\delta^{(i)} \in K,\ X_j^\delta(t) \bar{\in} \bar{\Omega}^\delta\}$. 当 $(X_j^\delta(t))_\delta^{(i)} \in K$，象 I_1 的估计中所做的那样,我们得

$$|(X_j^\delta(t))_\delta^{(i)} - (X_j^\varepsilon(t))^{(i)}| \leqslant C|X_j^\varepsilon(t) - X_j^\delta(t)| + C\delta^2.$$

任取 $x_0 \in K \cap \Omega$，则有

$$|(X_j^\varepsilon(t))^{(i)} - x_0| \leqslant \delta + C|X_j^\varepsilon(t) - X_j^\delta(t)| + C\delta^2,$$

只要 d 充分小，$x \to x^{(i)}$ 就是一一对应. 设 $y_0 \in \bar{\Omega}$, $x_0 = (y_0)^{(i)}$，则

$$|X_j^\varepsilon(t) - y_0| \leqslant C\delta + C|X_j^\varepsilon(t) - X_j^\delta(t)| + C\delta^2.$$

完全同样，我们得

$$\operatorname{card}\{j \in J_1; (X_j^\delta(t))_\delta^{(i)} \in K, X_j^\delta(t) \bar{\in} \bar{\Omega}^\delta\}$$
$$\leqslant C\frac{(\delta + \|e(t)\|_{0,\infty,h} + h)^2}{h^2}.$$

由(3.11.18)得

$$\|e(t)\|_{0,p,h} \leqslant C\delta^2 + C\int_0^t \|e(s)\|_{0,p,h} ds$$
$$+ Ch^{2/p}\int_0^t\left(\frac{\delta}{h} + \frac{1}{h}\|e(s)\|_{0,\infty,h} + 1\right)^{2/p}$$
$$\cdot\ \delta^{-2/p}\|I\psi^\varepsilon(\cdot,s) - \psi^\delta(\cdot,s)\|_{1,p,\Omega^\delta} ds. \qquad (3.11.19)$$

再利用引理 11.2 和引理 11.5，我们得

$$\|I\psi^\varepsilon(\cdot,s) - \psi^\delta(\cdot,s)\|_{1,p,\Omega^\delta}$$
$$\leqslant \|\psi^\varepsilon(\cdot,s) - \psi^\delta(\cdot,s)\|_{1,p,\Omega^\delta}$$
$$+ \|I\psi^\varepsilon(\cdot,s) - \psi^\varepsilon(\cdot,s)\|_{1,p,\Omega^\delta}$$
$$\leqslant C\delta^2 + C\left\{\left(1 + \frac{1}{\varepsilon}\|e(s)\|_{0,\infty,h}\right)^{2/q}\|e(s)\|_{0,p,h}\right.$$
$$\left. + \int_0^s \|e(\tau)\|_{0,p,h} d\tau\right\} + C\delta^2\|\psi^\varepsilon(\cdot,s)\|_{3,p,\Omega^\delta}.$$

(3.11.20)

由引理 11.1，$\|\psi^\varepsilon(\cdot,s)\|_{3,p,\Omega^\delta}$ 有界. 把(3.11.20)代入(3.11.19)，就得到了(3.11.14). 证毕.

定理 11.1 设定理 10.1 的假设成立，其中 $k \geqslant 3$, d_0 充分小，又设 $\delta \leqslant C_{10}\varepsilon$，并且有常数 $b > 0$ 和 $C_{12} > 0$，使

$$C_{12}^{-1}\delta^b \leqslant h \leqslant C_{12}\delta,$$

则对任意的 $p \in [1,\infty)$，

$$\|e(t)\|_{0,p,h} + \|u^\varepsilon(\cdot,t) - u^\delta(\cdot,t)\|_{0,p,\Omega^\delta} \leqslant C\delta^2. \quad (3.11.21)$$

证明 只要对大的 p 证明就够了. 如果 $\|e(t)\|_{0,p,h} \leqslant c\delta^2$，则(3.11.14)中的因子

$$1+\frac{1}{\delta}\|e(s)\|_{0,\infty,h}+\frac{h}{\delta}\leqslant 1+\frac{\|e(s)\|_{0,p,h}}{\delta h^{2/p}}$$

$$+\frac{h}{\delta}\leqslant 1+C\delta^{1-2b/p}+C_{12}\leqslant C,$$

其中我们假设了 p 充分大，使 $1-2b/p\geqslant 0$，又因为 $\delta\leqslant C_{10}\varepsilon$，因子 $\left(1+\frac{1}{\varepsilon}\|e(s)\|_{0,\infty,h}\right)^{2/q}$ 也有界．我们又有$\|e(0)\|_{0,p,h}=0$，所以用 Gronwall 不等式以及连续延拓的办法，和定理 10.1 一样，就可以证明 $\|e(t)\|_{0,p,h}\leqslant c\delta^2$ 在 $t\in[0,T]$ 上都成立，最后，利用引理 11.5 就得到了(3.11.21)。证毕．

§12. 二维初边值问题的涡团法——全离散化

对于格式(3.11.1)—(3.11.5)，在求解时，常微分方程组(3.11.2)，(3.11.3)也需要作离散化，我们在本节中证明全离散化的收敛性．为了简明起见，仅就显式 Euler 格式证明，现在的格式是：

$$\omega^{\Delta t}(x,n\Delta t)=\sum_{j\in J_1}\alpha_j^{\Delta t}(n\Delta t)\zeta_\varepsilon(x-X_j^{\Delta t}(n\Delta t)),\qquad(3.12.1)$$

$$\alpha_j^{\Delta t}((n+1)\Delta t)=\alpha_j^{\Delta t}(n\Delta t)+\Delta t h^2F(X_j^{\Delta t}(n\Delta t),n\Delta t),$$
$$\alpha_j^{\Delta t}(0)=\alpha_j,\qquad(3.12.2)$$

$$X_j^{\Delta t}((n+1)\Delta t)=X_j^{\Delta t}(n\Delta t)+\Delta t g^{\Delta t}(X_j^{\Delta t}(n\Delta t),n\Delta t),$$
$$X_j^{\Delta t}(0)=X_j,\qquad(3.12.3)$$

$\psi^{\Delta t}(n\Delta t)\in V^\delta$，满足

$$\int_{\Omega^\delta}\nabla\psi^{\Delta t}\cdot\nabla v dx=\int_{\Omega^\delta}\omega^{\Delta t}v dx,\quad\forall v\in V^\delta,\qquad(3.12.4)$$

$$u^{\Delta t}=\nabla\wedge\psi^{\Delta t},\qquad(3.12.5)$$

其中 Δt 为时间步长，

$$g^{\Delta t}(x,t)=\sum_{i=1}^{M}a_iu^{\Delta t}(x_\delta^{(i)},t).$$

下面，我们估计误差 $u^\delta-u^{\Delta t}$ 与 $X_j-X_j^{\Delta t}$，令

$$\|e^n\|_{0,p,h}=\left(h^2\sum_{j\in J_3}|X_j^{\Delta t}(n\Delta t)-X_j(n\Delta t)|^p\right)^{1/p},$$

$$\|e^n\|_{0,\infty,h}=\max_{j\in J_3}|X_j^{\Delta t}(n\Delta t)-X_j(n\Delta t)|,$$

其中

$$J_3=\{j;X_j\in\Omega_d\cap\Omega_{2c_0(\varepsilon+\delta+\Delta t^{1/2})},$$

C_0 由引理 10.1 确定.

引理 12.1 存在常数 C，使

$$\left|X((n+1)\Delta t)-X(n\Delta t)-\Delta t\frac{dX}{dt}(n\Delta t)\right|\leqslant c\Delta t^2. \tag{3.12.6}$$

证明 因为 u 是充分光滑的，由 Taylor 公式，(3.12.6)显然成立. 证毕.

引理 12.2 在定理 10.1 的假设条件下，当 $p\geqslant 2$，

$$\left(h^2\sum_{j\in J_3}|u^\varepsilon((X_j^{\Delta t}(n\Delta t))_\delta^{(i)},n\Delta t)-u((X_j(n\Delta t))_\delta^{(i)},n\Delta t)|^p\right)^{1/p}$$

$$\leqslant C(\varepsilon^k+\delta^2+\|e^n\|_{0,p,h}). \tag{3.12.7}$$

证明 我们有

$$\begin{aligned}
&|u^\varepsilon((X_j^{\Delta t}(n\Delta t))_\delta^{(i)},n\Delta t)-u((X_j(n\Delta t))_\delta^{(i)},n\Delta t)|\\
&\leqslant|u^\varepsilon((X_j^{\Delta K}(n\Delta t))_\delta^{(i)},n\Delta t)-u^\varepsilon((X_j(n\Delta t))_\delta^{(i)},n\Delta t)|\\
&\quad+|u^\varepsilon((X_j(n\Delta t))_\delta^{(i)},n\Delta t)-u^\varepsilon((X_j(n\Delta t))^{(i)},n\Delta t)|\\
&\quad+|u^\varepsilon((X_j(n\Delta t))^{(i)},n\Delta t)-u((X_j(n\Delta t))^{(i)},n\Delta t)|\\
&\quad+|u((X_j(n\Delta t))^{(i)},n\Delta t)-u((X_j(n\Delta t))_\delta^{(i)},n\Delta t)|.
\end{aligned}$$

由(3.10.36)和附录中的结论，我们有

$$\begin{aligned}
&|u^\varepsilon((X_j^{\Delta t}(n\Delta t))_\delta^{(i)},n\Delta t-u^\varepsilon((X_j(n\Delta t))_\delta^{(i)},n\Delta t)|\\
&\leqslant C_1|(X_j^{\Delta t}(n\Delta t))_\delta^{(i)}-(X_j(n\Delta t))_\delta^{(i)}|\\
&\leqslant C_1(|(X_j^{\Delta t}(n\Delta t))_\delta^{(i)}-(X_j^{\Delta t}(n\Delta t))^{(i)}|\\
&\quad+|(X_j^{\Delta t}(n\Delta t))^{(i)}-(X_j(n\Delta t))^{(i)}|\\
&\quad+|(X_j(n\Delta t))^{(i)}-(X_j(n\Delta t))_\delta^{(i)}|)\\
&\leqslant C\delta^2+C|X_j^{\Delta t}(n\Delta t)-X_j(n\Delta t)|,
\end{aligned}$$

$$|u^\varepsilon((X_j(n\Delta t))_\delta^{(i)},n\Delta t)-u^\varepsilon((X_j(n\Delta t))^{(i)},n\Delta t)|$$

$$\leqslant C_1|(X_j(n\Delta t))_\delta^{(i)}(X_j(n\Delta t))^{(i)}|\leqslant c\delta^2,$$

以及

$$|u((X_j(n\Delta t))^{(i)},n\Delta t)-u((X_j(n\Delta t))_\delta^{(i)},n\Delta t)|$$
$$\leqslant C|(X_j(n\Delta t))^{(i)}-(X_j(n\Delta t))_\delta^{(i)}|\leqslant C\delta^2.$$

于是

$$\left(h^2\sum_{j\in J_3}|u^\varepsilon((X_j^{\Delta t}(n\Delta t))_\delta^{(i)},n\Delta t)-u((X_j(n\Delta t))_\delta^{(i)},n\Delta t)|^p\right)^{1/p}$$
$$\leqslant C\delta^2+\left(h^2\sum_{j\in J_3}|u^\varepsilon((X_j(n\Delta t))^{(i)},\ n\Delta t\right)$$
$$-u((X_j(n\Delta t))^{(i)},n\Delta t)|^p)^{1/p}+C\|e^n\|_{0,p,h}.$$

下面，我们利用估计式(3.10.30)，虽然那里 $j\in J_2$，与此处不同，但是不难看出，它仍然适用于现在的情形，这样我们就得到了(3.12.7)式．证毕．

我们将归纳地证明，存在一个常数 C_{13}，使对所有的整数 l 成立

$$\|e^l\|_{0,p,h}\leqslant C_{13}(\varepsilon^k+\delta^2+\Delta t),\tag{3.12.8}$$

因为 $\|e^0\|_{0,p,h}=0$，所以总存在一个 $n\geqslant 0$，使(3.12.8)对于 $0\leqslant l\leqslant n$ 成立．

从现在起，我们设定理 11.1 的所有条件都成立．我们只需考虑 p 充分大的情形，所以我们总可以认为 $p/2>a$．此外，我们还假设

$$\Delta t\leqslant C_{14}\delta^2,\quad \varepsilon^{k-1}\leqslant C_{14}\delta.\tag{3.12.9}$$

与(3.10.33)完全相同，我们有

$$\|e^l\|_{0,\infty,h}\leqslant C_4^{2/p}\varepsilon^{-2a/p}\|e^l\|_{0,p,h}.\tag{3.12.10}$$

由(3.12.8)以及 $\delta\leqslant C_{10}\varepsilon$ 得

$$\|e^l\|_{0,\infty,h}\leqslant C(\varepsilon^{k-1}+\delta+\Delta t^{1/2})\varepsilon^{1-2a/p}.$$

注意到 $k\geqslant 3$，当 ε 充分小时，我们有

$$\|e^l\|_{0,\infty,h}\leqslant\varepsilon+\delta+\Delta t^{1/2}.\tag{3.12.11}$$

引理 12.3 如果定理 11.1 的假设及(3.12.9)都成立，并且(3.12.8)对于 $l=n$ 成立，又设 ε 充分小，则

$$\|\psi^{\Delta t}(\,\cdot\,,n\Delta t)-\psi^{\varepsilon}(\,\cdot\,,n\Delta t)\|_{1,p,\Omega^{\delta}}$$

$$\leqslant C_{15}(\delta^2+\Delta t)+C_{15}\Bigl\{\Bigl(1+\frac{1}{\varepsilon}\,\|e^n\|_{0,\infty,h}\Bigr)^{1/q}$$

$$\times\Bigl(h^2\sum_{i\in J_1}|X_i^{\Delta t}(n\Delta t)-X_i^{\varepsilon}(n\Delta t)|^p\Bigr)^{1/p}$$

$$+\sum_{l=1}^{n}\Bigl(h^2\sum_{i\in J_1}|X_i^{\Delta t}(l\Delta t)-X_i^{\varepsilon}(l\Delta t)|^p\Bigr)^{1/p}\Delta t\Bigr\},$$

其中 $p\geqslant 2$, $\dfrac{1}{p}+\dfrac{1}{q}=1$, 并且常数 C_{15} 与 C_{13} 无关.

证明　与引理 11.5 类似,我们有

$$\psi^{\varepsilon}-\psi^{\Delta t}=\varphi_1+\varphi_2+\varphi_3,$$

其中

$$\varphi_1=\Delta^{-1}\Bigl(\sum_{i\in J_1}\alpha_i^{\Delta t}(n\Delta t)(\zeta_{\varepsilon}(\,\cdot\,-X_i^{\varepsilon}(n\Delta t))$$

$$-\zeta_{\varepsilon}(\,\cdot\,-X_i^{\Delta t}(n\Delta t)))\Bigr)$$

$$\varphi_2=\Delta^{-1}\Bigl(\sum_{i\in J_1}(\alpha_i^{\varepsilon}(n\Delta t)-\alpha_i^{\Delta t}(n\Delta t))\zeta_{\varepsilon}(\,\cdot\,-X_i^{\varepsilon}(n\Delta t))\Bigr),$$

$$\varphi_3=(\Delta^{-1}-\Delta_{\delta}^{-1})\sum_{i\in J_1}\alpha_i^{\Delta t}(n\Delta t)\zeta_{\varepsilon}(\,\cdot\,-X_i^{\Delta t}(n\Delta t)).$$

与引理 10.4, 引理 11.5 不同之处在于 $\alpha_i^{\varepsilon}(n\Delta t)-\alpha_i^{\Delta t}(n\Delta t)$ 的估计,由方程(3.10.10),(3.12.2)得

$$\alpha_j^{\varepsilon}(n\Delta t)-\alpha_j^{\Delta t}(n\Delta t)=h^2\int_0^{n\Delta t}F(X_j^{\varepsilon}(s),s)ds$$

$$-\sum_{l=1}^{n}h^2F(X_j^{\Delta t}(l\Delta t),l\Delta t)\Delta t=I_1+I_2,$$

其中

$$I_1=h^2\Bigl(\int_0^{n\Delta t}F(X_j^{\varepsilon}(s),s)ds-\sum_{l=1}^{n}F(X_j^{\varepsilon}(l\Delta t),l\Delta t)\Delta t\Bigr),$$

$$I_2=h^2\sum_{l=1}^{n}(F(X_j^{\varepsilon}(l\Delta t),l\Delta t)-F(X_j^{\Delta t}(l\Delta t),l\Delta t))\Delta t.$$

I_2的估计与引理 5.2 中(3.5.7)是一样的，而对于 I_1，由方程(3.10.10)及(3.10.36)可知 $\frac{d}{ds}X_j^\varepsilon(s)$ 关于 ε 及 j 一致有界．由积分的矩形公式估计即可得

$$|I_1| \leqslant Ch^2 T\Delta t.$$

于是

$$|\alpha_j^\varepsilon(n\Delta t) - \alpha_j^{\Delta t}(n\Delta t)| \leqslant Ch^2 \left(\sum_{l=1}^{n} |X_j^\varepsilon(l\Delta t) - X_j^{\Delta t}(l\Delta t)|\Delta t + \Delta t\right).$$

证明的其余部分与引理 11.5 没有区别．证毕．

引理 12.4 如果定理 11.1 的假设及(3.12.9)都成立，并且 ε 充分小，则

$$\left(h^2 \sum_{j\in J_1} |g^{\varepsilon\delta}(X_j^{\Delta t}(n\Delta t), n\Delta t) - g^{\Delta t}(X_j^{\Delta t}(n\Delta t), n\Delta t)|^p\right)^{1/p} \leqslant C\left(1+\frac{1}{\delta}\|e^n\|_{0,\infty,h}\right)^{2/p} (\delta^2 + \|\psi^\varepsilon(\cdot, n\Delta t) - \psi^{\Delta t}(\cdot, n\Delta t)\|_{1,p,\Omega^\delta}). \tag{3.12.12}$$

证明 类似于引理 11.6 的证明，我们有

$$\|I\psi^\varepsilon(\cdot, t) - \psi^\varepsilon(\cdot, t)\|_{1,\infty,\Omega^\delta} \leqslant C\delta^2, \tag{3.12.13}$$

$$\|I\psi^\varepsilon(\cdot, t) - \psi^{\Delta t}(\cdot, t)\|_{1,\infty,K_j^{(i)}} \leqslant C\delta^{-2/p}\|I\psi^\varepsilon(\cdot, t) - \psi^{\Delta t}(\cdot, t)\|_{1,p,K_j^{(i)}}.$$

于是

$$|g^{\Delta t}(X_j^{\Delta t}(n\Delta t), n\Delta t) - g^{\varepsilon\delta}(X_j^{\Delta t}(n\Delta t), n\Delta t)| \leqslant \sum_{i=1}^{M} |a_i|\cdot\|u^\varepsilon - u^{\Delta t}\|_{0,\infty,K_j^{(i)}} = \sum_{i=1}^{M} |a_i|\cdot|\psi^\varepsilon - \psi^{\Delta t}|_{1,\infty,K_j^{(i)}} \leqslant C\delta^2 + C\delta^{-2/p}\sum_{i=1}^{M}|a_i|\cdot\|I\psi^\varepsilon(\cdot, n\Delta t) - \psi^{\Delta t}(\cdot, n\Delta t)\|_{1,p,K_j^{(i)}}.$$

对于任意的 $K\in\mathscr{T}_\delta$，我们有

$$\operatorname{card}\{j\in J_1, X_j^{\Delta t}(n\Delta t)\in K\}\leqslant C\,\frac{(\delta+\|e^n\|_{0,\infty,h}+h)^2}{h^2},$$

因此

$$\left(\sum_{j\in J_3} h^2|g^{\Delta t}(X_j^{\Delta t}(n\Delta t),n\Delta t)-g^{\varepsilon\delta}(X_j^{\Delta t}(n\Delta t),n\Delta t)|^p\right)^{1/p}$$

$$\leqslant C\delta^2+C\left(1+\frac{1}{\delta}\|e^n\|_{0,\infty,h}\right)^{2/p}\|I\psi^\varepsilon(\cdot,n\Delta t)$$

$$-\psi^{\Delta t}(\cdot,n\Delta t)\|_{1,p,\Omega^\delta}.$$

再以(3.12.13)代入即得(3.12.12)。证毕。

引理 12.5 在引理 12.3 的假设条件下，我们有

$$\|e^{n+1}\|_{0,p,h}\leqslant\|e^n\|_{0,p,h}+C_{16}\Delta t\left(1+\frac{1}{\varepsilon}\|e^n\|_{0,\infty,h}\right)^{2/q}$$

$$\cdot\left(1+\frac{1}{\delta}\|e^n\|_{0,\infty,h}\right)^{2/p}$$

$$\cdot\left(\varepsilon^k+\delta^2+\Delta t+\|e^n\|_{0,p,h}+\sum_{l=1}^{n}\|e^l\|_{0,p,h}\Delta t\right),\tag{3.12.14}$$

其中常数 c_{16} 与 c_{13} 无关。

证明 由方程(3.12.3)及引理 12.1 得

$$\|e^{n+1}\|_{0,p,h}=\left(h^2\sum_{j\in J_3}|X_j^{\Delta t}((n+1)\Delta t)-X_j((n+1)\Delta t)|^p\right)^{1/p}$$

$$\leqslant\|e^n\|_{0,p,h}+C\Delta t^2+\Delta t\left(h^2\sum_{j\in J_3}|g^{\Delta t}(X_j^{\Delta t}(n\Delta t),n\Delta t)\right.$$

$$\left.-u(X_j(n\Delta t),n\Delta t)|^p\right)^{1/p}$$

$$\leqslant\|e^n\|_{0,p,h}+C\Delta t^2+\Delta t(I_1+I_2),\tag{3.12.15}$$

其中

$$I_1=\left(h^2\sum_{j\in J_3}|g^{\Delta t}(X_j^{\Delta t}(n\Delta t),n\Delta t)\right.$$

$$\left.-g^{\varepsilon\delta}(X_j^{\Delta t}(n\Delta t),n\Delta t)|^p\right)^{1/p},$$

$$I_2=\left(h^2\sum_{j\in J_1}|g^{\varepsilon\delta}(X_j^{\Delta t}(n\Delta t),n\Delta t)\right.$$

$$\left.-u(X_j(n\Delta t),n\Delta t)|^p\right)^{1/p}.$$

则

$$I_2=\left(h^2\sum_{j\in J_1}\left|\sum_{i=1}^{M}a_i(u^{\varepsilon}((X_j^{\Delta t}(n\Delta t))_{\delta}^{(i)},n\Delta t)\right.\right.$$

$$\left.\left.-u(X_j(n\Delta t),n\Delta t))\right|^p\right)^{1/p}$$

$$\leqslant\left(h^2\sum_{j\in J_1}\left|\sum_{i=1}^{M}a_i(u^{\varepsilon}((X_j^{\Delta t}(n\Delta t))_{\delta}^{(i)},n\Delta t)\right.\right.$$

$$\left.\left.-u((X_j(n\Delta t))_{\delta}^{(i)},n\Delta t))\right|^p\right)^{1/p}$$

$$+\left(h^2\sum_{j\in J_1}\left|\sum_{i=1}^{M}a_i(u((X_j(n\Delta t))_{\delta}^{(i)},n\Delta t)\right.\right.$$

$$\left.\left.-u((X_j(n\Delta t))^{(i)},n\Delta t))\right|^p\right)^{1/p}$$

$$+\left(h^2\sum_{j\in J_1}\left|\sum_{i=1}^{M}a_iu((X_j(n\Delta t))^{(i)},n\Delta t)\right.\right.$$

$$\left.\left.-u(X_j(n\Delta t),n\Delta t)\right|^p\right)^{1/p}$$

$$\leqslant\sum_{i=1}^{M}|a_i|\left(h^2\sum_{j\in J_1}|u^{\varepsilon}((X_j^{\Delta t}(n\Delta t))_{\delta}^{(i)},n\Delta t)\right.$$

$$\left.-u((X_j^{\Delta t}(n\Delta t))_{\delta}^{(i)},n\Delta t)|^p\right)^{1/p}$$

$$+\sum_{i=1}^{M}|a_i|\ h^2\sum_{j\in J_1}|u((X_j(n\Delta t))_{\delta}^{(i)},n\Delta t)$$

$$\left.-u((X_j(n\Delta t))^{(i)},n\Delta t)|^p\right)^{1/p}$$

$$+\left(h^2\sum_{j\in J_1}\left|\sum_{i=1}^{M}a_iu((X_j(n\Delta t))^{(i)},n\Delta t)\right.\right.$$

$$\left.\left.-u(X_j(n\Delta t),n\Delta t)\right|^p\right)^{1/p}.$$

其中第一项用引理 12.2 估计，第二项用附录中的结果估计，第三项用 Taylor 公式，并且注意到 $i\in J_3$，最后得

$$I_2\leqslant C(\varepsilon^k+\delta^2+\Delta t+\|e^n\|_{0,p,h}).$$

I_1 可以用引理 12.4 估计，由(3.12.15)得

$$\|e^{n+1}\|_{0,p,h}\leqslant\|e^n\|_{0,p,h}+C\Delta t^2+C\Delta t\left(1+\frac{1}{\delta}\|e^n\|_{0,\infty,h}\right)^{2/p}$$

$$(\delta^2+\|\psi^\varepsilon(\cdot,n\Delta t)-\psi^{\Delta t}(\cdot,n\Delta t)\|_{1,p,\Omega^\delta})$$

$$+C\Delta t(\varepsilon^k+\delta^2+\Delta t+\|e^n\|_{0,p,h}).\qquad(3.12.16)$$

我们应用定理 10.1 中的估计 (3.10.37). 注意到现在 i 的集合为 J_3 而不是 J_1，因此(3.10.37)中的估计也相应地应该是

$$\left(h^2\sum_{i\in J_3}|X_i(t)-X_i^\varepsilon(t)|^p\right)^{1/p}\leqslant C_8(2(\varepsilon+\delta+\Delta t^{1/2}))^k.$$

但是现在我们有条件 $\delta\leqslant C_{10}\varepsilon$ 及(3.12.9)，所以上式右端仍有上界 $C\varepsilon^k$. 于是由引理 12.3 得

$$\|\psi^{\Delta t}(\cdot,n\Delta t)-\psi^\varepsilon(\cdot,n\Delta t)\|_{1,p,\Omega^\delta}$$

$$\leqslant C\delta^2+C\left(1+\frac{1}{\varepsilon}\|e^n\|_{0,\infty,h}\right)^{2/q}$$

$$\cdot\left(\varepsilon^k+\|e^n\|_{0,p,h}+\sum_{l=1}^n\|e^l\|_{0,p,h}\Delta t\right).$$

把它代到(3.12.16)内就得到了(3.12.14). 证毕.

定理 12.1 如果定理 11.1 的假设条件及(3.12.9)都成立，则有

$$\|e^n\|_{0,p,h}+\|u^\varepsilon(\cdot,n\Delta t)-u^{\Delta t}(\cdot,n\Delta t)\|_{0,p,\Omega^\delta}$$

$$\leqslant C(\varepsilon^k+\delta^2+\Delta t),\qquad(3.12.17)$$

其中 $n\Delta t\leqslant T$.

证明 只要对充分大的 p 和充分小的 ε 证明就够了. 我们已经假设(3.12.8)对于 $0\leqslant l\leqslant n$ 都是成立的. 由(3.12.10)以及各参数 ε,δ 和 Δt 之间的关系，只要 $\varepsilon\leqslant\varepsilon_0$，就有

$$\frac{1}{\delta}\|e^n\|_{0,\infty,h}\leqslant C_{13}c_4^{2/p}(\varepsilon^k+\delta^2+\Delta t)\varepsilon^{-2a/p}\delta^{-1}\leqslant C_{17},$$

其中 ε_0 依赖于 C_{13} 但 C_{17} 与 C_{13} 无关．同理，可以估计 $\|e^n\|_{0,\infty,h}/\varepsilon$，于是(3.12.14)可以写成

$$\|e^{n+1}\|_{0,p,h} \leqslant \|e^n\|_{0,p,h} + C_{18}\Delta t\Big(\varepsilon^k + \delta^2 + \Delta t + \|e^n\|_{0,p,h} + \sum_{l=1}^{n} \|e^l\|_{0,p,h}\Delta t\Big), \qquad \varepsilon \leqslant \varepsilon_0,$$

其中 C_{18} 与 C_{13} 无关．关于 n 求和得

$$\|e^{n+1}\|_{0,p,h} \leqslant C_{18}T(\varepsilon^k + \delta^2 + \Delta t) + C_{18}(1+T)\sum_{l=1}^{n} \|e^l\|_{0,p,h}\Delta t.$$

令 $C_{13} = C_{18}Te^{C_{18}(1+T)T}$，然后根据 C_{13} 确定 ε_0．容易看出，对于所有的 n，$n\Delta t \leqslant T$，只要 $\varepsilon \leqslant \varepsilon_0$，就有

$$\|e^n\|_{0,p,h} \leqslant C_{18}e^{C_{18}(1+T)n\Delta t}(\varepsilon^k + \delta^2 + \Delta t)n\Delta t.$$

于是得到了 $\|e^n\|_{0,p,h}$ 的估计． 而 $u^\delta - u^{\Delta t}$ 的估计可以从引理 12.3 得到．证毕．

附注 因为我们用了二阶有限元格式和 Euler 差分格式，所以(3.12.17)中的误差阶分别为 δ^2 与 Δt，如果采用更高阶的格式，相应的阶数也会提高，最优估计仍然是可以达到的．

附　　录

设区域 Ω 与 Ω^δ 如第 11 节，我们证明，当 d 充分小时

$$\operatorname{meas}(\Omega^\delta\backslash\Omega) \leqslant C\delta^3, \tag{A.1}$$

以及

$$|x^{(i)} - x_\delta^{(i)}| \leqslant C\delta^2, \ \forall x \in \Omega d. \tag{A.2}$$

取局部坐标，$\partial\Omega^\delta$ 是 $\partial\Omega$ 的二次逼近，因此(例如参看孙家昶[1])

$$\sup_{x\in\partial\Omega^\delta} \inf_{y\in\partial\Omega} |x-y| \leqslant C\delta^3.$$

由此即得(A.1)．

下面证明 (A.2)，若 $x \in \bar{\Omega}$，则 (A.2) 是显然的． 我们设 $x \bar{\in} \bar{\Omega}$，由图 3 可以看出

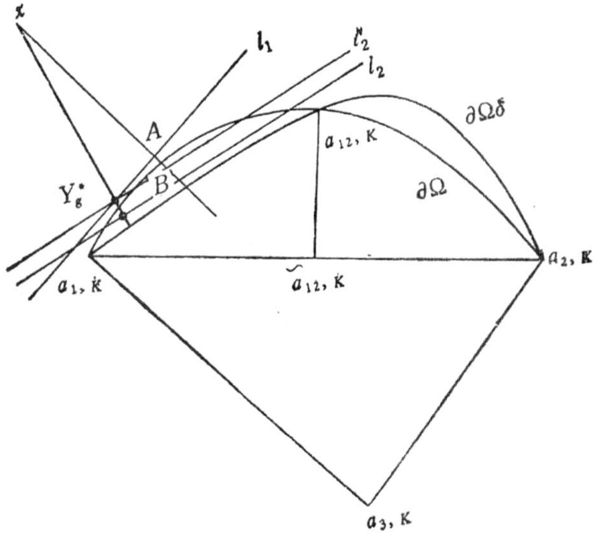

图 8

$$|a_{12,K}-\tilde{a}_{12,K}|\leqslant C\delta^2.$$

设 Y_δ^* 是直线 $\overline{xY\delta}$ 与 $\partial\Omega$ 的交点，l_1 是过 Y_δ^* 的 $\partial\Omega$ 的切线，l_2 是过 Y_δ 的 $\partial\Omega^\delta$ 的切线，l_2' 是过 Y_δ^* 的 l_2 的平行线(图 8)，则 l^1 与 l_2' 之间的夹角有上界 $C\delta^2$. 过 x 点作 l_1 的垂线，设 A 为垂足，B 为 $\overline{xA}$ 与 l_2' 的交点，则 Y 在三角形 Y_δ^*AB 内. 角$\angle Y_\delta^*xB$ 与 l_1 和 l_2' 的夹角相等. 现在 $x\in\Omega_d$，因此

$$|xY_\delta^*|\leqslant Cd,$$

于是

$$|Y_\delta^*Y|\leqslant|Y_\delta^*B|\leqslant Cd\cdot C\delta^2\leqslant C\delta^2,$$

所以

$$|Y_\delta Y|\leqslant|Y_\delta Y_\delta^*|+|Y_\delta^*Y|\leqslant C\delta^3+C\delta^2\leqslant C\delta^2.$$

由定义

$$|x_\delta^{(i)}-x^{(i)}|=(i+1)|Y_\delta Y|\leqslant C\delta^2.$$

这样，当 Y_δ 不是节点时 (A.2) 已经得到了证明. 如果 Y_δ 恰是一个节点，例如是 a_1,K，我们可以考虑包含 a_1，K 的两个三角形. 证明是类似的.

第四章　粘性分离的收敛性

在本章中，我们在广泛的意义下研究 Chorin-Marsden 公式

$$u_k(jk)=(H(k)\cdot\Theta\cdot E(k))^j u_0, \tag{4.0.1}$$

其中 k 是时间步长，u_0 为初值，$E(t)$ 是 Euler 解算子，$v=E(t)v_0$ 表示以 v_0 为初值，并满足边界条件

$$v\cdot n|_{x\in\partial\Omega}=0$$

的 Euler 方程的解，Θ 是"涡旋生成算子"，它有种种不同的给法．$H(t)$ 是 Stokes 解算子，它的作用是体现粘性效应，解一个不定常的 Stokes 方程，或者在原区域上求解，或者在全空间求解，在全空间求解时，它又可以用一个热传导方程代替．这些我们在第一章第 3 节中已经说明过了．

即使没有边界条件，在全空间讨论初值问题，公式(4.0.1)的收敛性也并不是显然的．这时算子 Θ 可以除掉，公式(4.0.1)变成

$$u_k(jk)=(H(k)E(k))^j u_0. \tag{4.0.2}$$

我们首先介绍 Beale 和 Majda 关于初值问题的工作，然后介绍我们关于初边值问题的工作．对于初边值问题，我们首先研究一个简化公式，它的表现形式与(4.0.2)相同，其次，我们研究公式(4.0.1)，我们将对各种不同的 Θ 及 $H(t)$ 分别进行研究．我们还将介绍关于二维半平面问题的一个结果．

以下，空间的维数可以是二或三．为确定起见，我们一般指定一个空间维数，而对另一个作一些说明．

§1. 初值问题的估计

在空间 $\mathbb{R}^2$ 中讨论，除了(4.0.2)以外，还考虑一个二阶格式

$$u_k(jk)=\left(H\left(\frac{k}{2}\right)E(k)H\left(\frac{k}{2}\right)\right)^j u_0. \qquad (4.1.1)$$

$E(t)$ 的定义为：若 $v=E(t)v_0$，则 v 满足

$$\frac{\partial v}{\partial t}+(v\cdot\nabla)v+\frac{1}{\rho}\nabla p=0,\nabla\cdot v=0,v(0)=v_0. \qquad (4.1.2)$$

$H(t)$ 的定义为：若 $w=H(t)w_0$，则 w 满足

$$\frac{\partial w}{\partial t}+\frac{1}{\rho}\nabla p=\nu\Delta w,\ \nabla\cdot w=0,\ w(0)=w_0. \qquad (4.1.3)$$

在(1.3.13),(1.3.14)中我们已经说明,(4.1.3)可以用一个更简单的问题

$$\frac{\partial w}{\partial t}=\nu\Delta w,\ w(0)=w_0 \qquad (4.1.4)$$

代替.

下面给出 u_k 的估计,我们估计(4.1.1),而(4.0.2)的估计是类似的.

定理 1.1 设 $jk\leqslant T$，任取 $m\geqslant 0$，则存在 $s\geqslant 0$，使得只要

$$\|\nabla\wedge u_0\|_{0,1}\leqslant M_1,\ \|u_0\|_s\leqslant M_2,$$

则(4.1.1)的解 u_k 满足

$$\|\nabla\wedge u_k(jk)\|_{0,1}\leqslant M_1,\ \|u_k(jk)\|_m\leqslant M_3,$$

其中 M_3 只依赖于 m,M_1,M_2,T.

证明 我们详细地写出格式(4.1.1)如下 $(i=0,1,\cdots)$：

$$\frac{\partial u_k}{\partial t}=\nu\Delta u_k,\ t\in\left(ik,(i+\frac{1}{2})k\right),$$

$$u_k(ik)=u_k(ik-0),$$

$$\frac{\partial\tilde{u}_k}{\partial t}+(\tilde{u}_k\cdot\nabla)\tilde{u}_k+\frac{1}{\rho}\nabla\tilde{p}_k=0,\ t\in[ik,(i+1)k)$$

$$\nabla\cdot\tilde{u}_k=0,$$

$$\tilde{u}_k(ik) = u_k\left(\left(i+\frac{1}{2}\right)k-0\right),$$

$$\frac{\partial u_k}{\partial t} = \nu\Delta u_k,\ t\in\left[\left(i+\frac{1}{2}\right)k,(i+1)k\right],$$

$$u_k\left(\left(i+\frac{1}{2}\right)k\right) = \tilde{u}_k((i+1)k-0),$$

其中 $u_k(-0)=u_0$. 由第二章定理 5.1，对于任意的 $k>0$，解的存在性为已知. 令 $\omega_k=-\nabla\wedge u_k$，$\tilde{\omega}_k=-\nabla\wedge\tilde{u}_k$，$\omega_0=-\nabla\wedge u_0$，则由(1.1.3)，$\tilde{\omega}_k$ 满足

$$\frac{\partial\tilde{\omega}_k}{\partial t}+\tilde{u}_k\cdot\nabla\tilde{\omega}_k=0. \tag{4.1.5}$$

按(1.2.3)(1.2.4)引进特征线 $\xi(\tau,x,t)$，即

$$\frac{d\xi}{d\tau}=\tilde{u}_k(\xi,\tau),\ \xi|_{\tau=t}=x, \tag{4.1.6}$$

则沿特征线，$\tilde{\omega}_k$ 满足

$$\frac{d\tilde{\omega}_k}{dt}=0. \tag{4.1.7}$$

归纳地可以证明

$$\|\omega_k\|_{0,\infty},\|\tilde{\omega}_k\|_{0,\infty}\leqslant\|\omega_0\|_{0,\infty}. \tag{4.1.8}$$

事实上，由(4.1.7)可知算子 $E(t)$不改变 $\tilde{\omega}_k$ 的最大值，又 ω_k 满足

$$\frac{\partial\omega_k}{\partial t}=\nu\Delta\omega_k,$$

由热传导方程的极值原理，算子 $H(t)$ 也不增加 ω_k 的最大值. 归纳地还可以证明

$$\|\omega_k\|_{0,1},\ \|\tilde{\omega}_k\|_{0,1}\leqslant\|\omega_0\|_{0,1}. \tag{4.1.9}$$

事实上，由(4.1.7)及第二章引理 5.1，$x\to\xi$ 是保测度的，可知算子 $E(t)$ 不改变 $\tilde{\omega}_k$ 的 L^1 范数. 又由热传导方程解的 Poisson 公式

$$\omega_k(x,t)=\int_{\mathbb{R}^2}\frac{1}{4\pi\nu\tau}e^{-\frac{|x-\xi|^2}{4\nu\tau}}\omega_k(\xi,ik)d\xi,\ t>ik,$$

其中 $\tau=t-ik$，积分得

$$\int_{\mathbb{R}^2}|\omega_k(x,t)|dx\leqslant\int_{\mathbb{R}^2}\int_{\mathbb{R}^2}\frac{1}{4\pi\nu\tau}e^{-\frac{|x-\xi|^2}{4\nu\tau}}|\omega_k(\xi,ik)|d\xi dx$$

$$=\int_{\mathbb{R}^2}|\omega_k(\xi,ik)|d\xi,$$

可知算子 $H(t)$ 不增加 ω_k 的 L^1 范数。

我们又可以得到

$$|u_k|\leqslant C,\quad |u_k(x)-u_k(y)|\leqslant C|x-y|(1+|\log|x-y||),\quad \forall x,\ y\in\mathbb{R}^2. \tag{4.1.10}$$

事实上，以 ψ_k 记流函数，则由(1.1.5)，(1.1.6)得

$$-\Delta\psi_k=\omega_k,\quad u_k=\nabla\wedge\psi_k. \tag{4.1.11}$$

由(4.1.8)(4.1.9)和(2.2.11)(2.2.14)可得(4.1.10)。

由定理的假设和嵌入定理，$\omega_0\in C^{0,\lambda}(\mathbb{R}^2)$，设

$$|\omega_0(x)-\omega_0(y)|\leqslant C_1|x-y|^\lambda,$$

归纳地可以证明，存在常数 $\beta>0$，使

$$|\omega_k(x)-\omega_k(y)|\leqslant C_1|x-y|^{\lambda\beta},\quad \forall x,y\in\mathbb{R}^2. \tag{4.1.12}$$

事实上由 (2.5.5) 和 (4.1.7)，$E(k)$ 不改变 $\tilde{\omega}_k$ 的 Hölder 系数 C_1，只是使 Hölder 指数增加一个因子 e^{-Ck}，由热传导方程的极值原理，$H(t)$ 不改变 ω_k 的 Hölder 指数和系数. 于是只要取

$$\beta=(e^{-Ck})^{[\frac{T}{k}]+1}\leqslant e^{-C(T+k)}$$

即可。

由(4.1.11)与(4.1.12)及 Schauder 估计(2.2.8)得

$$\|u_k\|_{C^{1,\lambda\beta}(\mathbb{R}^2)}\leqslant C. \tag{4.1.13}$$

我们关于 j 归纳地证明

$$\|\omega_k\|_j\leqslant C,\ \|u_k\|_{j+1,\infty}\leqslant C. \tag{4.1.14}$$

当 $j=0$，$\|\omega_k\|_0$ 的估计与 (4.1.9) 一样，此处不拟重复. 由 (4.1.13)可得 $\|u_k\|_{1,\infty}$ 的估计. 现在设 (4.1.14) 式关于 $j=0,1,\cdots,m-1$ 已成立，由(4.1.6)得

$$\frac{\partial^2 \xi}{\partial \tau \partial x} = \frac{\partial \tilde{u}_k}{\partial \xi} \cdot \frac{\partial \xi}{\partial x},$$

于是，设 α 为一多重指标

$$\frac{\partial}{\partial \tau} D_x^\alpha \xi = \frac{\partial \tilde{u}_k}{\partial \xi} D_x^\alpha \xi + F, \ 1 \leqslant |\alpha| = j \leqslant m.$$

其中 F 仅包含 ξ 的不高于 $j-1$ 阶微商及 $\tilde{u}_k$ 的不高于 i 阶的微商. 在区间 $[t,\tau)$ 或 $[\tau,t)$ 上利用 Gronwall 不等式得

$$|D_x^\alpha \xi| \leqslant (|D_x^\alpha \xi(t)| + Ck)e^{Ck}, \ ik \leqslant t, \tau < (i+1)k. \tag{4.1.15}$$

由(4.1.6)的初值，当 $|\alpha| = 1$，$D_x^\alpha \xi(t) = I$，I 为单位矩阵，当 $|\alpha| > 1$，$D_x^\alpha \xi(t) = 0$，因此我们归纳地可得 $|D_x^\alpha \xi| \leqslant Cke^{Ck}$ 或者 $|D_x^\alpha \xi| \leqslant e^{2Ck}$，取 $\tau = ik$，由(4.1.7)得

$$\tilde{\omega}_k(x,t) = \tilde{\omega}_k(\xi(ik;x,t),ik).$$

当 $|\alpha| = m$

$$\partial_x^\alpha \tilde{\omega}_k(x,t) = \sum_{|\beta|=\alpha_1} \sum_{|\gamma|=\alpha_2} D_\xi^\beta D_\xi^\gamma \tilde{\omega}_k(\xi,ik) \left(\frac{\partial \xi_1}{\partial x_1}\right)^{\beta_1} \left(\frac{\partial \xi_2}{\partial x_1}\right)^{\beta_2} \cdot \left(\frac{\partial \xi_1}{\partial x_2}\right)^{\gamma_1} \left(\frac{\partial \xi_2}{\partial x_2}\right)^{\gamma_2} + G,$$

其中 $\alpha = (\alpha_1, \alpha_2)$，多重指标 $\beta = (\beta_1, \beta_2)$，$\gamma = (\gamma_1, \gamma_2)$，$G$ 为 $\tilde{\omega}_k$ 的不超过 $m-1$ 阶微商的线性组合，且系数中至少含有 ξ 关于 x 的不低于二阶的微商. 注意到估计式 (4.1.15)，以及归纳法假设，就有

$$|D_x^\alpha \tilde{\omega}_k(x,t)| \leqslant e^{2Ck} |D_\xi^\alpha \tilde{\omega}_k(\xi,ik)| + Cke^{Ck} \sum_{j=1}^{m-1} \sum_{|\beta|=j} |\partial^\beta \tilde{\omega}_k(\xi,ik)|.$$

我们再注意到 $x \to \xi$ 的保测度性，得

$$|\tilde{\omega}_k(t)|_m \leqslant e^{2Ck} |\tilde{\omega}_k(ik)|_m + Cke^{Ck}.$$

与(4.1.9)的证明类似，可以证明算子 $H(t)$ 不增加 ω_k 的 H^m 范数. 由极值原理可知它也不增加 $W^{m,\infty}$ 范数. 关于 i 作归纳即可得 $j = m$ 时的(4.1.14)式. 证毕.

对于三维问题，只能有局部估计，我们有以下定理.

定理 1.2 设 $m \geq 3$，$\|u_0\|_m \leq M_1$，则存在常数 C_0，它只依赖于 m，使当 $jk \leq (C_0M_1)^{-1}$ 时，有

$$\|u_k(jk)\|_m \leq M_1(1 - C_0M_1jk)^{-1}. \tag{4.1.16}$$

证明 由(2.3.9)

$$\frac{d}{dt}\|\tilde{u}_k(t)\|_m \leq C_0\|\tilde{u}_k(t)\|_m^2.$$

和二维的情形一样，算子 $H(t)$ 并不增加 u_k 的 H^m 范数，和第二章第 3 节的估计类似可得(4.1.16)．证毕．

定理 1.2 的证明也适用于二维情形，但是只有局部估计．定理 1.1 的证明则只适用于二维．

利用定理 1.1 和定理 1.2，我们可以给出 Navier-Stokes 方程初值问题的解的存在定理的又一证明．现以二维为例，三维情形的证明是类似的．

定理 1.3 在定理 1.1 的条件下，若 m 充分大，则初值问题

$$\frac{\partial u}{\partial t} + (u \cdot \nabla)u + \frac{1}{\rho}\nabla p = \nu\Delta u, \tag{4.1.17}$$

$$\nabla \cdot u = 0, \tag{4.1.18}$$

$$u|_{t=0} = u_0, \tag{4.1.19}$$

在 $\mathbb{R}^2 \times [0,T]$ 上有解，且有估计

$$\|u(t)\|_m \leq M_3. \tag{4.1.20}$$

证明 我们已经有定理 1.1 的估计，由方程可知 $\frac{\partial \tilde{u}_k}{\partial t}$ 与 $\frac{\partial \tilde{u}_k}{\partial t}$ 都是有界的．按 $u_k(ik)$，$i = 0,1,\cdots$，作线性插值，记作 Iu_k，则 Iu_k 在 $\mathbb{R}^2 \times [0,T]$ 上有界且关于 t 满足 Lipschitz 条件．取 $k = \frac{1}{2^N}$，$N = 1,2,\cdots$，任取一紧子区域，则可以取子序列使$\{Iu_k\}$一致收敛．

用对角线子序列的方法，可以得一子序列，仍记作 $\{Iu_k\}$，它在 $\mathbb{R}^2 \times [0,T]$ 的任一紧子区域上都一致收敛．由 $\frac{\partial \tilde{u}_k}{\partial t}$ 与 $\frac{\partial u_k}{\partial t}$

的有界性及 $k \to 0$ 可知 $\tilde{u}_k, u_k$ 具有同样的收敛性，设极限为 u，由定理 1.1 及 Banach-Saks 定理，估计式(4.1.20)成立.

下面证明 u 是(4.1.17)—(4.1.19)的解．取 $|\alpha| = 2$，则由

$$\frac{\partial D_x^\alpha u_k}{\partial t} = \nu \Delta D_x^\alpha u_k,$$

及

$$\frac{\partial D_x^\alpha \tilde{u}_k}{\partial t} + D_x^\alpha P(\tilde{u}_k \cdot \nabla)\tilde{u}_k = 0,$$

其中 P 是 Helmholtz 投影算子，可知 $D_x^\alpha u_k$ 与 $D_x^\alpha \tilde{u}_k$ 关于 t 满足 Lipschitz 条件．由

$$u_k(jk) = \sum_{i=0}^{j-1} \int_{ik}^{(i+1)k} (-P(\tilde{u}_k \cdot \nabla)\tilde{u}_k + \nu \Delta u_k) dt + u_0,$$

令 $k \to 0$ 可得在节点上，

$$u(t) = \int_0^t (-P(u \cdot \nabla)u + \nu \Delta u) dt + u_0. \qquad (4.1.21)$$

再利用 $(u \cdot \nabla)u$ 及 Δu 的连续性，可知(4.1.21)对所有的 t 都成立．于是有

$$\frac{\partial u}{\partial t} + P(u \cdot \nabla)u = \nu \Delta u.$$

令

$$\frac{1}{\rho} \nabla p = P(u \cdot \nabla)u - (u \cdot \nabla)u,$$

即得方程(4.1.17)． u 满足(4.1.18)与(4.1.19)是明显的．证毕.

§2. 初值问题的收敛性

在本节中，我们先估计公式 (4.1.1) 收敛的阶，然后对公式(4.0.2)的收敛性作一简短的说明．为此，先定义一个算子 $E(t)v_0 = F(t, v_0)$，它的一阶 Frechet 微分是 $D_{v_0}F(t, v_0)w_0$．再令

$$X^s(\mathbb{R}^2)=\{v\in(H^s(\mathbb{R}^2))^2;\ \nabla\wedge v\in L^1(\mathbb{R}^2),\ \nabla\cdot v=0\},$$

则有：

引理 2.1 算子 $F:[0,T]\times X^3(\mathbb{R}^2)\to H^1(\mathbb{R}^2)$ 是一次连续可微的. 令 $v(t)=E(t)v_0$, $w(t)=D_{v_0}F(t,v_0)w_0$, 则当 v_0, $w_0\in X^3(\mathbb{R}^2)$ 时, w 是如下问题的解:

$$\frac{\partial w}{\partial t}+P(v\cdot\nabla)w+P(w\cdot\nabla)v=0, \tag{4.2.1}$$

$$\nabla\cdot w=0, \tag{4.2.2}$$

$$w|_{t=0}=w_0 \tag{4.2.3}$$

证明 由所给条件及第二章定理 5.1, v 存在. 令 $\tilde{v}_0=v_0+w_0$, $\tilde{v}=E(t)\tilde{v}_0$, $e=\tilde{v}-v-w$, 则 $e(t)$ 满足

$$\frac{\partial e}{\partial t}+P(v\cdot\nabla)e+P(e\cdot\nabla)v=-P((\tilde{v}-v)\cdot\nabla)(\tilde{v}-v),$$

$$e|_{t=0}=0.$$

我们先证明(4.2.1)—(4.2.3)的解是一阶微分. 用第二章定理 3.1 的证明中推导(2.3.9)的能量模估计方法可得

$$\|e\|_2\leqslant C\|\tilde{v}-v\|_3^2\leqslant C\|\tilde{v}_0-v_0\|_3^2=C\|w_0\|_3^2,$$

即 $\|e\|_2$ 为二阶微量, 因此 w 确为微分.

再证明 F 是一次连续可微的. 先讨论 $D_{v_0}F(t,v_0)$ 关于 t, v_0 的连续性. 由方程(4.2.1)作积分, 得

$$\|w(t_1)-w(t_2)\|_1\leqslant C|t_1-t_2|,$$

其中常数 C 依赖于 $\|v\|_3$ 与 $\|w\|_3$. 此外, 任取 v_0 与 $\tilde{v}_0$, 设

$$w=D_{v_0}F(t,v_0)w_0,\ \tilde{w}=D_{\tilde{v}_0}F(t,\tilde{v}_0)w_0,$$

$$r=\tilde{w}-w,$$

则 r 满足

$$\frac{\partial r}{\partial t}+P(v\cdot\nabla)r+P(r\cdot\nabla)v+P((\tilde{v}-v)\cdot\nabla)\tilde{w}$$
$$+P(\tilde{w}\cdot\nabla)(\tilde{v}-v)=0,$$

$$r|_{t=0}=0.$$

同样用能量模估计得

$$\|r\|_2 \leqslant C\|\tilde{w}\|_3\|\tilde{v}-v\|_3 \leqslant C\|w_0\|_3\|\tilde{v}_0-v_0\|_3.$$

因此 $D_{v_0}F(t,v_0)$ 关于 v_0 一致连续，从而它关于 t，v 二元连续.

还要讨论 $D_tF(t,v_0)$ 的连续性，由 Euler 方程

$$D_tF(t,v_0) = -P((E(t)v_0)\cdot\nabla)E(t)v_0.$$

它是 $[0,T]\times X^3(\mathbb{R}^2)\to H^1(\mathbb{R}^2)$ 连续的. 证毕.

定理 2.1 设 $jk\leqslant T$，任取 $m\geqslant 0$，则存在 $s\geqslant 0$，使得只要 $\|\nabla\wedge u_0\|_{0,1}\leqslant M_1$，$\|u_0\|_s\leqslant M_2$，则(4.1.1)的解 u_k 满足

$$\|u_k(jk)-u(jk)\|_m \leqslant C_2\nu k^2, \tag{4.2.4}$$

其中 u 是问题(4.1.17)—(4.1.19)的解，C_2 只依赖于 m, M_1, M_2, T.

证明 对于给定的 $i, i=0,1,\cdots$，令

$$\bar{u}(t) = H\left(\frac{t}{2}\right)E(t)H\left(\frac{t}{2}\right)u_k(ik),$$

则

$$\frac{\partial}{\partial t}\bar{u}(t) = \frac{\nu}{2}\Delta HEHu_k + HBEHu_k + \frac{\nu}{2}H(dE)\Delta Hu_k,$$

其中 $H=H\left(\frac{t}{2}\right)$，$E=E(t)$，$u_k=u_k(ik)$，$Bv=-P(v\cdot\nabla)v$，$dE=D_{v_0}F\left(t, H\left(\frac{t}{2}\right)u_k(ik)\right)$. 利用 H 与 Δ 的可交换性可得

$$\frac{\partial\bar{u}}{\partial t} = (\nu\Delta+B)\bar{u}+f(t),$$

其中

$$f(t)=f_1(t)+f_2(t),$$

$$f_1(t)=(HB-BH)EHu_k,\ f_2(t)=\frac{\nu}{2}H((dE)\Delta-\Delta E)Hu_k.$$

令 $r = \bar{u}(t) - u(t+ik)$，则 r 满足

$$\frac{\partial r}{\partial t} = \nu\Delta r + B\bar{u} - Bu + f(t). \tag{4.2.5}$$

显然 $f(0)=0$，下面我们证明 $f'(0)=0$. 因为当 $t=0$ 时 $HB-BH=0$，所以令 $v=EHu_k$，则

$$f_1'(0) = \frac{\partial}{\partial t}(HB - BH)v(0).$$

展开得

$$\frac{\partial}{\partial t}HBv(0) = \frac{\nu}{2}\Delta Bv(0) = -\frac{\nu}{2}\Delta P(v(0)\cdot\nabla)v(0)$$

$$= -\frac{\nu}{2}P\Delta(u_k\cdot\nabla)u_k,$$

$$-\frac{\partial}{\partial t}HBv(0) = \frac{\partial}{\partial t}P(Hv(0)\cdot\nabla)Hv(0)$$

$$= \frac{\nu}{2}P(v(0)\cdot\nabla)\Delta v(0) + \frac{\nu}{2}P(\Delta v(0)\cdot\nabla)v(0)$$

$$= \frac{\nu}{2}P((u_k\cdot\nabla)\Delta u_k + (\Delta u_k\cdot\nabla)u_k),$$

因此

$$f_1'(0) = \frac{\nu}{2}P\{-\Delta(u_k\cdot\nabla)u_k + (u_k\cdot\nabla)\Delta u_k + (\Delta u_k\cdot\nabla)u_k\}.$$

同理，令 $w = Hu_k$，则

$$f_2'(0) = \frac{\partial}{\partial t}\frac{\nu}{2}H((dE)\Delta - \Delta E)w(0).$$

因为 $dE(0,\cdot)=I$，I 为单位算子，所以在 $dE\left(t, H\left(\frac{t}{2}\right)u_k\right)$中关于第二个 t 求导为 0. 由(4.2.1)得

$$\frac{\partial}{\partial t}(dE)\Delta w(0) = -P((w(0)\cdot\nabla)\Delta w(0) + (\Delta w(0)\cdot\nabla)w(0)),$$

$$-\frac{\partial}{\partial t}\Delta Ew(0)=-\Delta Bw(0)=\Delta P(u_k\cdot\nabla)u_k.$$

因此

$$f_2'(0)=\frac{\nu}{2}P\{-(u_k\cdot\nabla)\Delta u_k-(\Delta u_k\cdot\nabla)u_k$$
$$+\Delta(u_k\cdot\nabla)u_k\}.$$

于是 $f'(0)=0$. 只要 s 充分大，由 f 的表达式，总有

$$\|f''(t)\|_m\leqslant C\nu.$$

于是

$$\|f(t)\|_m\leqslant C\nu k^2,\ 0\leqslant t\leqslant k.$$

由式(4.2.5)

$$\frac{\partial r}{\partial t}=\nu\Delta r-P(u\cdot\nabla)r-P(r\cdot\nabla)\bar{u}+f(t).$$

作能量模估计可得

$$\frac{d}{dt}\|r(t)\|_m\leqslant C\|r(t)\|_m+C\|f(t)\|_m.$$

由 Gronwall 不等式得

$$\|r(t)\|_m\leqslant e^{Ck}\|r(0)\|_m+C\nu k^3.$$

令 $t=k$ 即得

$$\|u_k((i+1)k)-u((i+1)k)\|_m\leqslant e^{Ck}\|u_k(ik)$$
$$-u(ik)\|_m+C\nu k^3.$$

关于 i 作归纳即得(4.2.4)式. 证毕.

定理 2.1 表明 (4.1.1) 是一个二阶格式. 用同样的方法可证(4.0.2)是一个一阶格式，即有误差的上界 $C\nu k$. 此外，对于三维情形，以上结果在一个足够小的区间上成立. 定理 2.1 的一个引人注目之处在于：ν 越小，即 Reynold 数越大，收敛越快，这是由于不存在边界层所致.

§3. 一个简化公式——线性情形

从本节开始，我们研究初边值问题的粘性分离，我们所讨论的

问题是

$$\frac{\partial u}{\partial t}+(u\cdot\nabla)u+\frac{1}{\rho}\nabla p=\nu\Delta u+f,\quad x\in\Omega,\tag{4.3.1}$$

$$\nabla\cdot u=0,\tag{4.3.2}$$

$$u|_{x\in\partial\Omega}=0,\tag{4.3.3}$$

$$u|_{t=0}=u_0,\tag{4.3.4}$$

其中 u_0 满足 $\nabla\cdot u_0=0$, $u_0|_{\partial\Omega}=0$，并且 f 与 u_0 充分光滑. 为了简明起见，设 Ω 是有界的单连通区域，其边界充分光滑. 对于其它区域，我们留在后面讨论. 先从一个最简单的格式开始. 它也可以用(4.0.2)给出. 更具体地，它可以表为

$$t\in[ik,(i+1)k),i=0,1,\cdots,$$

$$\frac{\partial\tilde{u}_k}{\partial t}+(\tilde{u}_k\cdot\nabla)\tilde{u}_k+\frac{1}{\rho}\nabla\tilde{p}_k=f,\tag{4.3.5}$$

$$\nabla\cdot\tilde{u}_k=0,\tag{4.3.6}$$

$$\tilde{u}_k\cdot n|_{x\in\partial\Omega}=0,\tag{4.3.7}$$

$$\tilde{u}_k(ik)=u_k(ik-0),\tag{4.3.8}$$

$$\frac{\partial u_k}{\partial t}+\frac{1}{\rho}\nabla p_k=\nu\Delta u_k,\tag{4.3.9}$$

$$\nabla\cdot u_k=0,\tag{4.3.10}$$

$$u_k|_{x\in\partial\Omega}=0,\tag{4.3.11}$$

$$u_k(ik)=\tilde{u}_k((i+1)k-0),\tag{4.3.12}$$

其中 $u_k(-0)=u_0$. 暂时，我们并不知道以上格式是否有解. 解的存在性是与下面的估计同时完成的.

为了研究 (4.3.5)—(4.3.12) 的收敛性，我们先考查一个线性问题. 将(4.3.1)换为线性不定常 Stokes 方程

$$\frac{\partial u}{\partial t}+\frac{1}{\rho}\nabla p=\nu\Delta u+f.\tag{4.3.13}$$

用同样的格式求解，则方程(4.3.5)变为

$$\frac{\partial\tilde{u}_k}{\partial t}+\frac{1}{\rho}\nabla\tilde{p}_k=f.\tag{4.3.14}$$

(4.3.6)—(4.3.12)都不必改动. 下面，设(4.3.13)(4.3.2)—(4.3.4)的解 u 充分光滑，我们证明格式(4.3.14)，(4.3.6)—(4.3.12) 的收敛性. 证明的方法与区域的维数无关.

引理 3.1 (4.3.14),(4.3.6)—(4.3.12)的解可以表为

$$u_k(t) = e^{-\nu tA}u_0 + \sum_{i=0}^{[t/k]} \int_{ik}^{(i+1)k} e^{-\nu(t-ik)A} Pf(\tau)d\tau, \quad (4.3.15)$$

其中 A 为 Stokes 算子，[ ]表示一个数的整数部分.

证明 以 Helmholtz 投影算子 P 作用于(4.3.14)得

$$\frac{\partial u_k}{\partial t} = Pf.$$

由(4.3.8)

$$\tilde{u}_k((i+1)k - 0) = u_k(ik - 0) + \int_{ik}^{(i+1)k} Pf(\tau)d\tau\Big).$$

由(4.3.9)—(4.3.12)并利用公式(2.8.5)得

$$u_k(t) = e^{-\nu(t-ik)A}\tilde{u}_k((i+1)k - 0).$$

于是

$$u_k(t) = e^{-\nu(t-ik)A}\Big(u_k(ik - 0) + \int_{ik}^{(i+1)k} Pf(\tau)d\tau.$$

关于 i 作归纳即得(4.3.15). 证毕.

定理 3.1 格式(4.3.14),(4.3.6)—(4.3.12)的解满足 $(i = 0, 1, \cdots)$

$$\|\tilde{u}_k(t)\|_s \leqslant C, \quad t \in [ik, (i+1)k), \quad (4.3.16)$$

$$\|u_k(t)\|_s \leqslant C, \quad t \in \left[\left(i + \frac{1}{2}\right)k, \ (i+1)k\right), \quad (4.3.17)$$

$$\|\tilde{u}_k(t) - u(t)\|_r \leqslant \begin{cases} Ck, \ 0 \leqslant r \leqslant \dfrac{1}{2}, \ t \in [0, T], \\ Ck^{\frac{s-r}{s-\theta}}, \ \dfrac{1}{2} \leqslant r \leqslant s, \ t \in [0, T], \end{cases} \quad (4.3.18)$$

其中 $2 \leqslant s \leqslant \frac{5}{2}$, $0 < \theta < \frac{1}{2}$,常数 C 只依赖于常数 s, r, θ, ν, T, 区域 Ω 以及已知函数 u_0 与 f.

证明 我们估计(4.3.15)的右端，由第二章定理 7.1 的推论 2，得到范数的等价性，

$$\|e^{-\nu tA}u_0\|_s \leqslant C\|A^{\frac{s}{2}}e^{-\nu tA}u_0\|_0.$$

从关于 u_0 的假设知 $u_0 \in D(A)$. 又 u_0 是充分光滑的，由第二章定理 7.1 的推论 1， $u_0 \in D(A^{s/2})$，因此由第二章定理 6.5(b) 得

$$A^{s/2}e^{-\nu tA}u_0 = e^{-\nu tA}A^{s/2}u_0.$$

再利用第二章定理 6.5(c)，得

$$\|e^{-\nu tA}u_0\|_s \leqslant C\|e^{-\nu tA}A^{s/2}u_0\|_0 \leqslant C\|A^{s/2}u_0\|_0.$$

再利用范数等价性，得

$$\|e^{-\nu tA}u_0\|_s \leqslant C\|u_0\|_s.$$

设 $t \in \left[\left(j+\frac{1}{2}\right)k, (j+1)k\right)$，则

$$\left\|\sum_{i=0}^{j}\int_{ik}^{(i+1)k} e^{-\nu(t-ik)A}Pf(\tau)d\tau\right\|_s$$

$$\leqslant C\sum_{i=0}^{j}\int_{ik}^{(i+1)k}\|A^{s/2}e^{-\nu(t-ik)A}Pf(\tau)\|_0 d\tau.$$

现在 $Pf(\tau) \in X$，取 β，使 $s-2<\beta<\frac{1}{2}$，由第二章定理 7.1 推论 1，$Pf(\tau) \in D(A^{\beta/2})$，因此上式右端等于

$$C\sum_{i=0}^{j}\int_{ik}^{(i+1)k} A^{\frac{s-\beta}{2}}e^{-\nu(t-ik)A}A^{\beta/2}Pf(\tau)\|_0 d\tau.$$

由第二章定理 6.5(c)，上式又有上界

$$C\sum_{i=0}^{j}\int_{ik}^{(i+1)k}(t-ik)^{-\frac{s-\beta}{2}}\|A^{\beta/2}Pf(\tau)\|_0 d\tau.$$

由第二章 § 2，P 对于任意的 H^σ 范数都是有界的，又由范数的等价性，我们得到上界

$$C\sum_{i=0}^{j}\int_{ik}^{(i+1)k}(t-ik)^{-\frac{s-\beta}{2}}\|f(\tau)\|_\beta d\tau$$

$$\leqslant C\left\{\int_{ik}^{(j+1)k}\left(\frac{k}{2}\right)^{-\frac{s-\beta}{2}}\|f(\tau)\|_{\beta}d\tau\right.$$

$$\left.+\int_{0}^{ik}(t-\tau)^{-\frac{s-\beta}{2}}\|f(\tau)\|_{\beta}d\tau\right\}$$

$$\leqslant C\sup_{0\leqslant\tau<(j+1)k}\|f(\tau)\|_{\beta}.$$

这里利用了 $\frac{s-\beta}{2}<1$，所以上面的积分是收敛的。总之，我们有

$$\|u_k(t)\|_s\leqslant C(\|u_0\|_s+\sup_{0\leqslant\tau<(j+1)k}\|f(\tau)\|_{\beta}),$$

$$t\in\left[\left(j+\frac{1}{2}\right)k,(j+1)k\right). \tag{4.3.19}$$

于是(4.3.17)得证。由(4.3.14)，(4.3.8)得

$$\tilde{u}_k(t)=u_k(ik-0)+\int_{ik}^{t}Pf(\tau)d\tau,t\in[ik,(i+1)k), \tag{4.3.20}$$

因此

$$\|\tilde{u}_k(t)\|_s\leqslant\|u_k(ik-0)\|_s+Ck\sup_{ik\leqslant\tau<(i+1)k}\|f(\tau)_s\|.$$

(4.3.16)也得证。

最后，我们证明(4.3.18)。利用公式(2.8.5)(4.3.15)(4.3.20)得

$$u(t)-\tilde{u}_k(t)=(e^{-\nu tA}-e^{-\nu[t/k]kA})u_0+\sum_{i=0}^{[t/k]-1}\int_{ik}^{(i+1)k}(e^{-\nu(t-\tau)A}$$

$$-e^{-\nu(t-ik)A})Pf(\tau)d\tau$$

$$+\int_{[t/k]k}^{t}(e^{-\nu(t-\tau)A}-I)Pf(\tau)d\tau,$$

其中 I 为单位算子。我们用证明(4.3.19)的办法对于右式三项分别进行估计。设 $0\leqslant r<\frac{1}{2}$，则有

$$\|(e^{-\nu tA}-e^{-\nu[t/k]kA})u_0\|_r$$

$$\leqslant C\|e^{-\nu[t/k]kA}\|\cdot\|(e^{-\nu(t-[t/k]k)A}-I)A^{\frac{r}{2}}u_0\|_0$$

$$= C\|e^{-\nu[t/k]kA}\| \cdot \|\int_0^{t-[t/k]k} e^{-\nu\xi A} d\xi \cdot \nu A^{1+\frac{r}{2}} u_0\|_0$$

$$\leqslant C\left(t-\left[\frac{t}{k}\right]k\right)\|A^{1+\frac{r}{2}} u_0\|_0 \leqslant Ck\|u_0\|_{2+r}.$$

取 β，使$r<\beta<\frac{1}{2}$,则有

$$\left\|\sum_{i=0}^{[t/k]-1}\int_{ik}^{(i+1)k}(e^{-\nu(t-\tau)A}-e^{-\nu(t-ik)A})Pf(\tau)d\tau\right\|_r$$

$$\leqslant C\sum_{i=0}^{[t/k]-1}\int_{ik}^{(i+1)k}\|A^{\frac{r}{2}}(e^{-\nu(t-\tau)A}-e^{-\nu(t-ik)A})Pf(\tau)\|_0 d\tau$$

$$= C\sum_{i=0}^{[t/k]-1}\int_{ik}^{(i+1)k}\|\nu A^{1+\frac{r}{2}} e^{-\nu(t-\tau)A}\int_0^{\tau-ik} e^{-\nu\xi A} d\xi Pf(\tau)\|_0 d\tau$$

$$= C\sum_{i=0}^{[t/k]-1}\int_{ik}^{(i+1)k}\left\|\nu A^{1-\frac{\beta-r}{2}} e^{-\nu(t-\tau)A}\right.$$

$$\left.\cdot\int_0^{\tau-ik} e^{-\nu\xi A} d\xi A^{\frac{\beta}{2}} Pf(\tau)\right\|_0 d\tau$$

$$\leqslant Ck\sum_{i=0}^{[t/k]-1}\int_0^t (t-\tau)^{-1+\frac{\beta-r}{2}}\|f(\tau)\|_\beta d\tau$$

$$\leqslant Ck\sup_{0\leqslant\tau<t}\|f(\tau)\|_\beta.$$

第三项的估计是类似的．于是当 $0\leqslant r<\frac{1}{2}$,(4.3.18)得证．如果 $\frac{1}{2}\leqslant r<s$，由内插不等式(2.1.5)得

$$\|\tilde{u}_k-u\|_r\leqslant\|\tilde{u}_k-u\|_s^{\frac{r-\theta}{s-\theta}}\|\tilde{u}_k-u\|_\theta^{\frac{s-r}{s-\theta}},$$

再利用估计式(4.3.16)，u 的充分光滑性，以及已经得到的 $r<\frac{1}{2}$ 的估计即证明了 $r\geqslant\frac{1}{2}$ 时的估计(4.3.18)．证毕．

§ 4. 一个简化公式——非线性情形

为证明非线性情形的收敛性，我们考虑一个辅助问题：当 $t\in[ik,(i+1)k), i=0,1,\cdots$，求解

$$\frac{\partial\tilde{u}^*}{\partial t}+\frac{1}{\rho}\nabla\tilde{p}^*=f-(u\cdot\nabla)u, \tag{4.4.1}$$

$$\nabla\cdot\tilde{u}^*=0, \tag{4.4.2}$$

$$\tilde{u}^*\cdot n|_{x\in\partial\Omega}=0, \tag{4.4.3}$$

$$\tilde{u}^*(ik)=u^*(ik-0), \tag{4.4.4}$$

$$\frac{\partial u^*}{\partial t}+\frac{1}{\rho}\nabla p^*=\nu\nabla u^*, \tag{4.4.5}$$

$$\nabla\cdot u^*=0, \tag{4.4.6}$$

$$u^*|_{x\in\partial\Omega}=0, \tag{4.4.7}$$

$$u^*(ik)=\tilde{u}^*((i+1)k-0), \tag{4.4.8}$$

其中 $u^*(-0)=u_0$. 它就是将(4.3.5)中的非线性项用精确解作了置换. 因为在估计式中允许出现 u 的各种范数，所以(4.4.1)—(4.4.8)的解的估计可以用上一节中关于线性问题的结果. 我们在本节中设 u,u_0,f 都充分光滑. 于是由定理 3.1 得

$$\|\tilde{u}^*(t)\|_s\leqslant C_0,\quad t\in[ik,(i+1)k), \tag{4.4.9}$$

$$\|u^*(t)\|_s\leqslant C_0,\ t\in\left[\left(i+\frac{1}{2}\right)k,(i+1)k\right), \tag{4.4.10}$$

$$\|\tilde{u}^*(t)-u(t)\|_r\leqslant\begin{cases}C_0k,\ \ 0\leqslant r<\dfrac{1}{2},\ t\in[0,T],\\[2ex] C_0k^{\frac{s-r}{s-\theta}},\ \dfrac{1}{2}\leqslant r<s,\ \ t\in[0,T].\end{cases} \tag{4.4.11}$$

因此要想估计(4.3.5)—(4.3.12)解的误差，只要估计 $\tilde{u}^*-\tilde{u}_k$ 就够了. 为确定起见,我们考虑三维区域 $\Omega\subset\mathbb{R}^3$，我们的证明方法对于二维情形也是适用的. 先证明几个引理,作为准备.

引理 4.1 若 $s>2$，$v\in(H^s(\Omega))^3$，$0\leqslant r\leqslant 1$，则

$$\|(v\cdot\nabla)v\|_r\leqslant C\|v\|_1^{2-\frac{1+2r}{2s-2}}\|v\|_s^{\frac{1+2r}{2s-2}}. \tag{4.4.12}$$

证明 首先我们设 $s\leqslant\frac{5}{2}$，由内插不等式(2.1.5)得

$$\|(v\cdot\nabla)v\|_r\leqslant C\|(v\cdot\nabla)v\|_1^r\|(v\cdot\nabla)v\|_0^{1-r}. \tag{4.4.13}$$

由 Hölder 不等式得

$$\|(v\cdot\nabla)v\|_0\leqslant C\|v\|_{0,6}\|v\|_{1,3},$$
$$\|(v\cdot\nabla)v\|_1\leqslant C(\|v\|_{1,4}^2+\|v\|_{0,p}\|v\|_{2,q}),$$

其中 $p=\frac{3}{s-2}$，$q=\frac{6}{7-2s}$，由嵌入定理得

$$\|(v\cdot\nabla)v\|_0\leqslant C\|v\|_1\|v\|_{3/2},$$
$$\|(v\cdot\nabla)v\|_1\leqslant C(\|v\|_{7/4}^2+\|v\|_{\frac{7}{2}-s}\|v\|_s),$$

再次利用内插不等式得

$$\|(v\cdot\nabla)v\|_0\leqslant C\|v\|_1^{2-\frac{1}{2s-2}}\|v\|_s^{\frac{1}{2s-2}},$$

$$\|(v\cdot\nabla)v\|_1\leqslant C\|v\|_1^{2-\frac{3}{2s-2}}\|v\|_3^{\frac{3}{2s-2}}.$$

将它们代入(4.4.13)即得(4.4.12)。如果 $s>\frac{5}{2}$，则已经证明了

$$\|(v\cdot\nabla)v\|_r\leqslant C\|v\|_1^{2-\frac{1+2r}{3}}\|v\|_{5/2}^{\frac{1+2r}{3}},$$

再用一次内插不等式即可得(4.4.12)，证毕。

引理 4.2 算子 e^{-tA} 是自共轭的，即

$$\int_\Omega u\cdot e^{-tA}v\,dx=\int_\Omega e^{-tA}u\cdot v\,dx,$$

$$\forall u,v\in X. \tag{4.4.14}$$

证明 任取 $u(0)$，$v(0)\in D(A)$，我们考查二个初边值问题

$$\frac{\partial u}{\partial t}+\nabla p=\nabla u,$$

$$\nabla\cdot u=0,$$

$$
\begin{aligned}
&u|_{x\in\partial\Omega}=0,\\
&u|_{t=0}=u(0),\\
&\frac{\partial v}{\partial t}+\nabla q=\nabla v,\\
&\nabla\cdot v=0,\\
&v|_{x\in\partial\Omega}=0,\\
&v|_{t=0}=v(0).
\end{aligned}
$$

它们的解为 $u(t)$ 与 $v(t)$. 任取 $T>0$，则由方程

$$
\begin{aligned}
&\int_\Omega (u(0)\cdot v(T)-u(T)\cdot v(0))dx\\
&=\int_\Omega\int_0^T \frac{\partial}{\partial t}(u(T-t)\cdot v(t))dtdx\\
&=\int_0^T\int_\Omega\{(-\Delta u(T-t)+\nabla p(T-t))\\
&\quad\cdot v(t)+(\Delta v(t)+\nabla q(t))\cdot u(T-t)\}dxdt.
\end{aligned}
$$

利用 Green 公式和第二章第 1 节中的 $(L^2(\Omega))^3$ 的正交分解,即可知上式等于零,于是

$$\int_\Omega u(0)\cdot v(T)dx=\int_\Omega u(T)\cdot v(0)dx,$$

即

$$\int_\Omega u(0)\cdot e^{-TA}v(0)dx=\int_\Omega e^{-TA}u(0)\cdot v(0)dx.$$

以 t 代 T，并注意到 $D(A)$ 在 X 中稠密,即得(4.4.14). 证毕.

引理 4.3 若 $g\in H^2(\Omega),h\in H^r(\Omega),0\leqslant r\leqslant 2$, 则

$$\|gh\|_r\leqslant C\|g\|_2\|h\|_r. \tag{4.4.15}$$

证明 定义线性算子 $L:L^2(\Omega)\to L^2(\Omega)$ 为 $Lh=gh$,则由嵌入定理得

$$\|Lh\|_0\leqslant\|g\|_{0,\infty}\|h\|_0\leqslant C\|g\|_2\|h\|_0,$$

又如果 $h\in H^2(\Omega)$, 则

$$\|Lh\|_2\leqslant\|g\|_{0,\infty}\|h\|_2+\|g\|_2\|h\|_{0,\infty}\leqslant C\|g\|_2\|h\|_2,$$

即 L 是一个从 $H^2(\Omega)$ 到 $H^2(\Omega)$ 的有界算子. 利用内插定理

(2.1.6)即得(4.4.15)．证毕．

引理 4.4 设 $0 < r < \frac{1}{2}$，

$$B = e^{-tA}P\sum_{l=1}^{3}\frac{\partial}{\partial x_l}(v_l w),$$

则

$$\|B\|_1 \leqslant Ct^{\frac{r}{2}-1}\|v\|_2\|w\|_r, \forall v \in (H^2(\Omega))^3, w \in (H^1(\Omega))^3,$$

以及

$$\|B\|_1 \leqslant Ct^{\frac{r}{2}-1}\|v\|_r\|w\|_2, \forall v \in (H^1(\Omega))^3, w \in (H^2(\Omega))^3,$$

其中 $v = (v_1, v_2, v_3)$．

证明 令 $v_l w = g_l$，则

$$\|B\|_1 \leqslant C\left\|A^{\frac{1}{2}}e^{-tA}P\sum_{l=1}^{3}\frac{\partial g_l}{\partial x_l}\right\|_0$$

$$= C\sup_{\substack{\varphi\in X\\ \|\varphi\|_0=1}}\left(\varphi, A^{\frac{1}{2}}e^{-tA}P\sum_{l=1}^{3}\frac{\partial g_l}{\partial x_l}\right)$$

因为 $D(A)$ 在 X 内稠密，所以我们不妨设上述确界在 $D(A)$ 内取．因为 $A^{\frac{1}{2}}$ 是自共轭的，又由引理 4.2，e^{-tA} 也是自共轭的，所以

$$\|B\|_1 \leqslant C\sup_{\substack{\varphi\in D(A)\\ \|\varphi\|_0=1}}\left(e^{-tA}A^{\frac{1}{2}}\varphi, P\sum_{l=1}^{3}\frac{\partial g_l}{\partial x_l}\right)$$

$$= C\sup_{\substack{\varphi\in D(A)\\ \|\varphi\|_0=1}}\left(e^{-tA}A^{\frac{1}{2}}\varphi, \sum_{l=1}^{3}\frac{\partial g_l}{\partial x_l}\right)$$

$$= C\sup_{\substack{\varphi\in D(A)\\ \|\varphi\|_0=1}}\sum_{l=1}^{3}\left(\frac{\partial}{\partial x_l}e^{-tA}A^{\frac{1}{2}}\varphi, g_l\right)$$

$$\leqslant C\sup_{\substack{\varphi\in D(A)\\ \|\varphi\|_0=1}}\sum_{l=1}^{3}\left\|\frac{\partial}{\partial x_l}e^{-tA}A^{\frac{1}{2}}\varphi\right\|_{-r}\|g_l\|_r$$

$$\leqslant C \sup_{\substack{\varphi\in D(A)\\ \|\varphi\|_0=1}} \sum_{l=1}^{3} \|e^{-tA}A^{\frac{1}{2}}\varphi\|_{1-r}\|g_l\|_r$$

$$= C \sup_{\substack{\varphi\in D(A)\\ \|\varphi\|_0=1}} \sum_{l=1}^{3} \|A^{\frac{1}{2}}e^{-tA}\varphi\|_{1-r}\|g_l\|_r$$

$$\leqslant C \sup_{\substack{\varphi\in D(A)\\ \|\varphi\|_0=1}} \sum_{l=1}^{3} \|A^{1-\frac{r}{2}}e^{-tA}\varphi\|_0\|g_l\|_r,$$

因此

$$\|B\|_1 \leqslant C t^{\frac{r}{2}-1}\sum_{l=1}^{3}\|g_l\|_r. \tag{4.4.16}$$

由引理 4.3 即得所要证明的. 证毕.

下面我们开始着手对格式 (4.3.5)—(4.3.12) 的解进行估计.

引理 4.5 设 $2\leqslant s<\frac{5}{2}$, $k<1$, 对于 $ik\leqslant t<(i+1)k$, $\|\tilde{u}_k(t)\|_s\leqslant M_1$, 则在一区间$\left(\left(i+\frac{1}{2}\right)k,(i+1)k\right)$上

$$\|u_k(t)\|_3\leqslant C_1\left(t-\left(i+\frac{1}{2}\right)k\right)^{\frac{s-3}{2}}, \tag{4.4.17}$$

其中常数 C_1 只依赖于常数 M_1,ν,s, 区域Ω和函数 f.

证明 由(4.3.5)—(4.3.12)得

$$u_k(t)=e^{-\nu(t-ik)A}\left\{\tilde{u}_k(ik)+\int_{ik}^{(i+1)k}P(f-(\tilde{u}_k\cdot\nabla)\tilde{u}_k)d\tau\right\}.$$

以 C_1 记具有上述性质的通用常数. 由引理 4.1, 取$s-2<\beta<\frac{1}{2}$, 则有

$$\|(\tilde{u}_k\cdot\nabla)\tilde{u}_k\|_\beta\leqslant C\|\tilde{u}_k\|_1^{2-\frac{1+2\beta}{2s-2}}\|\tilde{u}_k\|_s^{\frac{1+2\beta}{2s-2}}\leqslant C_1. \tag{4.4.18}$$

类似于(4.3.19)我们可以估计得

$$\|u_k(t)\|_s\leqslant C_1,\ t\in\left[\left(i+\frac{1}{2}\right)k,(i+1)k\right). \tag{4.4.19}$$

令 $w=\frac{\partial u_k}{\partial t}$, $\pi=\frac{\partial p_k}{\partial t}$, 则

$$\frac{\partial w}{\partial t}+\frac{1}{\rho}\nabla\pi=\nu\Delta w,$$

$$\nabla\cdot w=0,$$

$$w|_{x\in\partial\Omega}=0,$$

于是

$$w(t)=e^{-\nu(t-(i+\frac{1}{2})k)A}w\left((i+\frac{1}{2})k\right).$$

$$\|w(t)\|_1\leqslant C\left\|A^{\frac{3-s}{2}}e^{-\nu(t-(i+\frac{1}{2})k)A}A^{\frac{s}{2}-1}w\left((i+\frac{1}{2})k\right)\right\|_0$$

$$\leqslant C\left(t-\left(i+\frac{1}{2}\right)k\right)^{\frac{s-3}{2}}\left\|w\left((i+\frac{1}{2})k\right)\right\|_{s-2}. \tag{4.4.20}$$

由方程(4.3.9)得

$$w=-\nu Au_k,$$

因此

$$\|u_k\|_3\leqslant C\|Au_k\|_1\leqslant C\|w\|_1, \tag{4.4.21}$$

$$\|w\|_{s-2}\leqslant C\|Au_k\|_{s-2}\leqslant C\|u_k\|_s; \tag{4.4.22}$$

合并(4.4.19)—(4.4.22)即得(4.4.17)。证毕.

引理 4.6 设 $2\leqslant s<\frac{5}{2}$，并且存在一个常数 $M_0>0$，使 $\|\tilde{u}_k(t)\|_1\leqslant M_0$，又存在常数 C_2，使当 $t\in[ik,(i+1)k)$时

$$\|\tilde{u}_k(t)\|_s\leqslant C_2(\|u_k(ik-0)\|_s+1), \tag{4.4.23}$$

则

$$\|\tilde{u}_k(t)\|_s\leqslant M_1,$$

其中常数 M_1 只依赖于常数 M_0, C_2, s, T, ν，区域Ω和函数 f 与 u_0.

证明 在(4.3.19)中取 $t=ik-0$，把 f 换为$(f-(\tilde{u}_k\cdot\nabla)\cdot\tilde{u}_k)$，则得到非线性情形的估计

$$\|u_k(ik-0)\|_s\leqslant C(\|u_0\|_s+\sup_{0\leqslant\tau<ik}\|f-(\tilde{u}_k\cdot\nabla)u_k\|_\beta).$$

以(4.4.18)代入得

$$\|u_k(ik-0)\|_s\leqslant C(\|u_0\|_s+\sup_{0\leqslant\tau<ik}(\|f\|_\beta+C\|\tilde{u}_k\|_1^{2-\frac{1+2\beta}{2s-2}}\|\tilde{u}_k\|_s^{\frac{1+2\beta}{2s-2}})).$$

代入(4.4.23),然后关于 i 取上确界即得

$$\sup_{0\leqslant t<(i+1)k}\|\tilde{u}_k(t)\|_s\leqslant C_2+C_2C(\|u_0\|_s+\sup_{0\leqslant\tau<ik}(\|f\|_\beta$$
$$+C\|\tilde{u}_k\|_1^{2-\frac{1+2\beta}{2s-2}}\|\tilde{u}_k\|_s^{\frac{1+2\beta}{2s-2}})).\quad(4.4.24)$$

注意到 $\frac{1+2\beta}{2s-2}<1$,当 $\|\tilde{u}_k\|_s\to+\infty$ 时,右端的阶小于1,左端为1阶,因此 $\|\tilde{u}_k\|(t)\|_s$ 有一个依赖于 $C_2,C,\|f\|_\beta,\|u_0\|_s,M_0$ 的上界。证毕。

引理 4.7 设 $2\leqslant s<\frac{5}{2}$, $\|\tilde{u}_k\|_s\leqslant M_2$, 则

$$\|\tilde{u}^*(t)-\tilde{u}_k(t)\|_1\leqslant C_3k,\quad(4.4.25)$$

其中常数 C_3 只依赖于常数 v,s,T,M_2, 区域 Ω, 以及(4.3.1)—(4.3.4)的解 u。

证明 以 C_3 记具有上述性质的通用常数。令 $\tilde{\omega}_k=\mathrm{curl}\tilde{u}_k$, $\tilde{\omega}^*=\mathrm{curl}\tilde{u}^*$, $\omega=\mathrm{curl}u$,则由(4.3.5)(4.4.1)得

$$\frac{\partial(\tilde{\omega}^*-\tilde{\omega}_k)}{\partial t}+(u\cdot\nabla)\omega-(\omega\cdot\nabla)u-(\tilde{u}_k\cdot\nabla)\tilde{\omega}_k$$
$$+(\tilde{\omega}_k\cdot\nabla)\tilde{u}_k=0.$$
$$(4.4.26)$$

由引理 4.3

$$\|(\tilde{u}_k\cdot\nabla)\tilde{\omega}_k\|_0\leqslant C\|\tilde{u}_k\|_2\|\tilde{\omega}_k\|_1\leqslant C\|\tilde{u}_k\|_2^2,\quad(4.4.27)$$

又由嵌入定理和 Hölder 不等式

$$\|(\tilde{\omega}_k\cdot\nabla)\tilde{u}_k\|_0\leqslant\|\tilde{\omega}_k\|_{0,4}\|\tilde{u}_k\|_{1,4}\leqslant C\|\tilde{u}_k\|_2^2.\quad(4.4.28)$$

因此方程(4.4.26)的所有非线性项都在 L^2 中有界,所以

$$\left\|\frac{\partial(\tilde{\omega}^*-\tilde{\omega}_k)}{\partial t}\right\|_0\leqslant C_3.$$

积分得

$$\|(\tilde{\omega}^* - \tilde{\omega}_k)(t)\|_0 \leqslant \|(\tilde{\omega}^* - \tilde{\omega}_k)(jk)\|_0 + C_3 k,$$
$$t \in [jk, (j+1)k). \tag{4.4.29}$$

由(4.3.15)得

$$u^*(t) - u_k(t) = \sum_{i=0}^{[t/k]} \int_{ik}^{(i+1)k} e^{-\nu(t-ik)A} P((\tilde{u}_k \cdot \nabla)\tilde{u}_k$$
$$- (u \cdot \nabla)u) d\tau.$$

经过适当的重新组合，我们有

$$(\tilde{u}_k \cdot \nabla)\tilde{u}_k - (u \cdot \nabla)u = (u \cdot \nabla)(\tilde{u}_k - \tilde{u}^*) + (u \cdot \nabla)(\tilde{u}^* - u)$$
$$- ((u - \tilde{u}^*) \cdot \nabla)\tilde{u}_k - ((\tilde{u}^* - \tilde{u}_k) \cdot \nabla)\tilde{u}_k.$$

由估计式(4.4.11)和引理 4.4 得

$$\|\tilde{u}^*(t) - u_k(t)\|_1 \leqslant C_3 \sum_{i=0}^{[t/k]} \int_{ik}^{(i+1)k} (t - ik)^{\frac{r}{2}-1} (\|(\tilde{u}^* - \tilde{u}_k)(\tau)\|_r$$
$$+ k) d\tau, \tag{4.4.30}$$

其中 $0 < r < \frac{1}{2}$。在第二章第一节中我们已说明在 $X \cap (H^1(\Omega))^3$ 中 $\|curl \cdot\|_0$ 与$\|\cdot\|_1$ 等价. 因此(4.4.29)蕴涵了

$$\|(\tilde{u}^* - \tilde{u}_k)(t)\|_1 \leqslant C_3(\|(\tilde{u}^* - \tilde{u}_k)(jk)\|_1 + k),$$
$$t \in [jk, (j+1)k). \tag{4.4.31}$$

在(4.4.30)中取 $t = jk - 0$，注意到初始条件(4.3.8)(4.4.4)，代入(4.4.31)得

$$\|(\tilde{u}^* - \tilde{u}_k)(t)\|_1 \leqslant C_3 \sum_{i=0}^{j-1} \int_{ik}^{(i+1)k} (jk - ik)^{\frac{r}{2}-1} (\|(\tilde{u}^* - \tilde{u}_k)(\tau)\|_r$$
$$+ k) d\tau + C_3 k$$
$$\leqslant C_3 \sum_{i=0}^{j-1} \int_{ik}^{(i+1)k} (jk - ik)^{\frac{r}{2}-1} \|(\tilde{u}^* - \tilde{u}_k)(\tau)\|_1 d\tau + C_3 k$$
$$\leqslant C_3 \int_0^{jk} (jk - \tau)^{\frac{r}{2}-1} \|(\tilde{u}^* - \tilde{u}_k)(\tau)\|_1 d\tau + C_3 k.$$

令 $\psi(t) = \sup\limits_{0 \leqslant \tau < t} \|\tilde{u}^*(\tau) - \tilde{u}_k(\tau)\|_1$，则

$$\psi(t) \leqslant C_3 \int_0^t (t-\tau)^{\frac{r}{2}-1} \psi(\tau) d\tau + C_3 k.$$

与之对应的 Volterra 积分方程是

$$y(t) = C_3 \int_0^t (t-\tau)^{\frac{r}{2}-1} y(\tau) d\tau + C_3 k.$$

容易看出，$\psi(t) \leqslant y(t)$. 可以用 Laplace 变换解上述积分方程，以 L 与 L^{-1} 记正变换与反变换，并且令 $\mathscr{Y} = Ly$，则有

$$\mathscr{Y}(\zeta) = C_3 \frac{\Gamma\left(\frac{r}{2}\right)}{\zeta^{r/2}} \mathscr{Y}(\zeta) + \frac{C_3 k}{\zeta},$$

因此

$$\mathscr{Y}(\zeta) = \frac{C_3 k}{\zeta\left(1 - C_3 \Gamma\left(\frac{r}{2}\right) \zeta^{-r/2}\right)},$$

$$y(t) = C_3 k L^{-1}\left(\frac{1}{\zeta\left(1 - C_3 \Gamma\left(\frac{r}{2}\right) \zeta^{-r/2}\right)}\right).$$

于是 $y(t) \leqslant C_3 k$,(4.4.25) 得证。证毕。

在作了上述准备以后，我们可以证明如下的主要定理：

定理 4.1 设 $1 \leqslant s < \frac{5}{2}, u, u_0, f$ 充分光滑，则存在 $k_0 > 0$，使当 $0 < k \leqslant k_0$ 时，(4.3.5)—(4.3.12)的解满足

$$\|\tilde{u}_k(t)\|_s \leqslant M, t \in [0, T], \tag{4.4.32}$$

$$\|\tilde{u}_k(t) - u(t)\|_r \leqslant \begin{cases} M'k, \ 0 \leqslant r < \frac{1}{2}, \ t \in [0, T], \\ M'k^{\frac{s-r}{s-\theta}}, \ \frac{1}{2} \leqslant r \leqslant s, \ t \in [0, T], \end{cases} \tag{4.4.33}$$

其中 $0 < \theta < \frac{1}{2}$，常数 k_0, M, M' 只依赖于常数 r, θ, ν, s, T，区域 Ω，函数 f, u_0 和解 u。

证明 不妨设 $2\leqslant s<\frac{5}{2}$. 由第二章定理 4.2, 存在常数 $C_4>0$, 它只依赖于 Ω, 使得只要

$$k\leqslant\frac{1}{C_4(\|u_k(ik-0)\|_3+\sup\limits_{ik\leqslant\tau<(i+1)k}\|f(\tau)\|_3+1)},$$

(4.4.23) 就成立. 其中常数 C_2 只依赖于区域 Ω, 常数 s 和 $\sup\limits_{ik\leqslant\tau<(i+1)k}\|f(\tau)\|_3$. 我们取 $M_0=2\max\limits_{0\leqslant t\leqslant T}\|u(t)\|_1$, 确定常数 C_2, 然后由引理 4.6 确定常数 M_1, 再由引理 4.5 确定常数 C_1, 再取 $k_0\in(0,1]$, 满足

$$k_0\leqslant\frac{1}{C_4\left(C_1\left(\frac{k_0}{2}\right)^{\frac{s-3}{2}}+\sup\limits_{0\leqslant t\leqslant T}\|f(t)\|_3+1\right)},\tag{4.4.34}$$

即

$$C_4\left(C_1\left(\frac{k_0}{2}\right)^{\frac{s-3}{2}}k_0+k_0\sup\limits_{0\leqslant t\leqslant T}\|f(t)\|_3+k_0\right)\leqslant 1.$$

只要 k_0 充分小, 它总是可以成立的. 利用(4.4.24)式我们取

$$\begin{aligned}M_2=\max\{M_1,C_2+C_2C(\|u_0\|_s+\sup\limits_{0\leqslant\tau\leqslant T}\|f(\tau)\|_\beta\\+CM^{2-\frac{1+2\beta}{2s-2}}M_1^{\frac{1+2\beta}{2s-2}})\}.\end{aligned}\tag{4.4.35}$$

由引理 4.7 确定常数 C_3. 如有必要, 缩小 k_0, 使

$$\|u_0\|_3\leqslant C_1\left(\frac{k_0}{2}\right)^{\frac{s-3}{2}},\tag{4.4.36}$$

$$C_0k_0^{\frac{s-1}{s-\theta}}+C_3k_0\leqslant\frac{M_0}{2}.\tag{4.4.37}$$

根据以上取定的常数, 我们用归纳法证明, 只要 $0<k\leqslant k_0$, 就有

$$\|\tilde{u}_k(t)\|_1\leqslant M_0,$$

$$\|\tilde{u}_k(t)\|_s \leqslant M_1,$$

$$\|\tilde{u}^*(t) - \tilde{u}_k(t)\|_1 \leqslant C_3 k.$$

同时考虑两种情形： (i) $j = 0$, (ii) $j > 0$，并且以上不等式当 $0 \leqslant t < yk$ 时已成立．如果 $j > 0$，则由引理 4.5，

$$\|u_k(jk-0)\|_3 \leqslant C_1 \left(\frac{k}{2}\right)^{\frac{s-3}{2}}.$$

由(4.4.36)，当 $j = 0$ 时，它也是成立的． 由(4.4.34)，在 $[jk, (j+1)k)$ 上(4.4.23)式成立．于是(4.4.24)成立．由 (4.4.35)，在 $[0,(j+1)k)$ 上，$\|\tilde{u}_k(t)\|_s \leqslant M_2$．由引理 4.7，在此区间上(4.4.25)式成立． 再利用 (4.4.11) 与(4.4.37)得 $\|\tilde{u}_k(t)\|_1 \leqslant M_0$． 最后，利用引理 4.6， 证明了 $\|\tilde{u}_k(t)\|_s \leqslant M_1$ 在此区间上也成立．完成了归纳．

我们已经证明了(4.4.32)．利用定理 3.1 就证明了(4.4.33)的 $r < \frac{1}{2}$ 情形．再利用内插不等式即证明了 $r \geqslant \frac{1}{2}$ 情形．证毕．

附注 对于二维问题，上述结果都成立．并且在定理 4.1 中，步长 k 可不作限制．这是因为二维 Euler 方程有整体存在定理，并且当 $k > k_0$ 时最多只有 $[T/k_0]$ 步，可通过简单的归纳得到上界，同时也就得到了(4.4.33)．

§5. 一个相容格式——非齐次方程

前面两节中的格式就初边值的相容性而言，是不相容的，它表现在初值(4.3.12)上． Euler 方程的解 $\tilde{u}_k((i+1)k-0)$ 不会在边界上等于零，与边界条件不相容．这样，解有较大的奇性．使用公式(4.0.1)中的涡旋生成算子，可以消除这一奇性．下面我们就考虑一个这样的格式．

仍以三维区域为例． 给定有界投影算子 $\Theta: \{u \in (H^1(\Omega))^3; \nabla \cdot u = 0\} \to \{u \in (H_0^1(\Omega))^3; \nabla \cdot u = 0\} = (H_0^1(\Omega))^3 \cap X$，对于

问题(4.3.1)—(4.3.4),我们在本节中讨论如下格式:($t\in[ik,(i+1)k),i=0,1,\cdots$):

$$\frac{\partial\tilde{u}_k}{\partial t}+(\tilde{u}_k\cdot\nabla)\tilde{u}_k+\frac{1}{\rho}\nabla\tilde{p}_k=f, \tag{4.5.1}$$

$$\nabla\cdot\tilde{u}_k=0, \tag{4.5.2}$$

$$\tilde{u}_k\cdot n|_{x\in\partial\Omega}=0, \tag{4.5.3}$$

$$\tilde{u}_k(ik)=u_k(ik-0), \tag{4.5.4}$$

$$\frac{\partial u_k}{\partial t}+\frac{1}{\rho}\nabla p_k=\nu\Delta u_k+\frac{1}{k}(I-\Theta)\tilde{u}_k((i+1)k-0), \tag{4.5.5}$$

$$\nabla\cdot u_k=0, \tag{4.5.6}$$

$$u_k|_{x\in\partial\Omega}=0, \tag{4.5.7}$$

$$u_k(ik)=\Theta\tilde{u}_k((i+1)k-0). \tag{4.5.8}$$

这里比较特殊的是:方程(4.5.5)中有一个非齐次项,它的作用是消除由于初始条件(4.5.8)中引进了涡旋生成算子Θ而产生的方程的不相容性。下面我们将看到,这一非齐次项是很有必要的。

和过去一样,我们先要讨论对应于线性方程(4.3.13)的格式,即把上述格式中的方程(4.5.1)换于(4.3.14)。

引理 5.1 (4.3.14),(4.5.2)—(4.5.8)的解可表为

$$\begin{aligned}u_k(t)=&e^{-\nu tA}u_0+\sum_{i=0}^{[t/k]}e^{-\nu(t-ik)A}\int_{ik}^{(i+1)k}\Theta Pf(\tau)d\tau\\&+\sum_{i=0}^{[t/k]-1}\int_{ik}^{(i+1)k}e^{-\nu(t-\tau)A}\frac{1}{k}\int_{ik}^{(i+1)k}(I-\Theta)Pf(\zeta)d\zeta d\tau\\&+\int_{[t/k]k}^{t}e^{-\nu(t-\tau)A}\frac{1}{k}\int_{[t/k]k}^{([t/k]+1)k}(I-\Theta Pf(\zeta)d\zeta d\tau.\end{aligned} \tag{4.5.9}$$

证明 与引理 3.1 的证明类似,但此处

$$\begin{aligned}u_k(t)=&e^{-\nu(t-ik)A}\Theta\tilde{u}_k((i+1)k-0)\\&+\int_{ik}^{t}e^{-\nu(t-\tau)A}\frac{1}{k}P(I-\Theta)\end{aligned}$$

$$\cdot\, \tilde{u}_k((i+1)k-0)d\tau. \tag{4.5.10}$$

注意到 $(I-\Theta)u_k(ik-0)=0$，以及 $P^2=P$，$P\Theta P=\Theta P$，就可以得到

$$u_k(t)=e^{-\nu(t-ik)A}u_k(ik-0)+e^{-\nu(t-ik)A}\Theta\int_{ik}^{(i+1)k}Pf(\tau)d\tau$$

$$+\int_{ik}^{t}e^{-\nu(t-\tau)A}\frac{1}{k}\int_{ik}^{(i+1)k}(I-\Theta)Pf(\zeta)d\zeta d\tau.$$

关于 i 归纳即得。证毕。

关于线性问题，有如下的误差估计：

定理 5.1 设 Θ 按范数 $\|\cdot\|_s$ 有界，$1\leqslant s<\frac{5}{2}$，$u_0\in(H^s(\Omega))^3\cap D(A)$，(4.3.13)，(4.3.2)—(4.3.4) 的解 u 充分光滑，则

$$\|u(t)-u_k(t)\|_s+\|u(t)-\tilde{u}_k(t)\|_s\leqslant Ck. \tag{4.5.11}$$

证明 将(2.8.5)与(4.5.9)相减得

$$u(jk)-u_k(jk-0)=\sum_{i=0}^{j-1}\int_{ik}^{(i+1)k}(e^{-\nu(jk-\tau)A}-e^{-\nu(jk-ik)A}).$$

$$\cdot\,\Theta Pf(\tau)d\tau+\sum_{i=0}^{j-1}\int_{ik}^{(i+1)k}e^{-\nu(jk-\tau)A}\frac{1}{k}\int_{ik}^{(i+1)k}(I-\Theta)P(f(\tau)$$

$$-f(\zeta))d\zeta d\tau.$$

不妨设 $2\leqslant s<\frac{5}{2}$，取 s_1，使 $s<s_1<\frac{5}{2}$，与定理 3.1 的估计方法类似可得

$$\left\|\sum_{i=0}^{j-1}\int_{ik}^{(i+1)k}(e^{-\nu(jk-\tau)A}-e^{-\nu(jk-ik)A})\Theta Pf(\tau)d\tau\right\|_s$$

$$\leqslant C\left\|\sum_{i=0}^{j-1}\int_{ik}^{(i+1)k}A^{\frac{s}{2}}e^{-\nu(jk-\tau)A}(I-e^{-\nu(\tau-ik)A})\Theta Pf(\tau)d\tau\right\|_0$$

$$=C\left\|\sum_{i=0}^{j-1}\int_{ik}^{(i+1)k}A^{1-\frac{s_1-s}{2}}e^{-\nu(jk-\tau)A}(I-e^{-\nu(\tau-ik)A})\right.$$

$$\cdot A^{\frac{s_1}{2}-1}\Theta Pf(\tau)d\tau\Big\|_0$$

$$\leqslant C\sum_{i=0}^{j-1}\int_{ik}^{(i+1)k}(jk-\tau)^{-1+\frac{s_1-s}{2}}\|(I-e^{-\nu(\tau-ik)A})$$

$$\cdot A^{\frac{s_1}{2}-1}\Theta Pf(\tau)d\tau\|_0$$

$$\leqslant C\sum_{i=0}^{j-1}\int_{ik}^{(i+1)k}(jk-\tau)^{-1+\frac{s_1-s}{2}}((\tau-ik)\nu)$$

$$\cdot\|AA^{\frac{s_1}{2}-1}\Theta Pf(\tau)\|_0 d\tau$$

$$\leqslant Ck.$$

这里要注意的是，$Pf(\tau)$ 充分光滑，由算子Θ的性质，$\Theta Pf(\tau)\in D(A)$，而 $\frac{s_1}{2}<\frac{5}{4}$，因此$\Theta Pf(\tau)\in D(A^{\frac{s_1}{2}})$． 类似地有

$$\Big\|\sum_{i=0}^{j-1}\int_{ik}^{(i+1)k}e^{-\nu(jk-\tau)A}\frac{1}{k}\int_{ik}^{(i+1)k}(I-\Theta)P(f(\tau)-f(\zeta))d\zeta d\tau\Big\|_s$$

$$=\Big\|\sum_{i=0}^{j-1}\int_{ik}^{(i+1)k}e^{-\nu(jk-\tau)A}\frac{1}{k}\int_{ik}^{(i+1)k}\int_{\zeta}^{\tau}(I-\Theta)$$

$$\cdot Pf'(\xi)d\xi d\zeta d\tau\|_s$$

$$\leqslant Ck.$$

所以有

$$\|u(jk)-u_k(jk-0)\|_s\leqslant Ck. \tag{4.5.12}$$

令 $j=[t/k]$，则有

$$u(t)-\tilde{u}_k(t)=u(t)-u(jk)+(u(jk)-u_k(jk-0))$$
$$-\int_{jk}^{t}Pf(\tau)d\tau$$

$$u(t)-u_k(t)=e^{-\nu(t-jk)A}(u(jk)-u_k(jk-0))$$
$$+\int_{jk}^{t}(e^{-\nu(t-\tau)A}-e^{-\nu(t-jk)A})\Theta Pf(\tau)d\tau$$
$$+\int_{jk}^{t}e^{-\nu(t-\tau)A}\frac{1}{k}\int_{jk}^{(j+1)k}(I-\Theta)P(f(\tau)$$

$$- f(\zeta))\,d\zeta\,d\tau - \int_t^{(i+1)k} e^{-\nu(t-ik)A}\Theta P f(\tau)\,d\tau.$$

利用 u 的充分光滑性,(4.5.12),并且利用以上的估计方法,即可证明(4.5.11). 证毕.

下面开始对非线性问题进行估计. 与第四节类似，我们设已知函数 u_0, f 和解 u 充分光滑，$u_0 \in D(A)$. 先证明几个引理.

引理 5.2 设 $2 \leqslant s < \frac{5}{2}$，对于 $ik \leqslant t < (i+1)k$,

$$\|\tilde{u}_k(t)\|_s \leqslant M_1,$$

则

$$\frac{1}{k}\|(I-\Theta)\tilde{u}_k((i+1)k-0)\|_1 \leqslant C_1, \tag{4.5.13}$$

其中常数 C_1 只依赖于常数 M_1, s，区域 Ω，算子 Θ 和函数 f.

证明 以 C_1 记具有上述性质的通用常数. 因为 $u_k(ik-0) \in D(A)$，所以 $(I-\Theta)u_k(ik-0)=0$. 又 $I-\Theta$ 是一个有界算子. 因此

$$\begin{aligned}\|(I-\Theta)\tilde{u}_k((i+1)k-0)\|_1 &= \|(I-\Theta)(\tilde{u}_k((i+1)k\\ &\quad -0)-u_k(ik-0))\|_1\\ &\leqslant C\|\tilde{u}_k((i+1)k-0)-u_k(ik-0)\|_1.\end{aligned}$$

由初始条件(4.5.4)

$$\begin{aligned}\|(I-\Theta)\tilde{u}_k((i+1)k-0)\|_1 \leqslant C\|\tilde{u}_k((i+1)k-0)\\ -\tilde{u}_k(ik)\|_1.\end{aligned} \tag{4.5.14}$$

令 $\tilde{\omega}_k = \mathrm{curl}\,\tilde{u}_k$，则由方程(4.5.1)

$$\frac{\partial\tilde{\omega}_k}{\partial t} + (\tilde{u}_k\cdot\nabla)\tilde{\omega}_k - (\tilde{\omega}_k\cdot\nabla)\tilde{u}_k = \mathrm{curl}\,f.$$

积分得

$$\begin{aligned}\tilde{\omega}_k((i+1)k-0) - \tilde{\omega}_k(ik) + \int_{ik}^{(i+1)k}((\tilde{u}_k\cdot\nabla)\tilde{\omega}_k\\ -(\tilde{\omega}_k\cdot\nabla)\tilde{u}_k)\,dt\\ = \int_{ik}^{(i+1)k}\mathrm{curl}\,f\,dt.\end{aligned}$$

由(4.4.27)(4.4.28)

$$\|\tilde{\omega}_k((i+1)k-0)-\tilde{\omega}_k(ik)\|_0 \leqslant C\int_{ik}^{(i+1)k}(\|\tilde{u}_k\|_2^2+\|f\|_1)dt.$$

利用第二章第1节,范数 $\|\mathrm{curl}\cdot\|_0$ 与$\|\cdot\|_1$ 等价,我们得

$$\|\tilde{u}_k((i+1)k-0)-\tilde{u}_k(ik)\|_1 \leqslant C\int_{ik}^{(i+1)k}(\|\tilde{u}_k\|_2^2+\|f\|_1)dt.$$

代入(4.5.14)得

$$\|(I-\Theta)\tilde{u}_k((i+1)k-0)\|_1 \leqslant C\int_{ik}^{(i+1)k}(\|\tilde{u}_k\|_2^2+\|f\|_1)dt. \tag{4.5.15}$$

于是有(4.5.13)。证毕.

引理 5.3 设 $2\leqslant s<\frac{5}{2}$, $s\leqslant\sigma\leqslant 4$, Θ 按范数 $\|\cdot\|_s$ 有界, 对于 $ik\leqslant t<(i+1)k$, $\|\tilde{u}_k(t)\|_s\leqslant M_1$, 则在同一区间上

$$\|u_k(t)\|_\sigma \leqslant C_2(t-ik)^{\frac{s-\sigma}{2}}, \tag{4.5.16}$$

其中常数 C_2 只依赖于常数 M_1,ν,s,σ, 区域 Ω, 算子Θ和函数 f.

证明 以 C_2 记具有上述性质的通用常数. 令

$$w=\frac{\partial u_k}{\partial t},\ \pi=\frac{\partial p_k}{\partial t},$$

形式地对(4.5.5)—(4.5.7)作微分得

$$\frac{\partial w}{\partial t}+\frac{1}{\rho}\nabla\pi=\nu\Delta w,$$

$$\nabla\cdot w=0,$$

$$w|_{x\in\partial\Omega}=0,$$

$$w(ik)=\left.\frac{\partial u_k}{\partial t}\right|_{t=ik}=-\nu A\Theta\tilde{u}_k((i+1)k-0)+\frac{1}{k}P(I-\Theta)\tilde{u}_k((i+1)k-0).$$

在第二章第 8 节中我们曾说明 $\frac{\partial u_k}{\partial t}$ 是它的一个弱解。 但是以上问题有一个强解

$$w(t)=e^{-\nu(t-ik)A}w(ik),$$

因此

$$\frac{\partial u_k}{\partial t}=e^{-\nu(t-ik)A}w(ik),$$

于是

$$\begin{aligned}\left\|\frac{\partial u_k}{\partial t}\right\|_{\sigma-2}&\leqslant C\|A^{\frac{\sigma}{2}-1}e^{-\nu(t-ik)A}w(ik)\|_0\\&=C\|A^{\frac{\sigma-s}{2}}e^{-\nu(t-ik)A}A^{\frac{s}{2}-1}w(ik)\|_0\\&\leqslant C(t-ik)^{\frac{s-\sigma}{2}}\|A^{\frac{s}{2}-1}w(ik)\|_0\\&\leqslant C(t-ik)^{\frac{s-\sigma}{2}}\|w(ik)\|_{s-2}.\end{aligned}\tag{4.5.17}$$

由本引理的假设和引理 5.2 得

$$\|w(ik)\|_{s-2}\leqslant C_2.\tag{4.5.18}$$

再把方程(4.5.5)写成

$$-\nu\Delta u_k+\frac{1}{\rho}\nabla p_k=\frac{1}{k}(I-\Theta)\tilde{u}_k((i+1)k-0)-\frac{\partial u_k}{\partial t},$$

由 Stokes 方程边值问题解的估计(2.2.15)得

$$\|u_k\|_\sigma\leqslant C\left\|\frac{1}{k}(I-\Theta)\tilde{u}_k((i+1)k-0)-\frac{\partial u_k}{\partial t}\right\|_{\sigma-2}.$$

当 $\sigma\leqslant 3$，合并 (4.5.13)，(4.5.17)，(4.5.18) 即得 (4.5.16)。当 $\sigma>3$，则由内插不等式得

$$\begin{aligned}&\|(I-\Theta)\tilde{u}_k((i+1)k-0)\|_{\sigma-2}\\&\leqslant C\|(I-\Theta)\tilde{u}_k((i+1)k-0)\|_1^{\frac{s-\sigma+2}{s-1}}\\&\quad\cdot\|(I-\Theta)\tilde{u}_k((i+1)k-0)\|_s^{\frac{\sigma-3}{s-1}}.\end{aligned}$$

但是由(4.5.13)得

$$\frac{1}{k}\|(I-\Theta)\tilde{u}_k((i+1)k-0)\|_1^{\frac{s-\sigma+2}{s-1}} \leqslant C_1^{\frac{s-\sigma+2}{s-1}} k^{\frac{3-\sigma}{s-1}}$$

$$\leqslant C_1^{\frac{s-\sigma+2}{s-1}} k^{\frac{s-\sigma}{2}} \leqslant C_1^{\frac{s-\sigma+2}{s-1}} (t-ik)^{\frac{s-\sigma}{2}}.$$

也得(4.5.16). 证毕.

引理 5.4 设 $2<s<\frac{5}{2}$, Θ 按范数$\|\cdot\|_r$有界, $\frac{1}{2}<r<1$, 并且存在常数 M_0, C_s, 使 $\|\tilde{u}_k(t)\|_1\leqslant M_0$, 而且在 $[ik,(i+1)k)$ 上

$$\|\tilde{u}_k(t)\|_s\leqslant C_s(\|u_k(ik-0)\|_s+1),\ i=0,1\cdots, \tag{4.5.19}$$

则

$$\|\tilde{u}_k(t)\|_s\leqslant M_1,$$

其中常数 M_1 只依赖于常数 M_0, C_s, s, T, ν, 区域 Ω, 算子 Θ 及函数 f, u_0.

证明 我们先估计 $\|u_k(jk-0)\|_s$, 它可以由(4.5.9)表示. 其中 $f(\tau)$ 应该用 $f-(\tilde{u}_k\cdot\nabla)\tilde{u}_k$ 代替. 第一项的估计已由定理 3.1 的证明给出, 我们估计第二项. 取 r, $r\in\left(\frac{1}{2}, s-\frac{3}{2}\right)$, 则有

$$\left\|\sum_{i=0}^{j-1} e^{-\nu(jk-ik)A}\int_{ik}^{(i+1)k}\Theta P(f-(\tilde{u}_k\cdot\nabla)\tilde{u}_k)d\tau\right\|_s$$

$$\leqslant C\left\|\sum_{i=0}^{j-1} A^{\frac{s}{2}} e^{-\nu(jk-ik)A}\int_{ik}^{(i+1)k}\Theta P(f-(\tilde{u}_k\cdot\nabla)\tilde{u}_k)\,d\tau\right\|_0$$

$$=C\left\|\sum_{i=0}^{j-1} A^{\frac{s-r}{2}} e^{-\nu(jk-ik)A}\int_{ik}^{(i+1)k} A^{\frac{r}{2}}\Theta P(f-(\tilde{u}_k\cdot\nabla)\tilde{u}_k)d\tau\right\|_0$$

$$\leqslant C\int_0^{jk}(jk-\tau)^{\frac{r-s}{2}}d\tau\cdot\sup_{0\leqslant\tau<jk}\|f-(\tilde{u}_k\cdot\nabla)\tilde{u}_k\|_r.$$

另外两项可以同样地估计, 得

$$\|u_k(jk-0)\|_s \leqslant C(\|u_0\|_s + \sup_{0\leqslant\tau<jk}\|f-(\tilde{u}_k\cdot\nabla)\tilde{u}_k\|_r).$$

由条件(4.5.19)及引理 4.1 得

$$\sup_{0\leqslant t<(j+1)k}\|\tilde{u}_k(t)\|_s \leqslant C_s + C_3C(\|u_0\|_s + \sup_{0\leqslant\tau<jk}(\|f_r\|$$

$$+ C\|\tilde{u}_k\|_1^{2-\frac{1+2r}{2s-2}}\cdot\|\tilde{u}_k\|_s^{\frac{1+2r}{2s-2}}))$$

它已经在形式上与(4.4.24)一致，可以得到 $\|\tilde{u}_k(t)\|_s$ 的估计. 证毕.

象上一节一样，我们引进相应的辅助问题的解 $\tilde{u}^*$ 与 u^*，就可以证明如下的误差估计:

引理 5.5 设 $2<s<\dfrac{5}{2}$，Θ 按范数 $\|\cdot\|_r$ 有界，$1\leqslant r\leqslant s-1$，并且 $\|\tilde{u}_k\|_s\leqslant M_1$，则

$$\|u^*(t)-u_k(t)\|_1 + \|\tilde{u}^*(t)-\tilde{u}_k(t)\|_1 \leqslant C_4k,$$

其中常数 C_4 只依赖于常数 ν, s, T, M_1，区域 Ω，算子 Θ，以及(4.3.1)—(4.3.4)的解 u.

证明 以 C_4 记具有上述性质的通用常数，并且为了符号上的方便起见，令 $\mathfrak{f}=(\tilde{u}_k\cdot\nabla)\tilde{u}_k-(u\cdot\nabla)u$，和

$$s_i=\begin{cases}(ik,(i+1)k), & i=0,1,\cdots,\left[\dfrac{t}{k}\right]-1,\\ \left(\left[\dfrac{t}{k}\right]k,t\right), & i=\left[\dfrac{t}{k}\right],\end{cases}$$

则

$$u^*(t)-u_k(t)=I_1+I_2+I_3,$$

其中

$$I_1=\sum_{i=0}^{[t/k]}\int_{s_i}e^{-\nu(t-\tau)A}\frac{1}{k}\int_{ik}^{(i+1)k}P\mathfrak{f}(\zeta)d\zeta d\tau,$$

$$I_2=\sum_{i=0}^{[t/k]}\int_{s_i}(e^{-\nu(t-ik)A}-e^{-\nu(t-\tau)A})\frac{1}{k}\int_{ik}^{(i+1)k}\Theta P\mathfrak{f}(\zeta)d\zeta d\tau,$$

$$I_3=e^{-\nu(t-[\frac{t}{k}]k)A}\left(\left[\frac{t}{k}\right]+1-\frac{t}{k}\right)\int_{[t/k]k}^{([t/k]+1)k}\Theta P\mathfrak{f}(\tau)d\tau,$$

现在

$$\tilde{f}=(u\cdot\nabla)(\tilde{u}_k-\tilde{u}^*)+(u\cdot\nabla)(\tilde{u}^*-u)+((u-\tilde{u}^*)\cdot\nabla)\tilde{u}_k-((\tilde{u}^*-\tilde{u}_k)\cdot\nabla)\tilde{u}_k,$$

由定理 5.1 得

$$\|u(t)-u^*(t)\|_s+\|u(t)-\tilde{u}^*(t)\|_s\leqslant C_4k.$$

取 $r, 0<r<\frac{1}{2}$，再利用引理 4.4 就得到估计

$$\|I_1\|_1\leqslant C_4\sum_{i=0}^{[t/k]}\int_{s_i}(t-\tau)^{\frac{r}{2}-1}\Big(\sup_{ik\leqslant\zeta<(i+1)k}\|\tilde{u}^*(\zeta)-\tilde{u}_k(\zeta)\|_r+k\Big)d\tau.$$

(4.4.31)式现在仍然成立：

$$\|(\tilde{u}^*-\tilde{u}_k)(t)\|_1\leqslant C_4(\|(\tilde{u}^*-\tilde{u}_k)(jk)\|_1+k),\quad t\in[jk,(j+1)k),\tag{4.5.20}$$

注意到初始条件(4.5.4)与(4.4.4)，就有

$$\|I_1\|_1\leqslant C_4\sum_{i=0}^{[t/k]}\int_{s_i}(t-\tau)^{\frac{r}{2}-1}(\|(u^*-u_k)(ik-0)\|_1+k)d\tau.$$

我们再估计 I_2,

$$\begin{aligned}\|I_2\|_1&=\Big\|\sum_{i=0}^{[t/k]}\int_{s_i}\int_{ik}^{\tau}\nu Ae^{-\nu(t-\xi)A}d\xi\cdot\frac{1}{k}\int_{ik}^{(i+1)k}\Theta P\tilde{f}(\zeta)d\zeta d\tau\Big\|_1\\
&\leqslant C\Big\|\sum_{i=0}^{[t/k]}\int_{s_i}\int_{ik}^{\tau}\nu A^{\frac{3}{2}}e^{-\nu(t-\xi)A}d\xi\cdot\frac{1}{k}\int_{ik}^{(i+1)k}\Theta P\tilde{f}(\zeta)d\zeta d\tau\Big\|_0\\
&=C\Big\|\sum_{i=0}^{[t/k]}\int_{s_i}\int_{ik}^{\tau}\nu A^{2-\frac{s}{2}}e^{-\nu(t-\xi)A}d\xi\cdot\frac{1}{k}\int_{ik}^{(i+1)k}A^{\frac{s-1}{2}}\cdot\Theta P\tilde{f}(\zeta)d\zeta d\tau\Big\|_0\\
&\leqslant C\sum_{i=0}^{[t/k]}\int_{s_i}\int_{ik}^{\tau}(t-\xi)^{\frac{s}{2}-2}d\xi\cdot\frac{1}{k}\int_{ik}^{(i+1)k}\|\tilde{f}(\zeta)\|_{s-1}d\zeta d\tau.\end{aligned}$$

由引理 4.3

$$\|\tilde{f}(\zeta)\|_{s-1}\leqslant C(\|\tilde{u}_k\|_2\|\nabla\tilde{u}_k\|_{s-1}+\|u\|_2\|\nabla u\|_{s-1})\leqslant C_4,$$

于是

$$\|I_2\|_1 \leqslant C_4 k \int_0^t (t-\xi)^{\frac{s}{2}-2} d\xi \leqslant C_4 k.$$

我们又有

$$\|I_3\|_1 \leqslant Ck \sup_{[t/k]k \leqslant \tau < ([t/k]+1)k} \|\Theta P \tilde{f}(\tau)\|_1 \leqslant C_4 k,$$

因此

$$\|u^*(t) - u_k(t)\|_1 \leqslant C_4 \sum_{i=0}^{[t/k]} \int_{s_i} (t-\tau)^{\frac{r}{2}-1} \|(u^* - u_k)$$

$$\cdot (ik-0)\|_1 d\tau + C_4 k.$$

象引理 4.7 的证明一样，可得

$$\|u^*(t) - u_k(t)\|_1 \leqslant C_4 k.$$

由(4.5.20)及初始条件(4.5.4)与(4.4.4)即可得 $\|\tilde{u}^*(t) - \tilde{u}_k(t)\|_1$ 的估计。证毕。

在作了上述准备以后，我们得到本节的主要定理：

定理 5.2 设 $2 < s < \frac{5}{2}$, u, u_0, f 充分光滑，Θ 按范数$\|\cdot\|_r$ 有界，$\frac{1}{2} < r \leqslant s$，则存在 $k_0 > 0$，使当 $0 < k \leqslant k_0$ 时，(4.5.1)—(4.5.8)的解满足

$$\|\tilde{u}_k(t)\|_s, \|u_k(t)\|_s \leqslant M, \quad t \in [0, T],$$

$$\|\tilde{u}_k(t) - u(t)\|_1 + \|u_k(t) - u(t)\|_1 \leqslant M'k, \quad t \in [0, T],$$

其中常数 k_0, M, M' 只依赖于常数 ν, s, T，区域 Ω，算子 Θ，函数 f, u_0 和解 u。

证明 归纳法的部分与定理 4.1 的证明完全一样，此处从略。为证明定理，只要给出 $\|u_k\|_s$ 的估计。由(4.5.5)—(4.5.8) 可得

$$u_k(t) = e^{-\nu(t-ik)A} \Theta \tilde{u}_k((i+1)k - 0)$$

$$+ \int_{ik}^t e^{-\nu(t-\tau)A} P \frac{1}{k} (I - \Theta) \tilde{u}_k((i+1)k - 0) d\tau,$$

容易证明

$$\|u_k(t)\|_s \leqslant C(\|\Theta\tilde{u}_k((i+1)k-0)\|_s$$
$$+\left\|\frac{1}{k}(I-\Theta)\tilde{u}_k((i+1)k-0)\right\|_r,$$

其中 $s-2<r<\frac{1}{2}$，再利用引理 5.2 即可估计．证毕．

最后，我们应该给一个例子，说明满足上述条件的算子 Θ 是存在的．作子空间 $V\subset(L^2(\Omega))^3$，使 $\omega\in V$ 的充分必要条件是存在 $u\in(H_0^1(\Omega))^3\cap X$，使 $\mathrm{curl}\boldsymbol{u}=\omega$．易见 V 是闭的．设 Q 是从 $(L^2(\Omega))^3$ 到 V 的正交投影算子．任取 $u\in\{v\in(H^1(\Omega))^3;\ \nabla\cdot v=0\}$，令 $\omega=\mathrm{curl}\boldsymbol{u}$，再令 $\theta=Q\omega$，有唯一的一个 $u^*\in(H_0^1(\Omega))^3\cap X$，使 $\mathrm{curl}\boldsymbol{u}^*=\theta$，我们记 $\boldsymbol{u}^*=\Theta\boldsymbol{u}$．

下面说明算子 Θ 符合要求，以 $(\cdot,\cdot)$ 记 L^2 内积，令

$$R(g)=\frac{1}{2}(g,g)-(\mathrm{curl}\boldsymbol{u},g),\ g\in(L^2(\Omega))^3,$$

则

$$R(\theta)=\inf_{g\in V}R(g).$$

由第二章第 1 节，curl 算子为从 $X\cap(H^{s+1}(\Omega))^3$ 到 $\{v\in(H^s(\Omega))^3;\ \nabla\cdot\boldsymbol{v}=0\}$ 的一个同构，$s\geqslant 0$，因此

$$R(\mathrm{curl}\boldsymbol{u}^*)=\inf_{v\in(H_0^1(\Omega))^3\cap X}R(\mathrm{curl}\boldsymbol{v}).$$

但是当 $\boldsymbol{v}\in(H_0^1(\Omega))^3\cap X$ 时

$$(\mathrm{curl}\boldsymbol{v},\mathrm{curl}\boldsymbol{v})=(\nabla\boldsymbol{v},\nabla\boldsymbol{v}),$$

因此

$$R(\mathrm{curl}\boldsymbol{v})=\frac{1}{2}(\nabla\boldsymbol{v},\nabla\boldsymbol{v})-(\mathrm{curl}\boldsymbol{u},\mathrm{curl}\boldsymbol{v}).$$

以 $\mu\in L^2(\Omega)$ 作为一个 Lagrange 乘子，考虑 $(H_0^1(\Omega))^3\times L^2(\Omega)$ 上的泛函

$$R(\boldsymbol{v},\mu)=\frac{1}{2}(\nabla\boldsymbol{v},\nabla\boldsymbol{v})-(\mathrm{curl}\boldsymbol{u},\mathrm{curl}\boldsymbol{v})+(\mu,\nabla\cdot\boldsymbol{v}),$$

则 $\boldsymbol{u}^*$ 满足

$$R_1'(u^*,\mu)=0.$$

即

$$(\nabla u^*,\nabla v)+(\mu,\nabla\cdot v)=(\mathrm{curl}\,u,\mathrm{curl}\,v),$$
$$\forall v\in(H_0^1(\Omega))^3,\ \nabla\cdot u^*=0.$$

第二章 Stokes 问题解的估计(2.2.15),对于非负整数 m

$$\|u^*\|_{m+1}\leqslant C\|u\|_{m+1} \tag{4.5.21}$$

现在设 $\frac{1}{2}<s<1$, $h\in(C_0^\infty(\Omega))^3$, 并且 $u_1\in(H_0^1(\Omega))^3$, $p_1\in L^2(\Omega)$ 满足

$$(\nabla u_1,\nabla v)+(p_1,\nabla\cdot v)=(h,v),\ \forall v\in(H_0^1(\Omega))^3,$$
$$\nabla\cdot u_1=0,$$

则有

$$|(h,u^*)|=|(\nabla u_1,\nabla u^*)|=|(\mathrm{curl}\,u,\mathrm{curl}\,u_1)|,$$

于是

$$|(h,u^*)|\leqslant\|\mathrm{curl}\,u\|_{s-1}\|\mathrm{curl}\,u_1\|_{1-s}$$
$$\leqslant C\|u\|_s\|u_1\|_{2-s}.$$

利用(2.2.15)

$$\|u_1\|_{2-s}\leqslant C\|h\|_{-s},$$

即有

$$\|u^*\|_s\leqslant C\|u\|_s. \tag{4.5.22}$$

在(4.5.21)(4.5.22)之间作内插，我们可以知道(4.5.22)对任意的 $s>\frac{1}{2}$ 都是成立的. 即 Θ 按 $\|\cdot\|_s$ 范数有界. 另一方面，因为 Q 是一个投影,所以 Θ 也是一个投影. 即 Θ 符合要求.

§6. 一个相容格式——非齐次边界条件

我们在这一节讨论另一种相容格式，它在算子 $H(t)$ 中使用了非齐次边界条件,从而使解的奇性象上一节一样得到了改善,在 $t\in[ik,(i+1)k)$, $i=0,1,\cdots$, 上求解

$$\frac{\partial \tilde{u}_k}{\partial t}+(\tilde{u}_k\cdot\nabla)\tilde{u}_k+\frac{1}{\rho}\nabla\tilde{p}_k=f, \tag{4.6.1}$$

$$\nabla\cdot\tilde{u}_k=0, \tag{4.6.2}$$

$$\tilde{u}_k\cdot n|_{x\in\partial\Omega}=0, \tag{4.6.3}$$

$$\tilde{u}_k(ik)=u_k(ik-0), \tag{4.6.4}$$

$$\frac{\partial u_k}{\partial t}+\frac{1}{\rho}\nabla p_k=\nu\Delta u_k, \tag{4.6.5}$$

$$\nabla\cdot u_k=0, \tag{4.6.6}$$

$$u_k|_{x\in\partial\Omega}=\frac{(i+1)k-t}{k}\tilde{u}_k((i+1)k-0)|_{x\in\partial\Omega}, \tag{4.6.7}$$

$$u_k(ik)=\tilde{u}_k((i+1)k-0). \tag{4.6.8}$$

首先我们还是讨论对应于方程(4.3.13)的线性格式,也即把方程(4.6.1)换为(4.3.14)。和上一节一样,我们引进符号:

$$s_i=\begin{cases}(ik,(i+1)k), & i=0,1,\cdots,\left[\dfrac{t}{k}\right]-1,\\ \left(\left[\dfrac{t}{k}\right]k,t\right), & i=\left[\dfrac{t}{k}\right].\end{cases}$$

引理 6.1 (4.3.14)(4.6.2)—(4.6.8)的解可表为

$$\begin{aligned}u_k(t)=&e^{-\nu tA}u_0+\sum_{i=0}^{[t/k]}\int_{s_i}e^{-\nu(t-\tau)A}\left\{\frac{1}{k}\int_{ik}^{(i+1)k}Pf(\zeta)d\zeta\right.\\&\left.+\nu\frac{(i+1)k-\tau}{k}\int_{ik}^{(i+1)k}P\Delta Pf(\zeta)d\zeta\right\}d\tau\\&+\frac{\left(\left[\frac{t}{k}\right]+1\right)k-t}{k}\int_{[t/k]k}^{([t/k]+1)k}Pf(\tau)d\tau.\end{aligned}\tag{4.6.9}$$

证明 由(4.3.14)得

$$\tilde{u}_k(t)=\tilde{u}_k(ik)+\int_{ik}^{t}Pf(\tau)d\tau$$

$$t\in[ik,(i+1)k). \tag{4.6.10}$$

在此区间上，令

$$v(t)=u_k(t)-\frac{(i+1)k-t}{k}(\tilde{u}_k((i+1)k-0)$$

$$-\tilde{u}_k(ik)),\tag{4.6.11}$$

由(4.6.4)—(4.6.8)，v 是下面问题的解：

$$\frac{\partial v}{\partial t}+\frac{1}{\rho}\nabla p_k=\nu\Delta v+\frac{\tilde{u}_k((i+1)k-0)-\tilde{u}_k(ik)}{k}$$

$$+\nu\frac{(i+1)k-t}{k}\Delta(\tilde{u}_k((i+1)k-0)-\tilde{u}_k(ik)),\tag{4.6.12}$$

$$\nabla\cdot v=0,\tag{4.6.13}$$

$$v|_{x\in\partial\Omega}=0,\tag{4.6.14}$$

$$v(ik)=\tilde{u}_k(ik)=u_k(ik-0)=v(ik-0).\tag{4.6.15}$$

因此 v 在整个区域 $\bar{\Omega}\times[0,T]$ 上连续，它可以表成

$$v(t)=e^{-\nu tA}u_0+\sum_{i=0}^{[t/k]}\int_{s_i}e^{-\nu(t-\tau)A}\left\{P\frac{\tilde{u}_k((i+1)k-0)-\tilde{u}_k(ik)}{k}\right.$$

$$\left.+\nu\frac{(i+1)k-\tau}{k}P\Delta(\tilde{u}_k((i+1)k-0)-\tilde{u}_k(ik))\right\}d\tau.$$

以(4.6.10)代入得

$$v(t)=e^{-\nu tA}u_0+\sum_{i=0}^{[t/k]}\int_{s_i}e^{-\nu(t-\tau)A}\left\{\frac{1}{k}\int_{ik}^{(i+1)k}Pf(\zeta)d\zeta\right.$$

$$\left.+\nu\frac{(i+1)k-\tau}{k}\int_{ik}^{(i+1)k}P\Delta Pf(\zeta)d\zeta\right\}d\tau.$$

再利用(4.6.11)即得(4.6.9)。证毕。

下面证明线性问题的误差估计，我们还是假设 f，u_0 和(4.3.13)，(4.3.2)—(4.3.4)的解充分光滑，还假设 $u_0\in D(A)$，则有

定理 6.1 设 $2\leqslant s<\frac{5}{2}$，则

$$\|u(t)-u_k(t)\|_s+\|u(t)-\tilde{u}_k(t)\|_s\leqslant Ck.$$

证明 由(2.8.5)与(4.6.9)得

$$u(t)-u_k(t)=\sum_{i=0}^{[t/k]}\int_{S_i}e^{-\nu(t-\tau)A}\left\{\frac{1}{k}\int_{ik}^{(i+1)k}P(f(\tau)\right.$$

$$\left.-f(\zeta))\,d\zeta-\nu\,\frac{(i+1)k-\tau}{k}\int_{ik}^{(i+1)k}P\Delta Pf(\zeta)d\zeta\right\}d\tau$$

$$-\frac{\left(\left[\frac{t}{k}\right]+1\right)k-t}{k}\int_{[t/k]k}^{([t/k]+1)k}Pf(\tau)d\tau.$$

取 $r\in\left(s-2,\frac{1}{2}\right)$，则第一项

$$\left\|\sum_{i=0}^{[t/k]}\int_{s_i}e^{-\nu(t-\tau)A}\frac{1}{k}\int_{ik}^{(i+1)k}P(f(\tau)-f(\zeta))d\zeta d\tau\right\|_s$$

$$=\left\|\sum_{i=0}^{[t/k]}\int_{s_i}e^{-\nu(t-\tau)A}\frac{1}{k}\int_{ik}^{(i+1)k}\int_{\zeta}^{\tau}Pf'(\xi)d\xi d\zeta d\tau\right\|_s$$

$$\leqslant C\sum_{i=0}^{[t/k]}\int_{s_i}\left\|A^{\frac{s}{2}}e^{-\nu(t-\tau)A}\frac{1}{k}\int_{ik}^{(i+1)k}\int_{\zeta}^{\tau}Pf'(\xi)d\xi d\zeta\right\|_0 d\tau$$

$$=C\sum_{i=0}^{[t/k]}\int_{s_i}\left\|A^{\frac{s-r}{2}}e^{-\nu(t-\tau)A}\frac{1}{k}\int_{ik}^{(i+1)k}\int_{\zeta}^{\tau}A^{\frac{r}{2}}Pf'(\xi)d\xi d\zeta\right\|_0 d\tau$$

$$\leqslant C\sum_{i=0}^{[t/k]}\int_{s_i}(t-\tau)^{\frac{r-s}{2}}\frac{1}{k}\int_{ik}^{(i+1)k}\left|\int_{\zeta}^{\tau}\|Pf'(\xi)\|_r d\xi\right|d\zeta d\tau$$

$$\leqslant Ck\sup_{0\leqslant\xi<([t/k]+1)k}\|f'(\xi)\|_r.$$

再估计第二项,同理有

$$\left\|\sum_{i=0}^{[t/k]}\int_{s_i}e^{-\nu(t-\tau)A}\nu\,\frac{(i+1)k-\tau}{k}\int_{ik}^{(i+1)k}P\Delta Pf(\zeta)d\zeta d\tau\right\|_s$$

$$\leqslant C\sum_{i=0}^{[t/k]}\int_{s_i}(t-\tau)^{\frac{r-s}{2}}\nu\,\frac{(i+1)k-\tau}{k}$$

$$\cdot\int_{ik}^{(i+1)k}\|P\Delta Pf(\zeta)\|_r d\zeta d\tau$$

$$\leqslant Ck\int_0^t (t-\tau)^{\frac{r-s}{2}} \sup_{0\leqslant\zeta<([t/k]+1)k} \|f(\zeta)\|_{2+r}$$
$$\leqslant Ck \sup_{0\leqslant\zeta<([t/k]+1)k} \|f(\zeta)\|_{2+r}.$$

第三项的估计是很容易的，

$$\left\|\frac{([t/k]+1)k-t}{k}\int_{[t/k]k}^{([t/k]+1)k} Pf(\tau)d\tau\right\|_s$$
$$\leqslant Ck \sup_{[t/k]k\leqslant\tau<([t/k]+1)k} \|f(\tau)\|_s.$$

这样，$\|u(t)-u_k(t)\|_s$ 的估计已经完成，我们再估计 $\|u(t)-\tilde{u}_k(t)\|_s$。因为 u 是充分光滑的，我们有

$$\|u(t)-u(ik)\|_s \leqslant Ck,\ t\in[ik,(i+1)k),$$

由(4.6.10)和初始条件(4.6.4)，

$$\|\tilde{u}_k(t)-u_k(ik-0)\|_s \leqslant Ck \sup_{ik\leqslant\tau<(i+1)k} \|f(\tau)\|_s.$$

因此

$$\|u(t)-\tilde{u}_k(t)\|_s \leqslant Ck + \|u(ik)-u_k(ik-0)\|_s \leqslant Ck.$$

证毕.

下面我们开始对非线性格式进行估计.

引理 6.2 设 $0<r<\frac{1}{2}$，则

$$\|(w\cdot\nabla)w\|_{2+r} \leqslant C\|w\|_1\|w\|_4,\quad \forall w\in(H^4(\Omega))^3, \tag{4.6.16}$$

$$\|(w\cdot\nabla)w\|_r \leqslant C\|w\|_1\|w\|_2,\quad \forall w\in(H^2(\Omega))^3. \tag{4.6.17}$$

证明 由嵌入定理和 Hölder 不等式，令 $p=\frac{6}{5-2r}$，我们有

$$\|(w\cdot\nabla)w\|_{2+r} \leqslant C\|(w\cdot\nabla)w\|_{3,p}$$
$$\leqslant C(\|w\|_{0,\frac{3}{1-r}}\|w\|_4 + \|w\|_{3,\frac{3}{1-r}}\|w\|_1)$$
$$\leqslant C\|w\|_1\|w\|_4$$

即得(4.6.16)。同理可证(4.6.17)。证毕。

引理 6.3 设 $2 < s < \frac{5}{2}$，$s \leqslant \sigma \leqslant 4$，

$$\sup_{0\leqslant t<jk} \|\tilde{u}_k(t)\|_1 \leqslant M_0, j > 0,$$

则

$$\|u_k(jk-0)\|_\sigma \leqslant C_1 k^{\frac{s-\sigma}{2}} \sup_{0\leqslant\tau<jk} \|\tilde{u}_k(\tau)\|_s + 1), \tag{4.6.18}$$

其中常数 C_1 只依赖于常数 s,σ,ν,T,M_0，区域Ω及函数 f.

证明 我们以 C_1 记具有上述性质的通用常数，令

$$w = \frac{\partial v}{\partial t},\ \pi = \frac{\partial p_k}{\partial t},$$

其中 (v,p_k) 为(4.6.12)—(4.6.15)的解，形式上求微分即得

$$\frac{\partial w}{\partial t} + \frac{1}{\rho}\nabla\pi = \nu\Delta w - \frac{\nu}{k}\Delta(\tilde{u}_k(jk-0) - \tilde{u}_k((j-1)k),$$

$$\begin{aligned}
&\nabla\cdot w = 0,\\
&w|_{x\in\partial\Omega} = 0,\\
&w((j-1)k) = \nu P\Delta\tilde{u}_k(jk-0)\\
&\qquad + \frac{\tilde{u}_k(jk-0) - \tilde{u}_k((j-1)k)}{k}.
\end{aligned} \tag{4.6.19}$$

象引理 5.3 一样，我们得

$$\begin{aligned}
w(t) = {}& e^{-\nu(t-(j-1)k)A} w((j-1)k)\\
&- \frac{\nu}{k}\int_{(j-1)k}^{t} e^{-\nu(t-\tau)A} P\Delta(\tilde{u}_k(jk-0)\\
&- \tilde{u}_k((j-1)k))d\tau.
\end{aligned} \tag{4.6.20}$$

由(4.6.19)

$$\begin{aligned}
\|w((j-1)k)\|_{s-2} \leqslant{}& \|\nu P\Delta\tilde{u}_k(jk-0)\|_{s-2}\\
&+ \left\|\frac{\tilde{u}_k(jk-0) - \tilde{u}_k((j-1)k)}{k}\right\|_{s-2},
\end{aligned}$$

由方程(4.6.1)和引理 6.2

$$\left\| \frac{\tilde{u}_k(jk-0)-\tilde{u}_k((j-1)k)}{k} \right\|_{s-2} = \frac{1}{k}\left\| \int_{(j-1)k}^{jk} P(f - (\tilde{u}_k\cdot\nabla)\tilde{u}_k)d\tau \right\|_{s-2}$$

$$\leqslant C_1 \sup_{(j-1)k\leqslant\tau<jk} \|\tilde{u}_k(\tau)\|_1 \cdot \|\tilde{u}_k(\tau)\|_2 + 1)$$

$$\leqslant C_1 (\sup_{(j-1)k\leqslant\tau<jk} \|\tilde{u}_k(\tau)\|_2 + 1). \tag{4.6.21}$$

因此

$$\|w((j-1)k)\|_{s-2} \leqslant C_1 \sup_{(j-1)k\leqslant\tau<jk} \|\tilde{u}_k(\tau)\|_s + 1).$$

由(4.6.20)

$$\|w(t)\|_{\sigma-2} \leqslant C(\|A^{\frac{\sigma-s}{2}} e^{-\nu(t-(j-1)k)A} \cdot A^{\frac{s}{2}-1} w((j-1)k)\|_0$$

$$+ \frac{1}{k}\int_{(j-1)k}^{t} \|A^{\frac{\sigma-s}{2}} e^{-\nu(t-\tau)A} A^{\frac{s}{2}-1} P\Delta(\tilde{u}_k(jk-0) - \tilde{u}_k((j-1)k))\|_0 d\tau$$

$$\leqslant C(t-(j-1)k)^{\frac{s-\sigma}{2}} \|A^{\frac{s}{2}-1} w((j-1)k)\|_0$$

$$+ \frac{1}{k}\int_{(j-1)k}^{t} (t-\tau)^{\frac{s-\sigma}{2}} \|A^{\frac{s}{2}-1} P\Delta(\tilde{u}_k(jk-0) - \tilde{u}_k((j-1)k))\|_0 d\tau)$$

$$\leqslant C_1 ((t-(j-1)k)^{\frac{s-\sigma}{2}} + \frac{(t-(j-1)k)^{\frac{s-\sigma}{2}+1}}{k} \cdot (\sup_{(j-1)k\leqslant\tau<jk} \|\tilde{u}_k(\tau)\|_s + 1).$$

令 $t = jk - 0$，我们有

$$\|w(jk-0)\|_{\sigma-2} \leqslant C_1 k^{\frac{s-\sigma}{2}} \sup_{(j-1)k\leqslant\tau<jk} \|\tilde{u}_k(\tau)\|_s + 1). \tag{4.6.22}$$

由(4.6.11)得 $u_k(jk-0) = v(jk-0)$，再由(4.6.12)得

$$\|v(jk-0)\|_\sigma \leqslant C\|Av\|_{\sigma-2}$$
$$\leqslant C\left(\left\|\frac{\partial v}{\partial t}\right\|_{\sigma-2}+\frac{1}{k}\|\tilde{u}_k(jk-0)\right.$$
$$\left.-\tilde{u}_k((j-1)k)\|_{\sigma-2}\right). \qquad (4.6.23)$$

由(4.6.21)以及内插不等式

$$\frac{1}{k}\|\tilde{u}_k(jk-0)-\tilde{u}_k((j-1)k)\|_{\sigma-2}$$
$$\leqslant \frac{C}{k}\|\tilde{u}_k(jk-0)-\tilde{u}_k((j-1)k)\|_s^{\frac{\sigma-s}{2}}$$
$$\cdot\|\tilde{u}_k(jk-0)-\tilde{u}_k((j-1)k)\|_{s-2}^{\frac{\sigma-s}{2}+1}$$
$$\leqslant C_1 k^{\frac{s-\sigma}{2}}(\sup_{(j-1)k\leqslant\tau<jk}\|\tilde{u}_k(\tau)\|_s+1).$$

于是由(4.6.22)(4.6.23)

$$\|u_k(jk-0)\|_\sigma \leqslant C_1 k^{\frac{s-\sigma}{2}}(\sup_{(j-1)k\leqslant\tau<jk}\|\tilde{u}_k(\tau)\|_s+1).$$

证毕.

引理 6.4 设 $2<s<\frac{5}{2}$, $\sup\limits_{0\leqslant\tau<jk}\|\tilde{u}_k(\tau)\|_1\leqslant M_0, j>0$, 并且存在常数 $C_2, k_0>0$, 使当 $ik\leqslant t<(i+1)k$ 时

$$\|\tilde{u}_k(t)\|_\sigma \leqslant C_2(\|\tilde{u}_k(ik)\|_\sigma+1),$$
$$\sigma = s \text{ 或 } 4 \qquad (4.6.24)$$

其中 $0\leqslant i\leqslant j, k\leqslant k_0$, 则当 $0<k\leqslant k_1\leqslant k_0$ 时

$$\sup_{0\leqslant t<(j+1)k}\|\tilde{u}_k(t)\|_s\leqslant M_1,$$

其中常数 M_1, k_1 只依赖于常数 C_2, ν, s, T, M_0, 区域 Ω, 以及函数 f, u_0.

证明 令 $f_1=f-(\tilde{u}_k\cdot\nabla)\tilde{u}_k$, 利用引理 6.1 得:

$$u_k(jk-0)=e^{-\nu tA}u_0+\sum_{i=0}^{j-1}\int_{ik}^{(i+1)k}e^{-\nu(t-\tau)A}$$

$$\cdot\left\{\frac{1}{k}\int_{ik}^{(i+1)k} Pf_1(\zeta)d\zeta\right.$$

$$\left.+\nu\frac{(i+1)k-\tau}{k}\int_{ik}^{(i+1)k} P\Delta Pf_1(\zeta)d\zeta\right\}d\tau.$$

我们估计它的$\|\cdot\|_s$范数，其中第一项的估计已在定理 3.1 中给出，第三项的估计已在定理 6.1 中给出，我们还需估计第二项，取 $r\in\left(s-2,\frac{1}{2}\right)$，得

$$\left\|\sum_{i=0}^{j-1}\int_{ik}^{(i+1)k} e^{-\nu(t-\tau)A}\frac{1}{k}\int_{ik}^{(i+1)k} Pf_1(\zeta)d\zeta d\tau\right\|_s$$

$$\leqslant C\sum_{i=0}^{j-1}\int_{ik}^{(i+1)k}\left\|A^{\frac{s-r}{2}}e^{-\nu(t-\tau)A}\frac{1}{k}\int_{ik}^{(i+1)k} A^{\frac{r}{2}}Pf_1(\zeta)d\zeta\right\|_0 d\tau$$

$$\leqslant C\int_0^t(t-\tau)^{\frac{r-s}{2}}\sup_{0\leqslant\zeta<jk}\|f_1(\zeta)\|_r d\tau$$

$$\leqslant C\sup_{0\leqslant\zeta<jk}\|f_1(\zeta)\|_r,$$

于是

$$\|u_k(jk-0)\|_s\leqslant C(\|u_0\|_s+k\sup_{0\leqslant\tau<jk}\|f_1(\tau)\|_{2+r}$$

$$+\sup_{0\leqslant\tau<jk}\|f_1(\tau)\|_r).$$

以 C_3 记具有与 M_1 同样性质的通用常数，由引理 6.2，

$$\|u_k(jk-0)\|_s\leqslant C_3(1+k\sup_{0\leqslant\tau<jk}\|\tilde{u}_k(\tau)\|_1\|\tilde{u}_k(\tau)\|_4$$

$$+\sup_{0\leqslant\tau<jk}\|\tilde{u}_k(\tau)\|_1\|\tilde{u}_k(\tau)\|_2).\tag{4.6.25}$$

我们估计(4.6.25)的右端，由条件(4.6.24)，

$$\sup_{0\leqslant\tau<k}\|\tilde{u}_k(\tau)\|_4\leqslant C_2(\|u_0\|_4+1),$$

由引理 6.3，初始条件(4.6.4)以及(4.6.24)得

$$\sup_{k\leqslant\tau<ik}\|\tilde{u}_k(\tau)\|_4\leqslant C_3k^{\frac{s}{2}-2}(\sup_{0\leqslant\tau<ik}\|\tilde{u}_k(\tau)\|_s+1),$$

其中 $2\leqslant i\leqslant j$，由内插不等式得

$$\|\tilde{u}_k(\tau)\|_1\|\tilde{u}_k(\tau)\|_2 \leqslant C\|\tilde{u}_k(\tau)\|_1^{2-\frac{1}{s-1}}\|\tilde{u}_k(\tau)\|_s^{\frac{1}{s-1}}.$$

在(4.6.25)中将 j 换成为 i，则它对于 $1 \leqslant i \leqslant j$ 都成立，将上面的估计代入得

$$\|u_k(ik-0)\|_s \leqslant C_3(1 + k^{\frac{s}{2}-1}\sup_{0\leqslant\tau<ik}\|\tilde{u}_k(\tau)\|_s$$

$$+ \sup_{0\leqslant\tau<ik}\|\tilde{u}_k(\tau)\|_s^{\frac{1}{s-1}}).$$

再利用初始条件(4.6.4)及(4.6.24)式，在 $0 \leqslant t < (j+1)k$ 上都有

$$\|\tilde{u}_k(t)\|_s \leqslant C_3(1 + k^{\frac{s}{2}-1}\sup_{0\leqslant\tau<ik}\|\tilde{u}_k(\tau)\|_s$$

$$+ \sup_{0\leqslant\tau<ik}\|\tilde{u}_k(\tau)\|_s^{\frac{1}{s-1}}).$$

取左端的上确界，再取 k_1，使 $C_3k_1^{\frac{s}{2}-1} \leqslant \frac{1}{2}$，则有

$$\sup_{0\leqslant t<(j+1)k}\|\tilde{u}_k(t)\|_s \leqslant C_3(1+\sup_{0\leqslant\tau<(j+1)k}\|\tilde{u}_k(\tau)\|_s^{\frac{1}{s-1}}).$$

其中 $k \leqslant k_1$，由此得到 $\|\tilde{u}_k(t)\|_s$ 的估计．证毕．

象上一节一样，我们引进辅助问题的解 u^* 与 $\tilde{u}^*$，则有

引理 6.5 设 $2 < s < \frac{5}{2}$，并且 $\|\tilde{u}_k(t)\|_s \leqslant M_1$，则

$$\|u^*(t) - u_k(t)\|_1 + \|\tilde{u}^*(t) - \tilde{u}_k(t)\|_1 \leqslant C_4k,$$

其中常数 C_4 只依赖于常数 ν, s, T, M_1，区域 Ω，函数 f，以及(4.3.1)—(4.3.4)的解 u．

证明 以 C_4 记具有上述性质的通用常数，令 $\mathfrak{f} = (\tilde{u}_k\cdot\nabla)\tilde{u}_k - (u\cdot\nabla)u$，则由引理 6.1 得

$$u^*(t) - u_k(t) = \sum_{i=0}^{[t/k]}\int_{si} e^{-\nu(t-\tau)A}\Big\{\frac{1}{k}\int_{ik}^{(i+1)k} P\mathfrak{f}(\zeta)d\zeta$$

$$+ \nu\frac{(i+1)k-\tau}{k}\int_{ik}^{(i+1)k} P\Delta P\mathfrak{f}(\zeta)d\zeta\Big\}d\tau$$

$$+ \frac{\left(\left[\frac{t}{k}\right]+1\right)k - t}{k} \int_{[t/k]k}^{([t/k]+1)k} P\tilde{f}(\tau)d\tau.$$

与引理 5.5 的证明比较，我们发现只有第二项需要作出新的估计，令

$$I_2 = \sum_{i=0}^{[t/k]} \int_{s_i} e^{-\nu(t-\tau)A}\mathcal{P} \frac{(i+1)k-\tau}{k} \int_{ik}^{(i+1)k} P\triangle P\tilde{f}(\zeta)d\zeta d\tau$$

由(4.4.16),

$$\|e^{-\nu(t-\tau)A}P\triangle P\tilde{f}(\zeta)\|_1 \leqslant C(t-\tau)^{\frac{r}{2}-1}\|\nabla P\tilde{f}(\zeta)\|_r,$$

因此

$$\|I_2\|_1 \leqslant C \sum_{i=0}^{[t/k]} \int_{s_i} (t-\tau)^{\frac{r}{2}-1} \int_{ik}^{(i+1)k} \|\nabla P\tilde{f}(\zeta)\|_r d\zeta d\tau$$

$$\leqslant C \sum_{i=0}^{[t/k]} \int_{s_i} (t-\tau)^{\frac{r}{2}-1} \int_{ik}^{(i+1)k} \|\tilde{f}(\zeta)\|_{1+r} d\zeta d\tau.$$

取 $r = s - 2$, 由引理 4.3 得

$$\|\tilde{f}(\zeta)\|_{1+r} \leqslant C(\|\tilde{u}_k\|_2 \|\tilde{u}_k\|_s + \|u\|_2 \|u\|_s)$$

$$\leqslant C_4.$$

因此

$$\|I_2\|_1 \leqslant C_4 k$$

以下与引理 5.5 的证明完全相同，从略. 证毕.

最后，我们得

定理6.2 设 $2 < s < \frac{5}{2}$, u, u_0, f 充分光滑，则存在 $k_1 > 0$, 使当 $0 < k \leqslant k_1$ 时,(4.6.1)—(4.6.8)的解满足

$$\|\tilde{u}_k(t)\|_s, \ \|u_k(t)\|_s \leqslant M, \ t \in [0,T],$$

$$\|\tilde{u}_k(t) - u(t)\|_1 + \|u_k(t) - u(t)\|_1 \leqslant M'k, \ t \in [0,T],$$

其中常数 k_1, M, M' 只依赖于常数 ν, s, T, 区域 Ω, 函数 f, u_0 和解 u.

证明 归纳法的部分与定理 4.1 的证明基本相同，此处从略，我们只需估计 $\|u_k(t)\|_s$，象引理 6.4 一样，令 $f_1 = f - (\tilde{u}_k \cdot \nabla)\tilde{u}_k$，则由引理 6.1 得

$$u_k(t) = e^{-\nu t A}u_0 + \sum_{i=0}^{[t/k]} \int_{ki} e^{-\nu(t-\tau)A}\left\{\frac{1}{k}\int_{ik}^{(i+1)k} Pf_1(\zeta)d\zeta\right.$$

$$\left. + \nu\frac{(i+1)k-\tau}{k}\int_{ik}^{(i+1)k} P\Delta Pf_1(\zeta)d\zeta\right\}d\tau$$

$$+ \frac{\left(\left[\frac{t}{k}\right]+1\right)k-t}{k}\int_{[t/k]k}^{([t/k]+1)k} Pf_1(\tau)d\tau.$$

前面几项已在引理 6.4 中得到了估计，最后一项也有估计

$$\left\|\frac{\left(\left[\frac{t}{k}\right]+1\right)k-t}{k}\int_{[t/k]k}^{([t/k]+1)k} Pf_1(\tau)d\tau\right\|_s$$

$$\leqslant Ck \sup_{[t/k]k\leqslant\tau<([t/k]+1)k}\|f_1(\tau)\|_s$$

$$\leqslant Ck^{\frac{s}{2}-1}\left(\sup_{0\leqslant\tau<([t/k]+1)k}\|\tilde{u}_k(\tau)\|_s + 1\right),$$

于是

$$\|u_k(t)\|_s \leqslant C\left(1 + k^{\frac{s}{2}-1}\sup_{0\leqslant\tau<([t/k]+1)k}\|\tilde{u}_k(\tau)\|_s\right.$$

$$\left. + \sup_{0\leqslant\tau<([t/k]+1])k}\|\tilde{u}_k(\tau)\|^{\frac{1}{s-1}}\right).$$

证毕.

§7. 必 要 条 件

在前面几节中，我们给了几个特殊的格式，它们在边界条件的处理上是互不相同的，但是都是收敛的. 换句话说，我们找到了一些收敛的充分条件. 在本节中，我们将以更一般的格式作为出发点，讨论收敛的必要条件，前面给出的格式都是满足必要条件的一

些特殊情况.

我们仍然假设 $\Omega\subset\mathbb{R}^3$ 是有界单连通的区域，其边界充分光滑，我们考查下面的格式：在 $t\in[ik,(i+1)k),i=0,1,\cdots,$ 上求解：

$$\frac{\partial\tilde{u}_k}{\partial t}+(\tilde{u}_k\cdot\nabla)\tilde{u}_k+\frac{1}{\rho}\nabla\tilde{p}_k=f_1^{(k)}, \tag{4.7.1}$$

$$\nabla\cdot\tilde{u}_k=0, \tag{4.7.2}$$

$$\tilde{u}_k\cdot n|_{x\in\partial\Omega}=0, \tag{4.7.3}$$

$$\tilde{u}_k(ik)=u_k(ik-0), \tag{4.7.4}$$

$$\frac{\partial u_k}{\partial t}+\frac{1}{\rho}\nabla p_k=\nu\Delta u_k+f_2^{(k)}, \tag{4.7.5}$$

$$\nabla\cdot u_k=0, \tag{4.7.6}$$

$$u_k|_{x\in\partial\Omega}=f_3^{(k)}, \tag{4.7.7}$$

$$u_k(ik)=\Theta\tilde{u}_k((i+1)k-0), \tag{4.7.8}$$

其中 Θ 仍然是涡旋生成算子，我们一般地假设 Euler 方程与 Stokes 方程都是非齐次的，而且一般而言，Stokes 方程满足非齐次边界条件，这是因为用涡度法求解的实际过程中往往不能精确地满足零边界条件，但是我们要求 $f_3^{(k)}$ 至少满足

$$f_3^{(k)}\cdot n|_{x\in\partial\Omega}=0,$$

再引进一个辅助问题

$$\frac{\partial v_k}{\partial t}+\frac{1}{\rho}\nabla\pi_k=\nu\Delta v_k,$$

$$\nabla\cdot v_k=0,$$

$$v_k|_{x\in\partial\Omega}=f_3^{(k)},\quad v_k(0)=0.$$

定理 7.1 若 $\Theta:X\to X$ 是有界算子，e^{-tA} 与 Θ 在 $X\cap(H_0^1(\Omega))^3$ 上可交换，$\Theta^2=\Theta$，并且 $\Theta v_k(ik)=v_k(ik)$，又设当 $k\to+0$ 时，$(f_1^{(k)},f_2^{(k)})$ 在 $(L^\infty(0,T;(L^2(\Omega))^3))^2$ 中收敛于 (f_1,f_2)，则如果对于任意的 $u_0\in X\cap(C_0^\infty(\Omega))^3$，$(\tilde{u}_k,u_k)$ 在 $L^\infty(0,T;(H^2(\Omega))^3)\times L^\infty(0,T;(L^2(\Omega))^3)$ 中收敛于 (u,u)，u 为(4.3.1)—(4.3.4)的解，则

$$\lim_{k\to+0} v_k = 0,\ 在\ L^\infty(0,T;(L^2(\Omega))^3)\ 中, \tag{4.7.9}$$

$$\Theta = I,\ 在\ X\cap(H_0^1(\Omega))^3\ 中, \tag{4.7.10}$$

$$Pf - Pf_2 - \Theta Pf_1 = (I-\Theta)P(u\cdot\nabla)u,\ 在$$
$$L^\infty(0,T;(L^2(\Omega))^3)\ 中. \tag{4.7.11}$$

证明 在 $[ik,\ (i+1)k)$ 上令 $\tilde{u}'(t) = \tilde{u}_k(t) - v_k(ik)$, $u'(t) = u_k(t) - v_k(t)$, 则它们满足

$$\frac{\partial \tilde{u}'}{\partial t} + P(\tilde{u}_k\cdot\nabla)\tilde{u}_k = Pf_1^{(k)},$$

$$\tilde{u}'(ik) = u'(ik-0),$$

$$\frac{\partial u'}{\partial t} = -\nu Au' + Pf_2^{(k)},$$

$$u'|_{x\in\partial\Omega} = 0,$$

$$\begin{aligned} u'(ik) &= \Theta\tilde{u}_k((i+1)k-0) - v_k(ik) \\ &= \Theta\tilde{u}'((i+1)k-0). \end{aligned}$$

可以写出解的表达式

$$\tilde{u}'(t) = u'(ik-0) + \int_{ik}^t P(f_1^{(k)} - (\tilde{u}_k\cdot\nabla)\tilde{u}_k)d\tau,$$

$$\begin{aligned} u'(t) = {} & e^{-\nu(t-ik)A}\Theta\tilde{u}'((i+1)k-0) \\ & + \int_{ik}^t e^{-\nu(t-\tau)A}Pf_2^{(k)}d\tau, \end{aligned}$$

于是

$$\begin{aligned} u'(t) = {} & e^{-\nu(t-ik)A}\Theta(u'(ik-0) \\ & + \int_{ik}^{(i+1)k} P(f_1^{(k)} - (\tilde{u}_k\cdot\nabla)\tilde{u}_k)d\tau) \\ & + \int_{ik}^t e^{-\nu(t-\tau)A}Pf_2^{(k)}d\tau. \end{aligned}$$

归纳得

$$u'(t) = \Theta e^{-\nu tA}u_0 + \sum_{i=0}^{[\frac{t}{k}]-1}\Theta e^{-\nu(t-ik)A}\int_{ik}^{(i+1)k}\Theta P$$
$$\cdot(f_1^{(k)} - (\tilde{u}_k\cdot\nabla)\tilde{u}_k)d\tau$$

$$+\sum_{i=0}^{[\frac{t}{k}]-1}\Theta\int_{ik}^{(i+1)k}e^{-\nu(t-\tau)A}Pf_2^{(k)}d\tau$$

$$+e^{-\nu(t-ik)A}\int_{[t/k]k}^{([\frac{t}{k}]+1)k}\Theta P(f_1^{(k)}-(\tilde{u}_k\cdot\nabla)\tilde{u}_k)d\tau$$

$$+\int_{[\frac{t}{k}]k}^{t}e^{-\nu(t-\tau)A}Pf_2^{(k)}d\tau.$$

令 $k\to+0$，由引理 4.3 得

$$\|(\tilde{u}_k\cdot\nabla)\tilde{u}_k-(u\cdot\nabla)u\|_0\leqslant\|(u\cdot\nabla)(\tilde{u}_k-u)\|_0$$
$$+\|((\tilde{u}_k-u)\cdot\nabla)\tilde{u}_k\|_0$$
$$\leqslant C(\|u\|_2+\|\tilde{u}_k\|_2)\|u-\tilde{u}_k\|_2\to 0,$$

因此对于 $t\in[0,T]$，按 $\|\cdot\|0$ 范数

$$\lim_{k\to+0}u'(t)=\Theta(e^{-\nu tA}u_0+\int_0^t e^{-\nu(t-\tau)A}(\Theta P(f_1$$
$$-(u\cdot\nabla)u)+Pf_2)d\tau.$$

但是

$$\lim_{k\to+0}v_k(t)=\lim_{k\to+0}u_k(t)-\lim_{k\to+0}u'(t).$$

已知右端的极限存在，所以左端的极限也存在，我们把它记作 $v(t)$，则

$$u(t)-v(t)=\Theta(e^{-\nu tA}u_0+\int_0^t e^{-\nu(t-\tau)A}$$
$$\cdot(\Theta P(f_1-(u\cdot\nabla)u)+Pf_2)d\tau).\qquad(4.7.12)$$

令 $t\to+0$，右端的极限存在，又 $v(0)=0,u(0)=u_0$，所以

$$u_0=\Theta u_0.$$

因为 $u_0\in X\cap(C_0^\infty(\Omega))^3$ 是任意的，又 $C_0^\infty(\Omega)$ 在 $H_0^1(\Omega)$ 中稠密，所以(4.7.10)式成立，由(4.7.12)

$$u(t)-v(t)=e^{-\nu tA}u_0+\int_0^t e^{-\nu(t-\tau)A}(\Theta P$$
$$(f_1-(u\cdot\nabla)u)+Pf_2)d\tau.\qquad(4.7.13)$$

再令 $x\to\partial\Omega$，由算子 e^{-tA} 的性质可得

$$\lim_{x\to\partial\Omega}(u(x,t)-v(x,t))=0.$$

由 u 的边界条件得 $v|_{x\in\partial\Omega}=0$，$v$ 是齐次 Stokes 方程的零初边值问题的解，由唯一性，$v\equiv 0$。因此(4.7.9)式成立，由(4.7.13)

$$u(t)=e^{-\nu tA}u_0+\int_0^t e^{-\nu(t-\tau)A}(\Theta P(f_1-(u\cdot\nabla)u)\\+Pf_2)d\tau. \qquad (4.7.14)$$

我们把(4.7.14)与 u 的表达式

$$u(t)=e^{-\nu tA}u_0+\int_0^t e^{-\nu(t-\tau)A}P(f-(u\cdot\nabla)u)d\tau$$

比较即得(4.7.11)。证毕。

我们以前考虑的几种情况都是定理 7.1 的特殊情形，它们分别对应了

(a) $\Theta=I$，$f_1^{(k)}=f$，$f_2^{(k)}=0$，$f_3^{(k)}=0$；

(b) Θ: $\{u\in(H^1(\Omega))^3,\ \nabla\cdot u=0\}\to X\cap(H_0^1(\Omega))^3$ 是一个投影，按$\|\cdot\|_s$ 范数，$\frac{1}{2}<s<\frac{5}{2}$，有界，$f_1^{(k)}=f$，

$$f_2^{(k)}=\frac{1}{k}(I-\Theta)\tilde{u}_k((i+1)k-0),$$

$f_3^{(k)}=0$，这时，由(4.7.1)—(4.7.4)

$$\tilde{u}_k((i+1)k-0)=u_k(ik-0)+\int_{ik}^{(i+1)k}P(f\\-(\tilde{u}_k\cdot\nabla)\tilde{u}_k)d\tau,$$

因此

$$f_2^{(k)}=\frac{1}{k}(I-\Theta)\int_{ik}^{(i+1)k}P(f-(\tilde{u}_k\cdot\nabla)\tilde{u}_k)d\tau,$$

$$f_2=(I-\Theta)P(f-(u\cdot\nabla)u);$$

(c) $\Theta=I$，$f_1^{(k)}=f$，$f_2^{(k)}=0$，

$$f_3^{(k)}=\frac{(i+1)k-t}{k}\tilde{u}_k((i+1)k-0)|_{x\in\partial\Omega}.$$

从定理 7.1 出发，还可以给出一些收敛的格式来，读者可以参看参考文献中我们的几篇论文.

§8. 外　问　题

我们就二维情形讨论外问题的粘性分离格式，并以第 5 节中的格式为例. 设区域的边界 $\partial\Omega$ 为充分光滑的简单闭曲线，Ω 为其外部，我们还假设流速在无穷远为零，这个限制是可以去掉的. 关于这一点，我们将在本节最后说明.

对于外问题，仅假设一些函数的光滑性是不够的，还需要对它们在无穷远处的性质作出假定，为此，我们设 u_0 满足 $\nabla\cdot u_0=0$，$u_0\in(H_0^1(\Omega))^2\cap(H^3(\Omega))^2$，$f\in L^\infty(0,T;(H^3(\Omega))^2)\cap W^{1,\infty}(0,T;(H^1(\Omega))^2)$，解 $u\in L^\infty(0,T;(H^4(\Omega))^2)\cap W^{1,\infty}(0,T;(H^{\frac{1}{2}}(\Omega))^2)$. 我们定义一个投影算子：

$$\Theta:\{u\in(H^1\Omega))^2;\nabla\cdot u=0,(u\cdot n,1)_{\partial\Omega}=0\}$$
$$\to\{u\in(H_0^1(\Omega))^2;\nabla\cdot u=0\}.$$

它还满足

$$\|\Theta u\|_s\leqslant C\|u\|_s,\quad\forall s\geqslant 1.$$

我们在后面将给一个 Θ 的例子.

我们注意到，在三维情形，要求 Θ 按范数 $\|\cdot\|_r$ 有界 $\left(\frac{1}{2}<r\leqslant s<\frac{5}{2}\right)$，而对于二维情形，这个条件可以放宽为 $1\leqslant r\leqslant s$，这是因为我们有如下引理以代替引理 4.1.

引理 8.1　若 $s>2$，$v\in(H^s(\Omega))^2$，则

$$\|(v\cdot\nabla)v\|_1\leqslant C\|v\|_1^{2-q/(s-1)}\|v\|_s^{q//s-1},$$

其中 $1<q<s-1$.

证明　我们有

$$\|(v\cdot\nabla)v\|_1\leqslant C(\|v\|_{1,4}^2+\|v\|_{0,\infty}\|v\|_2),$$

由嵌入定理

$$\|(v\cdot\nabla)\cdot v\|_1 \leqslant C(\|v\|_{\frac{3}{2}}^{2} + \|v\|_q\|v\|_2),$$

再利用内插不等式

$$\|(v\cdot\nabla)v\|_1 \leqslant C(\|v\|^{2-\frac{1}{s-1}}\|v\|_s^{\frac{1}{s-1}}$$

$$+ \|v\|_1^{1-\frac{q-1}{s-1}}\|v\|_s^{\frac{q-1}{s-1}}\|v\|_1^{1-\frac{1}{s-1}}\|v\|_s^{\frac{1}{s-1}}).$$

注意到 $q>1$ 即得所证. 证毕.

考虑格式(4.5.1)—(4.5.8), 这里关于解我们没有明显地提无穷远边界条件,但是实际上由解所属空间的约束,无穷远边界条件还是隐含在内的.

下面,先作一些预备性的讨论, 以 $E^0(\Omega)$ 记 $L^2(\Omega)$ 的一个子集合, $\omega\in E^0(\Omega)$ 的充分必要条件是: $\omega\in L^2(\Omega)$, 并且存在 $u\in(L^2(\Omega))^2$, 使 $\omega=-\nabla\wedge u$, 并规定范数

$$[\omega]_0=(\|\omega\|_0^2+\|u\|_0^2)^{\frac{1}{2}},$$

则 $E^0(\Omega)$ 是一个 Hilbert 空间,在空间 $C_0^\infty(\bar{\Omega})$ 中我们引进范数

$$[\varphi]_1=\left(\int_\Omega|\nabla\varphi|^2dx\right)^{\frac{1}{2}},$$

然后令 $E^1(\Omega)$ 是 $C_0^\infty(\bar{\Omega})$ 按范数 $[\cdot]_1$ 的完备化空间, 同样,将 $C_0^\infty(\Omega)$ 完备化以后得 $E_0^1(\Omega)$. 设 $\omega\in E^0(\Omega)$, 考虑边值问题

$$\begin{cases}-\Delta\varphi=\omega,\\ \varphi|_{\partial\Omega}=0.\end{cases}\tag{4.8.1}$$

此问题的弱解提法是: 求 $\varphi\in E_0^1(\Omega)$, 使

$$(\nabla\wedge\varphi,\Delta\wedge\psi)=(\omega,\psi)=(u,\nabla\wedge\psi),$$
$$\forall\psi\in E_0^1(\Omega),\tag{4.8.2}$$

其中 $\omega=-\nabla\wedge u$, 容易看出

$$(\nabla\wedge\varphi,\nabla\wedge\varphi)=[\varphi]_1^2,$$

由 Lax-Milgram 定理,(4.8.2)有唯一解, 在(4.8.2)中令 $\psi=\varphi$ 得

$$[\varphi]_1^2\leqslant\|u_0\|_0[\varphi]_1,$$

即有估计

$$[\varphi]_1\leqslant\|u_0\|_0,\tag{4.8.3}$$

设 $\omega \in E^0(\Omega) \cap H^m(\Omega)$，由椭圆型问题解的正则性 (2.2.6) 知，(4.8.2)的解 $\varphi \in H^{m+2}_{loc}(\Omega)$，由(4.8.2)得

$$\left(\nabla \wedge \varphi, \nabla \wedge \partial^\alpha \frac{\partial}{\partial x_i} \psi\right) = \left(\omega, \partial^\alpha \frac{\partial}{\partial x_i} \psi\right),$$

$$\forall \psi \in C_0^\infty(\Omega),$$

其中 $|\alpha| = m$，作分部积分得

$$\left(\nabla \wedge \partial^\alpha \frac{\partial}{\partial x_i} \varphi, \nabla \wedge \psi\right) = -\left(\partial^\alpha \omega, \frac{\partial}{\partial x_i} \psi\right). \qquad (4.8.4)$$

首先，我们设 $\omega \in C_0^\infty(\bar{\Omega})$，则 φ 在无穷远点附近是 Laplace 方程的解，在∞点把 φ 作展开就可以看出 $\nabla \wedge \partial^\alpha \frac{\partial}{\partial x_i} \varphi \in L^2(\Omega)$，因此(4.8.4)对于 $\psi \in E_0^1(\Omega)$ 也是成立的。

记迹 $b = \partial^\alpha \frac{\partial}{\partial x_i} \varphi|_{\partial\Omega}$，则由迹定理可得

$$\|b\|_{\frac{1}{2}} \leqslant C \|\varphi\|_{m+2,\Omega'},$$

其中 Ω' 是 $\partial\Omega$ 的一个有界邻域，由 Poincaré 不等式和 φ 满足的边界条件，局部的 $\|\varphi\|_0$ 可以有上界 $C[\varphi]_1$，再利用局部估计(2.2.6)得

$$\|\varphi\|_{m+2,\Omega'} \leqslant C(\|\omega\|_m + [\varphi]_1).$$

令 $\partial^\alpha \frac{\partial}{\partial x_i} \varphi = \varphi_1 + \varphi_2$，$\varphi_1$ 满足非齐次方程与齐次边界条件，而 φ_2 满足齐次方程与非齐次边界条件；即：$\varphi_1 \in E_0^1(\Omega)$，满足

$$(\nabla \wedge \varphi_1, \nabla \wedge \psi) = -\left(\partial^\alpha \omega, \frac{\partial}{\partial x_i} \psi\right),$$

$$\forall \psi \in E_0^1(\Omega),$$

$\varphi_2 \in E^1(\Omega)$，满足

$$(\nabla \wedge \varphi_2, \nabla \wedge \psi) = 0, \ \forall \psi \in E_0^1(\Omega)$$

$$\varphi_2|_{\partial\Omega} = b.$$

φ_2 是一个有界的调和函数，所以有估计

$$\|\nabla\varphi_2\|_0 \leqslant C\|b\|_{\frac{1}{2},\partial\Omega}.$$

再由(4.8.3)

$$[\varphi_1]_1 \leqslant \|\partial^\alpha \omega\|_0,$$

我们有

$$\left[\partial^\alpha \frac{\partial}{\partial x_i}\varphi\right]_1 \leqslant C(\|\omega\|_m + [\varphi]_1)$$

$$\leqslant C(\|\omega\|_m + [\omega]_0). \tag{4.8.5}$$

因为 $C_0^\infty(\bar{\Omega})$ 在 $E^0(\Omega)$ 内稠密，所以 (4.8.5) 对于所有的 $\omega \in E^0(\Omega)\cap H^m(\Omega)$ 都是成立的，对于 $m \geqslant 1$，我们定义

$$[\varphi]_m = \|\nabla\varphi\|_{m-1},$$

则

$$[\nabla\varphi]_{m+1} \leqslant C(\|\omega\|_m + [\omega]_0).$$

利用内插定理，将它与(4.8.3)作内插，即得

$$[\nabla\varphi]_{s+1} \leqslant C(\|\omega\|_s + [\omega]_0),\ \forall s \geqslant 0. \tag{4.8.6}$$

还应该考察在此情况下的 Helmholtz 投影算子 P 与 Stokes 算子. 因为 P 是正交投影，所以依然有

$$\|Pu\|_0 \leqslant \|u\|_0,\ \forall u \in (L^2(\Omega))^2.$$

又当 $u \in (H^s(\Omega))^2$, $s \geqslant 1$ 时

$$u = \nabla\varphi + v,\ \nabla\cdot v = 0,\ v\cdot h|_{\partial\Omega} = 0,$$

φ 是问题

$$-\Delta\varphi = -\nabla\cdot u,$$

$$\left.\frac{\partial\varphi}{\partial n}\right|_{\partial\Omega} = u\cdot n|_{\partial\Omega}$$

的解，类似于(4.8.6)可以证明

$$[\nabla\varphi]_s \leqslant C\|u\|_s,\ \forall s \geqslant 0.$$

因此 $P:(H^s(\Omega))^2 \to (H^s(\Omega))^2$ 是一个有界算子.

我们考虑问题(2.8.1)—(2.8.4)，令 $u = e^{\nu t}v$，$p = e^{\nu t}q$，则 v, q 满足

$$\frac{\partial v}{\partial t} + \frac{1}{\rho}\nabla q = \nu(\Delta v - v) + e^{-\nu t}f,$$

$$\nabla \cdot v = 0,$$

以及相应的边界条件与初始条件，因此若记 $-P\Delta + I = A$，它的定义域为 $D(A) = X \cap \{u \in (H^2(\Omega))^2; u|_{\partial\Omega} = 0\}$，则在 $D(A^\alpha)$ 中 $\|A^\alpha \cdot\|_0$ 与 $\|\cdot\|_{2\alpha}$ 等价，并且上述问题的解可以表成

$$v = e^{-\nu t A}u_0 + \int_0^t e^{-\nu(t-\tau)A} P e^{-\nu\tau} f(\tau)d\tau.$$

因此

$$u = e^{-\nu t(A-I)}u_0 + \int_0^t e^{-\nu(t-\tau)(A-I)} P f(\tau)d\tau.$$

有了上述准备以后，外问题的估计可以和内问题的估计平行地进行，我们列出结果，有些证明从略。

引理 8.2 (4.3.14),(4.5.2)—(4.5.8)的解可表为

$$\begin{aligned} u_k(t) = {} & e^{-\nu t(A-I)}u_0 + \sum_{i=0}^{[t/k]} e^{-\nu(t-ik)(A-I)} \int_{ik}^{(i+1)k} \Theta P f(\tau)d\tau \\ & + \sum_{i=0}^{[t/k]-1} \int_{ik}^{(i+1)k} e^{-\nu(t-\tau)(A-I)} \\ & \cdot \frac{1}{k}\int_{ik}^{(i+1)k} (I-\Theta)Pf(\zeta)d\zeta d\tau \\ & + \int_{[t/k]k}^{t} e^{-\nu(t-\tau)(A-I)} \frac{1}{k}\int_{[t/k]k}^{([t/k]+1)k} (I-\Theta) \\ & \cdot Pf(\zeta)d\zeta d\tau. \end{aligned}$$

定理 8.1 若 $u_0 \in D(A) \cap (H^s(\Omega))^2$，$1 \leqslant s < \frac{5}{2}$，$f \in L^\infty(0,T;(H^3(\Omega))^2) \cap W^{1,\infty}(0,T;(H^1(\Omega))^2)$，$\frac{\partial u}{\partial t} \in L^\infty(0,T;(H^s(\Omega))^2)$，则 (4.3.14)，(4.5.2)—(4.5.8)的解满足

$$\|u(t) - u_k(t)\|_s + \|u(t) - \tilde{u}_k(t)\|_s \leqslant Ck.$$

下面开始估计非线性问题，关于 u_0, f, u 的假设已在本节开始时给出，在各引理中不再重复。

引理 8.3 设 $2\leqslant s<\frac{5}{2}$，对于 $ik\leqslant t<(i+1)k$，

$$\|\tilde{u}_k(t)\|_s\leqslant M_1,$$

则

$$\frac{1}{k}\|(I-\Theta)\tilde{u}_k((i+1)k-0)\|_1\leqslant C_1.$$

其中常数 C_1 只依赖于常数 M_1,s，区域 Ω，算子 Θ 和函数 f.

证明 和引理 5.2 同理，可以证

$$\|\tilde{\omega}_k((i+1)k-0)-\tilde{\omega}_k(ik)\|_0\leqslant C_1k.$$

又由方程(4.5.1)

$$\frac{\partial\tilde{u}_k}{\partial t}+P(\tilde{u}_k\cdot\nabla)\tilde{u}_k=Pf.$$

积分得

$$\begin{aligned}&\|\tilde{u}_k((i+1)k-0)-\tilde{u}_k(ik)\|_0\\&\leqslant\int_{ik}^{(i+1)k}\|P(f-(\tilde{u}_k\cdot\nabla)\tilde{u}_k)\|_0dt\\&\leqslant\int_{ik}^{(i+1)k}(\|f\|_0+\|\tilde{u}_k\|_{0,4}\|\tilde{u}_k\|_{1,4})d\tau\leqslant C_1k.\end{aligned}$$

再由(4.8.6)与(4.5.14)即得所证. 证毕.

引理 8.4 设 $2\leqslant s<\frac{5}{2}, s\leqslant\sigma\leqslant 4, k<1$，对于 $ik\leqslant t<(i+1)k, \|\tilde{u}_k(t)\|_s\leqslant M_1$，则在同一区间上

$$\|u_k(t)\|_\sigma\leqslant C_2(t-ik)^{\frac{s-\sigma}{2}},$$

其中常数 C_2 只依赖于常数 M_1,σ,ν,s,T，区域 Ω，算子 Θ 和函数 f.

证明 与引理 5.3 同理，令 $w=\frac{\partial u_k}{\partial t}$，则

$$\left\|\frac{\partial u_k}{\partial t}\right\|_{\sigma-2}\leqslant C(t-ik)^{\frac{s-\sigma}{2}}\|w(ik)\|_{s-2}. \tag{4.8.7}$$

现在

$$w(ik) = -\nu(A-I)\Theta\tilde{u}_k((i+1)k-0)$$
$$+\frac{1}{k}P(I-\Theta)\tilde{u}_k((i+1)k-0).$$

同理

$$\|w(ik)\|_{s-2} \leqslant C_2, \tag{4.8.8}$$

又 u_k 满足

$$\frac{\partial u_k}{\partial t} = -\nu(A-I)u_k + \frac{1}{k}P(I-\Theta)\tilde{u}_k((i+1)k-0),$$

因此

$$\|u_k\|_\sigma \leqslant C\|Au_k\|_{\sigma-2}$$
$$= C\left\|u_k + \frac{1}{k\nu}P(I-\Theta)\tilde{u}_k((i+1)k-0)\right.$$
$$\left.-\frac{1}{\nu}\frac{\partial u_k}{\partial t}\right\|_{\sigma-2}.$$

再利用引理 8.3,(4.8.7)(4.8.8)即得所证. 证毕.

引理 8.5 设 $2<s<\frac{5}{2}$, 并且存在常数 M_0, C_3, 使 $\|\tilde{u}_k(t)\|_1 \leqslant M_0$,而且在 $[ik,(i+1)k)$ 上,

$$\|\tilde{u}_k(t)\|_s \leqslant C_3(\|u_k(ik-0)\|_s+1), \quad i=0,1,\cdots,$$

则
$$\|\tilde{u}_k(t)\|_s \leqslant M_1,$$

其中常数 M_1 只依赖于常数 M_0, T, C_3, s, ν, 区域 Ω, 算子 Θ 及函数 f, u_0.

证明 类似于引理 5.4 可得

$$\|u_k(jk-0)\|_s \leqslant C(\|u_0\|_s + \sup_{0\leqslant\tau<jk}\|f-(\tilde{u}_k\cdot\nabla)\tilde{u}_k\|_1).$$

由引理 8.1

$$\|u_k(jk-0)\|_s \leqslant C_3 + C\|\tilde{u}_k\|_1^{2-\frac{q}{s-1}}\|\tilde{u}_k\|_s^{\frac{q}{s-1}}),$$

其中 $1<q<s-1$, 其余的证明与引理 5.4 相同. 证毕.

引理 8.6 设 $2<s<\frac{5}{2}$, 并且 $\|\tilde{u}_k\|_s \leqslant M_1$, 则

$$\|u^*(t)-u_k(t)\|_1+\|\tilde{u}^*(t)-\tilde{u}_k(t)\|_1\leqslant C_4k,$$

其中常数 C_4 只依赖于常数 ν,s,T,M_1，区域 Ω，算子 Θ，函数 f 和(4.3.1)—(4.3.4)的解 u。

证明 我们需要在外问题情形证明(4.5.20)式，用引理 4.7 的方法可以得到

$$\|(\tilde{\omega}^*-\tilde{\omega}_k)(t)\|_0\leqslant\|(\tilde{\omega}^*-\tilde{\omega}_k)(jk)\|_0+Ck,$$
$$t\in[jk,(j+1)k)。$$

此外，$\tilde{u}^*-\tilde{u}_k$ 满足

$$\frac{\partial(\tilde{u}^*-\tilde{u}_k)}{\partial t}=P((\tilde{u}_k\cdot\nabla)\tilde{u}_k-(u\cdot\nabla)u)。$$

右端在 $L^2(\Omega)$ 中有界，因此有

$$\|(\tilde{u}^*-\tilde{u}_k)(t)\|_0\leqslant\|(\tilde{u}^*-\tilde{u}_k)(jk)\|_0+Ck,$$
$$t\in[jk,(j+1)k)。$$

由(4.8.6)即得(4.5.20)式，本引理的证明的其余部份与引理 5.5 相同。证毕。

利用以上各引理即可得到我们的主要定理：

定理 8.2 设 $2<s<\dfrac{5}{2}$，则存在 $k_0>0$，使当 $0<k\leqslant k_0$ 时，外问题(4.5.1)—(4.5.8)的解满足

$$\|\tilde{u}_k(t)\|_s,\ \|u_k(t)\|_s\leqslant M,\ t\in[0,T]$$
$$\|\tilde{u}_k(t)-u(t)\|_1+\|u_k(t)-u(t)\|_1\leqslant M'k,$$
$$t\in[0,T],$$

其中常数 k_0,M,M'，只依赖于常数 ν,s,T，区域 Ω，算子 Θ，函数 f，u_0 和解 u。

下面，我们给一个算子 Θ 的例子，作 $\chi\in C_0^\infty(\bar{\Omega})$，使在边界 $\partial\Omega$ 附近 $\chi=1$，再作有界区域 Ω'，使它的边界为 Γ 与 $\partial\Omega$，Γ 充分光滑且在 $\partial\Omega$ 外部，并且使 $\operatorname{supp}\chi\subset\overline{\Omega'}$，以 φ 记 u 在 Ω' 上的流函数，考虑下面的双调和方程边值问题

$$\Delta^2\Phi=0,$$

$$\Phi|_{\partial\Omega} = -\varphi|_{\partial\Omega}, \quad \left.\frac{\partial\Phi}{\partial n}\right|_{\partial\Omega} = -\left.\frac{\partial\varphi}{\partial n}\right|_{\partial\Omega},$$

$$\Phi|_\Gamma = 0, \quad \Delta\Phi|_\Gamma = 0.$$

令 $u' = \nabla\wedge(\chi\Phi)$，则 $\Theta u = u + u'$ 即为所求，事实上，若 $u|_{\partial\Omega} = 0$，则 $\varphi|_{\partial\Omega} = \left.\frac{\partial\varphi}{\partial n}\right|_{\partial\Omega} = 0$，则 $\Theta u = u$，因此 Θ 是一个投影，另一方面，由椭圆型方程解的估计和迹定理

$$\|\Phi\|_{s+1} \leqslant C\left(\|\varphi\|_{s+\frac{1}{2},\partial\Omega} + \left\|\frac{\partial\varphi}{\partial n}\right\|_{s-\frac{1}{2},\partial\Omega}\right)$$

$$\leqslant C\|\varphi\|_{s+1} \leqslant C\|u\|_s, \quad s \geqslant 1.$$

因此

$$\|u'\|_s \leqslant C\|u\|_s.$$

即 $\Theta:(H^s(\Omega))^2 \to (H^s(\Omega))^2$ 为有界算子.

Φ 可以用 Galerkin 格式求解，我们给出它的弱解形式，令 $-\Delta\Phi = \psi$，则 $-\Delta\psi = 0$，取检验函数 $v \in H^1(\Omega')$，$v|_\Gamma = 0$，则 $\Phi \in H^1(\Omega')$，$\Phi|_{\partial\Omega} = -\varphi|_{\partial\Omega}$，$\Phi|_\Gamma = 0$，并且

$$(\Delta\Phi, \nabla v)_{\Omega'} - \left(\frac{\partial\Phi}{\partial n}, v\right)_{\partial\Omega} = (\psi, v)_{\Omega'},$$

再令 $\omega = -\nabla\wedge u$，则 $-\Delta\varphi = \omega$.

$$(\nabla\varphi, \nabla v)_{\Omega'} - \left(\frac{\partial\varphi}{\partial n}, v\right)_{\partial\Omega} = (\omega, v)_{\Omega'}.$$

把它们加起来，并注意到边界条件，则有

$$(\nabla\Phi + \nabla\varphi, \nabla v)_{\Omega'} = (\psi + \omega, v)_{\Omega'},$$

$$\forall v \in H^1(\Omega'), \ v|_\Gamma = 0, \tag{4.8.9}$$

再取一个检验函数 $v_1 \in H_0^1(\Omega')$，则有 $\psi \in H^1(\Omega')$，$\psi|_\Gamma = 0$，并且

$$(\nabla\psi, \nabla v_1) = 0, \quad \forall v_1 \in H_0^1(\Omega'), \tag{4.8.10}$$

即得弱解表达式(4.8.9)，(4.8.10).

最后，我们考虑非齐次无穷远边界条件的情形，对于同样的区域 Ω，我们考虑的问题是

$$\frac{\partial u}{\partial t}+(u\cdot\nabla)u+\frac{1}{\rho}\nabla p=\nu\Delta u+f,$$

$$\nabla\cdot u=0,$$

$$u|_{x\in\partial\Omega}=0,\ \lim_{|x|\to\infty}u=u_\infty,$$

$$u|_{t=0}=u_0,$$

其中 u_∞ 为一常速度。

作 $\bar{u}\in C^\infty(\bar{\Omega}),\nabla\cdot\bar{u}=0,\bar{u}|_{\partial\Omega}=0$，$\lim\limits_{|x|\to\infty}\bar{u}=u_\infty$，设$\Theta$为针对前面齐次边界条件所作的投影算子，我们作集合 $S=\{u\in u_\infty+(H^1(\Omega))^2;\nabla\cdot u=0,\ (u\cdot n,1)_{\partial\Omega}=0\}$ 与 $S_0=\{u\in S;u|_{\partial\Omega}=0\}$. 定义算子 $\bar{\Theta}:S\to S_0$ 为

$$\bar{\Theta}u=\bar{u}+\Theta(u-\bar{u}).$$

$\bar{\Theta}$ 并不依赖于$\bar{u}$，因为如果$\bar{v}$ 也具有与$\bar{u}$同样的性质，则

$$\{\bar{v}+\Theta(u-\bar{v})\}-\{\bar{u}+\Theta(u-\bar{u})\}$$
$$=\bar{v}-\bar{u}-\Theta(\bar{v}-\bar{u})=0,$$

最后一个等式是因为 $\bar{v}-\bar{u}\in X\cap(H_0^1(\Omega))^2$，而$\Theta$在此空间上等于$I$.

函数 $\bar{u}$ 是存在的，例如令 $u_\infty=(u_\infty^1,u_\infty^2)$，取$\bar{u}(x)=u_\infty-b(x)$，其中 $b(x)=\nabla\wedge(\zeta(x)d(x))$，$d(x)=u_\infty^1x_2-u_\infty^2x_1$，$\zeta\in C^\infty(\bar{\Omega})$，在 $\partial\Omega$ 附近等于1，当 $|x|$ 充分大时等于零.

对于这个非齐次边值问题，所讨论的格式如下：

$$\frac{\partial\tilde{u}_k}{\partial t}+(\tilde{u}_k\cdot\nabla)\tilde{u}_k+\frac{1}{\rho}\nabla\tilde{p}_k=f,$$

$$\nabla\cdot\tilde{u}_k=0,$$

$$\tilde{u}_k\cdot n|_{x\in\partial\Omega}=0,\quad\lim_{|x|\to\infty}\tilde{u}_k=u_\infty,$$

$$\tilde{u}_k(ik)=u_k(ik-0),$$

$$\frac{\partial u_k}{\partial t}+\frac{1}{\rho}\nabla p_k=\nu\Delta u_k+\frac{1}{k}(I-\bar{\Theta})\tilde{u}_k((i+1)k-0),$$

$$\nabla\cdot u_k=0,$$

$$u_k|_{x\in\partial\Omega}=0,\quad \lim_{|x|\to\infty}u_k=u_\infty,$$

$$u_k(ik)=\Theta\tilde{u}_k((i+1)k-0).$$

为了证明收敛性，令 $\tilde{v}_k=\tilde{u}_k-\bar{u}, v_k=u_k-\bar{u}$，则它们满足

$$\frac{\partial\tilde{v}_k}{\partial t}+((\tilde{v}_k+\bar{u})\cdot\nabla)(\tilde{v}_k+\bar{u})+\frac{1}{\rho}\nabla\tilde{p}_k=f,$$

$$\nabla\cdot\tilde{v}_k=0,$$

$$\tilde{v}_k\cdot n|_{x\in\partial\Omega}=0,\quad \lim_{|x|\to\infty}\tilde{v}_k=0,$$

$$\tilde{v}_k(ik)=v_k(ik-0),$$

$$\frac{\partial v_k}{\partial t}+\frac{1}{\rho}\nabla p_k=\nu\Delta v_k+\nu\Delta\bar{u}+\frac{1}{k}(I-\Theta)\tilde{v}_k((i+1)k-0),$$

$$\nabla\cdot v_k=0,$$

$$v_k|_{x\in\partial\Omega}=0,\quad \lim_{|x|\to\infty}v_k=0,$$

$$v_k(ik)=\Theta\tilde{v}_k((i+1)k-0).$$

它的误差估计与前面已没有本质上的区别，此处从略。

§9. 多连通区域

在多连通区域上，速度与涡度之间没有一一对应关系，这是讨论中的主要困难，我们仍就二维情形讨论，并以第5节的格式为例。

设 $\Omega\subset\mathbb{R}^2$ 为有界区域，它的边界 $\partial\Omega$ 由 $N+1$ 条充分光滑的简单闭曲线 $\Gamma_0, \Gamma_1, \cdots, \Gamma_N$ 组成，$N>0$，其中 $\Gamma_j(j=1,\cdots,N)$ 在 Γ_0 之内而在其余之外．首先，我们给出空间 $X\cap(H^1(\Omega))^2$ 的一个分解，作子空间 $X_0\subset X\cap(H^1(\Omega))^2$，使得 $\bar{u}\in X_0$ 的充分必要条件是存在函数 $\varphi\in H_0^1(\Omega)\cap H^2(\Omega)$，使 $\bar{u}=\nabla\wedge$

φ，然后象第一章第1节一样，考虑如下的边值问题:

$$\Delta\varphi^{(i)}=0, i=1,\cdots,N,$$
$$\varphi^{(i)}|_{\Gamma_0}=0,$$
$$\varphi^{(i)}|_{\Gamma_j}=\delta_{ij}, i,j=1,\cdots,N,$$

则它有唯一解 $\varphi^{(i)}\in H^2(\Omega)$，令 $u^{(i)}=\nabla\wedge\varphi^{(i)}$，则 $u^{(i)}\in X\cap(H^1(\Omega))^2$，集合$\{u^{(i)}\}$是线性无关的，而且与 X_0 关于 $L^2(\Omega)$ 的内积正交，我们把 $\{u^{(i)}\}$ 正交化，仍记作 $\{u^{(i)}\}$，它们满足

$$(u^{(i)},u^{(j)})=\delta_{ij},\ i,\ j=1,\cdots,N.$$

引理 9.1 任意的 $u\in X\cap(H^1(\Omega))^2$ 可以唯一分解为

$$u=\bar{u}+\sum_{j=1}^{N}\lambda_j u^{(j)}, \tag{4.9.1}$$

其中 $\bar{u}=\nabla\wedge\varphi$，$\varphi$ 是问题

$$-\Delta\varphi=\omega=-\nabla\wedge u,$$
$$\varphi|_{\partial\Omega}=0$$

的解.

证明 因为边界充分光滑，$\varphi\in H_0^1(\Omega)\cap H^2(\Omega)$，以$\psi$表示对应于$u$的流函数，而且 $\psi|_{\Gamma_0}=0$，则 $-\Delta\psi=\omega$，于是 $\Delta(\psi-\varphi)=0$，$\psi-\varphi$ 在 $\Gamma_j, j=1,\cdots,N$ 上为常数，它可以唯一地分解为

$$\psi-\varphi=\sum_{j=1}^{N}\lambda_j\varphi^{(j)}.$$

以算子 $\nabla\wedge$ 作用之，即得 (4.9.1). 由 $\bar{u}$，$u^{(j)}$ 的正交性可以知(4.9.1)是唯一的. 证毕.

我们给一个有界投影算子 $\Theta:\{u\in(H^1(\Omega))^2;\ \nabla\cdot u=0\}\to(H_0^1(\Omega))^2\cap X$，并且要求它按 $\|\cdot\|_r$ 范数有界，$1\leqslant r\leqslant s<\frac{5}{2}$，我们将在后面给一个$\Theta$的例子，现在设 u_0, f 以及解 u 都充分光滑，考虑粘性分离格式(4.5.1)—(4.5.8)，我们与第5节平行地进行讨论，并且略去所有重复的证明.

定理 9.1 设 $1 \leqslant s < \frac{5}{2}$，则对于线性问题（4.3.14)(4.5.2)—(4.5.8)有误差估计

$$\|u(t) - u_k(t)\|_s + \|u(t) - \tilde{u}_k(t)\|_s \leqslant Ck.$$

下面我们对非线性问题进行估计.

引理 9.2 设 $2 \leqslant s < \frac{5}{2}$，对于 $ik \leqslant t < (i+1)k$，$\|\tilde{u}_k(t)\|_s \leqslant M_1$，则

$$\frac{1}{k}\|(I - \Theta)\tilde{u}_k((i+1)k - 0)\|_1 \leqslant C_1,$$

其中常数 C_1 只依赖于常数 M_1，s，区域 Ω，算子 Θ 和函数 f.

证明 类似于引理 5.2，可以证明

$$\|\tilde{\omega}_k((i+1)k - 0) - \tilde{\omega}_k(ik)\|_0 \leqslant C_1 k. \tag{4.9.2}$$

由(4.9.1)可以作分解

$$\tilde{u}_k(t) = \bar{u}(t) + \sum_{j=1}^{N} \lambda_j(t) u^{(j)}. \tag{4.9.3}$$

以 $u^{(j)}$ 与方程(4.5.1)作 L^2 内积得

$$\left(\frac{\partial \tilde{u}_k}{\partial t},\ u^{(j)}\right) + ((\tilde{u}_k \cdot \nabla)\tilde{u}_k, u^{(j)}) = (f, u^{(j)}).$$

以(4.9.3)代入并利用正交性得

$$\left|\frac{d}{dt}\lambda_j(t)\right| = |(f - (\tilde{u}_k \cdot \nabla)\tilde{u}_k, u^{(j)})| \leqslant \|f - (\tilde{u}_k \cdot \nabla)\tilde{u}_k\|.$$

作积分，并利用本引理的假设和引理 8.1 得

$$|\lambda_j((i+1)k - 0) - \lambda_j(ik)| \leqslant C_1 k. \tag{4.9.4}$$

由 $\bar{u}(t)$ 的定义

$$\|\bar{u}((i+1)k - 0) - \bar{u}(ik)\|_1 \leqslant C\|\tilde{\omega}_k((i+1)k - 0) - \tilde{\omega}_k(ik)\|_0. \tag{4.9.5}$$

由(4.9.3)—(4.9.5)得

$$\begin{aligned}
&\|\tilde{u}_k((i+1)k-0)-\tilde{u}_k(ik)\|_1\\
&\quad\leqslant \|\bar{u}((i+1)k-0)-\bar{u}(ik)\|_1\\
&\qquad+\sum_{j=1}^{N}|\lambda_j((i+1)k-0)-\lambda_j(ik)|\\
&\qquad\cdot\|u_j\|_1\\
&\quad\leqslant C\|\tilde{\omega}_k((i+1)k-0)-\tilde{\omega}_k(ik)\|_0+C_1k,
\end{aligned}$$

再以(4.9.2)代入即得

$$\|\tilde{u}_k((i+1)k-0)-\tilde{u}_k(ik)\|_1\leqslant C_1k.$$

证明的其余部分与引理 5.2 相同. 证毕.

引理 9.3 设 $2\leqslant s<\frac{5}{2}$, $s\leqslant\sigma\leqslant 4$, $k<1$, 对于 $ik\leqslant t<(i+1)k$, $\|\tilde{u}_k(t)\|_s\leqslant M_1$, 则在同一区间上

$$\|u_k(t)\|_\sigma\leqslant C_2(t-ik)^{\frac{s-\sigma}{2}},$$

其中常数 C_2 只依赖于常数 M_1,ν,s,σ, 区域 Ω, 算子 Θ 和函数 f.

引理 9.4 设 $2<s<\frac{5}{2}$, 并且存在常数 M_0, C_3, 使 $\|\tilde{u}_k(t)\|_1\leqslant M_0$, 而且在 $[ik,(i+1)k)$ 上

$$\|\tilde{u}_k(t)\|_s\leqslant C_3(\|u_k(ik-0)\|_s+1),$$
$$i=0,1,\cdots.$$

则

$$\|\tilde{u}_k(t)\|_s\leqslant M_1,$$

其中常数 M_1 只依赖于常数 M_0,C_3,s,T,ν, 区域 Ω, 算子 Θ 及函数 f,u_0.

引理 9.5 设 $2<s<\frac{5}{2}$, 并且 $\|\tilde{u}_k\|_s\leqslant M_1$, 则

$$\|u^*(t)-u_k(t)\|_1+\|\tilde{u}^*(t)-\tilde{u}_k(t)\|_1\leqslant C_4k,$$

其中常数 C_4 只依赖于常数 ν,s,T,M_1, 区域 Ω, 算子 Θ, 函数 f 以及(4.3.1)—(4.3.4)的解 u.

证明 类似于引理 5.5，我们需要证明

$$\|(\tilde{u}^* - \tilde{u}_k)(t)\|_1 \leqslant C_4((\|\tilde{u}^* - \tilde{u}_k)(jk)\|_1 + k)$$
$$t \in [jk,\ (j+1)k], \tag{4.9.6}$$

其中 $\tilde{u}^* - \tilde{u}_k$ 满足

$$\frac{\partial(\tilde{u}^* - \tilde{u}_k)}{\partial t} + \frac{1}{\rho}\nabla(\tilde{p}^* - \tilde{p}_k)$$
$$= (\tilde{u}_k \cdot \nabla)\tilde{u}_k - (u \cdot \nabla)u.$$

类似于(4.9.3)，我们作分解

$$\tilde{u}^*(t) - \tilde{u}_k(t) = \bar{u}(t) + \sum_{j=1}^{N} \lambda_j(t) u^{(j)},$$

则

$$\frac{d}{dt}\lambda_j(t) = ((\tilde{u}_k \cdot \nabla)\tilde{u}_k - (u \cdot \nabla)u, u^{(j)}).$$

同理

$$|\lambda_j(t) - \lambda_j(ik)| \leqslant C_4 k. \tag{4.9.7}$$

在引理 4.7 中已经证明了

$$\|(\tilde{\omega}^* - \tilde{\omega}_k)(t)\|_0 \leqslant \|(\tilde{\omega}^* - \tilde{\omega}_k)(jk)\|_0 + C_4 k,$$

于是

$$\|\bar{u}(t)\|_1 \leqslant C_4\|(\tilde{\omega}^* - \tilde{\omega}_k)(jk)\|_0 + C_4 k$$
$$\leqslant C_4\|(\tilde{u}^* - \tilde{u}_k)(jk)\|_1 + C_4 k.$$

再注意到(4.9.7)即得(4.9.6)式。证明的其余部分与引理 5.5 相同。证毕。

最后可得以下定理。

定理 9.2 设 $2 < s < \frac{5}{2}$，u, u_0, f 充分光滑，Θ 按范数 $\|\cdot\|_r$ 有界，$1 \leqslant r \leqslant s$，则存在 $k_0 > 0$，使当 $0 < k \leqslant k_0$ 时，(4.5.1)—(4.5.8)的解满足

$$\|\tilde{u}_k(t)\|_s,\ \|u_k(t)\|_s \leqslant M,\ t \in [0, T],$$
$$\|\tilde{u}_k(t) - u(t)\|_1 + \|u_k(t) - u(t)\|_1 \leqslant M^1 k,$$
$$t \in [0, T],$$

其中常数 k_0, M, M'，只依赖于常数 ν, s, T，区域 Ω，算子 Θ，函数 f, u_0 和解 u.

附注 我们在第四节的结尾已经知道，$k \leqslant k_0$ 这一要求实际上是可以去掉的。

最后，我们应该给一个算子 Θ 的例子．作闭子空间 $V \subset L^2(\Omega)$，使得 $\theta \in V$ 的充分必要条件是存在 $\varphi \in H^2(\Omega)$，以及常数 $c_j, j = 1, \cdots, N$，使

$$-\Delta \varphi = \theta, \tag{4.9.8}$$

$$\left.\frac{\partial \varphi}{\partial n}\right|_{\partial \Omega} = 0, \tag{4.9.9}$$

$$\varphi|_{\Gamma_0} = 0, \varphi|_{\Gamma_j} = c_j, j = 1, \cdots, N. \tag{4.9.10}$$

设 Q 是从 $L^2(\Omega)$ 到 V 的正交投影算子，任取 $u \in (H^1(\Omega))^2$，令 $\omega = -\nabla \wedge u$，再令 $\theta = Q\omega$，由 θ 确定 φ 与 $c_1, \cdots, c_N$，然后令 $v = \Theta u = \nabla \wedge \varphi$，我们证明 Θ 即符合要求．若 $u \in (H_0^1(\Omega))^2 \cap X$，作流函数 φ，使 $\varphi|_{\Gamma_0} = 0$，$\omega = -\nabla \wedge u$，则 $\omega = -\Delta \varphi$，于是 $\omega \in V$，我们有 $Q\omega = \omega$，于是 $\Theta u = u$，因此 Θ 是一个投影，我们还要证明 Θ 的有界性，考虑一个边值问题

$$-\Delta \psi = Q\omega,$$

$$\psi|_{\Gamma_0} = 0, \ \left.\frac{\partial \psi}{\partial n}\right|_{\Gamma_j} = 0, \ j = 1, \cdots, N.$$

它有唯一解，并且有估计

$$\|\psi\|_2 \leqslant C\|Q\omega\|_0. \tag{4.9.11}$$

由 Q 的正交性

$$\|Q\omega\|_0 \leqslant \|\omega\|_0, \tag{4.9.12}$$

再根据迹定理

$$\|\psi\|_{0,\partial\Omega} \leqslant C\|\psi\|_{1,\Omega}.$$

但是现在 $Q\omega \in V$，因此 $\psi|_{\Gamma_j} = c_j$，我们得

$$|c_j| \leqslant C\|\omega\|_0. \tag{4.9.13}$$

我们作泛函

$$R(\theta)=\frac{1}{2}(\theta,\theta)-(\theta,\omega),$$

则 $Q\omega$ 满足

$$R(Q\omega)=\min_{\theta\in V}R(\theta).$$

定义一个子集合 $V_\omega\subset V$，使得 $\theta\in V_\omega$ 的充分必要条件是 $\theta\in L^2(\Omega)$，并且存在 φ，满足(4.9.8)—(4.9.10)，其中 c_j 是由 ω 确定的，则

$$R(Q\omega)=\min_{\theta\in V\omega}R(\theta). \tag{4.9.14}$$

令 $Y_\omega=\{\varphi\in H^1(\Omega);\varphi|_{\Gamma_0}=0,\ \varphi|_{\Gamma_j}=c_j,\ j=1,\cdots,N\}$ 则 $\theta\in V_\omega$ 的充分必要条件是 $\theta\in L^2(\Omega)$，并且存在 $\varphi\in Y_\omega$，使

$$(\nabla\varphi,\nabla v)=(\theta,v),\quad \forall v\in H^1(\Omega).$$

以 v 记 Lagrange 乘子，在集合 $L^2(\Omega)\times Y_\omega\times H^1(\Omega)$ 上考虑泛函

$$R_1(\theta,\varphi,v)=\frac{1}{2}(\theta,\theta)-(\theta,\omega)+(\nabla\varphi,\nabla v)-(\theta,v),$$

则(4.9.14)等价于：求 $Q\omega,\varphi,v$，使 $R_1'(Q\omega,\varphi,v)=0$，即

$$\begin{aligned}
&(Q\omega-\omega-v,\theta)=0, && \forall\theta\in L^2(\Omega),\\
&(\nabla v,\nabla\chi)=0, && \forall\chi\in H_0^1(\Omega),\\
&(\nabla\varphi,\nabla w)-(Q\omega,w)=0, && \forall w\in H^1(\Omega).
\end{aligned}$$

于是 $Q\omega,\varphi,v$ 是如下边值问题的弱解：

$$\Delta v=0,$$

$$-\Delta\varphi=Q\omega=\omega+v,$$

$$\left.\frac{\partial\varphi}{\partial n}\right|_{\partial\Omega}=0,$$

$$\varphi|_{\Gamma_0}=0,\ \varphi|_{\Gamma_j}=c_j\quad j=1,\cdots,N.$$

消去 v 得 $\Delta^2\varphi=-\Delta\omega$，设整数 $m\geqslant 2$，$\omega\in H^m(\Omega)$，则由椭圆型方程的估计得 $\varphi\in H^{m+2}(\Omega)$，而且

$$\|\varphi\|_{m+2}\leqslant C(\|\Delta\omega\|_{m-2}+\sum_{j=1}^N|c_j|).$$

以(4.9.13)代入得

$$\|\varphi\|_{m+2} \leqslant C\|\omega\|_m,$$

由 $\Theta u = \nabla \wedge \varphi$ 得

$$\|\Theta u\|_{m+1} \leqslant C\|\omega\|_m \leqslant C\|u\|_{m+1}. \tag{4.9.15}$$

另一方面，由(4.9.11)(4.9.12)得

$$\|\psi\|_2 \leqslant C\|\omega\|_0,$$

因为 $Q\omega \in V$，所以 ψ 即流函数 φ，因此

$$\|\Theta u\|_1 \leqslant C\|\omega\|_0 \leqslant C\|u\|_1, \tag{4.9.16}$$

由(4.9.15)(4.9.16)和内插定理，可知 Θ 是关于任意的范数 $\|\cdot\|_s$，$s \geqslant 1$ 都是有界的.

§10. 紧 性 讨 论

我们的收敛性定理都是在解充分光滑的前提下证明的. 这个条件是很强的. 对于已知函数 u_0, f，不仅要求它们充分光滑，而且还要求它们满足一定的相容性条件. 此处的相容性条件是非局部的. 例如 Heywood 和 Rannacher[1] 中证明了，要求 $\|u(t)\|_3$ 在 $t=0$ 附近有界的必要条件是如下的超定 Neŭmann 问题有解:

$$\frac{1}{\rho}\Delta p_0 = \nabla(f(x,0) - (u_0 \cdot \nabla)u_0), \qquad 在\ \Omega\ 内,$$

$$\frac{1}{\rho}\nabla p_0 = \nu\Delta u_0 + f(x,0) - (u_0 \cdot \nabla)u_0, \quad 在\ \partial\Omega\ 上.$$

对于给定的函数 u_0, f，这个条件是很难满足，也很难验证的.

在本节中，我们避开这些高阶的相容性条件，而只要求一个很自然的连续性条件

$$u_0|_{x\in\partial\Omega} = 0.$$

利用紧性，我们讨论近似解的收敛性. 首先，我们在不假定解存在的条件下，证明了局部收敛性，然后在假定解存在的条件下，证明了在解存在的区域内的收敛性. 然而，我们已经无法得出前面各节所得到的收敛的阶.

为简明起见，仍讨论三维、有界、单连通、并且边界充分光滑的区域，我们要求 $u_0 \in X \cap (H_0^1(\Omega))^3 \cap (H^4(\Omega))^3$，$f$ 充分光滑. 事实上，这些条件还可以减弱为对光滑性要求更低一点的条件，此处不拟详细讨论，可以参看我们的有关论文. 我们仍然讨论格式(4.5.1)—(4.5.8)，其中 Θ 按范数 $\|\cdot\|_r$，$r > \frac{1}{2}$，有界.

令 $f_1 = f - (\tilde{u}_k \cdot \nabla)\tilde{u}_k$，对于正整数 j，由(4.5.9)

$$u_k(jk-0) = e^{-\nu jkA}u_0 + \sum_{i=0}^{j-1} e^{-\nu(j-i)kA}\int_{ik}^{(i+1)k} \Theta P f_1(\tau)d\tau$$

$$+ \sum_{i=0}^{j-1}\int_{ik}^{(i+1)k} e^{-\nu(jk-\tau)A}\frac{1}{k}\int_{ik}^{(i+1)k}(I-\Theta)Pf_1(\zeta)d\zeta d\tau. \tag{4.10.1}$$

由于 Euler 方程只有局部存在定理，暂时我们还不知道格式(4.5.1)—(4.5.8)是否有解. 这一点将在下面的证明中逐步明确. 下面的估计是在格式(4.5.1)—(4.5.8)的解存在的范围内进行的.

引理 10.1 设 $2 < s < \frac{5}{2}$，则

$$\|u_k(jk-0)\|_s \leqslant C_0 + C_0\int_0^{jk}(jk-\tau)^{\frac{r-s}{2}}\|\tilde{u}_k(\tau)\|_2^2 d\tau, \tag{4.10.2}$$

其中 $s-2 < r < \frac{1}{2}$，常数 C_0 只依赖于 u_0, f，常数 ν, s，算子 Θ 和区域 Ω.

证明 我们估计(4.10.1)右端各项的 $\|\cdot\|_s$ 范数. 其中第一项是明显的. 第二、三项可估计如下：

$$\left\|\sum_{i=0}^{j-1} e^{-\nu(j-i)kA}\int_{ik}^{(i+1)k}\Theta P f_1(\tau)d\tau\right\|_s$$

$$\leqslant C\sum_{i=0}^{j-1}\left\|A^{\frac{s-r}{2}} e^{-\nu(j-i)kA}\int_{ik}^{(i+1)k} A^{\frac{r}{2}}\Theta P f_1(\tau)d\tau\right\|_0$$

$$\leqslant C\sum_{i=0}^{j-1}((j-i)k)^{\frac{r-s}{2}}\int_{ik}^{(i+1)k}\|\Theta P f_1(\tau)\|_r d\tau$$

$$\leqslant C\int_0^{jk}(jk-\tau)^{\frac{r-s}{2}}\|\Theta Pf_1(\tau)\|_1 d\tau$$

$$\leqslant C\int_0^{jk}(jk-\tau)^{\frac{r-s}{2}}\|f_1(\tau)\|_1 d\tau.$$

$$\left\|\sum_{i=0}^{j-1}\int_{ik}^{(i+1)k}e^{-\nu(jk-\tau)A}\frac{1}{k}\int_{ik}^{(i+1)k}(I-\Theta)Pf_1(\zeta)d\zeta d\tau\right\|_s$$

$$\leqslant C\sum_{i=0}^{j-1}\left\|\int_{ik}^{(i+1)k}A^{\frac{s-r}{2}}e^{-\nu(jk-\tau)A}\frac{1}{k}\int_{ik}^{(i+1)k}A^{\frac{r}{2}}(I-\Theta)\right.$$

$$\left.\cdot Pf_1(\zeta)d\zeta d\tau\right\|_0$$

$$\leqslant C\sum_{i=0}^{j-1}\int_{ik}^{(i+1)k}(jk-\tau)^{\frac{r-s}{2}}d\tau\cdot\frac{1}{k}\int_{ik}^{(i+1)k}\|f_1(\zeta)\|_1 d\zeta$$

$$=C\sum_{i=0}^{j-1}\frac{(jk-ik)^{\frac{r-s}{2}+1}-(jk-ik-k)^{\frac{r-s}{2}+1}}{\left(\frac{r-s}{2}+1\right)k}$$

$$\cdot\int_{ik}^{(i+1)k}\|f_1(\zeta)\|_1 d\zeta.$$

易证，当 $j\geqslant i+1$ 时

$$\frac{(jk-ik)^{\frac{r-s}{2}+1}-(jk-ik-k)^{\frac{r-s}{2}+1}}{k(jk-ik)^{\frac{r-s}{2}}}$$

$$=\frac{(j-i)^{\frac{r-s}{2}+1}-(j-i-1)^{\frac{r-s}{2}+1}}{(j-i)^{\frac{r-s}{2}}}\leqslant C.$$

因此上式右端有上界

$$C\sum_{i=0}^{j-1}(jk-ik)^{\frac{r-s}{2}}\int_{ik}^{(i+1)k}\|f_1(\zeta)\|_1 d\zeta$$

$$\leqslant C\int_0^{jk}(jk-\zeta)^{\frac{r-s}{2}}\|f_1(\zeta)\|_1 d\zeta.$$

另一方面，由引理 4.3

$$\|f_1\|_1\leqslant\|f\|_1+\|(\tilde{u}_k\cdot\nabla)\tilde{u}_k\|_1\leqslant\|f\|_1+C\|\tilde{u}_k\|_2^2. \quad (4.10.3)$$

于是就得(4.10.2)式。证毕。

定理 10.1 设 $2 < s < \frac{5}{2}$，则存在正的常数 k_0 与 T_1，使得当 $0 < k \leqslant k_0$，$t \leqslant T_1$ 时，$\|\tilde{u}_k(t)\|_s$ 与 $\|u_k(t)\|_s$ 关于 k 一致有界.

证明 象定理 4.1 的证明一样，取常数 C_4 与 C_2，又，(4.10.2)式对于 $j = 0$ 也显然成立。于是如果(4.4.23)式成立，就有

$$\|\tilde{u}_k(t)\|_s \leqslant C_2\left(C_0 + 1 + C_0\int_0^{jk} (jk - \tau)^{\frac{r-s}{2}} \|\tilde{u}_k(\tau)\|_2^2 d\tau\right),$$

$$jk \leqslant t < (j+1)k. \tag{4.10.4}$$

取

$$M_1 \geqslant C_2(C_0 + 1) + 1, \tag{4.10.5}$$

再按引理 5.3，取常数 C_2，现在为了避免符号重复，把它记作 C_1，然后按(4.4.34)取 k_0。这样，在保证 $\|\tilde{u}_k\|_s \leqslant M_1$ 的前提下，只要 $k \leqslant k_0$，格式 (4.5.1)—(4.5.8) 的每一步的解都是存在的，并且(4.4.23)成立.

对于取定的步长 k，存在 $T_1(k) \leqslant T$，使得在区间 $[0, T_1(k))$ 上，$\|\tilde{u}_k(t)\|_s \leqslant M_1$。则由(4.10.4)，(4.10.5)，在此区间上

$$\|\tilde{u}_k(t)\|_s \leqslant M_1 - 1 + C\int_0^{jk} (jk - \tau)^{\frac{r-s}{2}} M_1 \|\tilde{u}_k(\tau)\|_s d\tau,$$

其中 $j = [t/k]$。令 $\psi(t) = \sup\limits_{0 \leqslant \tau < t} \|\tilde{u}_k(\tau)\|_s$，则有

$$\begin{aligned}\|\tilde{u}_k(t)\|_s &\leqslant M_1 - 1 + C\int_0^{jk} (jk - \tau)^{\frac{r-s}{2}} M_1 \psi(\tau) d\tau \\ &\leqslant M_1 - 1 + C\int_0^{jk} (jk - \tau)^{\frac{r-s}{2}} M_1 \psi(\tau + t - jk) d\tau.\end{aligned}$$

作变量替换 $\tau + t - jk \to \tau$ 得

$$\|\tilde{u}_k(t)\|_s \leqslant M_1 - 1 + C\int_0^t (t - \tau)^{\frac{r-s}{2}} M_1 \psi(\tau) d\tau.$$

关于 t 取上确界得

$$\psi(t) \leqslant M_1 - 1 + C\int_0^t (t - \tau)^{\frac{r-s}{2}} M_1 \psi(\tau) d\tau.$$

以 $y(t)$ 记积分方程

$$y(t)=M_1-1+C\int_0^t (t-\tau)^{\frac{r-s}{2}}M_1 y(\tau)d\tau$$

的解，则 $\psi(t)\leqslant y(t)$. 设在区间 $[0,T_1]$ 上 $|y(t)|\leqslant M_1$，则 $T_1(k)\geqslant T_1$. 因此 $T_1(k)$ 有正的公共下界. 关于 $\|u_k(t)\|_s$ 的估计与定理 5.2 一样,证毕.

在作了一致有界性的估计后，我们可以着手证明收敛性了.

定理 10.2 在定理 10.1 的假设下,当 $k\to+0$, $\tilde{u}_k$ 在 $L^\infty(0,T_1;(H^s(\Omega))^3)$中收敛,极限函数 u 为问题 (4.3.1)—(4.3.4) 的解.

证明 令

$$v_k(t)=e^{-\nu tA}u_0+\int_0^t e^{-\nu(t-\tau)A}f_1(\tau)d\tau.$$

我们先证明 $v_k(t)-\tilde{u}_k(t)$ 的极限为零. 由 (4.5.9)，当 $t\in(jk,(j+1)k)$,

$$\begin{aligned}\tilde{u}_k(t)&=u_k(jk-0)+\int_{jk}^t Pf_1(\tau)d\tau\\&=e^{-\nu jkA}u_0+\sum_{i=0}^{j-1}e^{-\nu(j-i)kA}\int_{ik}^{(i+1)k}\Theta Pf_1(\tau)d\tau\\&\quad+\sum_{i=0}^{j-1}\int_{ik}^{(i+1)k}e^{-\nu(jk-\tau)A}\frac{1}{k}\int_{ik}^{(i+1)k}(I-\Theta)Pf_1(\zeta)d\zeta d\tau\\&\quad+\int_{jk}^t Pf_1(\tau)d\tau.\end{aligned}$$

把 v_k 也写成上述形式,

$$\begin{aligned}v_k(t)&=e^{-\nu tA}u_0+\int_0^t e^{-\nu(t-\tau)A}\Theta Pf_1(\tau)d\tau\\&\quad+\int_0^t e^{-\nu(t-\tau)A}(I-\Theta)Pf_1(\tau)d\tau\\&=e^{-\nu tA}u_0+\sum_{i=0}^{j-1}\int_{ik}^{(i+1)k}e^{-\nu(t-\tau)A}\Theta Pf_1(\tau)d\tau\\&\quad+\sum_{i=0}^{j-1}\int_{ik}^{(i+1)k}e^{-\nu(t-\tau)A}\frac{1}{k}\int_{ik}^{(i+1)k}(I-\Theta)Pf_1(\tau)d\zeta d\tau\end{aligned}$$

$$+\int_{ik}^{t} e^{-\nu(t-\tau)A} P f_1(\tau) d\tau.$$

这样，它们的表达式中各项都互相对应．下面逐项进行估计．

$$\|e^{-\nu tA}u_0 - e^{-\nu jkA}u_0\|_s \leqslant C\|A^{\frac{s}{2}}(e^{-\nu tA} - e^{-\nu jkA})u_0\|_0$$

$$= C\|(e^{-\nu tA} - e^{-\nu jkA})A^{\frac{s}{2}}u_0\|_0.$$

因为 $A^{\frac{s}{2}}u_0 \in X$．而算子 $t \to e^{-\nu tA}$ 在 X 中关于 t 连续，所以当 $k \to +0$，上式右端趋于零．现在估计第二项，取 $r \in \left(s-2, \frac{1}{2}\right)$，得

$$\left\|\sum_{i=0}^{j-1}\int_{ik}^{(i+1)k}(e^{-\nu(t-\tau)A} - e^{-\nu(j-i)kA})\Theta P f_1(\tau)d\tau\right\|_s$$

$$= \left\|\sum_{i=0}^{j-1}\int_{ik}^{(i+1)k}\left(\int_{t-\tau}^{(j-i)k}\nu A e^{-\nu\xi A}d\xi\right)\Theta P f_1(\tau)d\tau\right\|_s$$

$$\leqslant C\sum_{i=0}^{j-1}\int_{ik}^{(i+1)k}\left\|A^{\frac{s-r}{2}}\left(\int_{t-\tau}^{(j-i)k}\nu A e^{-\nu\xi A}d\xi\right)A^{\frac{r}{2}}\Theta P f_1(\tau)\right\|_0 d\tau$$

$$\leqslant C\sum_{i=0}^{j-1}\int_{ik}^{(i+1)k}\left|\int_{t-\tau}^{(j-i)k}\xi^{-1+\frac{r-s}{2}}d\xi\right|\cdot\|f_1(\tau)\|_1 d\tau$$

$$\leqslant C\sum_{i=0}^{j-1}\int_{ik}^{(i+1)k}\int_{ik-\tau}^{(j+1)k-\tau}\xi^{-1+\frac{r-s}{2}}\|f_1(\tau)\|_1 d\xi d\tau$$

$$= C\int_0^{jk}\int_{jk-\tau}^{(j+1)k-\tau}\xi^{-1+\frac{r-s}{2}}\|f_1(\tau)\|_1 d\xi d\tau$$

$$\leqslant Ck^{1+\frac{r-s}{2}}\sup_{0\leqslant\tau<jk}\|f_1(\tau)\|_1.$$

由(4.10.3)，它趋于零．我们再估计第三项，在 $\tilde{u}_k(t)$ 的表达式中把 ζ 写成 τ，τ 写成 ζ，则有

$$\left\|\sum_{i=0}^{j-1}\int_{ik}^{(i+1)k}\int_{ik}^{(i+1)k}(e^{-\nu(t-\tau)A} - e^{-\nu(jk-\zeta)A})\frac{1}{k}(I-\Theta)P f_1(\tau)d\zeta d\tau\right\|_s$$

$$\leqslant C\sum_{i=0}^{j-1}\int_{ik}^{(i+1)k}\int_{ik}^{(i+1)k}\left|\int_{jk-\zeta}^{t-\tau}\xi^{-1+\frac{r-s}{2}}d\xi\right|\frac{1}{k}\|f_1(\tau)\|_1 d\zeta d\tau. \tag{4.10.6}$$

如果 $t-\tau \geqslant jk-\zeta$，则

$$\left|\int_{jk-\zeta}^{t-\tau} \xi^{-1+\frac{r-s}{2}} d\xi\right| \leqslant \int_{jk-\zeta}^{t+k-\zeta} \xi^{-1+\frac{r-s}{2}} d\xi,$$

如果 $t-\tau < jk-\zeta$，则

$$\left|\int_{jk-\zeta}^{t-\tau} \xi^{-1+\frac{r-s}{2}} d\xi\right| \leqslant \int_{t-\tau}^{(j+1)k-\tau} \xi^{-1+\frac{r-s}{2}} d\xi.$$

因此(4.10.6)右端有上界

$$C \sup_{0\leqslant\tau<jk} \|f_1(\tau)\|_1 \sum_{i=0}^{j-1} \int_{ik}^{(i+1)k} \int_{ik}^{(i+1)k} \frac{1}{k}\left(\int_{jk-\zeta}^{t+k-\zeta} \xi^{-1+\frac{r-s}{2}} d\xi\right.$$

$$\left. + \int_{t-\tau}^{(j+1)k-\tau} \xi^{-1+\frac{r-s}{2}} d\xi\right) d\zeta d\tau$$

$$\leqslant Ck^{1+\frac{r-s}{2}} \sup_{0\leqslant\tau<jk} \|f_1(\tau)\|_1.$$

由(4.10.3)，它也趋于零．最后

$$\left\|\int_{jk}^{t} e^{-\nu(t-\tau)A} Pf_1(\tau)d\tau\right\|_s \leqslant C\int_{jk}^{t} (t-\tau)^{\frac{r-s}{2}} \|f_1(\tau)\|_r d\tau,$$

显然它的极限为零．又由引理 6.2．

$$\left\|\int_{jk}^{t} Pf_1(\tau)d\tau\right\|_s \leqslant C\int_{jk}^{t} \|f_1(\tau)\|_s d\tau$$

$$= C\int_{jk}^{t} \|f(\tau)-(\tilde{u}_k\cdot\nabla)\tilde{u}_k\|_s d\tau$$

$$\leqslant C\int_{jk}^{t} (\|f(\tau)\|_s + \|\tilde{u}_k(\tau)\|_1 \|\tilde{u}_k(\tau)\|_4) d\tau. \tag{4.10.7}$$

由引理 5.3，

$$\|u_k(jk-0)\|_4 \leqslant C_2 k^{\frac{s-4}{2}}.$$

由初始条件(4.5.4)，

$$\|\tilde{u}_k(jk)\|_4 \leqslant C_2 k^{\frac{s-4}{2}}.$$

再利用第二章定理 4.2，当 k 充分小，条件(2.4.16)总是可以满足的，由(2.4.17)得

$$\|\tilde{u}_k(\tau)\|_4 \leqslant C(\|\tilde{u}_k(jk)\|_4 + 1) \leqslant C(k^{\frac{s-4}{2}} + 1),$$

$$\tau \in [jk, (j+1)k].$$

于是当 $k \to +0$,(4.10.7) 的极限也是零. 总之,我们有

$$\tilde{u}_k(t) = e^{-\nu t A} u_0 + \int_0^t e^{-\nu(t-\tau)A} f_1(\tau) d\tau + R_k(t),$$
$$0 \leqslant t < T_1, \tag{4.10.8}$$

其中当 $k \to +0$,$R_k(\cdot)$ 在 $L^\infty(0, T_1; (H^s(\Omega))^3)$ 中趋于零.

我们取 $0 < h, k \leqslant k_0$, 由(4.10.8)得

$$\tilde{u}_k(t) - \tilde{u}_h(t) = \int_0^t e^{-\nu(t-\tau)A} P((\tilde{u}_h \cdot \nabla)\tilde{u}_h - (\tilde{u}_k \cdot \nabla)\tilde{u}_k) d\tau$$
$$+ R_k(t) - R_h(t)$$
$$= \int_0^t e^{-\nu(t-\tau)A} P((\tilde{u}_h \cdot \nabla)(\tilde{u}_h - \tilde{u}_k)$$
$$+ ((\tilde{u}_h - \tilde{u}_k) \cdot \nabla)\tilde{u}_k) d\tau + R_k(t) - R_h(t).$$

取 $r \in \left(s-2, \frac{1}{2}\right)$, 则有

$$\|(\tilde{u}_k - \tilde{u}_h)(t)\|_s$$
$$\leqslant C \int_0^t \|A^{\frac{r-s}{2}} e^{-\nu(t-\tau)A} A^{\frac{r}{2}} P((\tilde{u}_h \cdot \nabla)(\tilde{u}_h - \tilde{u}_k))$$
$$+ ((\tilde{u}_h - \tilde{u}_k) \cdot \nabla)\tilde{u}_k)\|_0 d\tau + \|R_k - R_h\|_s$$
$$\leqslant C \int_0^t (t-\tau)^{\frac{s-r}{2}} \|(\tilde{u}_h \cdot \nabla)(\tilde{u}_h - \tilde{u}_k) + ((\tilde{u}_h - \tilde{u}_k)$$
$$\cdot \nabla)\tilde{u}_k\|_1 d\tau + \|R_k - R_h\|_s.$$

由引理 4.3 得

$$\|(\tilde{u}_k - \tilde{u}_h)(t)\|_s \leqslant C \int_0^t (t-\tau)^{\frac{r-s}{2}} (\|\tilde{u}_h\|_2 + \|\tilde{u}_k\|_2) \|\tilde{u}_k - \tilde{u}_h\|_2 d\tau$$
$$+ \|R_k - R_h\|_s$$
$$\leqslant C \int_0^t (t-\tau)^{\frac{r-s}{2}} \|(\tilde{u}_h - \tilde{u}_k)(\tau)\|_s d\tau + \|R_k - R_h\|_s.$$

对应的 Volterra 型积分方程是

$$z(t) = C \int_0^t (t-\tau)^{\frac{r-s}{2}} z(\tau) d\tau + \|R_k - R_h\|_s.$$

当 $h, k \to 0$, z 在 $L^\infty(0, T_1)$ 中趋于零. 因此 $\tilde{u}_k$ 在 $L^\infty(0, T_1;$

$(H^s(\Omega))^3$) 中满足 Cauchy 条件. 以 u 记它的极限, 在(4.10.8)中取极限得

$$u(t)=e^{-\nu tA}u_0+\int_0^t e^{-\nu(t-\tau)A}(f(\tau)-(u\cdot\nabla)u)d\tau,$$

即 u 为解. 证毕.

定理 10.3 在定理 10.1 的假设下, 如果问题(4.3.1)—(4.3.4)有一个解 $u\in L^\infty(0,T;(H^s(\Omega))^3)$, 则当 k 充分小, (4.5.1—(4.5.8)的解在 $t\in[0,T]$ 上有意义, 并且当 $k\to+0$ 时, 它在 $L^\infty(0,T;(H^s(\Omega))^3)$ 中的极限为 u.

证明 设 M_1 为待定, 从而由(4.4.34)确定 k_0. 取 $k\leqslant k_0$, 如前定义 $T_1(k)$, 象定理 10.2 一样可以证明

$$\begin{aligned}&\|(\tilde{u}_k-u)(t)\|_s\\&\quad\leqslant C\int_0^t(t-\tau)^{\frac{r-s}{2}}\|(u-\tilde{u}_k)(\tau)\|_s d\tau+\|R_k(t)\|_s,\\&\qquad\qquad 0\leqslant t<T_1(k).\end{aligned}\tag{4.10.9}$$

引进对应的积分方程, 即可估计得

$$\sup_{0\leqslant t<T_1(k)}\|(\tilde{u}_k-u)(t)\|_s\leqslant C\sup_{0\leqslant t<T_1(k)}\|R_k(t)\|_s.$$

我们注意到在定理 10.2 的推导中, $R_k(t)$ 实际上并不依赖于 $T_1(k)$, 于是

$$\sup_{0\leqslant t<T_1(k)}\|\tilde{u}_k(t)\|_s\leqslant\sup_{0\leqslant t\leqslant T}\|u(t)\|_s+C_0\sup_{0\leqslant t\leqslant T}\|R_k(t)\|_s.\tag{4.10.10}$$

设 $ik\leqslant T_1(k)$, 则由(4.5.15)得

$$\|(I-\Theta)\tilde{u}_k(ik-0)\|_1\leqslant Ck\sup_{(i-1)k\leqslant\tau<ik}(\|\tilde{u}_k(\tau)\|_2^2+\|f(\tau)\|_1).$$

由(4.5.10), 在区间 $[(i-1)k,ik)$ 上

$$\begin{aligned}\|u_k(t)\|_s&\leqslant\|e^{-\nu(t-(i-1)k)A}\Theta\tilde{u}_k(ik-0)\|_s\\&\quad+\int_{(i-1)k}^t\left\|e^{-\nu(t-\tau)A}\frac{1}{k}P(I-\Theta)\tilde{u}_k(ik-0)\right\|_s d\tau.\end{aligned}$$

取 $r\in\left(s-2,\frac{1}{2}\right)$, 容易估计得

$$
\begin{aligned}
\|u_k(t)\|_s \leqslant C(&\|\tilde{u}_k(ik-0)\|_s \\
&+ (t-(i-1)k)^{1+\frac{r-s}{2}} \sup_{(i-1)k\leqslant\tau<ik} (\|\tilde{u}_k(\tau)\|_2^2 \\
&+ \|f(\tau)\|_1).
\end{aligned}
$$

再利用(4.4.23),在区间 $[ik,(i+1)k)$ 上

$$
\begin{aligned}
\|\tilde{u}_k(t)\|_s \leqslant C_2\{C(&\|\tilde{u}_k(ik-0)\|_s \\
&+ k^{1+\frac{r-s}{2}} \sup_{(i-1)k\leqslant\tau<ik} (\|\tilde{u}_k(\tau)\|_2^2 + \|f(\tau)\|_1)) + 1\}.
\end{aligned}
\tag{4.10.11}
$$

现在令 $M_3 = \sup\limits_{0\leqslant t\leqslant T} \|u(t)\|_s$, $M_1 = C_2(C(M_3+2)+1)$, 取 k_0 满足(4.4.34)以及

$$
k_0^{1+\frac{r-s}{2}} \sup_{0\leqslant\tau\leqslant T} ((M_3+1)^2 + \|f(\tau)\|_1) \leqslant 1,
$$

和

$$
C_0 \sup_{0\leqslant t\leqslant T} \|R_k(t)\|_s \leqslant 1, \quad k \leqslant k_0.
$$

我们证明,当 $k\leqslant k_0$ 时, $T_1(k)=T$. 设不然, 以 i 记使 $ik\leqslant T_1(k)$ 的最大值. 则由(4.10.10),

$$
\sup_{0\leqslant t<T_1(k)} \|\tilde{u}_k(t)\|_s \leqslant M_3 + 1.
$$

代入(4.10.11)得 $\|\tilde{u}_k(t)\|_s \leqslant M_1$. 于是 $(i+1)k\leqslant T_1(k)$, 导致矛盾.

最后,由(4.10.9)得

$$
\lim_{k\to+0} \|\tilde{u}_k - u\|_{L^\infty(0,T;(H^s(\Omega))^3)} = 0.
$$

证毕.

§ 11. 支集在边界上的生成涡旋

如果按照第一章第 3 节中引入涡旋生成算子的原始想法, 产生的新的涡旋的支集是严格局限在边界上的,这时解的奇性很大. 另一方面, 随机游动方法在处理边界条件时是有困难的, 在通常

的计算中并没有完全遵循边界条件．于是很自然地产生了一个问题：在这种情况下，粘性分离是否收敛？

Benfatto 与 Pulvirenti[1] 得到了一个很有趣的结果．他们对于半平面上的初边值问题，证明了上述格式的收敛性．半平面的一个好处是可以通过反演把流场延拓到整个半面上去，然后在整个平面上解扩散方程就是十分自然的了．

设 $\Omega \subset \mathbb{R}^2$ 为上半平面 $\{x \in \mathbb{R}^2; x_2 > 0\}$，在 Ω 上考虑问题

$$\frac{\partial u}{\partial t} + (u \cdot \nabla) u + \frac{1}{\rho} \nabla p = \nu \Delta u, \tag{4.11.1}$$

$$\nabla \cdot u = 0, \tag{4.11.2}$$

$$u|_{x_2=0} = 0, \tag{4.11.3}$$

$$u|_{t=0} = u_0. \tag{4.11.4}$$

设 $u_k(ik)$ 已知，在 $[ik,(i+1)k)$ 上求解的格式如下：

第一步，作延拓

$$u_{k,1}(x_1, x_2, ik) = -u_{k,1}(x_1, -x_2, ik), \ x_2 < 0,$$
$$u_{k,2}(x_1, x_2, ik) = u_{k,2}(x_1, -x_2, ik), \ x_2 < 0,$$

其中 $u_k = (u_{k,1}, u_{k,2})$，令 $\Theta\omega_k = -\nabla \wedge u_k$，不难看出

$$\Theta\omega_k = \omega_k + f(x_1)\delta(x_2),$$

其中

$$\omega_k = \begin{cases} \omega_k(x_1, x_2, ik), & x_2 > 0, \\ \omega_k(x_1, -x_2, ik), & x_2 < 0, \end{cases}$$

$$f(x_1) = -2u_{k,1}(x_1, +0, ik),$$

$\delta(\cdot)$ 就是通常的 δ 函数．

第二步，解全平面上的热传导方程

$$\frac{\partial \omega_k}{\partial t} = \nu \Delta \omega_k, x \in \mathbb{R}^2, t \in [ik, (i+1)k),$$

$$\omega_k(ik) = \Theta\omega_k.$$

与通常一样，ω_k 与速度 u_k 的对应关系是

$$-\Delta\psi_k = \omega_k, \ x \in \Omega,$$

$$\psi_k|_{x_2=0} = 0,$$

$$u_k = \nabla \wedge \psi_k.$$

第三步,在 Ω 上用显式 Euler 格式解 Euler 方程,

$$\tilde{\omega}_k(t) = \tilde{\omega}_k(ik) - (t - ik)(\tilde{u}_k(ik) \cdot \nabla)\tilde{\omega}_k(ik),$$

其中

$$\tilde{u}_k(ik) = u_k((i+1)k - 0),$$

$$\tilde{\omega}_k = -\nabla \wedge \tilde{u}_k.$$

最后令 $u_k((i+1)k) = \tilde{u}_k((i+1)k - 0)$, 就完成了一步运算.

定义范数如下: 设 f 关于 x_1 的 Fourier 变换为 $\hat{f}$, 则令

$$\|f\| = \int \sup_{x_2} |\hat{f}(p, x_2)| dp.$$

有如下的收敛定理:

定理 11.1 如果 $u_0 \in W^{2,2}(\Omega), u_0(x_1, +0) = 0$, $\omega_0 = -\nabla \wedge u_0, \|\partial_1^{\alpha_1}\partial_2^{\alpha_2}\omega_0\| < +\infty, 0 \leqslant \alpha_1 \leqslant 6, 0 \leqslant \alpha_2 \leqslant 2$, 则对任意的 $\beta \in \left(0, \frac{1}{4}\right)$ 有

$$\lim_{\substack{i \to \infty \\ k \to +0 \\ ik = t}} \|\omega(t) - \omega_k(t)\| k^{-\beta} = 0,$$

其中 $\omega = -\nabla \wedge u$, u 为(4.11.1)—(4.11.4)的解.

本定理的证明很长,我们只给出结果. 有兴趣的读者可以查阅原文.

第五章　随机涡团法的收敛性

§1. 概　　述

Chorin [1]在计算绕流问题时，采用的是分步方法．第一步用涡团法逼近 Euler 方程，这一部分的理论我们已详细讨论了．第二步用随机游动方法来模拟扩散，C. Marchioro 和 M. Pulvi-venti [1] 证明了在二维情形逼近解弱收敛于真解。但 Navier-Stokes 方程是非线性的，若逼近解不强收敛于真解，很可能也就不会弱收敛．Hald [3] 证明了对带边界的扩散方程组随机游动方法的强收敛性，这是首次证明了质点在边界生成而满足边界条件的随机游动方法的强收敛性．Hald [2] 证明了反应扩散方程的随机游动方法的强收敛性．不幸，Hald 的方法不能一般化到带对流的方程．一个重要结果是由 Goodman [1] 首次得到的．他证明了二维的随机游动涡团法在相应的概率意义下确实强收敛于 Navier-Stokes 方程的解．但 Goodman 的工作有以下三个方面的局限性：

(1) 收敛速度不是最优的，粗略地说收敛阶应为 $N^{-\frac{1}{2}}$，其中 N 为在计算中使用的涡点数．

(2) 他要求光滑参数 ε 大于或等于 $N^{-\frac{1}{4}}\ln^2 N\sim h^{\frac{1}{2}}|\ln h|^2$，这里 $h\sim N^{-\frac{1}{2}}$ 为网格大小．

(3) 因为初始涡点的位置是随机选取的，从而没有抽样误差关于粘性 ν 的依赖性．

D. Long [1]把随机涡团法看作无粘涡团法的随机扰动，从而克服了以上困难，对时间连续的随机涡团法得到了漂亮的结果，且基本框架与无粘涡团法的基本框架很类似．下面第二节我们将主要以 Long 的工作为基础，介绍随机涡团法理论发展状况．

在整个绕流问题计算中，误差有很多来源，依赖很多参数. 总的误差由粘性分离、无粘 Euler 方程的逼近、光滑、抽样等导出. 对这些误差单个分析已有相当完美的结果.

Burgers 方程通常被看作 Navier-Stokes 方程的一维模型. S. Roberts [2] 对一维的 Burgers 方程考虑相应算法，第一次证明了对流项允许有激波存在的随机游动方法的收敛性. 其后，E. G. Puckett[2] 对一维的 Kolmogrov 方程也得到了类似结果. 本章的第三节将以 Roberts [2] 的工作为基础，介绍随机游动方法对 Burgers 方程的收敛性证明的基本框架.

§2. 随机涡团法收敛性

1. 一些预估计

不可压粘性流体 Navier-Stokes 方程为

$$\frac{\partial u}{\partial t}+(u\cdot\nabla)u+\frac{1}{\rho}\nabla P=\nu\Delta u,$$

$$\nabla\cdot u=0.$$

这里 ν 为粘性系数，涡-流函数形式为

$$\frac{\partial\omega}{\partial t}+(u\cdot\nabla)\omega=\nu\Delta\omega, \tag{5.2.1}$$

$$u(x,t)=K*\omega(x,t).$$

以下我们设 $\omega(x,t)$ 充分光滑且有紧支集. 由于 $\nabla\cdot u=0$，(5.2.1)能写成

$$\frac{\partial\omega}{\partial t}+\nabla\cdot(u\omega)=\nu\Delta\omega. \tag{5.2.2}$$

用概率论的术语，(5.2.1)叫后方程，(5.2.2)叫前方程. $\omega(x,t)$ 既是前方程又是后方程的解，则有极大值原理，对 $t\geqslant s$ 有

$$\sup_{x\in\mathbb{R}^2}\omega(x,t)\leqslant\sup_{x\in\mathbb{R}^2}\omega(x,s),$$

且总涡量

$$\mathscr{V}(t)=\int_{\mathbb{R}^2}\omega(x,t)dx$$

是不变的。

假设速度场 $u(x,t)$ 充分光滑，随机涡团法由对(5、2、2)的概率解释而来. (5.2.2) 的质点轨道的逼近为随机过程 $X(\alpha,t)$，$t\geqslant 0$，由下面随机方程定义

$$dX(\alpha,t)=u(X(\alpha,t),t)dt+\sqrt{2\nu}dW(t),\qquad(5.2.3)$$

初值为

$$X(\alpha,0)=\alpha.$$

这里 $W(t)$ 为在 $\mathbb{R}^2$ 中标准的 Wiener 过程(布朗运动)，由于扩散系数$\sqrt{2\nu}$为常数，(5.2.3)等价于积分方程

$$X(\alpha,t)=\alpha+\int_0^t u(X(\alpha,s),s)ds+\sqrt{2\nu}W(t)\qquad(5.2.4)$$

由于 $W(t)$ 有连续的随机轨道，则(5.2.4)可由随机轨道来解，对 $W(t)$ 的任一随机轨道 $\sigma(t)$，积分方程

$$\xi(\alpha,t)=\alpha+\int_0^t u(\xi(\alpha,s),s)ds+\sqrt{2\nu}\sigma(t)$$

有唯一解. 在随机涡团法的证明中，我们将利用这一特殊性质.

抛物型方程 (5.2.2) 和随机微分方程 (5.2.3) 之间的基本关系是(5.2.2)的基本解（格林函数）$G(x,t;\ \alpha,s)$ 为随机过程X的转移概率密度，即 $G(x,t;\alpha,s)$ 为质点从时间 s，位置 α 到时间 t，位置 x 的概率密度.

从上面讨论，质点轨迹公式可由 (5.2.3) 导出. 且速度有下面表达式

$$\begin{aligned}u(x,t)&=\int_{\mathbb{R}^2}K(x-y)\omega(y,t)dy\\&=\int_{\mathbb{R}^2}K(x-y)\left[\int_{\mathbb{R}^2}G(y,t;\alpha,0)\omega(\alpha,0)d\alpha\right]dy\\&=\int_{\mathbb{R}^2}\left[\int_{\mathbb{R}^2}K(x-y)G(y,t;\alpha,0)dy\right]\omega(\alpha,0)d\alpha\\&=\int_{\mathbb{R}^2}E[K(x-X(\alpha,t)]\omega(\alpha,0)d\alpha.\end{aligned}$$

这里 EY 表示随机变量 Y 的期望值．则 (5.2.3) 有表达式

$$dX(\alpha,t)=\left\{\int_{\mathbb{R}^2}E'[K(X(\alpha,t)-X(\alpha',t))]\omega(\alpha',0)d\alpha'\right\}dt+\sqrt{2\nu}dW(t) \tag{5.2.5}$$

这里 $E'K(X(\alpha,t)-X(\alpha',t))$ 是 $EK(x-X(\alpha',t))$ 在 $x=X(\alpha,t)$ 取值．

方程(5.2.5)很象无粘情形时质点轨迹公式，自然地，我们在随机涡团法中用随机过程 $\widetilde{X}_i(t)$ 和 $X_i(t)$ 代替无粘时涡团法的质点轨迹 $\widetilde{X}_i(t)$ 和 $X_i(t)$，即 $\widetilde{X}_i(t)$ 满足方程组

$$d\widetilde{X}_i(t)=\left\{\sum_j K_\varepsilon(\widetilde{X}_i(t)-\widetilde{X}_j(t))\omega_j h^2\right\}+\sqrt{2\nu}dW_i(t),$$

初值为

$$\widetilde{X}_i(0)=X_i.$$

$X_i(t)$ 为(5.2.3)的解

$$dX_i(t)=u(X_i(t),t)dt+\sqrt{2\nu}dW_i(t)$$

且与 $\widetilde{X}_i(t)$ 有相同初值 $X_i(0)=X_i$，这里 $W_i(t)$ 为独立的标准的 Wiener 过程．且 $X_i\in J$，其中 J 由满足 $\omega_0(X_i)\neq 0$ 的点组成．

由于质点的初始位置选在格点上，类似于无粘时估计，下面引理对我们的分析是很本质的．

引理 2.1 若 $X(\alpha,t)$ 是(5.2.3)的解，其中 $u\in C^L(\mathbb{R}^2\times[0,T])$，$L\geqslant 3$，且 $u(\cdot,t)$ 至到 L 阶的导数一致有界，定义 $\Gamma(\alpha,t)=\{Ef(X(\alpha,t))\}g(\alpha)$，这里 E 为期望算子，$f,g\in C_0^L(\mathbb{R}^2)$，$\Gamma$ 的支集包含于有界区域 $\Omega\supset \mathrm{supp}\,g$ 内，则有

$$\left|\sum_i\Gamma(h\cdot i,t)h^2-\int_{\mathbb{R}^2}\Gamma(\alpha,t)d\alpha\right|$$
$$\leqslant Ch^2\max_{0\leqslant|\beta|\leqslant L}\|\partial^\beta g\|_{0,\infty}\left\{\sum_{0\leqslant|\beta|\leqslant L}\int_{|x|\leqslant R}|\partial^\beta f(x)|dx+\sum_{0\leqslant|\beta|\leqslant L}\sup_{|x|>R}|\partial^\beta f(x)|\right\}. \tag{5.2.6}$$

这里 $R>0$，C 依赖于 $T, L, \max\limits_{1\leqslant|\gamma|\leqslant L}\|\partial^\gamma u\|_{0,\infty}$。

证明 在第三章的引理 2.5 中，取 $p=1$，$m=L$. 直接微分 Γ，我们知道 $\partial_1^L\Gamma$ 和 $\partial_2^L\Gamma$ 为有限项之和

$$E\left[(\partial^\beta f)(X(\alpha,t)\prod_{1\leqslant|\gamma|\leqslant L}(\partial^\nu X(\alpha,t)^{\kappa(\gamma)}\right]\partial^\gamma(g(\alpha)).\quad(5.2.7)$$

这里 $\beta, \gamma, \kappa, \mu$ 为多重指标，$0\leqslant|\beta|, |\gamma|\ |\kappa|, |\mu|\leqslant L$，因此我们需要估计 $\partial^\gamma X(\alpha,t)$ 的界. 通过微分

$$X(\alpha,t)=\alpha+\int_0^t u(X(\alpha,s),s)ds+\sqrt{2\nu}W(t)$$

得到积分方程

$$\frac{\partial}{\partial\alpha_1}X(\alpha,t)=\begin{pmatrix}1\\0\end{pmatrix}+\int_0^t\nabla u(X(\alpha,s),s)\frac{\partial}{\partial\alpha_1}X(\alpha,s)ds,$$

$$\frac{\partial}{\partial\alpha_2}X(\alpha,t)=\begin{pmatrix}0\\1\end{pmatrix}+\int_0^t\nabla u(X(\alpha,s),s)\frac{\partial}{\partial\alpha_2}X(\alpha_2,s)ds,$$

对 $\frac{\partial}{\partial\alpha_1}X(\alpha,t)$ 和 $\frac{\partial}{\partial\alpha_2}X(\alpha,t)$ 有

$$\left|\frac{\partial}{\partial\alpha_1}X(\alpha,t)\right|\leqslant 1+\int_0^t\|\nabla u\|_{0,\infty}\left|\frac{\partial}{\partial\alpha_1}X(\alpha,s)\right|ds,$$

$$\left|\frac{\partial}{\partial\alpha_2}X(\alpha,t)\right|\leqslant 1+\int_0^t\|\nabla u\|_{0,\infty}\left|\frac{\partial}{\partial\alpha_2}X(\alpha,s)\right|ds.$$

则由 Gronwall 不等式

$$\left|\frac{\partial}{\partial\alpha_1}X(\alpha,t)\right|,\ \left|\frac{\partial}{\partial\alpha_2}X(\alpha,t)\right|\leqslant\exp(\|\nabla u\|_{0,\infty}T).$$

高阶导数 $\partial^\gamma X(\alpha,t)$ 的积分方程为

$$\partial^\gamma X(\alpha,t)=\int_0^t Y(s)ds+\int_0^t(\nabla u(X(\alpha,s),s))\partial^\gamma X(\alpha,s)ds.$$

这里 $Y(s)$ 是 $(\partial^\lambda u)(X(\alpha,s), s)$ 和 $\partial^\rho X(\alpha, s)$ 的函数，且$1\leqslant|\lambda|\leqslant|\gamma|$，$1\leqslant|\rho|\leqslant|\gamma-1|$. 由对 γ 的递归和 Gronwall 不等式有

$$|\partial^\gamma X(\alpha,t)|\leqslant C,\ 1\leqslant|\gamma|\leqslant L.\quad(5.2.8)$$

这里 C 依赖于 $\max\limits_{1\leqslant|\gamma|\leqslant L}\|\partial^\gamma u\|_{0,\infty}$，$L$ 和 T。

由(5.2.7)和(5.2.8)有

$$
\begin{aligned}
\|\partial_1^L \Gamma\|_{0,1} &= \int_{\mathbf{R}^2} \left| \frac{\partial^L}{\partial \alpha_1^L} \Gamma(\alpha) \right| d\alpha \\
&= \int_{\Omega} \left| \frac{\partial^L}{\partial \alpha_1^L} \Gamma(\alpha) \right| d\alpha \\
&\leqslant C \max_{0 \leqslant |\beta| \leqslant L} \|\partial^\beta g\|_{0,\infty} \sum_{1 \leqslant |\beta| \leqslant L} \int_{\Omega} |E(\partial^\beta f)(X(\alpha,t))| d\alpha \\
&\leqslant C \max_{0 \leqslant |\beta| \leqslant L} \|\partial^\beta g\|_{0,\infty} \sum_{1 \leqslant |\beta| \leqslant L} \int_{\Omega} E|\partial^\beta f(X(\alpha,t))| d\alpha.
\end{aligned} \tag{5.2.9}
$$

类似地由(5.2.9)可知，$\|\partial_2^L \Gamma\|_{0,1}$ 有界,其中

$$
\begin{aligned}
&\int_{\Omega} E|\partial^\beta f(X(\alpha,t))| d\alpha \\
&= \int_{\Omega} \int_{\mathbf{R}^2} |\partial^\beta f(x)| G(x,t;\alpha,0) dx d\alpha \\
&= \int_{\mathbf{R}^2} \left[\int_{\Omega} G(x,t;\alpha,0) d\alpha \right] |\partial^\beta f(x)| dx.
\end{aligned} \tag{5.2.10}
$$

这里G为(5.2.2)的基本解，函数

$$
v(x,t) = \int_{\Omega} G(x,t;\alpha,0) d\alpha
$$

为涡方程(5.2.2)初值为 $v(\cdot,0) = \chi_\Omega$ 的解，其中 χ_Ω 为Ω上的特征函数

$$
\chi_\Omega = \begin{cases} 1, & x \in \Omega, \\ 0, & x \bar{\in} \Omega. \end{cases}
$$

由于 $v(x,t)$ 既是前方程又是后方程的解，由极大值原理和涡的守恒性质,则有

$$
0 < v(x,t) < 1,
$$

$$
\int_{\mathbf{R}^2} v(x,t) dx = \mathrm{Area}\,\Omega, \quad \forall t \geqslant 0.
$$

这里 Area 表示一个区域的面积。因此(5.2.10)有估计

$$
\int_{\mathbf{R}^2} |\partial^\beta f(x)| \left[\int_{\Omega} G(x,t;\alpha,0) d\alpha \right] dx
$$

$$= \int_{\mathbb{R}^2} |\partial^\beta f(x)| v(x,t) dx$$

$$\leqslant \int_{|x| \leqslant R} |\partial^\beta f(x)| dx + \text{Area}\Omega \sup_{x>R} |\partial^\beta f(x)|. \qquad (5.2.11)$$

由 (5.2.9), (5.2.10), (5.2.11) 和第三章中引理 2.5,可得引理 2.1,证毕.

下面引理在稳定性估计和抽样误差估计中是至关重要的.

引理 2.2 (Bennett 不等式) 若 Y_i 为一个期望为零,独立有界的随机变量,变差为 σ_i^2, 且有 $|Y_i| \leqslant M$, 令 $S = \sum_i Y_i, V \geqslant \sum_i \sigma_i^2$, 则 $\forall \eta > 0$ 时有

$$P\{|s| > \eta\} \leqslant 2\exp\left[-\frac{1}{2}\eta^2 V^{-1} B(M\eta V^{-1})\right]. \qquad (5.2.12)$$

这里

$$B(\lambda) = 2\lambda^{-2}[(1+\lambda)\ln(1+\lambda) - \lambda] \quad \lambda > 0,$$

$$\lim_{\lambda \to 0+} B(\lambda) = 1, \quad B(\lambda) \sim 2\lambda^{-1}\ln\lambda, \text{ 当 } \lambda \to \infty.$$

引理的证明可参看 Polland [1] 附录 B. 对 $\mathbb{R}^2$ 中随机变量 Y_i, 对两分量利用(5.2.12)可得

$$P\{|s| > \eta\} \leqslant 4\exp\left[-\frac{1}{4}\eta^2 V^{-1} B(M\eta V^{-1})\right].$$

2. 对固定时间的相容性

有了上面这些估计, 下面我们将把相容性误差分成三部分进行估计.

$$|u^h(x,t) - u(x,t)| = \left|\sum_i K_\varepsilon(x - X_i(t))\omega_i h^2 - u(x,t)\right|$$

$$\leqslant \left|\sum_i K_\varepsilon(x - X_i(t))\omega_i h^2 - \sum_i EK_\varepsilon(x - X_i(t))\omega_i h^2\right|$$

$$+ \left|\sum_i EK_\varepsilon(x - X_i(t))\omega_i h^2 - \int_{\mathbb{R}^2} K(x-y)\omega(y,t)dy\right|$$

$$+ \left|\int_{\mathbb{R}^2} K_\varepsilon(x-y)\omega(y,t)dy - \int_{\mathbb{R}^2} K(x-y)\omega(y,t)dy\right|$$

= 抽样误差+离散误差+矩误差.

设涡团函数 ζ 具有紧支集，并且 $\zeta\in W^{L,\infty}(\mathbb{R}^2)$，并且设对于整数 $k\geqslant 1$. 矩条件(3.2.4)成立. 类似于无粘时的估计，对矩误差我们有

$$\left|\int_{\mathbb{R}^2} K_\varepsilon(x-y)\omega(y,t)dy-\int_{\mathbb{R}^2} K(x-y)\omega(y,t)dy\right|$$
$$\leqslant C\varepsilon^k.$$

对离散误差,注意到

$$\int K_\varepsilon(x-y)\omega(y,t)dy=\int EK_\varepsilon(x-X(\alpha,t))\omega(\alpha,0)d\alpha,$$

利用引理 2.1，$f(y)=K_\varepsilon(x-y), g(\alpha)=\omega(\alpha,0)$ 可得

$$\left|\sum_i EK_\varepsilon(x-X_i(t))\omega_i h^2-\int_{\mathbb{R}^2} EK_\varepsilon(x-X(\alpha,t))\omega(\alpha,0)d\alpha\right|$$
$$\leqslant Ch^L\left\{\sum_{0\leqslant|\gamma|\leqslant L}\int_{|x-y|<R}|\partial^\gamma K_\varepsilon(x-y)|dy\right.$$
$$\left.+\sum_{0\leqslant|\gamma|\leqslant L}\sup_{|x-y|>R}|\partial^\gamma K_\varepsilon(x-y)|\right\}.$$

设有界区域 $\Omega\supset\operatorname{supp}\omega(\alpha,0)$，选取 $R=\max(1,\operatorname{diam}\Omega)$，我们可以利用第三章引理 3.4 估计花括号中的两项，以最高阶项为例,这时 $|\gamma|=L$ 由(3.3.5)得

$$|\partial^\gamma K_\varepsilon(x-y)|\leqslant\frac{C}{R^{L+1}}.$$

又

$$\left|\int_{|x|<R}\partial^\gamma K_\varepsilon(x)dx\right|\leqslant\int_{|x|<\varepsilon}|\partial^\gamma K_\varepsilon(x)|dx$$
$$+\int_{\varepsilon<|x|<R}|\partial^\gamma K_\varepsilon(x)|dx.$$

由(3.3.3)和(3.3.5)，右端有上界 $\frac{C}{\varepsilon^{L-1}}$ 于是

$$\left|\sum_i EK_\varepsilon(x-X_i(t))\omega_i h^2-\int_{\mathbb{R}^2} K_\varepsilon(x-y)\omega(y,t)dy\right|$$
$$\leqslant C\left(\frac{h}{\varepsilon}\right)^L\varepsilon.$$

这里 C 依赖于 L，速度场 $u(x,t)$ 的 L^∞ 界及空间导数至到 $L+1$ 的界和 Ω 的直径.

本小节的主要任务是利用 Benett 不等式估计抽样误差，令

$$Y_i = \omega_i h^2[K_\varepsilon(x - X_i(t)) - EK_\varepsilon(x - X_i(t))],$$

显然有

$$EY_i = 0,$$

且

$$|Y_i| \leqslant Ch^2\varepsilon^{-1},$$

右端记作 M，以 Var 记变差，则有

$$\begin{aligned}\sum_i \operatorname{Var} Y_i = h^2\sum_i \{E|K_\varepsilon(x - X_i(t))|^2 \\ - |EK_\varepsilon(x - X_i(t))|^2\}\omega_i h^2 \\ \leqslant h^2 \sum_i E|K_\varepsilon(x - X_i(t))|^2\omega_i^2 h^2.\end{aligned}$$

对 $f(y) = |K_\varepsilon(x-y)|^2$，$g(\alpha) = \omega^2(\alpha, 0)$ 再利用引理 2.1，则积分

$$\int_\Omega E|K_\varepsilon(x - X(\alpha,t))|^2\omega^2(\alpha,0)d\alpha \tag{5.2.13}$$

逼近 $\sum_i E|K_\varepsilon(x - X_i(t))|^2\omega_i^2 h^2$，且误差为 $C\left(\frac{h}{\varepsilon}\right)^L$. 这是由于 $|K(x)|^2 = 常数\cdot|\nabla K(x)|$，利用第三章引理 3.4 得到的. 注意到

$$\begin{aligned}&\int_\Omega E|K_\varepsilon(x - X(\alpha,t))|^2\omega^2(\alpha,0)d\alpha \\ &= \int_\Omega\int_{\mathbb{R}^2} |K_\varepsilon(x-y)|^2 G(y,t;\alpha,0)\omega^2(\alpha,0)dyd\alpha \\ &= \int_{\mathbb{R}^2} |K_\varepsilon(x-y)|^2\left\{\int_\Omega G(y,t;\alpha,0)\omega^2(\alpha,0)d\alpha\right\}dy.\end{aligned}$$

这里 G 为格林函数，由于 $\int_\Omega G(y,t;\alpha,0)\omega^2(\alpha,0)d\alpha$ 既是前方程又是后方程的解，它的 L^∞ 范数和 L^1 范数相对于初值有界，因此令 $R = \max(1, \operatorname{diam}\Omega)$，(5.2.13)有界如下

$$C_1\left\{\int_{|x-y|\leqslant R}|K_\varepsilon(x-y)|^2dy+\sup_{|x-y|>R}|K_\varepsilon(x-y)|^2\right\}$$

$$\leqslant C_1\left\{\int_{0\leqslant|x|\leqslant\varepsilon}|K_\varepsilon(x)|^2dx+\int_{\varepsilon\leqslant|x|\leqslant R}|K_\varepsilon(x)|^2dx+C_2\right\}$$

$$\leqslant C_3\left\{\varepsilon^{-2}\cdot\varepsilon^2+\ln\frac{R}{\varepsilon}+C_2\right\}$$

$$\leqslant C_4|\ln\varepsilon|.$$

因此我们得到

$$\sum_i \mathrm{Var}Y_i\leqslant Ch^2|\ln\varepsilon|,$$

右端记作 V. 这里 C 依赖于 L. 速度场 $u(x,t)$ 的 L^∞ 界及至到 $L+1$ 阶导数的界和区域 Ω 的直径.

由 Bennett 不等式

$$P\left\{\left|\sum_i Y_i\right|\geqslant Ch|\ln h|\right\}$$

$$\leqslant 4\exp\left\{-\frac{1}{4}C^2(h|\ln h|)^2V^{-1}B[M(Ch|\ln h|)^2V^{-1}]\right\}$$

$$\leqslant \exp\{-C_1C^2|\ln h|^2|\ln\varepsilon|^{-1}\cdot B[C_2C_1h\varepsilon^{-1}|\ln h||\ln\varepsilon|^{-1}]\}$$

$$\leqslant \exp\{-C_3C|\ln h|^2|\ln\varepsilon|^{-1}\}$$

$$\leqslant \exp\{-C_3C|\ln h|\}=h^{C_3C}.$$

如上所述，我们证明了在时间 t，固定点 x，除了概率小于 h^{C_3C} 外（$C_3>0$）有估计

$$|u^h(x,t)-u(x,t)|\lessdot C\left[\varepsilon^k+\left(\frac{h}{\varepsilon}\right)^L\varepsilon+h|\ln h|\right].\quad(5.2.14)$$

以后我们将用 $a\lessdot b$ 表示对充分大的 C 除了概率多项式快逼近零外 $a\leqslant b$.

若 C 充分大，对圆 $B(R_0)$ 内格点 $Z_k=h\cdot k$，除了概率小于 $C_4h^{-2}h^{C_3C}\leqslant h^{C_5C}$ 外，由(5.2.14)有

$$\max_k|u^h(Z_k,t)-u(Z_k,t)|\leqslant C\left[\varepsilon^k+\left(\frac{h}{\varepsilon}\right)^L\varepsilon+h|\ln h|\right].$$

(5.2.15)

令 X_i' 为 X_i 的独立形式，由 $K_\varepsilon(0)=0$ 和(5.2.14)可知

$$\max_i |u_i^h(t) + K_\varepsilon(X_i(t) - X_i'(t))\omega_i h^2 - u(X_i(t),t)|$$

$$\leqslant C\left[\varepsilon^k + \left(\frac{h}{\varepsilon}\right)^L \varepsilon + h|\ln h|\right].$$

因为 $|K_\varepsilon(\boldsymbol{x})| \leqslant C\varepsilon^{-1}$，可得

$$\max_i |u_i^h(t) - u(X_i(t),t)|$$

$$\leqslant C\left[\varepsilon^k + \left(\frac{h}{\varepsilon}\right)^L \varepsilon + h|\log h|\right] \qquad (5.2.16)$$

(5.2.15) 和 (5.2.16) 都是在固定时间 t 对离散速度的相容性估计.

3. 稳定性估计

对稳定性有下面主要估计:

引理 2.3 若当 $T_* \leqslant T$ 时,

$$\max_{0\leqslant t\leqslant T_*} \max_{X_i \in J} |\widetilde{X}_i(t) - X_i(t)| \leqslant C_0\varepsilon,$$

则

$$\|\tilde{u}_i^h(t) - u_i^h(t)\|_{0,p,h} \leqslant C\,|\widetilde{X}_i(t) - X_i(t)|_{0,p,h}.$$

对 $t\in[0,T_*]$ 一致成立，这里 C 依赖于 T, L, p, $\operatorname{supp}\omega_0$ 的直径, u 的有限阶导数的界, C 不依赖于 T_*.

它的证明是通过如下的一系列引理实现的. 与无粘时稳定性估计类似,作下面分解

$$\tilde{u}_i^h - u_i^h = \sum_j [K_\varepsilon(X_i - \widetilde{X}_j) - K_\varepsilon(X_i - X_j)]\omega_j h^2$$

$$+ \sum_j [K_\varepsilon(\widetilde{X}_i - \widetilde{X}_j) - K_\varepsilon(X_i - \widetilde{X}_j)]\omega_j h^2$$

$$\equiv v_i^{(1)} + v_i^{(2)}.$$

引理 2.4 令 $N(x,r,t) = \operatorname{card}\{X_i(t), |X_i(t) - x| \leqslant r\}$ $r \geqslant 0, 0 \leqslant t \leqslant T$ 为球 $B(x,r)$ 内的涡点数. 若 $r \geqslant h|\ln h|$, 则有

$$h^2 N(x,r,t) \leqslant Cr^2.$$

证明 令 $H(Y)$ 为圆 $B(\boldsymbol{x},r)$ 的特征函数

$$H(Y) = \begin{cases}1, & Y\in B(x,r),\\ 0, & Y\bar{\in} B(x,r),\end{cases}$$

则有

$$h^2N(x,r,t) = h^2\sum_i H(X_i(t))$$
$$= h^2\sum_i EH(X_i(t))$$
$$+ h^2\sum_i \{H(X_i(t)) - EH(X_i(t))\}$$
$$\equiv (I) + (II).$$

这里 (I) 为 h^2 乘在 $B(x,r)$ 内期望的涡点数，(II) 为期望的涨落。为了利用引理 2.1，引进光滑函数 $\widetilde{H} \geqslant H$，令 $\phi \in C_0^\infty(\mathbb{R}^2)$

$$\phi(x) = \begin{cases}\exp(-x^2/(1-x^2)), & |x| < 1,\\ 0, & |x| \geqslant 1.\end{cases}$$

定义 $\widetilde{H}$为

$$\widetilde{H}(Y) = \begin{cases}H(Y) = 1, & Y \in B(x,r),\\ \phi(|Y-x|/r - 1), & r \leqslant |Y-x| \leqslant 2r,\\ 0, & \text{其它}\end{cases}$$

易知 $\widetilde{H} \in C_0^\infty(\mathbb{R}^2)$，它的 L 阶偏导数可被 Cr^{-L} 控制，其中 C 仅依赖于 L，由于 $\widetilde{H} \geqslant H$，则 (I) 小于或等于 $h^2\sum_i E\widetilde{H}(X_i(t))$。

对 $f(Y) = \widetilde{H}(Y)$，$g(\alpha) = 1$，利用引理 2.1

$$\left|h^2\sum_i E\widetilde{H}(X_i(t)) - \int_\Omega E\widetilde{H}(X(\alpha,t))d\alpha\right|$$
$$\leqslant C_1h^L4\pi r^2\sum_{l=0}^{L} r^{-L}$$
$$\leqslant C_2r^2h^L\{L\cdot[\min(1,r)]^{-L}\}$$
$$\leqslant Cr^2.$$

其中用到了假设 $h \leqslant r$，又

$$\int_\Omega E\widetilde{H}(X(\alpha,t))d\alpha = \int_\Omega\int_{B(x,2r)} G(y,t;\alpha,0)dyd\alpha$$
$$\leqslant \int_{B(x,2r)} dy$$

因此有 $$= 4\pi r^2,$$

$$|(I)| \leqslant Cr^2.$$

下面将用 Bennett 不等式估计 (II)，令

$$Y_i = h^2[H(X_i(t)) - EH(X_i(t))],$$

则有 $EY_i = 0$，$|Y_i| \leqslant h^2$

$$\sum_i \operatorname{Var} Y_i \leqslant h^4 \sum_i E[H(X_i(t))]^2$$

$$\leqslant h^4 \sum_i E[\widetilde{H}(X_i(t))]^2.$$

对 $f(Y) = E[\widetilde{H}(X_i(t))]^2$，$g(\alpha) = 1$ 利用引理 2.1

$$\left| h^2 \sum_i E[\widetilde{H}(X_i(t))]^2 - \int_\Omega E[\widetilde{H}(X(\alpha, t))]^2 d\alpha \right|$$

$$\leqslant C_1 h^L \cdot 4\pi r^2 \cdot \sum_{l=0}^{L} r^{-L}$$

$$\leqslant Cr^2.$$

又因为

$$\int_\Omega E[\widetilde{H}(X(\alpha, t))]^2 d\alpha$$

$$\leqslant \int_\Omega \int_{B(x,2r)} G(y, t; \alpha, 0) dy d\alpha$$

$$\leqslant \int_{B(x,2r)} dy$$

$$= 4\pi r^2,$$

因此 $\sum_i \operatorname{Var} Y_i \leqslant Cr^2 h^2$.

对 $r \geqslant h|\ln h|$，由 Bennett 不等式

$$P\left\{ \left| \sum_i Y_i \right| \geqslant Crh|\ln h| \right\}$$

$$\leqslant 4\exp\left\{ -\frac{1}{4}(Crh|\ln h|)^2 C_1 r^{-2} h^{-2} \right.$$

$$\left. \cdot B[h^2 Crh|\ln h| C_1 r^{-2} h^{-2}] \right\}$$

$$\leqslant \exp\{-C_2 C^2 |\ln h|^2 B[C_2 C r^{-1} h |\ln h|]\}$$

$$\leqslant \exp\{-C_3 C |\ln h|^2\} = h^{C_3 C|\ln h|}$$

所以，$h^2 \cdot N(x, r, t)$ 的涨落为

$$|(II)| \leqslant Crh|\ln h| \leqslant Cr^2.$$

证毕.

我们将对 $r \sim \varepsilon$ 利用上述引理,若选取 $\varepsilon = h^q$, $0 \leqslant q < 1$, 则条件 $r \geqslant h|\ln h|$ 满足.

引理 2.5 令 $M_{ij}^{(l)} = \max\limits_{|y| \leqslant C_0\varepsilon} \max\limits_{|\beta|=l} |\partial^\beta K_\varepsilon(X_i - X_j + y)|$ 则有

$$\sum_j M_{ij}^{(l)} h^2 \leqslant \begin{cases} C|\ln\varepsilon|, & l = 1, \\ C\varepsilon^{-1}, & l = 2. \end{cases}$$

证明 我们详细证明 $l = 1$, $C_0 = 1$ 情形, 对一般的 C_0 和 $l = 2$ 证明类似.

$$\begin{aligned} \sum_j M_{ij}^{(1)} h^2 &= \sum_{|X_j - X_i| \leqslant 2\varepsilon} M_{ij}^{(1)} h^2 + \sum_{2\varepsilon < |X_j - X_i| < 2} M_{ij}^{(1)} h^2 \\ &\quad + \sum_{|X_j - X_i| > 2} M_{ij}^{(1)} h^2 \\ &= (I) + (II) + (III). \end{aligned}$$

由第三章引理 3.4 得

$$(\mathrm{I}) \leqslant \bar{C} \cdot (2\varepsilon)^2 \cdot C_1 \varepsilon^{-2} \leqslant C.$$

为了估计(II)和(III),注意若 $|X_j - X_i| \geqslant 2\varepsilon$ 则有

$$|X_j - X_i + y| \geqslant |X_j - X_i| - |y| \geqslant \frac{1}{2}|X_j - X_i|,$$

从而有

$$\begin{aligned} (III) &\leqslant C_1 \sum_{|X_j - X_i| > 2} 4|X_j - X_i|^{-2} h^2 \\ &\leqslant C_1 \sum_{|X_j - X_i| > 2} h^2 \\ &\leqslant C \end{aligned}$$

及

$$(II) \leqslant C \sum_{2\varepsilon < |X_j - X_i| \leqslant 2} |X_j - X_i|^{-2} h^2. \tag{5.2.17}$$

为了估计 (5.2.17), 分解 $\mathscr{K} = \{x: 2\varepsilon < |x - x_i| \leqslant 2\}$ 成$N-2$ 个同心环 $\mathscr{K}_n = \{x: (n+1)\varepsilon < |x - x_i| \leqslant (n+2)\varepsilon\}, 1 \leqslant n \leqslant N-2$, 这里 $N = [2/\varepsilon]$, 令 $a_n = N(x_i, (n+1)\varepsilon, t)$ 为圆 $B(X_i, (n+1)\varepsilon)$ 内涡点数,则有

$$
\begin{aligned}
(\mathrm{II}) &\leqslant \sum_{X_j \in \mathscr{X}} C_1 4 |X_j - X_i|^{-2} h^2 \\
&\leqslant C_1 \sum_{n=1}^{N-2} \sum_{X_j \in \mathscr{X}} |X_j - X_i|^{-2} h^2 \\
&\leqslant C_3 \sum_{n=1}^{N-2} (n\varepsilon)^{-2} (a_n - a_{n-1}) h^2 \\
&\leqslant C_3 \left\{ h^2 \left[\frac{a_{N-1}}{N^2 \varepsilon^2} - \frac{a_1}{\varepsilon^2} \right] \right. \\
&\qquad \left. - \sum_{n=1}^{N-1} \left[\frac{1}{(n+1)^2 \varepsilon^2} - \frac{1}{n^2 \varepsilon^2} \right] a_n h^2 \right\} \qquad (5.2.18) \\
&\leqslant C_3 \left\{ C_4 + \sum_{n=1}^{N-1} \left[\frac{1}{\varepsilon^2} \frac{2n+1}{n^2 (n+1)^2} C_5 (n+1)^2 \varepsilon^2 \right] \right\} \\
&\leqslant C_3 \left\{ C_4 + C_6 \sum_{n=1}^{N-1} \frac{1}{n} \right\} \\
&\leqslant C_7 (1 + \ln N) \leqslant C |\ln \varepsilon|. \qquad (5.2.19)
\end{aligned}
$$

其中(5.2.18)是通过分部求和得到的,(5.2.19)由引理2.4所得. 证毕.

下面估计 $v_i^{(1)}$.

$$
\begin{aligned}
v_i^{(1)} &= \sum_j [K_\varepsilon(X_i - \tilde{X}_j) - K_\varepsilon(X_i - X_j)] \omega_j h^2 \\
&= \sum_j \nabla K_\varepsilon(X_i - X_j + Y_{ij}) e_j \omega_j h^2
\end{aligned}
$$

这里 $e_j = X_j - \tilde{X}_j$, 令 $Z_i \in \varepsilon \cdot \mathbf{N}^2$ 为离 X_i 最近的格点, 如果不止一个这样的点, 那么我们可以选取任一点.

$$
v_i^{(1)} = \sum_j \nabla K_\varepsilon(Z_i - Z_j) e_j \omega_j h^2 + r_i^{(1)}
$$

其中

$$
r_i^{(1)} = \sum_j [\nabla K_\varepsilon(X_i - X_j + Y_{ij}) - \nabla K_\varepsilon(Z_i - Z_j)] e_j \omega_j h^2.
$$

对 $Z_k = \varepsilon \cdot k = \varepsilon \cdot (k_1, k_2)$, 定义 f_k 对 $x_j \in Q_k$ 所有 $e_j \omega_j$ 的平均

$$f_k = \varepsilon^{-2} \sum_{X_j \in Q_k} e_j \omega_j h^2.$$

若 Q_k 内没有涡点 X_j，则有 $f_k = 0$，由引理 2.4 有

$$\|f_k\|_{0,P,\varepsilon}^P = \sum_k \varepsilon^{-2P+2} \left| \sum_{X_j \in Q_k} e_j \omega_j h^2 \right|^P$$

$$\leqslant \sum_K \varepsilon^{-2p+2} (C\varepsilon^2)^{p-1} \sum_{X_j \in Q_k} |e_j \omega_j|^p h^2$$

$$\leqslant C^{p-1} \|e_j \omega_j\|_{0,p,h}^p.$$

更进一步有

$$\left\| \sum_j \nabla K_\varepsilon (Z_i - Z_j) e_j \omega_j h^2 \right\|_{0,p,h}$$

$$\leqslant C \left\| \sum_{k'} \nabla K_\varepsilon (Z_k - Z_{k'}) \cdot f_{k'} \varepsilon^2 \right\|_{0,p,\varepsilon}.$$

这是因为

$$\left\| \sum_j \nabla K_\varepsilon (Z_i - Z_j) e_j \omega_j h^2 \right\|_{0,p,h}^p$$

$$= \left\| \sum_{k' \in \mathbb{N}^2} \nabla K_\varepsilon (Z_i - Z_{k'}) f_{k'} \varepsilon^2 \right\|_{0,p,h}^p$$

$$= \sum_k \operatorname{card}(X_i \in Q_k) \left| \sum_{k'} \nabla K_\varepsilon (Z_k - Z'_k) f_{k'} \varepsilon^2 \right|^p h^2$$

$$\leqslant C \sum_k \left| \sum_{k'} \nabla K_\varepsilon (Z_k - Z_{k'}) f_{k'} \varepsilon^2 \right|^p \varepsilon^2$$

$$= C \left\| \sum_{k'} \nabla K_\varepsilon (Z_k - Z_{k'}) f_{k'} \varepsilon^2 \right\|_{0,p,\varepsilon}^p.$$

与第三章引理 7.4 中 $v_3^{(1)}$ 的估计类似地有

$$\left\| \sum_{k \in \mathbb{N}^2} \nabla K_\varepsilon (Z_i - Z_k) f_k \varepsilon^2 \right\|_{0,p,\varepsilon} \leqslant C \|f_k\|_{0,p,\varepsilon},$$

则有

$$\left\| \sum_j \nabla K_\varepsilon (Z_i - Z_j) e_j \omega_j h^2 \right\|_{0,p,h} \leqslant C \|e_j \omega_j\|_{0,p,h}.$$

由中值定理

$$r_i^{(1)} = \sum_j [\nabla^2 K_\varepsilon(X_i - X_j + Y_{ij} + Y''_{ij}) \cdot Y'_{ij}] e_j \omega_j h^2.$$

其中 $Y'_{ij} = Y_{ij} + (X_i - Z_i) - (X_j - Z_j)$，由于

$$|Y_{ij}| \leqslant \varepsilon, \quad |Y''_{ij}| \leqslant |Y'_{ij}| \leqslant 4\varepsilon,$$

从而有

$$|r_i^{(1)}| \leqslant \sum_j M_{ij}^{(2)} 4\varepsilon |e_j \omega_j| h^2.$$

由 Young 不等式,利用引理 2.5 ($C_0 = 5$)可得

$$\|r_i^{(1)}\|_{0,p,h} \leqslant 4\varepsilon \max\left\{\sum_j M_{ij}^{(2)} h^2, \ \sum_i M_{ij}^{(2)} h^2\right\} \|e_j \omega_j\|_{0,p,h}$$
$$\leqslant C \|e_j \omega_j\|_{0,p,h}.$$

这样就得到了对 $v_i^{(1)}$ 的估计.

为了估计 $v_i^{(2)}$，利用中值定理

$$v_i^{(2)} = \sum_j \nabla K_\varepsilon(X_i - X_j + Y_{ij})(\tilde{X}_i - X_i) \cdot \omega_j h^2$$
$$= \left[\sum_j \nabla K_\varepsilon(X_i - X_j + Y_{ij}) \omega_j h^2\right] (\tilde{X}_i - X_i).$$

下面我们要证明

$$\max_i \left|\sum_j \nabla K_\varepsilon(X_i - X_j + Y_{ij}) \omega_j h^2\right| \leqslant C.$$

由于 $|\nabla K_\varepsilon(X_i - X_j + Y_{ij}) - \nabla K_\varepsilon(X_i - X_j)| \leqslant \varepsilon M_{ij}^{(2)}$ 所以只要证明 $\sum_j \nabla K_\varepsilon(X_i - X_j) \omega_j h^2$ 一致有界就够了. $\forall x \in \mathbb{R}^2$,

$$\sum_j \nabla K_\varepsilon(x - X_j) \omega_j h^2 = \sum_j E \nabla K_\varepsilon(x - X_j) \omega_j h^2$$
$$+ \sum_j [\nabla K_\varepsilon(x - X_j) - E \nabla K_\varepsilon(x - X_j)] \omega_j h^2$$
$$\equiv (\text{III}) + (\text{IV}).$$

对 $f(y) = \nabla K_\varepsilon(x - y)$, $g(\alpha) = \omega(\alpha, 0)$ 利用引理 2.1，(III)能被积分

$$\int_{\mathbb{R}^2} E[\nabla K_\varepsilon(x - X(\alpha, t))] \omega(\alpha, 0) d\alpha$$

$$= \int_{\mathbb{R}^2} \nabla K_\varepsilon(x-y)\omega(y,t)dy.$$

逼近，误差为 $C\left(\frac{h}{\varepsilon}\right)^L$，由第三章引理 3.4，(III) 一致有界，因为

$$\left|\int_{\mathbb{R}^2} \nabla K_\varepsilon(x-y)\omega(y,t)dy\right|$$

$$= \left|\int_{\mathbb{R}^2} K_\varepsilon(x-y)\nabla\omega(y,t)dy\right|$$

$$\leqslant \|\nabla\omega\|_{0,\infty}\|K_\varepsilon\|_{0,1,B} + \|\nabla\omega\|_{0,1}\|K_\varepsilon\|_{0,\infty\mathbb{R}^2\setminus B}.$$

这里 $B = \{x \in \mathbb{R}^2, |x| < 1\}$.

下面估计 (IV)，令

$$Y_j = \nabla K_\varepsilon(x-X_j)\omega_j h^2 - E\nabla K_\varepsilon(x-X_j)\omega_j h^2.$$

假设 $h|\ln h| < \varepsilon$，则

$$|Y_i| \leqslant Ch^2\varepsilon^{-2} \leqslant C|\ln h|^{-2}.$$

设上式右端为M,变差有界如下:

$$V = \sum_j \mathrm{Var}Y_j \leqslant h^2 \sum_j E|\nabla K_\varepsilon(x-X_j)|^2\omega_j^2 h^2. \quad (5.2.20)$$

再利用引理 2.1 用积分

$$\int_{\mathbb{R}^2} |\nabla K_\varepsilon(x-y)|^2 \left[\int_\Omega G(y,t;\alpha,0)\omega^2(\alpha,0)\right] dy$$

逼近(5.2.20). 且误差为 $Ch^L\varepsilon^{-2-L} \leqslant C\varepsilon^{-2}$，因此

$$V \leqslant Ch^2\varepsilon^{-2} \leqslant C|\ln h|^{-2}.$$

由 Bennett 不等式

$$P\left\{\left|\sum_j Y_j\right| \geqslant C\right\}$$

$$\leqslant 4\exp\left\{-\frac{1}{4}C^2V^{-1}B(MCV^{-1})\right\}$$

$$\leqslant \exp\{-C^2C_1|\ln h|^2B(C_2C)\}$$

$$\leqslant \exp(-C_3C|\ln h|^2)$$

$$= h^{C_3C|\ln h|}.$$

因此,对固定 t，$\sum_j \nabla K_\varepsilon(X_i - X_j)\omega_j h^2$ 除了概率小于$h^{C_4C|\ln h|}$($C_4 >$ 0)外有界。

下面把稳定性结果延拓到 $t\in[0,T_*]$，令 $t_n, n=0,\cdots N$，分 $[0,T_*]$ 成 N 个区间，长度小于 h^l，$l>0$ 待定，由于稳定性除了概率小于 $h^{C_1C|\ln h|}$ 外成立，则对 $\{t_n\}_{n=1}^N$ 除了概率小于 $h^{C_1C|\ln h|-l}$ 成立，选取 C 充分大，$C,C>l$. 当涡点数趋于无穷时，时间区间长度趋于零，因此，如果我们能证明涡点位置 $\widetilde{X}_i(t), X_i(t), t\in[t_n, t_{n+1}]$ 趋于时间 $t=t_n$ 位置，则能得到所有时间的稳定性估计. 对 $t\in[t_n,t_{n+1}]$.

$$
\begin{aligned}
\widetilde{X}_i(t)-X_i(t) &= \{\widetilde{X}_i(t_n)+[\widetilde{X}_i(t)-\widetilde{X}_i(t_n)\\
&\quad + X_i(t_n)-X_i(t)]\}-x_i(t_n)\\
&= \{\widetilde{X}_i(t_n)+Y_i(t)\}-X_i(t_n)\\
&= \widetilde{\widetilde{X}}_i(t)-X_i(t_n).
\end{aligned}
$$

由于稳定性引理(引理 2.4,2.5)仅对 $X_i(t_n)$ 有要求，而把 $\widetilde{X}_i(t_n)$ 当成 $X_i(t_n)$ 的扰动处理，若在 $\widetilde{X}_i(t_n)$ 上再加小扰动 $Y_i(t)$，则结果仍对，因为 $|Y_i(t)|\leqslant C\varepsilon$，则有稳定性估计

$$
\begin{aligned}
\|\widetilde{u}_i^h(t)-u_i^h(t)\|_{0,p,h} &\leqslant C\|\widetilde{\widetilde{X}}_i(t)-X_i(t_n)\|_{0,p,h}\\
&= C\|\widetilde{X}_i(t)-X_i(t)\|_{0,p,h}
\end{aligned}
$$

对所有 $t_n<t<t_{n+1}$ 成立.

为了证明

$$
\max_n \max_{t_n<t<t_{n+1}} |X_i(t)-X_i(t_n)|\leqslant\varepsilon.
$$

我们需要用到下面 Wiener 过程基本性质.

引理 2.6 设 $W(t)$ 为在 $\mathbb{R}^d$ 内标准的 Wiener 过程则有

$$
\begin{aligned}
P\{\max_{t<s<t+\Delta t}|\omega(s)-\omega(t)|\geqslant b\} &\leqslant C_1(\sqrt{\Delta t}/b)\\
&\quad\cdot\exp(-C_2b^2/\Delta t).
\end{aligned}
$$

其中 $b>0$, C_1, C_2 仅依赖于 d.

引理的证明在 Freedman[1, P18] 中可找到. 由于

$$
X_i(t)-X_i(s)=\int_s^t u(X_i(\tau),\tau)d\tau+\sqrt{2v}\{\omega(t)-\omega(s)\},
$$

对 $t\in[t_n,t_{n+1}]$，则有

$$
|X_i(t)-X_i(t_n)|\leqslant C_1|t-t_n|+\sqrt{2v}|\omega(t)-\omega(t_n)|
$$

$$\leqslant Ch^l + \sqrt{2v}\,|\omega(t) - \omega(t_n)|.$$

由引理 2.6

$$P\{\max_{t_n<t<t_{n+1}} |\omega(t) - \omega(t_n)| \geqslant h\} \leqslant C_1 h^{l/2-1} \exp[-C_2 h^{-l+2}],$$

对 $l > 2$，则有

$$P\{\max_n \max_{t_n<t<t_{n+1}} |\omega(t) - \omega(t_n)| \geqslant h\}$$
$$\leqslant C_1 h^{-(l+2)/2} \exp\{-C_2 h^{-l+2}\} \to 0.$$

因而有

$$\max_n \max_{t_n<t<t_{n+1}} |X_i(t) - X_i(t_n)|$$
$$\leqslant Ch^l + \sqrt{2v}\,|\omega(t) - \omega(t_n)|$$
$$\leqslant Ch^l + v^{1/2} h \leqslant \varepsilon$$

对稳定性估计任意时间都对.

4. 收敛性

首先，我们证明质点轨道和离散速度的收敛性. 为此我们必须把离散速度的相容性估计扩展到任意时间，这可以结合离散时间点 $0 = t_0 < t_1 < \cdots < t_n = T$ 的相容性估计和当 $\max_n |t_{n+1} - t_n| < h^l (l > 2)$ 的稳定性简单导出，利用三角不等式

$$\|u_i^h(t) - u(X_i(t), t)\|_{0,p,h}$$
$$\leqslant \|u_i^h(t) - u_i^h(t_n)\|_{0,p,h} + \|u_i^h(t_n) - u(X_i(t_n), t_n)\|_{0,p,h}$$
$$+ \|u(X_i(t_n), t_n) - u(X_i(t), t)\|_{0,p,h}$$
$$\leqslant C\|X_i(t) - X_i(t_n)\|_{0,p,h} + C_2\left[\varepsilon^k + \left(\frac{h}{\varepsilon}\right)^h \varepsilon + h|\ln h|\right]$$
$$\leqslant C\left[\varepsilon^k + \left(\frac{h}{\varepsilon}\right)^l \varepsilon + h|\ln h|\right],$$

因此有

$$\max_{0\leqslant t\leqslant T} \|u_i^h(t) - u(X_i(t), t)\|_{0,p,h}$$
$$\leqslant C\left[\varepsilon^k + \left(\frac{h}{\varepsilon}\right)^l \varepsilon + h|\ln h|\right]. \qquad (5.2.21)$$

对球 $B(R_0)$ 格点 $Z_k = h \cdot k$，类似有

$$\max_{0\leqslant t\leqslant T}\|u^h(Z_k,t)-u(Z_k,t)\|_{0,p,h}$$
$$\leqslant C\left[\varepsilon^k+\left(\frac{h}{\varepsilon}\right)^L\varepsilon+h|\ln h|\right]. \tag{5.2.22}$$

令 $e_i(t)=\widetilde{X}_i(t)-X_i(t)$，则

$$de_i(t)=[\tilde{u}_i^h(t)-u(X_i(t),t)]dt.$$

由稳定性和相容性估计有微分不等式

$$\left\|\frac{de_i(t)}{dt}\right\|_{0,p,h}\leqslant C\left[\|e_i(t)\|_{0,p,h}+\varepsilon^k+\left(\frac{h}{\varepsilon}\right)^L\varepsilon+h|\ln h|\right]. \tag{5.2.23}$$

由于 $e_i(0)=0$，令 y 为常微分方程的解

$$\frac{dy}{dt}=C\left[y+\varepsilon^k+\left(\frac{h}{\varepsilon}\right)^L\varepsilon+h|\ln h|\right],$$
$$y(0)=0,$$

则有 $\|e_i(t)\|_{0,p,h}\leqslant y(t)$，因而有

$$\|e_i(t)\|_{0,p,h}\leqslant \bar{C}\left[\varepsilon^k+\left(\frac{h}{\varepsilon}\right)^L\varepsilon+h|\ln h|\right]$$

对 $0<t\leqslant T_*$ 成立。

由于 $h^2\cdot\max_i|e_i|^p\leqslant(\|e_i\|_{0,p,h})^p$，则

$$\max_i|e_i|\leqslant h^{-2/P}\|e_i\|_{0,p,h}$$
$$\leqslant Ch^{1-2/p}|\ln h|$$
$$\leqslant \varepsilon/2$$

对 $t<T_*$ 成立，若我们选取 $\varepsilon=h^q$，其中 $q<1$，h 充分小，因此 $\max_i|e_i|$ 几乎达不到 ε，所以估计对 $T_*=T$ 成立。

对离散速度

$$\|\tilde{u}_i^h(t)-u(X_i(t),t)\|_{0,p,h}$$
$$\leqslant\|\tilde{u}_i^h(t)-u_i^h(t)\|_{0,p,h}+\|u_i^h(t)-u(X_i(t),t)\|_{0,p,h}$$
$$\leqslant C_1\|\widetilde{X}_i(t)-X_i(t)\|_{0,p,h}$$
$$+C_2\left[\varepsilon^k+\left(\frac{h}{\varepsilon}\right)^L\varepsilon+h|\ln h|\right]$$
$$\leqslant C\left[\varepsilon^k+\left(\frac{h}{\varepsilon}\right)^L\varepsilon+h|\ln h|\right]$$

对连续速度，我们考虑 $B^h=(h\cdot \mathbb{N}^2)\cap B(R_0)$ $Z_k\in B^h$ 最靠近 $x\in B(R_0)$ 的格点，则利用三角不等式有

$$
\begin{aligned}
&|\tilde{u}(x,t)-u(x,t)|\\
&\leqslant |\tilde{u}^h(x,t)-u^h(x,t)|+|u^h(x,t)-u(x,t)|\\
&\leqslant |\tilde{u}^h(x,t)-\tilde{u}^h(Z_k,t)|+|\tilde{u}^h(Z_k,t)-u^h(Z_k,t)|\\
&\quad +|u^h(Z_k,t)-u(Z_k,t)|+|u(Z_k,t)-u(x,t)|\\
&\equiv (\mathrm{I})+(\mathrm{II})+(\mathrm{III})+(\mathrm{IV}).
\end{aligned}
$$

靠近 Z_k 的 x 的集合是中心为 Z_k，边平行于坐标轴，边长为 h 的正方形. 连续速度 $\tilde{u}^h(\cdot,t)$ 和 $u(\cdot,t)$ 被在 Q_k 内取值为 $\tilde{u}^k(Z_k,t)$ 和 $u(Z_k,t)$ 分片常数逼近. (I) 和 (IV) 就是这些逼近导出的误差. 由相容性估计(5.2.22)，对 (III) 有估计. 因为 u 的导数有界，则 $|(\mathrm{IV})|\leqslant Ch$，为了估计 (I)，由中值定理

$$
\begin{aligned}
&\tilde{u}^h(x,t)-\tilde{u}^k(Z_k,t)\\
&=\sum_i [K_\varepsilon(x-\tilde{X}_i(t))-K_\varepsilon(Z_k-\tilde{X}_i(t))]\omega_i h^2\\
&=\sum_i \nabla K_\varepsilon(Z_k-\tilde{X}_i(t)+Y_{ki})(x-Z_k)\omega_i h^2\\
&=\sum_i \nabla K_\varepsilon(Z_k-X_i(t)+Z_{ki})\omega_i h^2(x-Z_k).
\end{aligned}
$$

这里 $Z_{ki}=X_i(t)-\tilde{X}_i(t)+Y_{ki}$，由质点轨道收敛性

$$
\begin{aligned}
|Z_{ki}|&\leqslant |X_i(t)-\tilde{X}_i(t)|+|Y_{ki}|\\
&\leqslant \varepsilon+|x-Z_k|\\
&<2\varepsilon.
\end{aligned}
$$

类似于对 $v_i^{(2)}$ 的稳定性估计

$$
\max_k\left|\sum_i \nabla K_\varepsilon(Z_k-X_i(t)+Z_{ki})\omega_i h^2\right|\leqslant C.
$$

最后

$$
\begin{aligned}
(\mathrm{II})&=\left|\sum_i [K_\varepsilon(Z_k-\tilde{X}_i(t))-K_\varepsilon(Z_k-X_i(t))]\omega_i h^2\right.\\
&=\left|\sum_i \nabla K_\varepsilon(Z_k-X_i(t)+Y_{ki})e_i\omega_i h^2\right|.
\end{aligned}
$$

用对 $v_i^{(1)}$ 的稳定性估计方法类似处理，可得对 (II) 的估计. 把结

果扩展到任意时间是显然的。从而得下面收敛性定理。

定理 2.1 若速度场 $u(x,t)$ 充分光滑，初始涡有紧支集。函数 ζ 有紧支集属于 $\omega^{m-1,\infty}(\mathbb{R}^2)$ 满足(3.1.19)，并且对整数 $k\geqslant 2$ 满足矩条件(3.2.4)则对充分小的 $h,\varepsilon,\varepsilon>h^q,q<1$ 有下面估计

(i) 质点轨道的收敛性：

$$\max_{0\leqslant t\leqslant T}\|\widetilde{X}_i(t)-X_i(t)\|_{0,p,h}\leqslant C\left[\varepsilon^k+\frac{h^m}{\varepsilon^{m-1}}+h|\ln h|\right]$$

(ii) 离散速度的收敛性：

$$\max_{0\leqslant t\leqslant T}\|\widetilde{u}_i^h(t)-u(X_i(t),t)\|_{0,p,h}\leqslant C\left[\varepsilon^k+\frac{h^m}{\varepsilon^{m-1}}+h|\ln h|\right]$$

(iii) 连续速度的收敛性：

$$\max_{0\leqslant t\leqslant T}\|\widetilde{u}^h(\cdot,t)-u(\cdot,t)\|_{0,p,B(R_0)}\leqslant C\left[\varepsilon^k+\frac{h^m}{\varepsilon^{m-1}}+h|\ln h|\right]$$

§ 3. 随机游动方法对 Burgers 方程的收敛性基本框架

1. 算法

在这一节里我们将要介绍用随机游动方法计算 Burgers 方程的收敛性。对某些定理的证明细节我们将省去，而着重介绍这类方法收敛性证明的骨架。

Burgers 方程

$$\frac{\partial u}{\partial t}+u\frac{\partial}{\partial x}u=\nu\frac{\partial^2 u}{\partial x^2},\qquad(5.3.1)$$

$$u(x,0)=u_0(x)$$

可以被看作一维的 Navier-Stokes 方程模型。我们将要考虑的算法是分步方法。

第一步：逼近无粘的 Burgers 方程的解

$$\frac{\partial u}{\partial t}+u\frac{\partial u}{\partial x}=0, \tag{5.3.2 a}$$

$$u(x,0)=u_0(x).$$

假设解的导数被一些质点逼近

$$\frac{\partial}{\partial x}u(x,t)\simeq\sum_{i=1}^{m}\delta(x-x_i(t))\omega_i. \tag{5.3.2 b}$$

其中 $x_i(t)$ 表示质点在时间 t 的位置，ω_i 为质点的强度．的逼近解通过质点按由质点产生的阶梯函数速度场移动而得到．

第二步：解扩散方程

$$\frac{\partial u}{\partial t}=\nu\frac{\partial^2 u}{\partial x^2}, \tag{5.3.3}$$

$$u(x,0)=u_0(x),$$

随机地扰动质点位置模拟扩散而得到数值解．

下面我们引进一些符号：用 F_t，A_t 和 D_t 表示(5.3.1)，(5.3.2)，(5.3.3)的解算子．即 F_t 是整个方程的解算子；A_t 是对流算子，即无粘 Burgers 方程的解算子；D_t 是扩散算子． 对流和扩散的逼近算子分别用 $\tilde{A}_t$ 和 $\tilde{D}_t$ 表示． 在时刻 $nk(n\in\mathbb{N})$ 的逼近解按如下办法得到：

第一步：初值逼近．算法的第一步是用阶梯函数 S^0u_0 逼近光滑初值 u_0，

$$S^0u_0(y)=u^L+\sum_{i=1}^{m}H(y-x_i^0)\omega_i.$$

其中 $|\omega_i|=h$，u^L 是 u_0 在$-\infty$的极限，H为 Heavside 函数

$$H(y)=\begin{cases}1, & y>0,\\ \dfrac{1}{2}, & y=0,\\ 0, & y<0.\end{cases}$$

如果假设 u_0 在紧支集外为常数，则我们可定义

$$S^0u_0(y)=h\left[u_0/h+\frac{1}{2}\right].$$

这里$[y]$表示小于或等于y的最大整数。注意若再假设u_0有有界变差，则S^0u_0仅有有限个不连续点。

第二步：逼近对流。在第j时间步，在位置X_i^j $i=1,\cdots m$给定质点，让质点运动，使得对应的阶梯函数逼近无粘的Burgers方程。

我们首先注意到对小时间区间，以阶梯函数为初值的无粘Burgers方程的弱熵解，可以通过对每一不连续点分别考虑Riemann问题而得到。逼近算子是通过沿直线轨道移动质点而产生的阶梯函数来逼近相应的Riemann问题的解。

随着时间发展，Riemann问题的精确解开始相交从而产生更复杂的解。类似地，质点的直线轨迹将相交，这时，我们把逼近的阶梯函数当成新的初值，然后，我们可以对新的初值定义新的质点轨迹逼近精确解，所以我们能对初始位置x_i按下述递归办法定义质点轨迹$x_i(t)$

令$t^0=0$，$x_i(0)=x_i$，假设在时刻t^k对$0\leqslant t\leqslant t^k$，$x_i(t)$已有定义，令

$$S(y,t)=u^L+\sum_{i=1}^{m}H(y-x_i(t))\omega_i$$

质点在时刻t^k的位置记为x_i^k，在时刻t^k阶梯函数的不连续强度为

$$[S]_i^k=S(x_i^k+0,t^k)-S(x_i^k-0,t^k)$$

容易看出$[S]_i^k$是所有质点在时刻t^k，位置x_i^k的强度。

无粘的Burgers方程的Riemann问题的解有两种截然不同的形式。如果$[S]_i^k<0$为激波，如果$[S]_i^k>0$为稀疏波，所以第i个质点当$t>t^k$时的传播将被$[S]_i^k$的符号决定。

若质点$[S]_i^k\leqslant 0$，我们令质点轨迹与精确的激波相对应。质点按Rankine-Hugoniot条件决定的速度移动从而产生特殊的负间断。故我们定义第i个质点在时刻t^k的速度S_i^k为

$$S_i^k=\frac{1}{2}[S(x_i^k+0,t^k)+S(x_i^k-0,t^k)].$$

另一方面，若 $[S]_i^k > 0$，我们定义质点的速度中的正间断来逼近稀疏波解。假设时刻 t^k 的间断由 q 个正强度和 p 个负强度组成，如果第 i 个质点是最初的 $q-p$ 个带正强度的点，我们可定义质点速度为

$$S_i^k = S(x_i^k - 0, t^k) + \sum_{\substack{j<i, x_j=x_i \\ \omega_j>0}} \omega_j + \frac{1}{2}\omega_i,$$

其余的 $2p$ 个质点，即带负强度的和剩下的带正强度的有共同的速度

$$S_i^k = S(x_i^k + 0, t^k)$$

注意：S_i^k 依赖于质点关于指标 i 的次序和质点位置的次序.

令

$$t^{k+1} = \min_{i,j}\left\{t^k + \frac{x_j^k - x_i^k}{S_i^k - S_j^k}:\ x_j^k > x_i^k \text{ 和 } S_i^k > S_j^k\right\}$$

（如果没有这样的 i，j 存在，则 $t^{k+1} = \infty$），对 $t^k < t < t^{k+1}$，质点位置由方程

$$x_i(t) = x_i^k + (t - t^k)S_i^k$$

而得到。值得注意的是在时刻 t^{k+1} 得到时刻 t^k 后在时刻 t^k 不同位置的至少两个质点的轨迹首次相交。

观察下面几点事实：

(a) 由于质点有有限的极大传播速度，则有 $t^{k+1} > t^k$，对 $k = 0,1\cdots$；

(b) 对 $0 < t < t^k$，$k = 1,2\cdots$ 每一正间断由一带正强度的质点产生。等价地，一个强度大于 h 的正间断只有在时刻 t_0 存在；

(c) 两个相邻的带正强度间断的距离随着 t 增加而增加；

(d) 正间断和非正间断之间的距离只有当非正间断的强度小于或等于 $-2h$ 时才随时间减少。

从(c)，(d)可知，在时刻 $t^k, k = 1,2\cdots$ 相交的特定质点总强度必为非正。故在时刻 t^k，在相交的每一点，非正的和正的间断相交而形成非正间断，从而在时刻 t^k，正的和非正的间断总数减少。由于在初始仅有有限个正的和非正的间断，则存在 k 使得

$t_k = \infty$，对上面的逼近算子对 $t > 0$ 都有定义。

$$\widetilde{A}_t S(y) = u^L + \sum_{i=1}^{m} H(y - x_i(t))\omega_i.$$

这里

$$S(y) = u^L + \sum_{i=1}^{m} H(y - x_i)\omega_i.$$

值得我们注意的是 $\widetilde{A}_t$ 对变量 t 有半群性质，对 $t_1, t_2 > 0$ 有

$$\widetilde{A}_{t_1}\widetilde{A}_{t_2}S = \widetilde{A}_{t_1+t_2}S,$$

在 $j + \frac{1}{2}$ 分步质点位置

$$X_i^{j+\frac{1}{2}} = X_i(k).$$

其中 $X_i(0) = x_i^j$，阶梯函数逼近为

$$S^{j+\frac{1}{2}}u_0(y) = u^L + \sum_{i=1}^{m} H(y - X_i^{j+\frac{1}{2}})\omega_i = \widetilde{A}_k S^j u_0(y).$$

第三步：逼近扩散．下一步是解扩散方程．这是通过在质点位置加上随机分量而实现的．令 $\eta_i^{j+1}, i = 1, \cdots m$ 为独立的随机变量，$E(\eta_i^{j+1}) = 0$ $\mathrm{Var}[\eta_i^{j+1}] = 2\nu k$，则质点新的位置为

$$X_i^{j+1} = X_i^{j+1/2} + \eta_i^{j+1},$$

数值逼近为

$$S^{j+1}u_0(y) = u^L + \sum_{i=1}^{m} H(y - x_i^{j+1})\omega_i = \widetilde{D}_k S^{j+\frac{1}{2}}u_0(y).$$

第四步：如果 $j < n$，令 $j = j + 1$，回到第二步．如果 $j = n$，则数值逼近 $F_{nk}u_0$ 为

$$S^k u_0(y) = u^L + \sum_{i=1}^{m} H(y - X_i^n)\omega_i = [\widetilde{D}_k\widetilde{A}_k]^n S^0 u_0(y).$$

2. 收敛性定理

下面将对初值 u_0，时间步长 k，空间参数 h 作一些假设．

假设 1：初值 $u_0 \in C^2(\mathrm{R}^2)$，且在无穷远处邻域内为常数．即存在常数 $K > 0$，u^L 和 u^R 有

$$u_0(x) = \begin{cases} u^L, & x < -K, \\ u^R, & x > K, \end{cases}$$

假设 2：$k < \frac{1}{2B}$，其中

$$B = \sup_{t>0} \left\{ \|F_t u\|_{0,\infty}, \left\| \frac{\partial}{\partial x} F_t u \right\|_{0,\infty} \left\| \frac{\partial^2}{\partial x^2} F_t u \right\|_{0,\infty} \right.$$

$$\left. \left\| \frac{\partial}{\partial x} F_t u_0 \right\|_{0,1} \right\}.$$

假设 3：$h \leqslant \frac{1}{3}, h$ 分割 $u^L - u^R$.

注意：在假设 2 中定义的常数 B 是有界的.

定理 3.1 若 u_0, k, h 满足假设 1,2 和 3. 再假设时间步长和空间参数满足 $k = h^{\frac{1}{4}}$，令 T 为计算中最后时刻，则对一些正整数 $n, nk \leqslant T$ 和一些 $\alpha > 0$，有

$$P\{\|F_{nk}u_0 - [\widetilde{D}_k \widetilde{A}_k]^n S^0 u_0\|_{0,1} > M_1 \alpha h^{\frac{1}{4}}(|\ln h|)^2\}$$
$$\leqslant M_2 h^{\alpha|\ln h| - \frac{5}{4}}$$

和

$$E[\|F_{nk}u_0 - [\widetilde{D}_k \widetilde{A}_k]^n S^0 u_0\|_{0,1}] \leqslant C h^{\frac{1}{4}} |\ln h|^2$$

这里常数 M_1, M_2 和 C 仅依赖于 u_0, ν 和 T.

对误差的估计用 L^1 模是很自然的，因为精确解算子在这个模意义下有稳定性结果如下：

$$\|F_t u - F_t v\|_{0,1} \leqslant \|u - v\|_{0,1}, \tag{5.3.4}$$

$$\|A_t u - A_t v\|_{0,1} \leqslant \|u - v\|_{0,1}, \tag{5.3.5}$$

$$\|D_t u - D_t v\|_{0,1} \leqslant \|u - v\|_{0,1}. \tag{5.3.6}$$

收敛性定理的证明分为五步，前三步与算子 S^0, $\widetilde{A}_k$, $\widetilde{D}_k$ 的逼近阶相关，主要结果包含在下面几个定理之中.

定理 3.2 令 u_0 满足假设 1，h 分割 $u^L - u^R$，则存在阶梯函数 $S^0 u_0$，由 m 个位置为 $\{x_i^0\}_{i=1}^m$，强度为 $\{\omega_i\}_{i=1}^m$ 的质点决定，且有 $|x_i^0| \leqslant K, |\omega_i| = h, mh \leqslant \left\| \frac{\partial}{\partial x} u_0 \right\|_{0,1}$，则

$$\|S^0 u_0 - u_0\|_{0,1} \leqslant Ch.$$

这里 $C = 2K$.

算子 $\widetilde{A}_k$ 的精度由下面定理给出.

定理 3.3 假设m个质点的初始位置为$\{x_i\}_{i=1}^m$强度为$\{\omega_i\}_{i=1}^m$，且 $|\omega_i| = h$,阶梯函数

$$S(y) = u^L + \sum_{i=1}^{m} H(y - x_i)\omega_i,$$

其中 $u^L \in \mathbb{R}$,则对 $t \geqslant 0$ 有

$$\|A_t S - \widetilde{A}_t S\|_{0,1} \leqslant \frac{1}{4} h^2 m t.$$

关于 $\widetilde{D}_k$ 有

定理 3.4 令T为计算的最后时刻,则对非负整数 $j,(j+1)k \leqslant T, \alpha > 1$ 有

$$P\{\|D_K S^{j+\frac{1}{2}} u_0 - \widetilde{D}_k S^{j+\frac{1}{2}} u_0\|_{0,1} > M_1 \alpha h^{\frac{1}{2}} |\ln h|^2\}$$
$$\leqslant M_2 h^{\alpha|\ln h|-1}$$

和

$$E[\|D_K S^{j+\frac{1}{2}} u_0 - \widetilde{D}_k S^{j+\frac{1}{2}} u_0\|_{0,1}] \leqslant C h^{\frac{1}{2}} |\ln h|^2.$$

这里 $S^{j+\frac{1}{2}} u_0$ 是由随机变量 $X_i^{j+\frac{1}{2}}$ 产生的随机阶梯函数，常数 M_1, M_2 和C依赖于 u_0, ν 和 T .

收敛性的第 4 步是研究粘性分离的精度.

定理 3.5（粘性分离定理） 若 u_0, k 满足假设 1 和 2 ，则对 $n \in \mathbf{N}^+$ 有

$$\|F_{nk} u_0 - [D_k A_k]^n u_0\|_{0,1} \leqslant C n k^2.$$

这里常数C仅依赖于 u_0 和 ν.

定理 3.2 至 3.5 的证明可在 Roberts [2] 中找到,我们将不对这几个定理的证明作详细介绍.

收敛性定理的证明：由简单的三角不等式可知

$$\|F_{nk} u_0 - [\widetilde{D}_k \widetilde{A}_k]^n S^0 u_0\|_{0,1}$$

小子或等于

$$\|F_{nk} u_0 - [D_k A_k]^n u_0\|_{0,1} \tag{5.3.7}$$
$$+ \|[D_k A_k]^n u_0 - [D_k A_k]^n S^0 u_0\|_{0,1} \tag{5.3.8}$$
$$+ \|[D_k A_k]^n S^0 u_0 - [\widetilde{D}_k \widetilde{A}_k]^n S^0 u_0\|_{0,1}. \tag{5.3.9}$$

(5.3.7) 就是粘性分离的误差，在粘性分离定理中有估计。

由对流和扩散算子的稳定性和 S^0 算子的估计有

$$\begin{aligned}&\|[D_kA_k]^n u_0 - [D_kA_k]^n S^0 u_0\|_{0,1}\\ \leqslant\ &\|u_0 - S^0 u_0\|_{0,1}\\ \leqslant\ &Ch.\end{aligned}$$

而(5.3.9)可分解成下面这些项之和

$$\sum_{j=0}^{n-1} \|[D_kA_k]^{n-j-1}D_kA_kS^ju_0 - [D_kA_k]^{n-j-1}D_k\tilde{A}_kS^ju_0\|_{0,1} \tag{5.3.10}$$

和

$$\sum_{j=0}^{n-1} \|[D_kA_k]^{n-j-1}D_kS^{j+\frac{1}{2}}u_0 - [D_kA_k]^{n-j-1}\tilde{D}_KS^{j+\frac{1}{2}}u_0\|_{0,1}. \tag{5.3.11}$$

由对流与扩散算子的稳定性可知(5.3.10)小于或等于

$$\|A_KS^ju_0 - \tilde{A}_kS^ju_0\|_{0,1}.$$

由定理 3.3 可知(5.3.10) 中每一项都小于或等于 $\frac{1}{4}h^2mk$，因为

$$mh \leqslant \left\|\frac{\partial}{\partial x}u_0\right\|_{0,1},\quad nk \leqslant T,$$

则(5.3.10)各式之和小于或等于 $\frac{1}{4}\|\frac{\partial}{\partial x}u_0\|_{0,1}hT$.

由 A_k 和 D_k 的稳定性，(5.3.11)小于或等于随机变量之和

$$\sum_{j=0}^{n-1}\|D_kS^{j+\frac{1}{2}}u_0 - \tilde{D}_kS^{j+\frac{1}{2}}u_0\|_{0,1}.$$

若 u_0,k,h 满足假设 1,2 和 3，n 为正整数，$nk \leqslant T$，则存在常数 C 仅依赖于 u_0,T,ν 使得

$$\begin{aligned}&\|F_{nk}u_0 - [\tilde{D}_k\tilde{A}_k]^nS^0u_0\|_{0,1}\\ \leqslant\ &C_1(h+k) + \sum_{j=0}^{n-1}\|D_kS^{j+\frac{1}{2}}u_0 - \tilde{D}_kS^{j+\frac{1}{2}}u_0\|_{0,1}.\end{aligned} \tag{5.3.12}$$

利用定理 3.4,(5.3.12)有估计

$$P\{\|F_{nk}-[\widetilde{D}_k\widetilde{A}_k]^n S^0 u_0\|_{0,1} > C_1(h+k)+nM_1'\alpha h^{\frac{1}{2}}|\ln h|^2\}$$

$$\leqslant P\left\{\sum_{j=0}^{n-1}\|D_k S^{i+\frac{1}{2}}u_0-\widetilde{D}_k S^{i+\frac{1}{2}}u_0\|_{0,1} > nM_1'\alpha h^{\frac{1}{2}}|\ln h|^2\right\}$$

$$\leqslant \sum_{i=0}^{n-1} P\{\|D_k S^{i+\frac{1}{2}}u_0-\widetilde{D}_k S^{i+\frac{1}{2}}u_0\|_{0,1} > M_1'\alpha h^{\frac{1}{2}}|\ln h|^2\}$$

$$\leqslant nM_2' h^{\alpha|\ln h|-1}.$$

这里 M_1', M_2' 为常数,由于假设 $k=h^{\frac{1}{4}}$,则有

$$C_1(h+k)+nM_1'\alpha h^{\frac{1}{2}}|\ln h|^2 \leqslant M_1\alpha h^{\frac{1}{4}}|\ln h|^2$$

和

$$M_2' n h^{\alpha|\ln h|-1} \leqslant M_2 h^{\alpha|\ln h|-\frac{5}{4}}。$$

其中 M_1, M_2 依赖于 u_0, ν, T. 从而有

$$P\{\|F_{nk}u_0-[\widetilde{D}_k\widetilde{A}_k]^n S^0 u_0\|_{0,1} > M_1\alpha h^{\frac{1}{4}}|\ln h|^2\}$$
$$\leqslant M_2 h^{\alpha|\ln h|-\frac{5}{4}}.$$

类似地,我们能估计数值方法的 L^1 期望, 由(5.3.12) 和定理 3.4 有

$$E[\|F_{nk}u_0-[\widetilde{D}_k\widetilde{A}_k]^n S^0 u_0\|_{0,1}]$$

$$\leqslant C_1(h+k)+\sum_{i=0}^{n-1}E[\|D_k S^{i+\frac{1}{2}}u_0-\widetilde{D}_k S^{i+\frac{1}{2}}u_0\|_{0,1}]$$

$$\leqslant C_1(h+k)+C_2 c h^{\frac{1}{2}}|\ln h|^2.$$

这里 C_1, C_2 为常数. 因为 $k=h^{\frac{1}{4}}, nk\leqslant T$,则有

$$C_1(h+k)+C_2 n h^{\frac{1}{2}}|\ln h|^2 \leqslant Ch^{\frac{1}{4}}|\ln h|^2.$$

这里 C 依赖于 u_0, ν, T,故有

$$E[\|F_{nk}u_0-[\widetilde{D}_k\widetilde{A}_k]^n S^0 u_0\|_{0,1}] \leqslant Ch^{\frac{1}{4}}|\ln h|^2.$$

这样就得到了收敛性定理的证明.

评　　注

涡度法的发展是日新月异的，新思想、新方法不断出现，数学理论日益完善，应用日益广泛，不时有综述性的报告发表，我们在写作本书时，力图追踪涡度法的各个方面的最新发展，但是感到力不从心，我们经常发现一些新材料，以至已经完成的书稿不得不作补充修改，乃至部分重写，很有可能在本书问世后的不久，内容上就有必要作较大的更新.

第　一　章

从本章所述的材料可以看出，Chorin 构造的涡度法的力学意义是很直观的，它共分三步：涡团沿着流线运动，在边界上不断生成新的涡，又由于粘性力的作用每个涡作扩散运动，因此在很多场合，计算结果与实验结果符合得很好，在计算流体运动时，如果使用固定的网格，很难兼顾尺度不同的大大小小的涡旋，而涡度法没有固定的网格，每个涡旋都可以有不同的大小，不同的强度，因此用涡度法所得到的流场与现实的流动容易做到比较接近，涡度法在处理高雷诺数流动时也是有其特点的. 在以上的三步算法中，只有一步，即扩散运动，求解的方程中出现粘性项，而在这一步中，涡度满足简单的热传导方程，小的粘性并没有给计算带来复杂性. 相反，如果用随机游动方法，雷诺数愈高，步长愈小，计算的稳定性更好一些.

计算量大是涡度法的一个重要的缺点，每一步都需要计算任意两个涡之间的相互作用. 由于在边界上不断产生涡，涡的个数会不断增加，以至于算到一定程度时，计算机就不能承受了. 为此人们发展了一批快速算法. 1986 年 Anderson 提出了局部校正法，随后 Greengard, Rokhlin 于 1987 年提出多极展开法. 近年来这方面的工作层出不穷，这是涡度法发展的一个趋势.

此外，与随机游动法对应，出现了确定型算法，随机游动法的优点是它与涡团的无粘运动配合得很好，都统一在不需要网格的自适应算法中，但是随机游动法也有它的缺点，即精确度低一些，随机的干扰较大，近年来出现的确定型算法正在发展之中，现在还不甚完善.

我们在本章还介绍了滕振寰的椭圆涡团法，它能在边界附近更好地模拟边界层的运动. 涡度法的变种还有"胞腔内的涡度法"(vortex-in-cell)，它把涡团的自由运动与固定的网格结合起来，以达到减少运算量的目的. 我们在快速涡团算法这一节中已涉及这个方法，又有一个变种是"涡丝法"(vortex filament)，在三维情形，它计算涡丝的运动而不计算单个涡点的运动. 原理上是一样的，因此我们没有介绍，有兴趣的读者可参看有关文献.

第 二 章

我们在本章中叙述了一些数学方法与理论，目的是为以后各章作准备. 很多定理都只叙述而不证明. Sobolev 空间与椭圆型偏微分方程理论是基本的数学工具，我们尽可能对它们作简要的叙述，不求系统性，只求在后面够用，关于 Navier-Stokes 方程，有 Ladyzhenskaya 与 Temam 两本系统著作，我们在这里也尽可能地从简. 只是这两本书中均未涉及半群方法，它是 Kato, Fujita, Morimoto 等在 60 年代发展起来的一套理论，对我们的研究起着基本的作用，因此我们对它叙述得稍详细一些，关于 Euler 方程，Kato, McGrath, Temam 等于 60 年代和 70 年代建立了基本理论，这一部分材料在现有的著作中不容易找到. 我们在这里作了较详细的叙述，定理的证明基本上是完整的.

第　三　章

有些微分方程计算方法，例如差分方法，是在微分方程的基础上构造的，涡度法则不是这样，在它的算法中既有从微分方程出发的一面，也有直接模拟物理过程的一面。这个特点决定了涡度法的数学理论的建立十分复杂而困难。也正因为此，数学理论在涡度法中更显得重要，理论分析可以发现原算法的缺陷而加以改进。

最早的涡度法分析舍弃了流体的粘性作用，考虑无粘的理想流体，舍弃了边界的作用，考虑在全空间的流动，即初值问题，舍弃了关于时间的离散化，离散过程只到常微分方程组为止。Hald 与 DelPrete 在 1978 年发表的文章中首先讨论了二维无粘 Euler 方程在全空间的解关于空间半离散化的收敛性。随后，这一理论被不断地改进，Hald 本人将它由局部解推广到整体解，Beale 与 Majda 得到高精度的收敛性与三维问题的收敛性，Cottet,Raviart 将二维问题作了系统的整理，并用 Bramble-Hilbert 引理代替了 Beale, Majda 的拟微分算子分析方法，使得证明大为简化，Anderson 与 Greengard 于 1985 年证明了全离散化问题的收敛性，即不仅把涡场分解为涡团，而且把常微分方程组离散为差分方程。

最早考虑边界条件的是 Bardos, Bercovier 与 Pironneau 发表于 1982 年的文章，他们把涡度法与有限元方法结合起来，得到了一个新算法，并分析了收敛性。他们的算法与涡度法的主流相距较远。最早把 Hald, Beale, Majda, Raviart 等关于初值问题的工作发展为初边值问题的是应隆安发表于 1991 年的文章，文中讨论了二维 Euler 方程初边值问题涡度法半离散化的收敛性。后来应隆安与张平文又改进了这一结果，并得到了全离散化的相应定理。

Hou, Goodman, Lowengrub 于 1990 年证明了二维与三维点涡法对于初值问题的收敛性，这一结果出乎人们的意料之外，必然会引起人们对点涡法的进一步深入研究。应该提到的是，在本书中我们完全没有涉及意大利学派的工作，他们讨论点涡的运动，有系统的工作，并且有 Marchioro 与 Pulvirenti 的专著，出版于1984年。

第　四　章

对于粘性流体的涡度法的理论研究，大致可以分为两部分，一部分是粘性分离的研究，即讨论把 Navier-Stokes 方程的求解分解为三步算法的合理性，另一部分讨论随机游动与涡团无粘运动结合的合理性。我们把第二部分内容放在第五章，本章讨论第一部分内容。

Chorin, Hughes, Mc Cracken 与 Marsden 于 1978 年把三步算法写成了一个乘积公式，在文中他们给了一个具体的涡旋生成算子，并分析了按这个算子公式的相容性，但没有能证明稳定性与收敛性。应该指出的是，他们的涡旋生成算子的给法是有缺陷的。他们把速度场作奇开拓到求解区域之外。这样一来，流场不满足连续性方程，因此速度场与涡度场的对应关系也就不再成立，算法本身发生了矛盾。后来，在 Benfatto 与 Pulvirenti 的文章中纠正了这一点。他们的文章我们在下文还要提到。

Beale 与 Majda 发表于 1981 年的文章解决了 CHMM 公式对于初值问题的收敛性。这时不存在边界，因此不必有涡旋生成算子，三步算法变成了二步算法。他们的结论中令人惊异的一点是，雷诺数越高，收敛性越好，这是因为没有边界，不出现边界层，也没有尾流的缘故。用数学的术语，对于初值问题，Navier-Stokes 方程是 Euler 方程的一个正规摄动而不是奇异摄动。

对于初边值问题，CHMM 公式的研究要复杂得多。原因已如上述。在数学分析上直接遇到的一个困难是：Euler 方程的边界条件与 Navier-Stokes 方程的边界条件提法不同，在求解时由于边界条件的转换出现了不相容性与奇性。而且，用一种不同的边界条件去逼近原边界条件，使一些常用的数学方法都无能为力。

Alessandrini, Douglis, Fabes 于 1983，1984 年研究了有界区域上的初边值问题. 他们研究了一种简化的格式，这种格式我们在下文还要提及. 在他们的工作中为了避开前面所说的困难，用一个多项式代替了 Euler 方程的解. Benfatto 与 Pulvirenti 1986 年发表的文章中研究了半平面问题，他们把 Chorin 等构造的涡旋生成算子作了改进，速度的切向分量作奇开拓，而法向分量作偶开拓，这样保证了连续性方程依然成立. 在分析中他们大量地应用 Fourier 变换作为工具. 他们的分析极为精细，但很难作进一步推广. Rautmann 发表于 1989 年的文章研究了线性问题的 CHMM 公式.

从 1987 年开始，应隆安发表了几篇文章，就一般区域与一般的涡旋生成算子对粘性分离进行了研究，他证明了在一定条件下，CHMM 公式并不收敛于原问题的解，又在方程与边界条件上作了改进，证明了一些格式的收敛性，还讨论了收敛的充分条件与必要条件. 随后，张平文，黄明游、郑权、梁栋，Beale, Greengard 等都作了这方面的研究. 值得一提的是关于一个简化公式的研究. 如果我们对于初边值问题在 CHMM 公式中也去掉涡旋生成算子，它就成为一个二步格式（另一个观点是，把涡旋生成与求解扩散方程合并，变成一步，因为涡度法并没有完全从微分方程的定解问题出发，在形成数学提法时，必然要作一些理想化，观察的角度不同，得出的公式也不一样）. Alessandrini, Douglis, Fabes 1983 年的文章研究的正是这一格式. 他们回避了一个本质困难，即 Euler 方程的求解. 后来，黄明游，郑权独立地研究了这一简化公式，得到了 L^2 收敛性. 张平文将他们的结果改进到最优估计，应隆安又把这个估计从 L^2 推广到 H^s，Greengard 与 Beale 又独立地进行了研究，得到了 L^p 收敛性. 至此，对于这个公式的研究应该说已经很完整了.

第　五　章

涡度法数学理论的一个重要方面就是随机涡团法的收敛性，这是一个相当困难的问题，因为随机涡团法是确定型方法与概率型方法的混合体。建立这方面理论实际上经历了一个相当长的探索过程，首先，人们考虑一维模型，建立相应的随机微分方程，Hald 研究了一维对流扩散方程；Roberts 选择了 Burgers 方程，因为 Burgers 方程通常被看作一维 Navier-Stokes 方程模型；Puckett 研究了 Kolmogorov 方程。对二维 Navier-Stokes 方程的研究，最初是由 Marchioro 和 Pulvirenti 开始的，不过他们研究的是弱解的收敛性。在这些工作的基础上，Goodman 得到了二维 Navier-Stokes 方程随机涡团法的收敛性。但 Goodman 的工作有其局限性，Long 把随机涡团法当作无粘涡团法的一个扰动，借助于无粘涡团法理论证明的基本框架，建立起随机涡团法的理论研究的骨架，并得到了丰满的误差估计。对三维的 Navier-Stokes 方程随机涡团法，Esposite 和 Pulvirenti 证明了收敛性，但没有得到收敛的阶，Long 在假设真解具有光滑性的条件下，改进了这一结果，并得到了收敛的阶.

值得一提的是关于随机涡团法的时间离散，由于方程中包含随机变量(布朗运动)，用通常的高阶格式(例如多步方法，Runge-Kutta 方法等)代替 Euler 方法并不能得到高阶的关于时间的收敛性。Chang 构造了一个算法，利用更多的关于高斯随机变量的信息，得到了关于时间的 $O(\Delta t^{3/2})$阶估计，已经有人证明这个阶最优。

参考文献

R. A. Adams

[1] Sobolev Spaces, New York, Academic Press, 1975.

S. Agmon

[1] The Lp approach to the Dirichlet problem, Anali della Scuola Sup. Pisa, 13(1959), 405—448.

S. Agmon, A. Douglis, L. Nirenberg

[1] Estimates near the boundary for solutions of elliptic partial differential equations satisfying general boundary conditions I, Comm. Pure Appl. Math., 17(1959), 623—727.

G. Alessandrini, A. Douglis, E. Fabes

[1] An approximate layering method for the Navier-Stokes equations in bounded cylinders, Ann. Mat. Pura Appl., 135(1983), 329—347.

C. R. Anderson

[1] A vortex method for flows with slight density variation, J. Comput. Phys., 61(1985), 417—44.

[2] A method of local corrections for computing the velocity field due to a distribution of vortex blobs, J. Comput. Phys., 62(1986), 111—123.

[3] Vorticity boundary conditions and boundary vcrticity generation for two-dimensional viscous incompressible flows, J. Comput. Phys., 80 (1989), 72—97.

C.R. Auderson, C. Greengard

[1] On vortex methods, SIAM J. Numer. Aual., 22(1985), 413—440.

[2] Vortex Methods (eds), Lecture Notes in Mathematics, Vol. 1360, Springer-Verlag, 1988.

S. B. Baden

[1] Very large vortex calculations in two dimensions, Lecture Notes in Math. 1360(1987), 96—120.

S. B. Baden, E. G. Puckett

[1] A fast vortex method for computing 2D-viscous flow, J. Comput. Phys., 91(1990), 278—297.

C. Bardos, M. Bercovier, O. Pironneau

[1] The vortex method with finite elements, Math. Comp., 39(1982), 1—27.

J. T. Beale

[1] A convergent 3-D vortex method with grid-free stretching, Math. Comp., 46(1986), 401—424.

[2] Viscous splitting of the Navier-Stokes equatious with boundaries,

ICIAM 91 presentation.
J. T. Beale, A. Majda
[1] Rate of convergence for viscous splitting of the Navier-Stokes equations, Math. Comp., 37(1981), 243—259.
[2] Vortex methods I: Convergence in three dimensious, Math. Comp., 39(1982), 1—27.
[3] Vortex methods II: Higher order accuracy in two and three dimensions, Math. Comp., 39(1982), 29—52.
[4] Vortex methods for fluid flow in two or three dimeusions, Contemp. Math., 28(1984), 221—229.
[5] High order accurate vortex methods with explicit velocity kernels, J. Comput. Phys., 58(1985), 188—208.
G. Benfatto, M. Pulvirenti
[1] Convergence of Chorin-Marsden product formula in the half-plane, Comm. Math. Phys., 106(1986), 427—458.
J. U. Brackbill
[1] Ringing instability in particle in cell calculations of lowspeed flow, J. Comput. Phys., 75(1988), 469—492.
J. U. Brackbill, H. M. Ruppel
[1] FLIP: a method for adoptively zoned particle-in-cell calculations of flurd flows in two dimensions, J. Comput. Phys., 65(1986), 314—343.
T. F. Buttke
[1] A fast adaptive vortex method for patches of constant vorticity in two dimensions, J. Comput. Phys., 89(1990), 161—186.
R. E. Caflisch, J. S. Lowengrub
[1] Convergence of the vortex method for vortex sheets, SIAM J. Numer. Anal., 26(1989), 1060—1080.
R. E. Caflisch, O. Orellana,
[1] Singularity formulation and ill-posedness for vortex sheets, SIAM J. Math. Anal., 20(1988), 293—307.
J. Carrier, L. Greengard and V. Rokhlin
[1] A Fast Adaptive Multipole Algorithm for Particle Simulations, SIAM J. Sci. and Statist. Comput., 9(1988), 669—686.
Chen-chang Chang
[1] Ramdom vortex methods for the Navier-Stokes equations, J. Comput. Phys., 76(1988), 281—300.
陈亚浙,吴兰成
[1] 二阶椭圆型方程与椭圆型方程组,科学出版社,1991.
C. Chiu, R. A. Nicolaides
[1] Convergence of a high order vortex method for two dimensional Euler equations, Math., Comp., 51(1988), 507—534.
J. P Choquin, B. Lucquin-Desreux
[1] Accuracy of a deterministic particle method for Navier-Stokes equ-

ations, Int. J. Numer. Meth. Fluids, 8(1988), 1439—1458.

A. J. Chorin

[1] Numerical study of slightly viscous flow, J. Fluid Mech., 57(1973), 785—796.

[2] Vortex sheet approximation of boundary layers, J. Comput. Phys., 27(1978), 428—442.

[3] Vortex models and boundary layer instability, SIAM J. Sci. Statist. Comput. 1(1980), 1—21.

[4] Estimates of intermittencg, spectra, and blow-up in developed turbulence, Comm. Pure Appl. Math., 34(1981), 641—672.

[5] The evolution of a turbulent vortex, Comm. Math. Phys., 83(1982), 517—535.

[6] Turbulence and vortex stretching on a lattice, Comm. Pure Appl. Math., 39(1986), 347—365.

A. J. Chorin, P. Bernard

[1] Discretization of vortex sheet with an example of roll-up, J Comput. Phys., 13(1973), 423—428.

A. J. Chorin, T. J. R. Hughes, M. F. McCracken, J. E. Marsden

[1] Product formulas and numerical algorithms, Comm. Pure Appl. Math., 31(1978), 205—256.

A. J. Chorin, J. E. Marsden

[1] A mathematical introduction to fluid mechanics, Springer-Verlag, 1979.

P. G. Ciarlet

[1] The Finite Element Method for Elliptic Problems, North Holland, 1978.

G. H. Cottet

[1] Méthods particalaires pour l'équation d'Euler dans la plan, Thése Zème Cycle Univ. P. et M. Curie, Paris, 1982.

[2] Convergence of a vortex in cell method for the two-dimensional Euler equations, Math. Comp., 49(1987), 407—425.

[3] A particle-grid superposition method for the Navier-Stokes equations, J. Comput. Phys., 89(1990), 301—318.

[4] Large-time behavior of deterministic particle approximations to the Navier-Stokes equations, Math. Comp., 56(1991), 45—59.

G. H. Cottet, J. Goodman, T. Y. Hou,

[1] Convergence of the grid free point vortex method for the 3-D Euler equations, SIAM J. Numer. Anal., 28(1991), 291—307.

R. Courant, D. Hilbert

[1] Methods of Mathematical Physics, Vol.2, Interscience Publishers, New York, 1962.

P. Degond, F. J. Mustieles

[1] A deterministic approximation of diffusion equations using particle, SIAM J. Sci. Statist. Comput., 11(1990) 311—342.

V. M. Del Prete

[1] Quadratic convergence of vortex methods, Math. Comp. 52(1989), 457—470.

L. V. Dommelen

[1] Fast, adaptive summation of point forces in the two-dimeusional Poisson equation, J. Comput. Phys., 83(1989), 126—147.

A. Douglis E. Fabes

[1] A Layering Method for Viscous, Incompressible Lp Flows Occupying R^n, Research Notes in Mathematics, 108, Pitman, 1984.

F. Dubois

[1] Discrete vector potential representation of a divergence-free vector field in three-dimensional domains: numerical analysis of a model Problem, SIAM J. Numer. Anal., 27(1990) 1103—1141.

D. Fi shelov

[1] A new vortex scheme for viscous flows, J. Comput. Phys., 86(1990), 211—234.

D. A. Freedman,

[1] Brownian motion and diffusion, Holden-Day, San Francisco, 1971.

H. Fujita, T. Kato

[1] On the Navier-Stokes initial value problem I, Arch. Rational Mech. Anal., 16(1964), 269—315.

H. Fujita, H. Morimoto

[1] On fractional powers of the Stokes operator, Proc. Japan Acad., 46 (1970), 1141—1143.

А. Ф. Филиппов

[1] Дифференциалбные уравнения о разрывной правой частью, Мат Сб. т51(93) No. 1(1960), 99-128.

A. F. Ghoniem, F. S. Sherman

[1] Grid free simulation of diffusion using random walk methods, J. Comput. Phys., 61(1985), 1—37.

V. Girault, P. A. Raviart

[1] Finite Element Approximation of Navier-Stokes Equations, Lecture Notes in Mathematics, Vol.749, Springer-Verlag, 1979.

J. Goodman

[1] Convergence of the random vortex method, Comm. Pure Appl. Math., 40(1987), 189—220.

J. Goodman, T. Y. Hou, J. Lowengrub

[1] Convergence of the poiut vortex method for the 2-D Euler equation, Comm. Pure Appl. Math., 43(1990), 415—430.

C. Greengard

[1] The core spreading approximates the wrong equations, J. Comput. Phys., 61(1985), 345—348.

[2] Convergence of the vortex filament method, Math. Comp., 47(1986) 387—398.

C. Greengard, V. Rokhlin
[1] A fast algorithm for particle simulations, J. Comput. Phys., 73(1987), 325--348.
O. H. Hald
[1] The convergence of vortex methods II, SIAM J. Numer. Anal., 16 (1979), 726—755
[2] Convergence of random methods for a reaction-diffusion equation, SIAM J. Sci. Statist. Comput., 2(1981) 85—94.
[3] Convergence of a random method with creation of vorticity, SIAM J. Sci. Statist. Comput., 7(1986), 1373—1386.
[4] Convergence of vortex methods for Euler's equations III, SIAM J. Numer. Anal., 24(1987) 538--582.
[5] The Rapid Evaluation of potential Field in Three. Dimensions, Leeture Notes in math., 1360 (1987), 121--141.
O. Hald, V. M. Del Prete,
[1] Convergence of vortex methods for Euler's equations, Math. Comp., 32(1978), 791—809.
J. G. Heywood, R. Rannacher
[1] Finite element approximation of the nonstationary Navier-Stokes problem, I. Regularity of solutions and second order error estimates for spatial discretization, SIAM J. Numer. Anal., 19(1982), 275—311.
T. Y. Hou,
[1] Convergence of a variable blob vortex method for the Euler and Naviev-Stokes equations SIAM J. Numer. Anal., 27(1990), 1387—1404.
T. Y. Hou, J. Lowengrub
[1] Convergence of the point vortex method for the 3-D Euler equations, Comm. Pure Appl. Math., 43(1990) 965—981.
T. Kato
[1] On classical solutions of the two dimensional non-stationary Euler equation, Arch. Rational Mech. Anal., 25(1967), 188—200.
[2] Nonstationary flows of viscous and ideal fluids in $\mathbf{R}^3$, J. Funct. Anal., 9(1972), 296—305.
R. Krasuy
[1] On singularity formulation in a vortex sheet and the point vortex approximation, J. Fluid Mech., 167(1986), 65—93.
O. M. Kuio, A. F. Ghonem
[1] Numerical study of a three dimensional vortex method, J. Comput. Phys., 86(1990), 75—106.
K. Kuwahara, H. Takami
[1] Numerical studies of two-dimeusional vortex motion by a system of point vortices, J. Phys. Soc. Japan, 34(1973), 247—253.
O. A. Ladyzhenskaya
[1] The Mathematical Theory of Viscous Incompressible Flow, Gordon

and Breach, New York, 1969.

A. Leonard

[1] Vortex methods for flow simulation, J. Comput. Phys., 37(1980), 289—335.

[2] Computing three dimensional incompressible flows wrth vcrtex elements, Annual Review of Fluid Mechanics, 17(1985), 523—559.

梁栋

[1] Navier-Stokes 方程初边值问题的一类粘性分离算法，科学通报，36(1991), 714—715.

J. L. Lions, E. Magenes

[1] Nonhomogeneous Boundary Value Prohlems and Applications, Springer-Verlag, 1972.

D. G. Long

[1] Convergence of the random vortex method in two dimensions, J. Amer. Math. Soc., 1(1988), 779—804.

卢建群

[1] 平板大攻角平面绕流问题中涡生成的数值模拟，计算物理，5(1988)，269—275.

F. J. McGrath

[1] Nonstationary plane flow of viscous and ideal fluids, Arch. Rational Mech. Anal., 27(1968), 329—348.

C. Marchioro, M. Pulvirenti

[1] Hydrodynamics in two dimensions and vortex theory, Comm. Math. Phys., 84(1982), 413—503.

[2] Euler evolution for singular initial data and vortex theory, Comm. Math. Phys, 91(1983) 563—572.

[3] Vortex Methods in Two-Dimensional Fluid Dynamics, Lecture Notes in Physics, Vol.203, Springer-Verlag, 1984.

F. Milinazzo, P. G. Suffman,

[1] The calculation of large Reynolds number two-dimensional flow using discrete vortices with random walk, J. Comput. Phys., 23(1977), 380—392.

A. Pazy

[1] Semigroups of Linear Operators and Applications to Partial Differential Equations, Springer-Verlag, 1983.

M. B. Perlman

[1] On the accuracy of vortex methods, J. Comput. Phys., 59(1985), 200—223.

D. Pollard

[1] Convergence of Stochastic Processes, Springer-Verlag, 1984.

E. G. Puckett

[1] A study of the vortex sheet method and its rate of convergence, SIAM J. Sci. Statist. Comput., 10(1989), 288—327.

[2] Convergence of a random particle method to solutions of the Kolmogorov equation $u_t = \nu u_{xx} + u(1-u)$, Math. Comp., 52(1989), 615

— 645
Rautmann
[1] Eine konvergente produkt formel für linearisierte Navier-Stokes-probleme, ZAMM. Z. angew. Math. Mech. 69(1989), 4, T181—T183.
P. A. Raviart
[1] An analysis of particle methods, Lecture Notes in Mathematics, Vol. 1127, Springer-Verlag, 243—324.
S. G. Roberts
[1] Accuracy of the random vortex method for a problem with non-smooth initial conditions, J. Comput. Phys., 58(1985), 29—43.
[2] Convergence of a random walk method for the Burgers equation, Math. Comp., 52(1989) 647—673.
L. Rosenhead
[1] The point vortex approximation of a vortex sheet, Proc. Roy. Soc. London, Ser. A, 134(1931), 170—192.
G. Russo
[1] Deterministic diffusion of particle, Comm. Pure Appl. Math., 43 (1990). 697—733.
A. H. Schatz, I. B. Wahlbin
[1] On the quasi optimality in L_∞ of the $\mathring{H}^1$ projection into finite element spaces, Math. Comp., 38(1982), 1—22.
J. A. Sethian, A. F. Ghonem,
[1] Validation study for vortex methods, J. Comput. Phys., 74(1988), 283—317.
孙家昶
[1] 样条函数与计算几何,科学出版社,1982.
W. G. Szymczak
[1] An analysis of viscous splitting and adaptivity for steady-state convection-diffusion problems, Comput. Meth. Appl. Mech. Engng., 67(1988), 311—354.
R. Temam
[1] On the Euler equations of in compressible perfect fluids, J. Funct. Anal., 20(1975), 32—43.
[2] Navier-Stokes Equations, Theory and Numerical Aualysis, 3rd ed., North Holland, 1984.
滕振寰 (Teng Zhen-huan)
[1] Elliptic-vortex method for incompressible flow at high Reynolds number, J. Comput. Phys., 46(1982), 54—68.
[2] Variable-elliptic-vortex method for incompressible flow simulation, J. Comput. Math., 4(1986), 255—262.
A. V. Van de Vooren
[1] A numerical investigation of the rolling up of vortex sheets, Proc. Roy. Soc. London, ser. A, 373(1980), 67—91.
应隆安 (Ying Long-an, Ying Lung-an)

[1] Convergence study for viscous splitting in bounded domains, Lecture Notes in Mathematics, Vol. 1297, Springer-Verlag (1987), 184—202.
[2] Viscosity splitting method for three dimensional Navier-Stokes equations, Acta Math. Sinica, New Series, 4, 3(1988), 210—226.
[3] 有界区域上的粘性分离法,中国科学, Ser. A11(1988), 1141—1152.
[4] On the viscosity splitting method for initial boundary value problems of the Navier-Stokes equations, Chin. Ann. of Math., 10B, 4(1989), 487—512.
[5] Viscous splitting for the unbounded problem of the Navier-Stokes equations, Math. Comp., 55(1990), 89—113.
[6] The viscosity splitting solutions of the Navier-Stokes equations, J. Partial Differential Equations, 3(1990), 31—48.
[7] Viscosity splitting scheme for the Navier-Stokes equations, Numer. Meth. PDE, 7(1991), 317—338.
[8] Optimal error estimates for a viscosity splitting formula, Proceedings of the second conference on numerical methods for PDE (应隆安,郭本瑜编), World Scientific (1991), 139—147.
[9] Convergence of vortex methods for initial boundary value problems, Advances in Math., 20(1991), 86—102.
[10] Viscosity splitting schemes (待发表).
[11] 关于三维涡度法的一点注记,科学通报,36(1991),1441—1443.

应隆安,张平文 (Ying Lung-an, Zhang Pingwen)

[1] Fully discrete convergence estimates for vortex methods in bounded domains (待发表).

张平文 (Zhang Pingwen)

[1] Navier-Stokes 方程外问题的粘性分离，北京大学学报(自然科学版)，27，3(1991),264—280.
[2] 切向边界值不为零的粘性分离，高等学校计算数学学报，14(1992),99—110.
[3] A sharp estimate of simplified viscosity splitting scheme J. Comput. Math., 11, 3(1993), 205—210.
[4] A family of viscosity splitting schemes for the Navier-Stokes equations, J. Comput. Math. 11, 1(1993), 20—36.
[5] A symmetrical viscosity splitting scheme for the Navier-Stokes equation, Numer. Math., J. Chin. Univ., 1,1 (1992), 97—113.

Q. Zheng, M. Huang

[1] A simplified viscosity splitting method for solving the initial boundary value problems of Navier-Stokes equation, J. Comput. Math., 10, 1(1992), 39—56.